Hunde

Neue Erkenntnisse über Herkunft, Verhalten und Evolution der Kaniden

Ray & Lorna Coppinger

animal Learn®
VERLAG

Raymond Coppinger ist Professor für Biologie am Hampshire College und Autor des Buches *Fishing Dogs*. Der ehemalige Champion bei Schlittenhunderennen hält heute als Hundeexperte zahlreiche Vorträge und Vorlesungen in aller Welt.

Lorna Coppinger hat zahlreiche Fachpublikationen und populärwissenschaftliche Artikel über Hunde geschrieben und ist die Autorin des preisgekrönten Buches *The World of Sled Dogs*. Sie und Ray gründeten gemeinsam das Herdenschutzhund-Projekt des Hampshire College.

WIR WIDMEN DIESES BUCH ACHT WUNDERBAREN HUNDEN UND JANE.

Smoky, einem Streuner vom Dorf, der von der Selektion dafür ausersehen war, den lieben Tag lang neben einem Fahrrad durch die ganze Stadt zu laufen.

Robbie, ein Collie vom Bauernhof, der nach einem der Helden in *Die Drei Kameraden* benannt wurde, weil wir damals zu dritt waren. Am liebsten fuhr er auf der Ladefläche unseres Pickup mit, hatte aber leider die etwas unangenehme Gewohnheit, mitten auf der Kreuzung Verkehrspolizisten anzuknurren und unerwartet nach ihnen zu schnappen.

Sitka, (fast) ein Schlittenhund, der humorvollste Hund, den wir je hatten und der von unseren frühen Ambitionen als Ethologen keinerlei Notiz nahm.

Scrimshaw, eine kleine (eigentlich winzige) und völlig humorlose Welsh Corgi Hündin. Wir brachten ihr über Konditionierung das Kommando „Mauer anschauen“ bei, was sehr zur Unterhaltung unserer Gäste beitrug.

Scoter, eine freundliche Chesapeake Bay Retriever Hündin, die wirklich jeden Baseball jagte und apportierte – sich allerdings weigerte, zwischen Baseball-Bällen und Stachelschweinen einen Unterschied zu machen. Sie war wirklich entzückend, außer beim Entfernen der Stacheln.

Tsrna, eine jugoslawische Šarplaninac Herdenschutzhündin, bei der es nur zwei Verhaltensweisen gab. Wenn man sie rief, sah sie einen entweder an – oder nicht.

Lina, eine italienische Hirtenhündin, die wir nach Tante Angelina Gentile benannt hatten, die wiederum – als wir ihr erzählten, dass wir eine italienische Hündin nach ihr benannt hatten – in Tränen ausbrach und rief: „Das ist das Netteste, was jemals jemand für mich getan hat!“

Perro, ein Border Collie. Man konnte leicht vergessen, dass er nur ein Hund war.

Jane, ein Border Collie. Man konnte unmöglich vergessen, dass sie nur ein Hund war.

Titel der amerikanischen Originalausgabe: DOGS
Erstmals erschienen 2001 bei Scribner Verlag, New York

ISBN 3-936188-07-6

Übersetzung ins Deutsche: Brigid Weinzinger
Lektorat: Anke Rasch-Sahle und Sonja Zbinden
Fotos auf Titel und Rückseite: Andrea Hermann, Beate Taschner
Satz & Layout: Annette Gevatter
Druck: Druckerei Mack GmbH, Schönaich

Email: animal.learn@t-online.de
www.animal-learn.de

Inhaltsverzeichnis

Danksagung

Zu diesem Buch haben Hunderte von Menschen wesentlich beigetragen. Unsere Studentinnen und Studenten, für die Hunde genauso faszinierende und befriedigende Studienobjekte waren wie für uns. Berufskolleginnen und -kollegen, die lebhafte akademische Debatten schätzen und oft andere überzeugende Standpunkte einbrachten. Die mehr als tausend Freiwilligen, die unser neues System, Hunde für den Schutz ihrer Herden zu verwenden, erprobten. Schlittenhundeführer, Ausbilder von Apportierhunden und eine Menge Menschen in vielen Ländern, die stets darum bemüht sind, mit Hunden zu arbeiten, und die Erfolge verzeichnen, die ohne Hunde nicht möglich wären. Menschen mit körperlichen Behinderungen, die ihren Alltag mit Hunden besser bewältigen. Hundebesitzer, die uns immer wieder dazu bringen, noch intensiver über die Schnittstelle zwischen Hund und Mensch nachzudenken.

Dann gibt es da noch einige Schlittenhundeführer, die fest behaupten würden, uns alles über Hunde beigebracht zu haben, und im Fall von Charlie Belford könnte die Behauptung sogar ein Quentchen Wahrheit beinhalten. Wir schätzen ihren Input sehr, ebenso jenen von Border Collie-Trainern, Jagdhundeführern, Ausbildern von Servicehunden, Menschen, die sich auf das Meuteverhalten von Jagdhunden spezialisiert haben und Wolfs- und Kojoten-Experten. Mit allen hatten wir in den vielen Jahren Spaß bei der Arbeit mit Hunden. Mehrere Freunde haben uns immer wieder für Winterwochenenden eingeladen, obwohl wir jedes Mal mit mindestens sechzehn anstrengenden, lärmenden Schlittenhunden aufkreuzten. Gute Freunde wie Erich Klinghammer und Günther Bloch haben uns Foren geboten, bei denen wir unsere Argumente vor unterschiedlichstem Publikum erproben konnten.

Mehrere Menschen haben einen wichtigen Beitrag zu diesem Manuskript geleistet. Craig Kling und Stanley Warner lasen jedes Wort und versuchten, unser Biologen-Kauderwelsch zu verbessern. Steve Weisler ließ uns den Abschnitt über Unterschiede zwischen den verschiedenen Verhaltensdisziplinen neu schreiben. Ein hoffnungsloses Unterfangen! Lynn Miller ist zwar kynophob, aber eine erstklassige Kollegin, die mit der ihr eigenen Energie wichtige Fachliteratur jenseits unserer eigenen Expertise zusammentrug. Jerome Liebling und Kathy Doktor-Sargent spendeten die graphische Gestaltung, was uns sehr ehrt. Richard Schneider war das Genie hinter den Abbildungen und Grafiken, die wir gemeinsam entwarfen, aber nie schafften zu veröffentlichen.

– Danksagung –

Zwei Menschen, die in der ersten Person Plural schreiben, machen den Text recht mühsam – etwa in „Wir fielen vom Schlitten". Nach Vorwort und Einleitung gehen wir daher wieder in die erste Person Singular über. Aber alle Abenteuer und Forschungsarbeit waren gemeinsames Werk. Ebenso das Schreiben. Niemand weiß das besser als unsere immer geduldige, immer hilfreiche, überaus geschätzte Familie.

VORWORT

Der richtige Hund

Unsere ersten Erfahrungen mit Hunden waren die gleichen, die Millionen Kinder in den Vereinigten Staaten in ihrer Kindheit machen. Wir waren beide elf, als wir unseren ersten Hund bekamen. In den nächsten vier Jahrzehnten brachten wir es auf über 3000 Hunde, mit denen wir arbeiteten, die uns gehörten, denen wir Namen gaben... Lornas erster Hund war ein ziemlich großer, kurzhaariger, dreifarbiger Mischling mit Schlappohren von einem benachbarten Bauernhof. Rays erster war ein eher kleiner, kurzhaariger Mix mit Kippohren aus einem Wurf, der hinter einer Gemischtwarenhandlung in der Stadt auf die Welt kam. Den ersten gemeinsamen Hund bekamen wir zehn Jahre später, als Ray Lorna zum College-Abschluss einen schlanken, schlappohrigen roten Collie-Schäferhund-Mischling schenkte. In den darauf folgenden Jahren lebten mehrere Hunde mit uns – zwei unglaublich niedliche Beagles, zwei unglaublich un-niedliche Bluthunde, ein stürmischer Setter-ähnlicher Hund und ein aufgeweckter English Setter. Und dann kamen mit unseren Kindern noch mehr Hunde in unser Leben: ein winzig kleiner Pembroke Welsh Corgi für Karyn und ein Dutzend Chesapeake Bay Retriever für Tom, der sie für die Jagd und für Wettkämpfe züchtete und ausbildete.

Während unseres Biologiestudiums wurde aus unserer Beziehung zu Hunden schließlich eine berufliche Beschäftigung. Rays offizielles Forschungsthema war Tierverhalten, wobei er vor allem die Evolution der Farbgebung bei tropischen Schmetterlingen und die Reaktionen von per Hand aufgezogener Vögel auf neue Stimuli erforschte. Lorna arbeitete über das visuelle Wahrnehmungsvermögen von Vögeln und wie es ihnen möglich ist, als Räuber auf unseren Feldern so erfolgreich zu sein. Aber in unserem Haus am Land füllte sich der Kiefernhain mit Zwingern voller Schlittenhunde. Wir hatten eine weiße Husky-Malamute Hündin angeschafft, und es erging uns wie den meisten angehenden Schlittenhunde-Leuten. Ehe wir uns versahen, hatten wir fünf Schlittenhunde, und dann zehn, und dann... waren es plötzlich an die 50 Hunde, Welpen inklusive. Während der zwölf Jahre, in denen wir voller Eifer zu Schlittenhunderennen und Wettbewerben gingen, besichtigten, diskutierten, trainierten, kauften, verkauften, akzeptierten und verwarfen, arbeiteten wir sicher mit 1000 Husky-ähnlichen Hunden. Unsere Unterhaltungen drehten sich kaum jemals um irgendetwas anderes als Hunde. Die Hunde brachten uns viel bei, aber wir hatten auch einen Mentor im Nachbarort, Dr. Charles „Charlie“ Belford.

Belford war Tierarzt. Er war uns aber auch deswegen ein Begriff, weil er ein bekannter Champion bei Schlittenhunderennen war. Durch ihn kamen wir überhaupt erst zu diesem Sport. Wir hatten da diese reinweiße, spitzohrige Huskyhündin, die angeblich während des berühmten Mush-Moore-Gelände-Marathons auf einem Hundeschlitten zur Welt gekommen war, und wir dachten, wir hätten in ihr einen hervorragenden Schlittenhund. Da Belford ein weltberühmter Schlittenhundeführer war (damals einer der drei besten weltweit), nahmen wir an, er würde Qualität und Abstammung unserer Hündin sofort erkennen.

Wir brachten Sitka zum Impfen zu ihm und warteten darauf, dass er in Begeisterung ausbrechen würde – was er nicht tat. Wir mussten Belford schließlich darauf aufmerksam machen, dass er einen Schlittenhund behandelte. „Woher wissen Sie das?“, fragte er. Wir erzählten ihm vom Mush-Moore-Rennen, und er fragte einfach: „Hat der Hund je einen Schlitten gezogen?“

Hätte uns unser inzwischen lieber Freund nur gleich gesagt, dass es bei einem stehenden Hund völlig unmöglich zu erkennen ist, ob er im Laufen einen Schlitten ziehen kann. Hätte er uns doch nur gleich gesagt, dass ein Hund für das Laufen auch den Körperbau eines Läufers braucht. Hätte er uns doch gesagt, dass die Abstammung eines Hundes völlig egal ist und nur die richtige Größe und der richtige Körperbau zählen. Nur weil ein Hund ein Malamute oder ein Sibirischer Husky ist, heißt das noch lange nicht, dass er richtig laufen kann. Aber nein, wir mussten das alles ganz allein und von der Pike auf lernen.

Einer von uns fasste den Entschluss, Belford zu beweisen, dass die *Veranlagung* von Sitka nur entsprechende *Förderung und Entwicklungsmöglichkeiten* brauchte, und brachte ihr bei, einen Schlitten zu ziehen. An dem Punkt begann unser Hof sich mit Hunden zu füllen, weil sich nämlich herausstellte, dass Sitka dazu Hilfe brauchte, und unsere verschiedenen neuen vermeintlichen Schlittenhunde (es waren alles reinrassige Sibirische Huskies) waren in etwa so gut vor dem Schlitten wie Sitka selbst. Daher waren ziemlich viele von ihnen nötig, um einen Schlitten zu ziehen – und selbst dann ging es nicht sehr schnell. Im Lauf weniger Jahre bekam Ray seinen Doktortitel und seinen ersten richtigen Job als Professor am Hampshire College. Zeitgleich damit begann er, die Sibirischen Huskies gegen jene Alaskan Huskies zu tauschen, die es in Belfords Team nicht geschafft hatten. Das 16-köpfige Hundegespann, das er über mehrere Jahre hinweg aufbaute, war schließlich genauso schnell wie die anderen auf den Rennstrecken von New England/ Kanada. Manchmal gewannen sie sogar. Karyn ging inzwischen mit ihrem eigenen fünfköpfigen Gespann zu Rennen und trug zur rasch wachsenden Zahl der Pokale bei. Rays Gespann machte sich schließlich bei den Rennen der 70er Jahre einen Namen, und zwar wegen seines Leithundes, einem ungewöhnlichen Border Collie namens Perro. Perro war so etwas wie ein Geschenk von einem Statistikprofessor des nahe gelegenen

Amherst College gewesen. Er und seine Familie hatten den Hund widerwillig weggegeben, weil er den ganzen Tag lang Autos hetzte. Perro entpuppte sich als großartiger Leithund, einer von denen, die es im Leben eines Schlittenhundeführers nur einmal gibt. Er war größer und magerer als die meisten Border Collies, sehr schnell, reagierte sofort und genauestens auf jedes „gee" (links) und „haw" (rechts) und hielt das Husky-Gespann in der richtigen Spur. Sitka war schon lange davor mit dem Tempo nicht mehr mitgekommen und würdevoll in den Ruhestand getreten.

Was die Arbeit mit den Schlittenhunden so spannend machte, war zu einem guten Teil der Reiz herauszufinden, was einen guten Schlittenhund eigentlich ausmacht. Warum waren eigens für diesen Zweck gezüchtete Hunde wie die Alaskan Huskies von Belford dafür besser geeignet als andere Hunde, mit denen manche gelegentlich ankamen – zum Beispiel Pointer, Irish Setter oder eben Sibirian Huskies? Lag es an der Veranlagung (den Genen) der Hunde oder ihrer Förderung (Entwicklung und Umwelteinflüsse)? Unser Hobby und unser Beruf gingen bei solchen Fragen immer mehr ineinander über. Warum bildeten sich zum Beispiel bei manchen, aber nicht bei allen Hunden beim Rennen störende kleine Schneeklumpen aus Eiskristallen zwischen den Zehen? Wir entwickelten ein Experiment, mit dem wir die unterschiedlichen Schweißabsonderungen der Fußballen von Sibirischen Huskies, Kojoten und Wölfen maßen, und stellten fest, dass die domestizierten Kaniden und westlichen Kojoten eine höhere Dichte an Schweißdrüsen in ihren Ballen aufwiesen als die Wölfe und östlichen Kojoten. Wir stellten auch die Frage: Wie wirken sich Umgebungstemperatur oder Training auf die Laufeigenschaften eines Hundes aus? Wir maßen bei laufenden Schlittenhunden die Temperatur und fanden heraus, dass bei Umgebungstemperaturen von über 15 Grad Celsius ein laufender Schlittenhund nicht mehr genug Hitze abstrahlen kann, um das Ansteigen der Körpertemperatur zu verhindern. Bei mehr als 15 Grad Celsius sind sie überhitzt und beim Laufen ineffizient. Diese Ergebnisse lieferten neue Informationen über Mikroanatomie und Physiologie von Schlittenhunden und zeigten ganz klar, wie gut sie an ihre ursprüngliche Umwelt angepasst sind. Wir veröffentlichten unsere Ergebnisse in wissenschaftlichen Publikationen. Ray nahm sie in seine Arbeit mit den Hundegespannen auf, sehr zum Vorteil der Hunde. In der Zwischenzeit schloss auch Lorna ihr Studium ab und widmete sich danach der Erforschung der Geschichte der Schlittenhunde und dem Fotografieren bei den Rennen. Sie schrieb das erste umfassende Buch über die Verwendung von Schlittenhunden beim Lastentransport, bei Expeditionen und im Rennsport sowie über die Männer und Frauen, die Hundegespanne fuhren und erfolgreich als Schlittenhundeführerinnen und -führer arbeiteten.

Danach nahmen wir ein Jahr frei vom Hampshire College und begannen, an einem Traumprojekt für jeden Hundeverhaltensforscher zu arbeiten. In der Schafzucht suchte man gerade nach einem neuen Weg, wie man Schafe am besten vor Raubtieren schützen konnte. Die Forscher am Winrock International Livestock Research and Training Center in Arkansas wollten herausfinden, ob es stimmte, dass in Europa spezielle Hunderassen mit den Herden lebten und Schafe und Ziegen vor Wölfen, Bären und menschlichen Räubern schützten. In den USA war „Schäferhund" damals gleichbedeutend mit Hütehund. Dem Winrock Center gefiel unsere Arbeit über züchtungsspezifische Unterschiede bei Schlittenhunden und sie baten uns, uns mit den „Schäferhunden" zu beschäftigen. Sie schickten uns auf Erkundungsfahrt. Wir fingen mit Farmen und Ranches überall im Land an. Karyn, die gerade ihren Führerschein gemacht hatte, und Ray nahmen den Schlittenhunde-Transportwagen und zogen quer durch das ganze Land. Im März 1977 brachten wir 10 000 Meilen hinter uns und suchten absolut jeden auf, der behauptete, etwas über Herdenschutzhunde zu wissen. Von den vielen Besuchen konnten wir nur rund zwölf als ernst zu nehmend verbuchen.

In Texas verbrachten wir mehrere Tage damit, einem Komondor, einem ungarischen Herdenschutzhund, namens Maggie zu folgen. Maggie lebte mit mehreren hundert Ziegen, für die sie verantwortlich war, und es gelang ihr, Ray und Karyn davon zu überzeugen, dass sie die Angora-Ziegen tatsächlich vor den allgegenwärtigen Kojoten und Pumas beschützte. Wenn es möglich ist, einen Hund dazu zu bringen, erklärten wir dem Winrock Center, dann kann man auch tausend dazu bringen – vorausgesetzt man verstand seine Sache und hatte den richtigen Hund. Auf derselben Fahrt gelang es uns, einem Cowboy den Hund Bandit, eine Mischung aus Border Collie und dem Rindertreibhund Queensland Blue Heeler, abzuschwatzen. Der Cowboy hatte Bandit beigebracht, dass er umso zorniger wurde, je leiser man sprach. Wir konnten unsere Freunde mit dem ausgezeichneten Gehör von Bandit ganz schön beeindrucken, wenn wir ihm Kommandos über ziemlich weite Entfernung zuflüsterten und er prompt reagierte.

Damals traf man bei der Vorstellung, große Hunde auf derselben Weide wie Schafe zu halten, noch auf ein gehöriges Maß an Skepsis. Das war mehr als verständlich. Einer der texanischen Rancher hatte voller Begeisterung ein oder zwei Komondore gekauft und jede Menge Schwierigkeiten mit ihnen gehabt. Sie hatten die Schafe gejagt und gebissen. Er sagte, es sei schlimm genug, mit kostenlosen Raubtieren zu kämpfen zu haben, aber um nichts in der Welt würde er dafür auch noch Geld ausgeben. Unsere Erfahrung, die aus Kinderbüchern wie *Bob, Son of Bottle* und ähnlichen stammte, lehrte auch uns, dass Hunde

Schafe jagen und fressen. Unsere Schlittenhunde haben nie gejagt und getötet – ausgenommen die fettesten Hühner von Nachbars Hof.

Aber wir hatten Maggie gesehen. Und daher bereisten wir mit der Unterstützung des Winrock Center und des Hampshire College die Schafweiden von Jugoslawien, Ungarn, der Schweiz, Österreich, Italien, Frankreich, Portugal und Spanien. Wir fuhren sogar, dank der zusätzlichen Unterstützung des Anatolischen Hirtenhunde-Clubs von Amerika, in die Türkei. Die Reisen waren eigentlich zum Sammeln von Beobachtungen und Daten gedacht, aber wie üblich war uns das Zuschauen allein zu wenig. In Jugoslawien kauften wir vier Welpen und schickten sie Lornas Mutter nach Boston. Die gab sie weiter an Rays Cousin Barry und der steckte sie zu den vieren, die wir ihm schon vorher aus Italien geschickt hatten, und zu den beiden aus der Türkei. Als wir in diesem ersten Sommer aus Europa zurückkamen (über Schottland, wo wir noch sechs Border Collies erstanden hatten), fanden wir die vier italienischen Maremmano Abbruzzese-Welpen, die vier jugoslawischen Šarplaninac und die beiden türkischen Hirtenhunde wohlauf vor. Wir hielten alle 16 Hunde im selben Zwinger, aber die Frage war: Worin besteht der Unterschied im Verhalten eines Hütehundes und eines Herdenschutzhundes, und an welchem Punkt der Welpenentwicklung setzen diese Unterschiede ein?

Wir wussten natürlich, dass Hütehunde dafür gezüchtet werden, Schafe zu treiben und zu hüten, und dass Herdenschutzhunde die Schafe beschützen, wir wollten aber die tiefer liegenden Unterschiede zwischen ihnen herausfinden. Welche Unterschiede in ihrem Gehirn führten dazu, dass sich das Hüteverhalten so deutlich vom Herdenschutzverhalten unterschied? Und *warum* gab es diese Unterschiede?

Wir hatten die Schlittenhunde verkauft. Zwölf Jahre Herbsttraining, Winterrennen, Frühjahrs- und Sommerbetreuung waren genug. Für uns war es Zeit, zu einem neuen und aufregenden Forschungsgebiet zu wechseln.

Zwischen 1977 und 1990 züchteten und vermittelten wir mehr als 1400 Herdenschutzhunde an Schaffarmen und Ranches überall in den USA und Kanada. Unser ursprünglicher Bestand wurde während weiterer Reisen nach Europa und in die Türkei aufgestockt. Einige unserer Stipendien wurden verlängert, und vom Forschungszentrum des US Department of Agriculture kam Unterstützung für drei zusätzliche Jahre. Wir führten über jeden einzelnen Hund Buch und verfolgten 14 Jahre lang all ihre Erfolge und Misserfolge. Wir waren dauernd unterwegs, wir beobachteten unsere Hunde, kampierten auf hoch gelegenen Weideflächen bei den Herden und hielten Vorträge in Scheunen. Ein Teil unserer Forschungsarbeit beschäftigte sich mit den Verhaltensvariationen zwischen den verschiedenen Herdenschutzhunden und versuchte herauszufinden, warum manche Hunde Schafe bewachten und andere nicht. Wir fragten uns auch, welche Mechanismen dazu geführt hatten, dass sich zwei verschiedene Arten von Schäferhunden entwickelt hatten: solche, die hüten und treiben und solche, die schützen und verteidigen. Beide arbeiteten mit Schafen (und genauso oft mit anderen Herdentieren), aber ihr Aussehen und ihr Verhalten unterschieden sich deutlich. War es eine Frage der Ausbildung, von Umwelt und Entwicklung oder der genetischen Anlagen? War es eine Frage angeborenen oder erworbenen Verhaltens?

Schäferhunde sind für Verhaltensökologen oder Ethologen ein wunderbares Forschungsobjekt. Da gibt es zwei verschiedene Rassen – Herdenschutzhunde und Hütehunde – innerhalb derselben Art (Canis familiaris), die für dieselbe Arbeit im selben Umfeld (Weideland) eingesetzt werden, beide auf denselben Stimulus (Schafe) reagieren, aber ihre genetische Ausstattung führt dazu, dass sie auf Schafe auf zwei sehr unterschiedliche Arten reagieren. Als Biologe muss man sich ja fragen, wie zwei Rassen derselben Art in ihrer Entwicklung zu so unterschiedlichem Verhalten gelangen konnten. Denn abgesehen von ihrer unterschiedlichen Größe und Farbe benehmen sich die beiden Hundetypen auch so, als wären sie völlig anders „programmiert".

Vermutlich gibt es in der ganzen Natur kein zweites so hervorragend geeignetes Beispiel für vergleichende Verhaltensstudien innerhalb der gleichen Art. Üblicherweise ist in der Forschung die Frage, welche Verhaltensanteile das Ergebnis der genetischen Verankerung und welche Produkt von Umwelt und Entwicklung sind, ein enormes Problem. Ein Experiment zu entwickeln, bei dem man zwei Rassen miteinander vergleichen kann, ist schwer, weil sich dabei eine der beiden immer in der falschen Umwelt befindet. Wenn wir herausfinden wollen, ob die Verhaltensunterschiede genetisch bedingt sind, müssen wir die beiden Rassen in derselben Umwelt beobachten, um Umwelteinflüsse als Variable experimentell ausschließen zu können. Wenn sie aber an eine jeweils andere Umwelt angepasst sind, wird eine der Rassen immer atypisches Verhalten zeigen, eben weil sie sich nicht in ihrer natürlichen Umgebung befindet.

Bei unserer Forschungsarbeit über Schäferhunde wurde uns klar, warum Hunde für uns eine der faszinierendsten Tierarten der Erde sind. Da gibt es innerhalb derselben Tierart unterschiedlichste Rassen, die keinerlei feststellbare Unterschiede in ihrem Gencode aufweisen, die untereinander fortpflanzungsfähig sind und die dennoch aufgrund einer angeborenen Veranlagung im Lauf ihrer Entwicklung verschiedene Dinge lernen, und das selbst unter gleichen Umweltbedingungen. Die sechs Border Collies und zehn Herdenschutzhunde, die wir 1977 gekauft hatten, waren alle rund um den 19. April in ihrem Heimatland geboren worden, waren alle auf unserem Hof und im selben großen Zwingergelände gelandet, bevor sie acht Wochen alt waren, und wurden von derselben gemischten Gruppe aus Erwachsenen, Kindern und Studierenden betreut. Schafe gab es keine. Im Alter von zehn Monaten benahmen sich die Border Collies, als wären sie eine andere Art. Sie zeigten das für Border Collies typische Verhalten des Fixierens und Anpirschens und versuchten, einander zu hüten und zu treiben. Die Herdenschutzhunde spielten miteinander und ignorierten die Collies völlig. Keiner der Herdenschutzhunde zeigte jemals Verhaltensweisen des Fixierens oder Anpirschens. Dieses Beispiel für die Auswirkungen geringfügiger genetischer Unterschiede war äußerst eindrucksvoll.

Bis zum Jahr 1990 hatten sich Berge von Daten über die beiden Arten von Schäferhunden angesammelt. Wir hatten Schäferhunde unter Laborbedingungen im Farmzwinger des Hampshire College, auf Schafweiden überall in den USA und genauso in ihrer ursprünglichen Heimat in der Alten Welt beobachtet. Wir veröffentlichten Artikel und Berichte in wissenschaftlichen Werken und für landwirtschaftliche Gremien. Nachdem wir den Bereich der angewandten Forschung abgeschlossen hatten, wandten wir uns stärker den theoretischen und praktischen Folgerungen aus unserer Arbeit zu.

Besonders auffällig war der grundlegende Unterschied zwischen den zwei Typen von Schäferhunden. Jeder zeigte ganz spezifische Verhaltensweisen, und je mehr wir sie erforschten, desto mehr verstanden wir, wie relativ sich genetische Ausstattung und Entwicklung auf das Verhalten der erwachsenen Tiere auswirken. Wir fanden heraus, wie entscheidend die Frühentwicklung eines Welpen für seine Fähigkeit, eine bestimmte Aufgabe zu erlernen und als Erwachsener auszuführen, ist. Die Gründe für geringfügige Unterschiede im rassespezifischen Verhalten wurden allmählich klarer. Wir glauben, dass wir diese Unterschiede und ihre Ursachen in diesem Buch darlegen und damit unser Verständnis von Hunden um eine wichtige Dimension erweitern können.

Es wurden schon viele Bücher über Hunde geschrieben: über Auswahl, Aufzucht und Ausbildung; über ihre Intelligenz, ihre Gesundheit, ihre psychischen Probleme, ihr Innenleben, ihr geheimes Leben und ihr Liebesleben. Sie dringen tief in das Reich der hundlichen Verhaltensweisen ein und versuchen, diese zu erklären. Es gibt gute Bücher über Hundeausbildung, und wir kennen auch einige tolle Trainer. Beide vermitteln Methoden zur Hundeausbildung oder zur Behebung von Verhaltensproblemen, damit der Hund und seine Menschen ihr Zusammensein genießen können. Hundeausbildung funktioniert aber üblicherweise nach der Methode der Konditionierung. Dabei wird mit Belohnung/Strafe gearbeitet. Eine falsche Reaktion des Tieres wird bestraft, eine richtige belohnt. Es ist im Prinzip dieselbe Methode, nach der auch Wale, Ratten oder Tauben lernen. Ansatz und Vokabular der Methode stammen aus der Psychologie – aus der Beschäftigung mit dem Denken und mit mentalen Abläufen.

Hunde sind aber keine Wale oder Ratten und schon gar keine Tauben; sie reagieren auf operante Konditionierung nicht auf dieselbe Art. Sie sind auf wunderbare Weise anders. Aber was macht dieses Anderssein aus? In welcher Hinsicht sind sie anders? Warum? Wie kam es, dass sie anders sind, und ist das überhaupt wichtig?

Manche Menschen, die mit Hunden arbeiten, haben auf einige dieser Fragen Antworten. Hundetrainer, die Vorstehhunde für die Entenjagd ausbilden, wissen, dass sie einen jungen Hund erst in die Ausbildung nehmen können, wenn er vorsteht. Vorstehen ist angeboren; es ist im Gehirn des Hundes verankert. Dasselbe gilt für den Border Collie, der das Fixieren und Anpirschen fest im Erbgut verankert hat. Es ist unmöglich, mit einem Junghund das Schafehüten auch nur zu versuchen, solange er dieses Verhalten nicht zeigt. Der Hundeführer bringt dem Border Collie nur bei, wann und wie er es richtig anwendet. Niemand kann einem Hund das Fixieren und Anpirschen auf Border Collie-Art oder das Vorstehen beibringen.

Vor einigen Jahren organisierte eine Gruppe Menschen, die an ihren Schafherden mit Border Collies arbeitet, eine Kampagne gegen die Registrierung der Rasse beim American Kennel Club. Da das Fixieren und Anpirschen genetisch verankert ist, kann es züchterisch unterdrückt werden. Wenn Border Collies nun für Hundeshows und als Familienhunde gezüchtet werden, werden die Züchter dieses Verhalten wegbringen wollen. Wir bekamen Perro, weil er die Verhaltenskette Fixieren – Anpirschen – Hetzen den lieben Tag lang zeigte und den Autos die Strasse rauf und runter nachjagte. Ein Hund, der dieses Verhalten zeigt, kann als Familienhund problematisch werden. Wenn andererseits Border Collies als Familienhunde gezüchtet werden, werden tendenziell jene mit ausgeprägtem Arbeitsverhalten ausgeschieden. Man kann nicht beides gleichzeitig haben, wie wir noch sehen werden. Und genau das ist der Grund, warum jene, die ihre Hunde für die Arbeit verwenden, diese erstklassigen Arbeitshunde lieber nicht dem Ausstellungs- und Haustiermarkt aussetzen.

Diese Trainer und Hundeführer haben ein Grundverständnis des hundlichen Verhaltens, das auf Erkenntnissen der Biologie und der kognitiven Psychologie basiert. Sie wissen, dass Hunde biologische Organismen sind, die sich innerhalb biologischer Grenzen entfalten und verhalten.

Wer mit Hunden nach den Standardmethoden der operanten Konditionierung arbeitet, stellt oft fest, dass irgendetwas fehlt. Trainer von Behindertenbegleithunden zum Beispiel wissen sehr gut, dass mehr als die Hälfte aller Hunde, die das Trainingsprogramm beginnen, es nicht abschließen oder am Ende des Trainings für ihre neue Aufgabe nicht wirklich geeignet sind. Sie glauben, dass sie vor allem „bessere" Hunde brauchen. Besitzer von Haushunden klagen über Verhaltensprobleme ihrer Hunde: sie zerbeißen Möbel, bellen die ganze Nacht oder haben Angstattacken. Wäre es nicht möglich, dass viele dieser Probleme vermieden werden könnten, wenn man auf die Frühentwicklung der

Welpen achtet und sie früh genug und durchgängig jener Umgebung und jenen Umwelteinflüssen aussetzt, mit denen sie als erwachsener Hund zu tun haben werden?

Nur sehr wenige Hundebücher wurden bislang von Biologen geschrieben. Was wir herausgefunden haben, seit wir Sitka in die Praxis von Dr. Belford brachten, zeigt, dass die Hunde ein neues Buch brauchen: eines, das von ihrer Biologie ausgeht und erklärt, was Hunde sind, warum sie sich von Wölfen und voneinander unterscheiden, wie sie sich so unterschiedlich entwickeln konnten und wie ihre Beziehung zum Menschen in einer Weise bereichert werden kann, von der beide Spezies profitieren. Wir hoffen, unser Buch kann das leisten.

Wir haben versucht, in diesem Buch alle Hunde gleich zu behandeln. Es ist uns bewusst, dass wir als Wissenschaftler unvoreingenommen und objektiv sein sollten, gleichzeitig sind wir aber auch zwei der begeistertsten Hundeliebhaber dieser Welt. Es ist daher möglich, dass unsere Vorurteile abgefärbt und wir Fehler gemacht haben. Wenn unsere vorgefassten Meinungen jeder Grundlage entbehren, bitten wir um Entschuldigung. Wenn kontroverse Punkte Anlass zu Diskussionen geben, die zu einer Verbesserung unserer Beziehungen zu Hunden führen, dann nehmen wir gerne jede Kritik in Kauf und bewundern die Hunde (und ihre menschlichen Symbionten) um so mehr.

EINLEITUNG

Hundeforschung

WARUM WERDEN HUNDE ERFORSCHT?

Aus Sicht der Biologie kann die Spezies Haushund – *Canis familiaris* – nur als erfolgreich bezeichnet werden. Biologisch betrachtet ist der Hund sogar ungeheuer erfolgreich.[1] Er hat eine Entwicklung aus der Urform Wolf geschafft und existiert heute als Haushund in immens großer Verbreitung. Hunde sind als eigene Spezies höchstwahrscheinlich noch keine 15 000 Jahre alt, evolutionsgeschichtlich ist das nur ein winziger Moment.[2] Wölfe hingegen sind eine rund fünf Millionen Jahre alte Art und heute vom Aussterben bedroht.

Haushunde sind weltweit überall und auch sehr zahlreich anzutreffen. Ihre wilden Verwandten aus der Familie der Hunde (Canidae) sind ebenfalls zahlreich, aber auf bestimmte Gebiete und auf wesentlich weniger Exemplare beschränkt. Eine grobe Schätzung der weltweiten Vorkommen macht den Unterschied deutlich (s. Abb. auf Seite 20)

400 Millionen Hunde weltweit – somit gibt es tausendmal mehr Hunde als Wölfe. Wenn die Hunde von den Wölfen abstammen, dann haben sie einen biologischen Coup gelandet und ihre Vorfahren zahlenmäßig um ein *Vielfaches* überholt.

In den letzten 150 Jahren hat die Frage, von welchem wild lebenden Kaniden der Hund denn nun tatsächlich abstammt, viele Forscher beschäftigt. Wir werden auf diese Diskussion am Ende des Buches kurz eingehen. Die „richtige" Antwort auf diese Frage ist aber für unsere Geschichte nicht wirklich von Bedeutung. Wir verwenden den Begriff „Wolf" für den Vorfahren des Hundes deswegen, weil er kurz und leicht verständlich ist. Falls die ursprünglichen Hunde nicht von dem als Canis lupus bezeichneten Tier abstammen, dann zumindest von einem sehr ähnlichen.

Wenn sich eine Art zu einer anderen weiterentwickelt, dann ist diese neue Art in der Regel an eine neue ökologische Nische besser angepasst als die alte. Die neue Art blüht und gedeiht, während die alte ins Reich der Fossilien wan-

---

[1] Zur Debatte über die jüngste Klassifikation des Hundes als Unterart des Wolfes, *Canis lupus familiaris*, siehe Kapitel 9.

[2] Weitere Informationen über jüngste Meldungen, dass es Hunde bereits seit 135 000 Jahren geben könnte, siehe Kapitel 10.

Populationsgrößen von Wölfen, Kojoten, Schakalen und Hunden

Wölfe *(Canis lupus, C. rufus)*	*400 000*
Kojoten *(C. latrans)*	*4 000 000*
Schakale *(C.mesomelas, C.aureus, C.simensis, C.adustus)*	*40 000 000*
Hunde *(C. familiaris)*	*400 000 000*

Weltweite relative Populationen der Gattung Canis

dert. Gebiete, die früher von Wölfen besiedelt waren, werden nun von Hunden bewohnt, die sich an ein verändertes Lebensumfeld angepasst haben. Die weltweite Verbreitung der Hunde ist wesentlich größer, als es jene der Wölfe jemals war.

Biologischer Erfolg ist messbar. Wir können den Erfolg der Hunde messen, indem wir sie zählen oder ihre Population sozusagen wiegen. Biologischer „Erfolg" ist einfach etwas wie: Es gibt mehr Kilogramm Hunde auf der Welt als Kilogramm Wölfe. In Nordamerika leben beispielsweise rund 50 000 Wölfe, davon bis auf 5 % alle in Kanada. Hunde aber gibt es in Nordamerika (USA, Mexiko und Kanada) in der Größenordnung von 100 Millionen. Das sind *2000-mal* mehr Hunde als Wölfe.

In den USA allein leben geschätzte 52 Millionen Hunde als Haustiere. Das wären allein in Amerika 130-mal mehr Haushunde, als es Wölfe in der ganzen Welt gibt. Wölfe zählen wir weltweit in Hunderttausenden. Hunde zählen wir in Hunderten von Millionen.

Die genauen Zahlen für die verschiedenen Arten kann natürlich niemand exakt angeben. Vielleicht haben wir die einen zu hoch, die anderen zu niedrig angesetzt. Aber jede Wette: Wenn sie jemand – vielleicht mit Hilfe von Satellitenaufnahmen – genau zählen würde, dann wäre die Zahl der Hunde im Vergleich zu den Wildkaniden Schwindel erregend hoch. Es ist gut möglich, dass Hunde die am häufigsten vorkommenden und am weitesten verbreiteten Fleischfresser sind.

Das ist eindeutig eine evolutionsgeschichtliche Erfolgsstory. Aber welche Evolutionsgeschichte? Und folgt sie den Regeln von Darwin?

Die Tatsache, dass die Hunde vermutlich erst vor 15 000 Jahren als eigene Art aus den Wölfen hervorgegangen sind, grenzt an ein Wunder der Evolution, das nur durch einen außergewöhnlichen Entwicklungsprozess zustande kommen konnte. Hunde haben eine unendliche Fülle an verschiedenen Formen hervorgebracht – wie ein fantastisches Chamäleon. Sie weisen vielleicht sogar die größte Formenvielfalt von allen Säugetieren auf, die es je gab. Erwachsene, reproduktionsfähige Hunde verfügen vermutlich über ein größeres Spektrum an Körpergröße und Körperformen als jede andere Wirbeltierart, die es jemals gegeben hat. Aber warum?

Darwin nahm an, dass die Evolution vom Einfachen zum Komplexen voranschreitet. Jede neue Spezies war ausgeklügelter und spezialisierter als jene, die sie verdrängte. Auf die Kaniden trifft das mit Sicherheit zu. Der Wolf hat eine allgemeine Raubtierform. Er ist eher Generalist als Spezialist. Wölfe sind im Vergleich mit anderen großen Fleisch fressenden Raubtieren nicht besonders schnell; sie haben vergleichsweise schwache Kiefer und sehen nicht sehr gut. Die Angehörigen der Katzenfamilie zum Beispiel laufen schneller, beißen kräftiger und sehen besser als die Mitglieder der Hundefamilie. Manche mögen argumentieren, dass Wölfe das zweitbeste Sozialverhalten aufweisen – nach unserem eigenen. Das wäre allerdings eine Übertreibung. Viele Fleischfresser, Huftiere und sogar Nagetiere haben ein ebenso hoch entwickeltes, wenn nicht sogar noch komplexeres Sozialverhalten.

Wölfe und ihre Verwandten haben sich in den letzten fünf Millionen Jahren, wenn überhaupt, kaum verändert. Einige Experten behaupteten sogar, dass sich die Kaniden in den letzten vier Millionen Jahren nicht wesentlich weiterentwickelt haben. Sie sind effiziente, weit verbreitete, simple Raubtiere. Sie können sich an Veränderungen nicht besonders gut anpassen. Wölfe werden oft als Indikatorspezies bezeichnet, da jede noch so kleine Verschlechterung in ihrem Habitat zu einem sofortigen Rückgang ihrer Population in diesem Gebiet führt. Sie können sich nicht wie die Kojoten an das Vordringen der Zivilisation anpassen. Das Vorkommen der Kojoten nimmt gleichzeitig mit dem Vordringen der Menschen zu, jenes der Wölfe hingegen ab.

Hunde zeigen Körperformen und Verhaltensweisen, die von Wölfen vollkommen unbekannt sind. Im Unterschied zu Wölfen – wenn man einen Wolf gesehen hat, kennt man sie praktisch alle – wecken die Hunde anhaltendes Interesse. Man nehme irgendein beliebiges Verhalten und es findet sich mit Garantie eine bestimmte Hunderasse, die in diesem Punkt jeden Wolf übertrifft. Verglichen mit Wölfen können Schlittenhunde länger laufen, Windhunde schneller laufen, Bluthunde haben eine bessere Nase und Barsois ein größeres Gesichtsfeld und bessere Sehschärfe. Manche werden vielleicht dagegen halten, dass in Bezug auf die kognitiven Fähigkeiten der Wolf der Schlauere ist. Mag sein, aber unsere Gegenfrage wäre dann: Wenn er so schlau ist, warum können wir ihm dann nicht beibringen, Schafe zu hüten, einen Ball zu bringen, einen Vogel zu apportieren oder einen blinden Menschen durch die überfüllten Straßen einer Stadt zu führen?

Was wir mit diesem Buch betonen möchten, ist, dass der Hund in erster Linie ein eigenständig biologisches Wesen ist und nicht nur eine Subspezies des Wolfes. Jeder einzelne Hund ist das Endprodukt einer ganzen Reihe von biologisch relevanten Ereignissen. Unser Hund, der an einem heißen Tag dort drüben unter dem Auto liegt, ist kein weiterentwickelter Wolf in seiner künstlichen Höhle. Er ist vielmehr ein weiterentwickeltes und höchst spezialisiertes neues Tier mit einem Verhaltensrepertoire, das ihm die Anpassung an seine ökologische Nische ermöglicht.

Wenn nun Bücher über Hunde mit dem Satz beginnen „Hunde sind eng mit dem Wolf verwandt....“ und dann fortfahren und große Teile des Hundeverhaltens mit Wolfsverhalten gleichsetzen, fragen wir uns, wie eine derartig oberflächliche Behandlung sich in einem Buch über Menschen ausmachen würde: „Menschen sind eng verwandt mit dem Schimpansen...“ Hunde können schon enge Verwandte des Wolfes sein, das heißt jedoch nicht, dass sie sich wie Wölfe verhalten. Menschen sind enge Verwandte des Schimpansen, das macht uns aber nicht zu einer Unterart der Schimpansen und heißt auch nicht, dass wir uns wie Schimpansen verhalten.

Die Tatsache, dass viele Forscher dazu neigen, Haustiere anders zu behandeln als ihre Wildformen, stellt ein weiteres Problem dar, wenn wir domestizierte Hunde richtig verstehen wollen. Sie behandeln Haustierarten so, als hätten sie eine ungültige Form eines evolutionären Prozesses durchlaufen. Vielleicht glauben sie, die Anpassung und Evolution des Hundes wäre nicht „natürlich“ gewesen und sei daher minderwertig. Der Zugang vieler Wissenschaftler zu Haustieren ist so, als handle es sich dabei um degenerierte Formen, die keine ernsthafte Erforschung wert sind. Das liegt vermutlich daran, dass sie annehmen, Haustiere hätten ihre „normalen“ biologischen Eigenschaften verloren und könnten in freier Wildbahn gar nicht mehr überleben. In unseren Schulen wird ja gelehrt, dass eben dies den Unterschied ausmacht. An den Universitäten beschäftigt sich der Bereich Tierhaltung mit Haus- und Nutztieren und wird üblicherweise an den agrarwissenschaftlichen Fakultäten gelehrt. Die Tierhaltung beschäftigt sich traditionellerweise nicht mit dem Verhalten von Tieren; und in der Zoologie wiederum hält man Hühner nicht wirklich für Vögel. In der Lehre von der Tierhaltung kommen Hunde häufig nicht einmal vor. Hunde sind fast ausschließlich Thema der Veterinärmedizin, und selbst dort interessiert man sich für ihr Verhalten wenig. Alle, die von ihrem Verhalten fasziniert sind, finden sich zwischen den Stühlen verschiedener Disziplinen wieder. Wir sind also auf jedem akademischen Gebiet eine Anomalie.

Woher stammt dann die Information über Hundeverhalten überhaupt? Es wird Stück für Stück von Menschen aus den verschiedenen Sparten wie Tierhaltung, Tierpsychologie oder der praktischen Hundeausbildung zusammengetragen. Biologen mit akademischer Ausbildung, die sich auf Hundeverhalten spezialisieren, sind sehr selten. Dabei können wir von Hunden wichtige Erkenntnisse über das Verhalten von Säugetieren im Allgemeinen und über die Vererbung und Anpassung im Besonderen erhalten. Das wirklich Faszinierende an Hunden ist, wie schnell die Selektion auf eine bestimmte Verhaltensweise hin – meist unabsichtlich – zur Ausprägung einer neuen Form führt. Diese Form führt eine Verhaltensweise besser aus als jeder andere Hund (und jede andere Hunderasse und jede andere Spezies). Kein Hund hatte je ein so gutes Hüteverhalten wie ein Hütehund. Kein anderes Landlebewesen kann Marathondistanzen so schnell laufen wie ein Schlittenhund. Ein Schlittenhundegespann, das leicht und effizient durch eine verschneite Landschaft läuft, zählt zu einem der schönsten Anblicke, die die Natur zu bieten hat. Das sind keine degenerierten Wesen. Die Verfeinerung und Perfektion des Hundeverhaltens sind außergewöhnlich. Jede Hunderasse hat ein viel komplexeres Verhalten als alle Wölfe. Hunde sollten daher im Sinne Darwins als Fortschritt der Evolution angesehen werden und ein interessanter Forschungsgegenstand für alle traditionellen Bereiche der Biologie sein.

Auch wenn wir wissen, dass Hunde phänomenal sind, wissen die meisten Menschen doch nicht, *wie* phänomenal sie sind. Die wenigsten haben genug Informationen, um Hunde im richtigen Licht sehen zu können. Als wir noch Schlittenhunderennen gingen, wurden wir dauernd gefragt, ob unsere Hunde einen Anteil Wolfsblut hätten. Wir bekamen oft erzählt, dass Eskimos ihre Hunde mit Wölfen kreuzen, damit sie besser, stärker und schneller würden. Solche Kommentare beweisen, dass ein grundsätzliches Verständnis dafür fehlt, was den Hund wirklich ausmacht. Wer so redet, behandelt Hunde, als wären sie ein (vermutlich im Vergleich zum Wolf) minderwertiges Wesen, das durch eine Kreuzung mit dem Wolf aufgewertet werden könnte und müsste. So jemand kann sich nicht im Klaren darüber sein, dass es die Schlittenhunde sind, die die höher entwickelte Form von beiden darstellen. Einen Schlittenhund mit einem Wolf zu kreuzen wäre zumindest eine evolutionäre Abweichung, wenn nicht sogar ein Rückschritt in der Verhaltensentwicklung beider. Wölfe sind keine Schlittenhunde; sie wurden nicht als Schlittenhunde selektiert. Sie eignen sich für diese Aufgabe sehr viel weniger gut als Schlittenhunde. Warum in aller Welt sollten wir unseren super Schlittenhund mit etwas kreuzen, dem nicht nur der für das Rennen spezialisierte Körperbau fehlt, sondern der auch noch Verhaltensprobleme im Gespann verursacht?

Bei der Beschäftigung damit, wie sich Hunde an ihre Umwelt angepasst haben, wird klar, dass die Beziehung von Hunden zu Menschen nicht ganz so eindeutig ist. Die alten Klischees und Plattitüden vom „besten Freund des Menschen“ treffen auf die Hunde nicht wirklich immer zu. Wenn wir den biologischen Hintergrund der sozialen Beziehungen zwischen Hunden und Menschen untersuchen, erhalten wir ein überraschend anderes Bild als jenes, das bislang gezeichnet wurde. „Der beste Freund des Menschen" ist keine ökologische Definition, das heißt, es ist keine Definition der Beziehung des Hundes zu seiner Umwelt. Wie wär's anders herum: Sind Menschen der beste Freund des Hundes? Um uns als echte Verhaltensökologen zu erweisen, müssen wir unsere Begriffe definieren und unsere Annahmen überprüfen. Im Spiel der Natur geht es ums Überleben. Um zu überleben, muss ein Tier fressen, Gefahren aus dem Weg gehen und sich fortpflanzen. Welchen Nutzen hat der Hund davon, dass er einen Vogel apportiert? Was bringt die harte Arbeit des Schlittenziehens dem Hund? Steigt der biologische Nutzen eines Hundes, der für die ehrenvolle Aufgabe des Blindenführhundes ausgewählt wurde? Sind Hunde einfach Sklaven, die gelernt haben, solche Aufgaben wie Roboter auszuführen? Oder gibt es bei all dem eine inhärente Belohnung für den Hund?

Wir glauben, dass bei einigen Fragen die Antwort ein Nein sein wird und der Hund in vielen Fällen biologisch gesehen von seiner symbiotischen Beziehung zu Menschen nicht profitiert. Warum schrecken Leute vor dem Gedanken an einen Arien singenden Kastraten, der seine Fortpflanzungsfähigkeit in jungen Jahren zugunsten einer schönen Singstimme und zum Vergnügen seiner Zuhörerschar aufgibt, zurück und tun dies nicht genauso beim Gedanken an dieselbe Verstümmelung eines Hundes, die erfolgt, damit er sein gefügiges, kindliches Wesen behält und einem blinden Menschen von Nutzen sein kann?

Auf unseren Forschungsreisen durch die ganze Welt sehen wir, wie vielfältig die Beziehungen zwischen Hunden und Menschen sein können. Manche Beziehungsformen stechen besonders ins Auge. Die Mehrzahl der Hunde weltweit lebt noch immer wild, als Streuner in Dörfern, denen die Menschen wenig bis gar keine Aufmerksamkeit schenken. Einige Hirtenhunde haben eine tatsächlich für beide Seiten vorteilhafte Beziehung zu den Schafhirten. Andere Hunde leben parasitisch mit Menschen, denn sie nehmen zwar Futter von ihnen, bringen sie aber durch Bisse oder Krankheitsübertragung in Gefahr. Wieder andere wurden vom Menschen als gesamte Hundepopulation eingefangen, eingesperrt und im Namen der „Reinzüchtung" und der „Hebung des Rassestandards" auf bizarre Körperformen gezüchtet, bis schließlich echte Monster entstanden. Die letzte Kategorie der Hunde führt ein verarmtes Leben. Sie können nur dann laufen oder spielen, wenn es ihren Menschen beliebt, und manche von ihnen sind physisch gar nicht mehr dazu in der Lage. Sie sind schon durch ihren Körperbau zu einem Leben voller Krankheit und Schmerzen verdammt. So mancher Hund wird in einem Zwinger oder einer Zelle als Massenware für kommerzielle Zwecke geboren. Manche werden gezüchtet, damit man die Wirksamkeit von Krankheitserregern oder Krebszellen an ihnen testen kann. In diesen Fällen dient wohl nur das Zellgewebe dem Menschen als „bester Freund“.

Es ist offenkundig, dass nur ein kleiner Teil der 400 Millionen Hunde weltweit eine auf Gegenseitigkeit beruhende Beziehung zum Menschen hat. Nur wenige haben eine bestimmte Aufgabe, die sie gemeinsam mit dem Menschen ausführen, wie sie das Bild vom „Mann mit seinem Hund“ suggeriert. Wir wollen damit nicht sagen, dass solche Beziehungen zu Hunden unbedingt falsch sind. Wir glauben nur, dass wir uns über die wirkliche Natur unserer Beziehung zum Hund keinen Illusionen hingeben sollten. Vorherrschende Zuchtprogramme, die den Genpool einer Rasse gegen jegliche neuen Gene abschotten, sind aus verschiedenen Gründen grausam. Viele reingezüchtete Rassen leiden bereits an körperlichen Gebrechen, manche davon wurden absichtlich herausgezüchtet, andere sind Folgen des abgeschotteten Genmaterials. Vor allem dort, wo die Frühentwicklung des Hundes vernachlässigt oder gänzlich außer Acht gelassen wird, treten auch charakterliche und geistige Beeinträchtigungen auf.

Mit diesem Buch möchten wir die verschiedenen Arten symbiotischer Beziehungen zwischen Hunden und Menschen untersuchen, damit die Leser einen biologisch fundierten Einblick bekommen und beurteilen können, was Menschen mit Hunden tun. Wir wünschen uns, mit diesem Einblick zu einem besseren Verständnis für Hunde im Allgemeinen und somit zu einer besseren Beziehung zwischen diesen beiden Spezies beizutragen.

WIE ERFORSCHT MAN HUNDE UND WER TUT ES?

Tierpopulationen werden auf verschiedene Arten und von verschiedenen „-isten“ erforscht. Wenn Ökologen über die Beziehungen zwischen Menschen und Hunden reden, so verwenden sie ein anderes Vokabular, als wenn zum Beispiel Ökonomen die wirtschaftlichen Fragen dieser Beziehung untersuchen. Im Allgemeinen wird meist davon ausgegangen, dass die Beziehung zwischen Menschen und Hunden für beide Seiten vorteilhaft und gut ist. Angeblich ziehen Menschen aus der Tatsache, einen Hund zu haben, einen Nutzen, oder der Hund leistet wertvolle Arbeit für sie, und als Belohnung wird der Hund gegen Krankheiten geimpft, vor Gefahren geschützt, und mit Futter und Gelegenheiten zur Fortpflanzung versorgt.

Ökologisch gesehen ist allerdings nicht erwiesen, dass es einen wechselseitigen Vorteil gibt, viel mehr stellt sich die Frage: Ist die Lebensgemeinschaft von Menschen und Hunden eine echte Symbiose? Was könnte es sonst sein? Ökologen unterscheiden vier grundlegende Typen von symbiotischen Beziehungen. Echte Symbiosen, auch Mutualismus genannt, sind nur ein Viertel der Geschichte.

Kommensalismus ist eine symbiotische Beziehung, von der eine Spezies profitiert, die andere jedoch nichts hat. Es gibt Millionen Hunde auf der ganzen Welt, die die Abfallhaufen der Dörfer durchstöbern. Sie profitieren bei der Futtersuche von ihrer Nähe zum Menschen, während die Menschen aus dem Vorhandensein der Hunde wenig oder gar keinen Nutzen ziehen. Man kann vielleicht anführen, dass die Straßenhunde die Abfallentsorgung des Dorfes übernehmen. Dann müsste dasselbe Argument aber auch für Ratten und Waschbären gelten. Es gibt derart viele Hunde, die sich ihren Lebensunterhalt durch Kommensalismus mit zivilisiert lebenden Menschen verschaffen, dass wir es für gut möglich halten, dass die Dörfer die Initialzündung dafür waren, dass aus Wölfen Hunde wurden.

Mutualismus, also eine echte Symbiose, ist jene Beziehung, die angeblich derzeit zwischen Hunden und Menschen herrscht. Was dabei üblicherweise als Erstes genannt wird, ist die Tatsache, dass Hunde Schlitten ziehen, Schafe hüten oder Häuser bewachen. Wir würden das vor dem Hintergrund unserer vielfältigen Erfahrungen mit Arbeitshunden auch gar nicht bestreiten. Manche behaupten allerdings, dass es grausam ist, Hunde Schlitten ziehen zu lassen, weil sie davon ja keinen Nutzen haben. Per definitionem verlangt Mutualismus aber, dass der Nutzen wechselseitig ist und daher beide Seiten profitieren. Ein Großteil dieses Buches widmet sich Hunden, die mit Menschen arbeiten, und wir werden zeigen, warum ein Teil dieser Arbeit in die Rubrik Mutualismus fällt und ein anderer nicht.

Parasitismus bezeichnet das Zusammenleben von zwei Spezies, bei dem ein Organismus auf Kosten eines anderen profitiert. Wir machen uns vielleicht nicht sehr beliebt, wenn wir argumentieren, dass die heutigen Haushunde sich zu Parasiten entwickelt haben. Sie kosten mehr als sie bringen. Außerdem gehen wir davon aus, dass eine weitere Form des Zusammenlebens, eine Unterkategorie des Parasitismus namens Dulosis vorkommt. Dulosis ist eine Form der Versklavung, bei der eine Spezies Angehörige einer anderen als Arbeiter gefangen nimmt. Wir werden hinnehmen müssen, dass wir uns mit dieser Argumentation vermutlich nicht durchsetzen werden, gehen aber jede Wette ein, dass dies nur daran liegt, dass uns niemand zustimmen will, und nicht daran, dass jemand das Gegenteil beweisen kann.

Amensalismus. Es gibt noch einen Grund, warum wir uns mit dem Parasitismus-Argument vielleicht nicht durchsetzen werden. Die vierte Form symbiotischer Beziehungen ist der Amensalismus, eine Lebensgemeinschaft, bei der eine Spezies einer anderen Schaden zufügt, wobei dies häufig unabsichtlich geschieht und ohne selbst davon zu profitieren. Wenn wir beweisen können, dass Haushunde sich in der merkwürdigen Lage befinden, in der genetischen Falle einer kleinen, von Inzucht geprägten Population (genannt Reinzuchten) gefangen zu sein, die zu ihrem langsamen Untergang führen wird, dann sollte klar sein, dass diese Form des Zusammenlebens für die Hunde nachteilig und für die Menschen von keinem besonderen Vorteil ist.

Das Auftreten von Parasitismus oder Amensalismus soll nicht zum Anlass genommen werden, Hunde aus unserem Leben zu verbannen. Die Tatsache sollte vielmehr zum Ausgangspunkt für Veränderungen und eine Entwicklung in Richtung einer echten Symbiose werden.

Überall auf der Welt leben Hundepopulationen mit Menschen in der einen oder anderen Form symbiotischer Beziehung zusammen. Für den Hund hat die Sache aber noch einen Haken. Der Hund ist zu dieser symbiotischen Lebensgemeinschaft (welchen Typs auch immer) mit dem Menschen *gezwungen*. „Gezwungen" ist hier als biologischer Terminus zu verstehen. Ein Parasit wird dann als zu etwas gezwungen bezeichnet, wenn er nur als Parasit einer einzigen anderen Tierart (über)leben kann. Die Spulwürmer, die parasitisch im Hund leben, können nicht in einem Menschen, einer Katze oder in irgendeinem anderen Tier leben. Ihre spezifische Anpassung zwingt sie dazu, in der ökologischen Nische Hundedarm zu leben.

Einige symbiotische Beziehungen sind für beide Arten gezwungenermaßen so. Die Stickstoff bindenden Bakterien auf Erlen sind ein Beispiel dafür. Beide Arten brauchen die jeweils andere, um zu überleben. Auf die Hund-Mensch-Symbiose trifft dies jedoch nicht zu. Haushunde können außerhalb der Welt der Menschen nicht überleben. Wohl aber Menschen ohne Hunde.

Nur ganz wenige von den sechs Milliarden Menschen auf der Welt sind vom Hund in irgendeiner Weise abhängig. Wenn Hunde morgen von der Erdoberfläche spurlos verschwinden würden, könnten die Menschen die Tragödie ohne allzu großen Stress überleben. Wenn aber die Menschen morgen verschwänden, würden die Hunde höchstwahrscheinlich kurz danach aussterben. Wenn die Menschen langsam verschwänden, dann halten wir es für wahrscheinlich, dass sich die Haushunde vielleicht in etwas Ähnliches wie den Dingo weiterentwickeln. Jedenfalls aber müssten sie sich weiterentwickeln, denn es ist fraglich, ob sie in einer Welt ohne Menschen in ihrer jetzigen Form konkurrenzfähig wären.

Die Tatsache, dass Hunde gezwungenermaßen mit Menschen zusammen leben, bedeutet, dass Menschen eine bestimmte Macht über sie ausüben und ihnen verschiedenste Beziehungen aufzwingen können. Viele der Beziehungen sind so anrührend, wie man es sich nur wünschen kann. Andere wiederum sind sowohl für die Menschen als auch die Hunde schwierig zu leben.

Eine ganze Reihe von Spezialisten interessiert sich für Hunde. Zu ihnen gehören Ethologen, Verhaltensethologen, kognitive Psychologen, Neurologen, biologische Anthropologen, Entwicklungsbiologen und Verhaltenskundler. An den Universitäten verteilen sich diese Forscher zumeist auf die Institute für Zoologie, Psychologie oder Anthropologie, auf Tierhaltung oder Veterinärmedizin. Und seit kurzem auch auf die neu entstandene Anthrozoologie.

Angesichts der Zahl von 400 Millionen Hunden auf der Welt wird an den Universitäten eigentlich nur sehr wenig Forschungsarbeit über Hundeverhalten betrieben. Ein guter Teil unseres Wissens über Hunde ist eine Herleitung aus der Erforschung anderer Tierarten. Was ein Neurologe über die Nerven eines Tintenfischs herausfindet, trifft auch auf Menschen- oder Hundenerven zu. Die Augen funktionieren bei der einen Säugetierart ähnlich wie bei einer anderen. Wenn man weiß, wie Wölfe sehen, hat man eine ziemlich genaue Vorstellung davon, wie Hunde sehen. Dieses Prinzip der Homologie geht davon aus, dass evolutionär oder phylogenetisch verwandte Organe ähnlich arbeiten.

Zoologen, Psychologen und Anthropologen vertreten alle die Meinung, dass Verhalten eine Anpassung im Sinne von Evolution und Entwicklung ist. Verhalten stellt den Synergismus zwischen der genetischen Ausstattung des Tieres und der Umwelt, in der es sich wiederfindet, her. Dieser Synergismus besteht aus Veranlagung *mal* Lernen und nicht, wie dies bis in die 50er Jahre behauptet wurde, Veranlagung *plus* Lernen. Donald Hebb hat das 1953 sehr klar gemacht, als er sagte, der Frage nachzugehen, ob nun Veranlagung oder Lernen wichtiger sei, sei gleich zu setzen mit der Frage, ob denn die Breite oder die Länge für die Berechnung einer Fläche wichtiger sei.

Auch wenn die Studenten von Tierverhalten an den verschiedenen Fakultäten sich über die Grundannahmen einig sind, neigen sie doch dazu, sich auf jeweils unterschiedliche Teile der Gleichung zu konzentrieren. Klinische Psychologen interessieren sich für die Entwicklung von Verhaltensweisen. Sie sind für die Psychologie das, was Embryologen in der Zoologie sind, da die Psychologen die Entstehung von Verhalten untersuchen, so wie die Embryologen die Entstehung physischer Formen erforschen. Biologen stellen das Verhalten eines Tieres in einer bestimmten Umgebung in den Mittelpunkt. Anthropologen beschäftigen sich mit der Geschichte und der Entstehung der Symbiose zwischen Tieren und Menschen. In der Hundeszene gibt es einen unglaublich starken Trend, Erkenntnisse aus dem Labor auf Probleme im wirklichen Leben anzuwenden. Veterinärmedizinische Institute beschäftigen daher eher klinische Psychologen als Ethologen, und oftmals versteht sich ein Tierarzt, der Erkenntnisse aus der klinischen Verhaltensforschung auf bestimmte Probleme anwendet, als Tiertherapeut. Tierverhalten ist aber eine komplizierte Angelegenheit, und die Aufgabe, Verhalten zu verstehen und zu entschlüsseln, erfordert mehr als nur einen Ansatz.

Als Mitte des 20. Jahrhunderts Verhaltensforschung zum Gegenstand einer eigenen Disziplin wurde, brachen erbitterte Kämpfe über den richtigen Ansatz und die Interpretation der Forschungsergebnisse aus. Es ging dabei hauptsächlich um die Kontroverse ererbte Veranlagung vs. erlerntes Verhalten. In den 1950er und 1960er Jahren fanden heiße Debatten zwischen amerikanischen Psychologen und europäischen Ethologen statt. Als die europäischen Ethologen Konrad Lorenz, Niko Tinbergen und Karl von Frisch 1973 den Nobelpreis im Wesentlichen dafür verliehen bekamen, das Gebiet der Verhaltensforschung erfunden zu haben, waren die Pioniere der Verhaltenswissenschaften jenseits des Atlantik sehr verstimmt. Mit gutem Grund!

Zwischen Anthropologen, Psychologen und Biologen gibt es heute zumindest theoretisch keine grundlegenden Differenzen. Wozu also in alten Wunden stochern? Ein neues Verständnis könnte zur Lösung wichtiger Probleme beitragen, die bis heute in der Hundeszene bestehen. Zwischen den Verhaltenswissenschaften und den im Alltag arbeitenden Hundetrainern besteht eine große Kluft. Populärwissenschaftliche Medien versuchen zwar, diese Kluft zu überwinden, aber das ist schwierig, und immer wieder tauchen in der Literatur alte Mythen auf. Unser Verständnis für die Spezies Hund hat vermutlich darunter gelitten, dass es nur wenige Forschungsarbeiten über Hundeverhalten gibt. Wahrscheinlich baut ein zu großer Teil unserer Annahmen über das Verhalten von Hunden auf bedenkenlos von der Erforschung anderer Arten wie Wölfen oder Ratten übertragenem Wissen auf. Vielleicht wurden aufregende Erfolgsmeldungen aus den Forschungslabors nur zu begierig von Journalisten übernommen und sich nicht klar gemacht, dass auch Wissenschaftler Datenmaterial fehlinterpretieren und ungesicherte Schlussfolgerungen ziehen können. Es überrascht uns, wenn Genetiker Hunderassen so diskutieren, als handle es sich um eine alte, sexuell isolierte Spezies, die im Sinne Darwins künstlich für den Dienst am Menschen selektiert wurde. Leute, die es besser wissen sollten, schreiben über Gene für bestimmte Verhaltensformen, zum Beispiel ein Gen für die Wasserliebe beim Neufundländer oder ein Gen fürs Hüteverhalten beim Border Collie. Professionelle Hundeverhaltenstherapeuten stellen unkritische Vergleiche an: Wölfe bilden Rudel, daher muss man angeblich, wenn man einem Hund etwas beibringen will, selber der Rudelführer und Alphawolf sein.

Ein Teil des Problems hat seine Wurzeln in der Geschichte der Verhaltensforschung selbst. Vielleicht kann ein Blick auf das, was Ethologen und Psychologen der 1950er Jahre über Hunde dachten, die Sache ein wenig erhellen.

Ethologen beschäftigten sich mit der Frage: Was *tun* die Tiere? Sie interessierten sich für artspezifisches Verhalten, das häufig auch als angeboren oder instinktiv bezeichnet wurde. Sie vertraten die Annahme, dass es sich beim Verhalten einer Spezies um eine evolutionäre (genetische) Anpassung handelt. Ethologen erstellen Ethogramme, ein Verzeichnis der Bewegungsmuster eines Tieres. Bewegungsmuster sind Körperpositionen, die ein Tier einnimmt. John Fentress und Peter McCloud von der Dalhousie University brachten das in einer Arbeit 1986 am besten zum Ausdruck: „Tiere drücken die Regeln, nach denen sie mit ihrer physischen, biologischen und sozialen Umgebung interagieren und nach denen sie sich an sie anpassen, durch das Hervorbringen von zusammenhängenden Bewegungssequenzen aus."

Zwei Bewegungsmuster für Angst (s. Abb. auf Seite 31), die Hunde bei der Annäherung eines Fremden zeigen, verdeutlichen, auf welche Weise zusammenhängende Bewegungssequenzen Hunde-Regeln ausdrücken. Ein Rüde, der das Hinterbein hebt und uriniert, zeigt ein Bewegungsmuster aus dem Ethogramm von Hunden, das bei Katzen nicht vorkommt. Ähnlich scheint es bei Herdenschutzhunden und Hütehunden verschiedene Regelsysteme zu geben, die der Grund dafür sind, warum sie sich Schafen gegenüber unterschiedlich verhalten.

Manchmal heißt es, dass sich die ursprünglichen Ethologen zu den modernen Verhaltensökologen weiterentwickelt haben. Einige aber glauben (und hoffen!), dass nicht alle Ethologen ausgestorben sind.

Verhaltensökologen untersuchen, wie eine Spezies ihren Lebensunterhalt verdient. Wie verhält sich das Tier, um zu genügend Energie (Nahrung) zu kommen, und wie wird diese Energie in Nachkommenschaft umgesetzt? Verhaltensökologen interessieren sich für die ökologische Nische einer Spezies. Sozusagen eine Spezies, eine Nische. Ein Verhaltensökologe, der Hunde untersucht, geht davon aus, dass die artspezifischen Verhaltensweisen eine evolutionäre Anpassung sind. Eine solche Anpassung der Beutestrategie von Hunden besteht darin, Bewegungsmuster zum Auslösen von Pflegeverhalten zu zeigen, das Menschen zum Füttern der Hunde veranlasst. Wenn Menschen vom Füttern der Hunde nicht profitieren, dann klassifizieren Verhaltensökologen den Hund als Parasiten des Menschen. Es spielt dabei keine Rolle, dass der Mensch dem Hund gern erlaubt, Parasit zu sein. Die Frage, ob sich Menschen gut fühlen, wenn sie Hunde füttern, oder ob sie einen psychologischen Nutzen daraus ziehen, Hunde zu füttern, kommt in der Methodologie der Verhaltensökologen nicht vor. Dafür müssen wir uns den Psychologen zuwenden.

Verhaltenspsychologen sind mehr daran interessiert, wie Verhalten entsteht, egal ob es artspezifisch ist oder nicht. In den 1950er Jahren kam es zu gewissen Missverständnissen, was die Tätigkeit der Verhaltenspsychologen anbelangt. Es entstand der Eindruck, dass Psychologen nicht an artspezifisches Verhalten glauben und sie Verhaltensgenetik mit dem Hinweis darauf abtaten, dass es bei Entwicklung um Lernen geht und sonst nichts. Das stimmte zu keinem

Bewegungsmuster Angst. Dieser Hund zeigt ein Bewegungsmuster der Angst und versucht, vor einem näher kommenden Fremden zu fliehen. Die Haltung, die ein Hund einnimmt, gibt uns Informationen über seine Absichten.

Auch dieser Hund zeigt ein Bewegungsmuster der Angst. In diesem Fall ist der Hund jedoch unentschlossen, ob er den näher kommenden Fremden angreifen oder fliehen soll. (Zeichnungen von Katherine A. Doktor-Sargent nach Fotos der Autoren.)

Zeitpunkt. Die Verhaltenspsychologie stellt nicht in Abrede, dass es artspezifisches Verhalten gibt und Verhalten einen genetischen Anteil hat; sie beschäftigt sich nur ausschließlich mit dem Prozess der Entstehung von Verhalten. Ein anderes Missverständnis war, dass sich Verhaltenspsychologen damit beschäftigen, wie Verhaltensänderungen erzielt werden können. Bei einer Untergruppe der Verhaltenspsychologen, den Behavioristen, war das ziemlich sicher der Fall.

Behavioristen stellten nicht die auf die Tierart abgestellte Frage nach „Was *tut* das Tier?", sondern vielmehr „Was *kann* das Tier tun?" Das Fachgebiet der Behavioristen ist das Lernen, die Förderung von Verhaltensentwicklung. Im Versuch lernten die Tiere, sich an ihre Umgebung anzupassen. Behavioristen beobachteten Ratten im Labyrinth, brachten Tauben das Pingpongspielen bei oder untersuchten die Fähigkeit zum Werkzeuggebrauch bei Schimpansen. Vor dem Hintergrund der breit geführten Diskussionen über Pawlow, Skinner und Freud konnte man leicht zu dem Schluss kommen, dass sie sich nur für die Veränderung von Verhalten interessierten.

Hundeverhaltensspezialisten sind eine Untergruppe der Verhaltenspsychologen. Sie beschäftigen sich fast ausschließlich mit Training und Ausbildung. Die theoretische Auseinandersetzung mit dem Lernverhalten von Hunden und Ausbildungsmethoden geht auf den russischen Physiologen Ivan Pawlow zurück, der vor dem Füttern seiner Hunde eine Glocke läutete. Er stellte dann fest, dass die Hunde jedes Mal in der Erwartung von Futter zu speicheln begannen, wenn er die Glocke läutete, egal, ob es Futter gab oder nicht. Das Konzept wurde als klassische Konditionierung bekannt. Der amerikanische Psychologe B. F. Skinner entwickelte später das Konzept der operanten oder instrumentellen Konditionierung. Er steckte ein Tier in seine berühmte Skinner-Box, in der es eine Belohnung erhalten konnte (üblicherweise Futter), wenn es das gewünschte Verhalten zeigte (zum Beispiel einen Hebel drücken, mit dem ein Futterspender betätigt wurde). Es konnte auch bestraft werden (üblicherweise mit einem leichten Elektroschock), wenn es den falschen Hebel drückte. Die aus diesen Versuchen gewonnenen Erkenntnisse wurden auf das Training mit Hunden übertragen. Wenn zum Beispiel ein Blindenführhund seinen Trainer in einen Masten laufen lässt, schimpft der Trainer den Hund aus und gibt ihm einen schnellen Leinenruck am Würgehalsband (dem Instrument). Der Hund lernt so, Situationen zu vermeiden, in denen er bestraft wird (aversive Konditionierung).

Im Lauf der Jahre haben viele großartige Tiertrainer dem großen Puzzle Lernverhalten einzelne Teile hinzugefügt. Zu den Pionieren gehörten die amerikanischen Zirkustiertrainer Breland und Breland. Aber wie auf jedem anderen boomenden Gebiet wird auch jede Generation von Hundetrainern neue Theorien und Instrumente entwickeln, um eine noch schnellere und dauerhaftere Veränderung des Verhaltens zu erreichen. Bis dieses Buch veröffentlicht ist, wird auch positive Verstärkung und Clicker-Training schon wieder ein alter Hut sein.

Tierpsychologen oder Tiertherapeuten beschäftigen sich häufig mit abnormalem Verhalten, das eher in psychologischen als in ethologischen Begriffen beschrieben wird. Dieser Hund hat Trennungsangst, jener eine zwanghafte Verhaltensstörung. Da viele dieser Verhaltensstörungen auf klassische oder operante Konditionierung nicht ansprechen, können Spezialisten auch entsprechende Medikamente verschreiben.

Unsere Sorge ist aber, dass Tierpsychologen meist glauben, dass alle Tiere auf dieselbe Weise lernen. Was bei einem Delphin gilt, gilt aus ihrer Sicht daher auch für eine Ratte oder einen Hund. Und was für eine Hunderasse gilt, gilt ebenso für eine andere. Wenn eine Hunderasse besser oder leichter auszubilden ist als eine andere, folgert der Tierpsychologe daraus leicht vorschnell, dass die eine Rasse intelligenter ist als die andere. Solche voreiligen Schlussfolgerungen lassen aber außer Acht, dass Delphine und Ratten und Hunde und deren verschiedene Rassen alle nach unterschiedlichen Regelsystemen funktionieren. Und genau hier liegt die Kluft, die uns im Verständnis des Hundeverhaltens trennt.

Die folgende Geschichte ist vielleicht nicht ganz genau so geschehen, beschreibt aber den Kern des Problems, mit dem sich Hunde und ihre Besitzer konfrontiert sehen. Ein Hundebesitzer ruft seinen Tierarzt/ Tierpsychologen an, weil sich sein Hund seltsam benimmt. Er steht oder liegt lange Phasen völlig still, starrt einen Gegenstand an und lässt sich nur schwer davon ablenken. Der Tierarzt beobachtet das Verhalten und diagnostiziert eine zwanghafte Verhaltensstörung. Er verschreibt Medikamente. Aber um welchen Hund handelt es sich? Ein Mensch mit Border Collie-Erfahrung weiß genau, dass der Hund ein für seine Rasse typisches, völlig normales und hoch erwünschtes Verhalten zeigt. Dieses Bewegungsmuster ist genetisch verankert, fehlt es, kann der Border Collie nicht zum Hüten der Schafe ausgebildet werden. Das Verhalten lässt sich nicht mit Medikamenten kurieren. Es lässt sich auch nicht wegtrainieren. Es ist Teil des Ethogramms dieses Hundes. Ein Tier deswegen auf psychische Störungen zu behandeln, stresst Hund und Besitzer. Und einen solchen Hund als Familienhund zu halten, stresst Hund und Besitzer ebenso.

In den Vereinigten Staaten haben John Paul Scott und John Fuller, zwei Verhaltenspsychologen, in den 1950er und 1960er Jahren am Jackson Laboratory in Bar Harbor, Maine, bahnbrechende Forschungen über Hundeverhalten durchgeführt. Scott und Fuller beschäftigte die Frage, welche Auswirkungen Vererbung auf das Verhalten hat. In ihrem Labor arbeiteten sowohl Zoologen als auch Psychologen an dem Versuch, durch die Kombination von Psychologie und Verhaltensgenetik eine Antwort auf diese Frage zu finden. In Veröffentlichungen über ihre Projektarbeit verwendeten sie die Terminologie der Psychologie. Das war stimmig, denn ihre Forschungsobjekte waren zwar Hunde, aber das Motiv hinter ihrer Forschung war die Erforschung von menschlichem Sozialverhalten. Der Bericht über das Bar Harbor-Projekt von Scott und Fuller aus dem Jahr 1965 wurde als Buch unter dem Titel *Genetics and the Social Behavior of the Dog* veröffentlicht. Das Buch wurde mehrfach neu aufgelegt und nachgedruckt, da Menschen, die sich für Hundeverhalten interessierten, davon – völlig zu Recht – fasziniert waren.

Das Buch *So kam der Mensch auf den Hund* von Konrad Lorenz war vielleicht die erste ethologische Annäherung an das Thema Hundeverhalten. Es ist ein wunderbares Buch für jeden Hundeliebhaber und wurde 1954 veröffentlicht. Die Analyse von rassespezifischem Verhalten veranlasste Lorenz zu der Hypothese, dass manche Hunderassen vom Schakal abstammten und die nördlichen, wie die Spitz-Arten, von den Wölfen. Die „lupus" - Hunde, behauptete er, behandeln ihre Herren als wären sie Rudelführer und haben eigenständige Wesenszüge. Die „Schakal" -Hunde behandeln ihre Herren eher wie Elternteile und zeigen „sklavenähnliche Unterwerfung".

Wir hatten das Glück, Lorenz 1977 zu treffen. Er begrüßte uns vor den Stufen seines Hauses im österreichischen Altenburg mit den Worten: „Sie sind also die Hundebiologen. Bevor wir eine Diskussion beginnen, möchte ich zuerst eines sagen: alles, was ich über Hunde geschrieben habe, ist falsch." Er bezog sich auf seine Annahmen über Wolf- und Schakal-Hunde. Nun, so ein Eingeständnis hört man selten, aber Lorenz war als Wissenschaftler groß beim Aufstellen von Hypothesen, und als wirklich großer Wissenschaftler hatte er keine Angst, wenn Kollegen seine Annahmen widerlegen konnten. Uns gefällt die Idee, dass die Ethologie in Wirklichkeit 1937 entstand, als Lorenz schrieb: „Verhalten ist ein Merkmal der Taxonomie". Mit anderen Worten, Verhalten ist ein typisches Wesensmerkmal. Für Ethologen ist das Hundeverhalten ein typisches Wesensmerkmal von Hunden.

Wenn *So kam der Mensch auf den Hund* die erste populäre biologische Aufarbeitung des Themas Hunde war und *Genetics and the Social Behavior of the Dog* die zweite, dann kam als nächstes Michael Fox mit seinem Buch *Canine Behavior* (1963) und *Versteh Deinen Hund* (1972). Fox, ein Ethologe, Veterinärmediziner und Psychologe arbeitete mit Scott und Fuller in Bar Harbor, und seine Bücher stehen fest auf dem Boden der biologischen Grundlagen von Verhalten. Fox brachte als Erster populärwissenschaftliche Bücher heraus, die komparative Psychologie und Ethologie vereinten. Er entwarf als Erster Experimente zur Auflistung der Unterschiede in den Bewegungsmustern von domestizierten und wilden Kaniden. Er war auch Lehrer und Mentor einer nächsten Generation von Hundeforschern, allen voran Marc Bekoff an der University of Colorado und Randall Lockwood von der Human Society of the United States.

* * *

Dieses Buch beschäftigt sich mit der Evolution von typischen Verhaltensmerkmalen des Hundes. Es behandelt die Ursprünge des unterschiedlichen Verhaltens verschiedener Rassen und die verschiedenen symbiotischen Beziehungen, in denen Hunde mit Menschen leben. Es zeigt, wie und warum sich Hunde an eine menschliche Umwelt anpassten. Dazu werden wir uns mit neun verschiedenen Typen von Hunden genauer auseinandersetzen: Dorfhunden, Herdenschutzhunden, Jagdbegleithunden, Schlittenhunden, Hütehunden, Apportierhunden, Vorstehhunden, Familienhunden und Servicehunden. Jeder dieser Typen hat ein genetisch auf unterschiedliche Weise auf das Zusammenleben mit Menschen spezialisiertes und angepasstes Verhalten.

In Teil I verfolgen wir den Weg der Evolution der Hunde von ihren wölfischen Vorfahren über ihre kommensalistischen Anfänge als domestizierte Dorfhunde bis zur Herausbildung der „natürlichen" Rassen.

In Teil II untersuchen wir spezialisierte Typen von mit Schafen arbeitenden Hunden, Schlittenhunden und Jagdhunden. Wir studieren ihre ungewöhnlichen physischen Formen und Verhaltensweisen. Wir betrachten die Umgebungen, in denen sie ihre einzigartigen Fähigkeiten erworben haben. Von diesen Hunden wird angenommen, dass sie in einer echten Symbiose mit dem Menschen zum beiderseitigen Nutzen leben.

Und in Teil III erkunden wir die Welt der Haus- und Familienhunde sowie der Service- und Führhunde. Wir stellen Überlegungen zu ihrem aktuellen Status an und werden Beweise dafür liefern, dass ihre Lebensgemeinschaft mit dem Menschen entweder parasitisch oder amensalistisch ist, wenn nicht Schlimmeres. Wir werden argumentieren, dass Hunde nicht unweigerlich der beste Freund des Menschen sind – und auch Menschen nicht unbedingt der beste Freund des Hundes.

Teil IV beschäftigt sich mit einigen der jüngsten Debatten über Hunde – über ihre genetische Verwandtschaft mit anderen Kaniden, ihre wissenschaftlich korrekte Bezeichnung, das Alter der Spezies Hund – und ob sie eine Spezies sind – und schließlich damit, wie sie es schafften, so rasch so vielfältige Formen zu entwickeln.

Unsere Beschäftigung mit diesen Fragen sollte dazu führen, dass Sie Ihren Hund noch mehr schätzen, als Sie es schon tun. Sie werden Hunde in einem völlig neuen Licht sehen können und Details im Verhalten des Ihren bemerken, die Ihnen vorher entgangen waren. Vermutlich werden Sie allen Hunden mit neuem Respekt begegnen. Wenn Sie mit Hunden arbeiten, sei es als Besitzer, Trainer, Hundeführer, Tierarzt oder in irgendeiner sonstigen Form, so werden Sie mit diesem Buch hoffentlich neue Erkenntnisse über die Hunde erhalten, mit denen Sie Ihre Arbeit noch viel effizienter gestalten können. Und das wird mehr Spaß machen, nicht nur Ihnen, sondern auch den Hunden.

TEIL I

DIE EVOLUTION DES URHUNDES: KOMMENSALISMUS

Wo immer ich auf der Welt hinkomme, gibt es Dorfhunde. Sie suchen ihr Futter auf den Straßen, Hinterhöfen und Abfallhaufen. Sie sind eher klein, aber in Größe und Aussehen ziemlich einheitlich – sie wiegen um die zwölf bis dreizehn Kilo und haben eine Schulterhöhe von 45 Zentimetern. Sie haben glattes, kurzhaariges Fell und Kippohren, und jede Farbe ist „zulässig". Ihre Anwesenheit oder ihr Aussehen überraschen mich selten. Sie gehören anscheinend niemandem und brauchen keinen. Sie sind ganz offensichtlich vom Dorfleben abhängig, aber die Menschen schenken ihnen kaum Beachtung. Sie unterhalten eine, wie Ökologen es nennen, kommensalistische Beziehung zum Menschen. Sie ernähren sich (sozusagen) vom selben Tisch wie die Menschen, aber hat sie jemand an den Tisch geladen?

Meiner Meinung nach sehe ich in solchen Fällen Hundepopulationen, wie sie seit Jahrtausenden – und im Wesentlichen unverändert – existieren. Sie sind allgegenwärtig und gleichen sich in Größe, Körperform, Farbe und Verhalten derart, dass sie mir vorkommen wie Tiere, die die perfekte Anpassung an das Überleben in ihrer ökologischen Nische erreicht haben. Sie ernähren sich, vermehren sich, schützen sich vor Gefahren und leben in einer einseitigen Gemeinschaft mit Menschen in Dörfern.

Ich sehe zeitgenössische Abkömmlinge der Urhunde vor mir. Ich glaube, dass es sich um heute lebende Exemplare des „missing link", des fehlenden Bindeglieds in der Entwicklung der Kaniden handelt, um einen Prototyp Hund, wenn man so will, um den ersten Kaniden mit den Wesenszügen des domestizierten Hundes.

KAPITEL 1

Aus Wölfen werden Hunde

Es gab einen Zeitpunkt in der Menschheitsgeschichte, als es noch keine Hunde gab. Es gab Wölfe, Schakale und Kojoten, aber keine Hunde. Irgendetwas musste geschehen sein, damit aus diesen Bewohnern der Wildnis die Haushunde entstehen konnten. Irgendein evolutionärer Prozess muss stattgefunden haben. Aber was könnte es gewesen sein? War es die künstliche Selektion durch den Menschen, der Wolfsjunge aus der Höhle holte und sie zähmte? Oder war es natürliche Auslese, bei der Umweltveränderungen das Überleben des Stärkeren begünstigte? Wenn natürliche Auslese am Werk war, dann musste es sich um eine Anpassung der Wildtiere an eine neue oder veränderte ökologische Nische handeln. Und diese Nische musste irgendwie mit dem Menschen zusammenhängen, denn das Ergebnis war ein domestiziertes Tier, ein Haustier.

Obwohl Hunde oberflächlich betrachtet den Wölfen ähneln, denke ich nie in *Wolfs*begriffen, wenn ich Hunde vor mir habe. Es gibt enorme und wichtige Unterschiede in Form und Verhalten. Wölfe leben in der Wildnis, sie sind wild, sie meiden Menschen und töten ihre Beute selbständig, häufig in Zusammenarbeit mit anderen Wölfen. Hunde dagegen leben in der Nähe menschlicher Behausungen, und statt den Menschen zu meiden, sehen sie ihn als Futterquelle. Eine grundlegende Veränderung, eine genetisch fixierte Veränderung hat stattgefunden. Diese Unterschiede bei der Nahrungssuche haben ein Tier hervorgebracht, das gezähmt und abgerichtet werden kann, und bei beidem handelt es sich um genetisch verankerte Eigenschaften.

Darwin hat sein großes Werk *Die Entstehung der Arten* 1859 veröffentlicht. Er legte der Welt seine sorgfältig recherchierte und gut ausgeführte Theorie über natürliche Selektion vor, der er häufig Beispiele künstlicher Selektion gegenüberstellte. Er war erstaunt, dass bei einer domestizierten Art eine solche Vielfalt an Formen und Farben vorhanden war, und nahm daher wie die meisten Studenten seither an, dass es sich bei den Hunden um einen Fall künstlicher Selektion handelte. Der Selektionsdruck, durch den Wölfe zu Hunden wurden, war der Mensch. Er stellte sich vor, wie Menschen Wolfsjunge aus den Höhlen holten, zähmten und ihnen beibrachten, nützliche Aufgaben zu übernehmen. Der Theorie zufolge taten sich Wölfe und Menschen zum beiderseitigen Nutzen zusammen. Jede Seite hatte der anderen etwas zu bieten. Vielleicht waren die Menschen für den Verstand und die Wölfe für Schnelligkeit und Erlegen der Beute zuständig.

Der Wolf hier nimmt ganz vorsichtig hingeworfene Essensreste auf der Autobahn in Quebec auf. Vielfach wurde die These aufgestellt, dass dies der erste Schritt der Domestikation gewesen sein könnte. Ich bezweifle allerdings, dass einem ungewöhnlich zutraulichen Wolf Essensreste hinzuwerfen auch nur annähernd an selektives Züchten herankommt.

Stan Warner versucht hier den Fuchs daran zu hindern, unseren Fisch zu stehlen. Natürlich hatten wir der kleinen Füchsin vorher beigebracht, Fisch zu stehlen, um eine Nahaufnahme von ihr machen zu können. Wir hatten ihr auch beigebracht, unsere Teller sauber zu lecken. Es ist deutlich einfacher, ein Wildtier dazu zu bringen, zu einer Futterstelle zu kommen, als Menschen zu einer Futterstelle zu führen.

Wäre da nicht ein Denkfehler. Nur weil heute manche Menschen Hunde selektieren und züchten, heißt das nicht, dass die Urhunde auf die gleiche Art entstanden sind. Wenn man das Verhalten von Wölfen genau betrachtet und die Biologie von Wildtieren kennt, besteht meines Erachtens nicht der Funken einer Chance, dass Menschen wild lebende Wölfe gezähmt und abgerichtet und zu Hunden gemacht haben. Ich glaube vielmehr, dass (zumindest) eine Population von Wölfen sich selbst domestiziert hat.

DIE PINOCCHIO-THEORIE ÜBER DIE ENTSTEHUNG DER HUNDE

Laut einer weit verbreiteten Ansicht haben die Menschen den Hund durch künstliche Selektion geschaffen. Menschen holten Wolfsjunge aus den Höhlen und machten Haustiere aus ihnen. Sie zähmten sie, richteten sie ab und nahmen sie mit auf die Jagd. Nachdem man das viele Generationen lang so gemacht hatte, wurden aus den Wölfen Hunde.

Biologisch gesehen ist das so weit hergeholt, dass ich das mit einer blumigen Formulierung als die Pinocchio-Theorie bezeichne. Der alte Holzschnitzer, der sich einen Sohn wünschte, schnitzte sich einen aus Holz und nannte ihn Pinocchio. Der Knabe wünschte sich nichts sehnlicher, als seinem Vater Freude zu machen und versuchte, ein echter Junge aus Fleisch und Blut zu werden. Er wünschte es sich so sehr, dass er nach einigen wenigen aber wichtigen Lektionen über ehrenhaftes Benehmen eine gute Fee als Patin gewann, die ihren Zauberstab hob und ihn in einen lebendigen Knaben verwandelte. Für mich klingt es ganz ähnlich, wenn angeblich Wölfe dadurch in Hunde verwandelt wurden, dass man sie zu hundeähnlichem Verhalten veranlasste.

Die Wolfsjunges-wird-Hund-Theorie gründet sich darauf, dass Wölfe und Hunde verwandt sind (richtig), dass Hunde leicht eine Verbindung zum Menschen eingehen (richtig) und dass daher in der Vergangenheit Wölfe mit dem Menschen eine Verbindung eingegangen sein müssen (unrichtig). Zur Untermauerung dieser Theorie sind weitere vage Annahmen erforderlich. Zum Beispiel die, dass das Verhalten zahmer Wölfe angeblich mehr dem von Hunden als jenem von wild lebenden Wölfen ähnelt (ebenfalls unrichtig).

Wenn Wölfe erst einmal gezähmt sind, kann man ihnen dann beibringen, nützliche Dinge zu tun, zum Beispiel Fremde durch Verbellen zu melden oder bei der Jagd zu helfen?

Laut der Pinocchio-Theorie wird der Wolf zum Hund, wenn er erst einmal gezähmt und den menschlichen Anforderungen entsprechend abgerichtet wurde. Irgendwie selektierten die Menschen des Mesolithikums, die nie zuvor einen domestizierten Hund gesehen hatten, die gezähmten und ausgebildeten Wölfe auf hundeähnliche Wesensmerkmale, die davor kein Wolf je aufgewiesen hatte: Hängeohren, scheckiges Fell und weitere Eigenschaften, die wir für reine Hundemerkmale halten. Damit das überhaupt hätte funktionieren können, muss man weiterhin die Annahme treffen, dass es genügend gezähmte und abgerichtete Wölfe gab, unter denen man auswählen und die besten miteinander verpaaren konnte. Über viele (Hunderte? Tausende?) Jahre hinweg sieht die Pinocchioabfolge der Selektion so aus:

Zähmen (erlernt) – Abrichten (erlernt) – Domestikation (genetisch fixiert)

Zuerst lernen die Wölfe, sich zahm zu verhalten. Dann lernen sie, sich abrichten zu lassen, und schließlich werden dadurch eines Tages (genetisch fixiert) domestizierte Hunde. Ich weiß wirklich nicht, wie die Vererbung das leisten soll, denn kein noch so gut gezähmter erwachsener Wolf bringt jemals genetisch zahme Welpen zur Welt.

Sozialisierung eines Wolfswelpen.
Im Wolf Park gibt es engagierte Betreuer, die die Wolfswelpen im Alter von 13 Tagen aus der Höhle nehmen und die nächsten Monate mit ihnen verbringen. Wenn sie auf den Menschen geprägt werden sollen, ist es unbedingt notwendig, dass man damit beginnt, bevor sie die Augen öffnen. (Foto von Karin Bloch.)

Wölfe sind keine Tiere, die ich als (besonders) leicht zu zähmen oder (besonders) leicht zu trainieren einstufen würde. Man kann Wölfen *beibringen*, einige wenige zahme Verhaltensweisen zu zeigen (keine Scheu vor Menschen und eine gewisse, allerdings sehr eingeschränkte Gefügigkeit). Hunde sind aber von ihrer *genetischen Veranlagung* her leicht zu zähmen und zu trainieren. Hunde sind zahm. Und das ist genetisch gesehen ein Riesenunterschied.

Untersuchen wir doch die Annahmen über die „Zähmbarkeit" und „Tauglichkeit zum Abrichten" genauer und entscheiden dann, ob die Pinocchio-Theorie plausibel erscheint.

DIE ZÄHMUNG DES WOLFES

Die erste Frage ist: Verhalten sich „zahme" Wölfe wie Hunde (oder: Können Wölfe wirklich gezähmt werden)? Der deutsche Wolfsforscher Erik Zimen fand heraus, dass die Sozialisierung seiner in Gefangenschaft großgezogenen Wolfsjungen nur dann Erfolg hatte, wenn sie vor dem Alter von 19 Tagen durchgeführt wurde. Im Vergleich dazu kann ein Hund auch mit zehn Wochen noch auf den Menschen sozialisiert werden. Im Alter von 19 Tagen sind sowohl Hundewelpen als auch Wolfsjunge noch von der Muttermilch abhängig und brauchen noch weitere zwei Wochen, bis sie feste Nahrung zu sich nehmen können. Bei Wölfen in Gefangenschaft, wie zum Beispiel jenen im Wolf Park in Battle Ground, Indiana, USA, werden die Jungen ab dem Alter von acht bis zehn Tagen von menschlichen „Eltern" aufgezogen, damit die erwachsenen Wölfe später daran gewöhnt sind, von Menschen versorgt zu werden.

Der Psychologe und Verhaltensforscher Erich Klinghammer, Gründer und Direktor des Wolf Park, gehört zu den wenigen Experten für Wolfszähmungen weltweit. Über viele Jahre hinweg haben er und seine Kollegin Patricia Goodmann sowie eine Gruppe speziell ausgebildeter Wolfswelpen-Betreuer Wolfsjunge auf Menschen sozialisiert. Die Aufzucht von Hand ist eine aufwändige, Zeit raubende Prozedur, die aber unbedingt notwendig ist. Um die täglichen Routinearbeiten wie das Reinigen der Käfige, Füttern und die sonstige Versorgung der Wölfe überhaupt durchführen zu können, dürfen die Wölfe keine Angst vor Menschen haben und müssen sie akzeptieren. Im Wolf Park werden die Wölfe auch daran gewöhnt, angeleint zu sein, so dass sie leicht von einem Ort zum anderen gebracht werden können. Versuchen wir nun, uns vorzustellen, wie die Menschen in einem mesolithischen Dorf diesen Prozess der Sozialisierung organisieren. Es kostet viel Engagement und Mühe, und was für einen Überlebensvorteil hätten die Steinzeitmenschen davon?

Niemand im Wolf Park – schon gar nicht die Tierpfleger – kämen je auf die Idee, die erwachsenen Wölfe als Haustiere zu betrachten. Die Pfleger verhalten sich vielmehr so, als würden sie die Welt des Wolfes betreten, und respektieren die Regeln ihres Sozialverhaltens. Die Pfleger werden sorgfältig ausgebildet, damit sie mit den Wölfen arbeiten können, ohne dass es zu aggressiven Zwischenfällen kommt. Der Tierpfleger versucht nicht, sich wie ein Rudelführer zu verhalten und die Unterwerfung der Wölfe zu erreichen. Klinghammer geht davon aus, dass die Wölfe ihnen bekannte Tierpfleger als Rudelmitglieder betrachten. Er hat herausgefunden, dass er von den Wölfen dann die von ihm gewünschten Reaktionen erhält, wenn er sich ihnen gegenüber sicher und auf für sie natürliche (angeborene) Weise verhält und damit Reaktionen aus ihrem angeborenen Sozialverhalten auslöst. So ist es beispielsweise für die Tierpfleger leichter, mit einem scheuen Wolf Kontakt aufzunehmen, wenn sie warten, bis sich die Wölfe in der Morgen- bzw. Abenddämmerung versammeln. Wenn die Wölfe durch Versammlung abgelenkt sind, findet der Tierpfleger eher eine Gelegenheit, mit den scheuen Tieren Kontakt aufzunehmen und sie zu berühren. Aber trotz all der ausgeklügelten Methoden und dem umfangreichen Wissen, das zur Anwendung kommt, sind letzten Endes die Wölfe doch nur teilweise zahm und bleiben gefährliche Tiere.

Ein Wolf, der keine Angst vor Menschen hat, ist sogar gefährlicher als ein wild lebender Wolf, denn dieser flieht, wenn man ihm zu nahe kommt, während ein gezähmter sich furchtlos nähert und beißt. Vor 20 Jahren nahm mich Erich trotz all meines Zögerns einmal mit in den Hauptzwinger des sozialisierten Rudels. Alle Wölfe des Rudels stammten von vielen Generationen in Gefangenschaft geborener Wölfe ab, sie waren als Welpen von Hand aufgezogen und gezähmt worden. Alle machten bei den täglichen Vorführungen im Wolf Park mit und wurden – ebenfalls täglich – von Tierpflegern im direkten Kontakt versorgt. Warum also zögerte ich?

„Sieh mal“, sagte ich, „ich kenne mich mit Hunden aus und habe wild lebende Wölfe beobachtet, aber von gezähmten Wölfen habe ich keine Ahnung.“

„Behandle sie einfach wie Hunde“, erklärte mir Erich in bestimmtem Ton. Das tat ich dann auch. Ich klopfte Cassi kräftig auf die Flanke und sagte so etwas wie „guter Wolf“ zu ihr. In diesem Moment verwandelte sie sich in ein einziges großes Maul voller Zähne. Kein kleines Scheingefecht, es war Krieg total angesagt – und die Probe, wie gut ich mich auf den Beinen halten und dabei gleichzeitig Erichs aufgeregtem Befehl „*Raus hier, raus hier*! Sie werden dich *töten*!“ folgen konnte. Man beachte die Formulierung „Sie werden dich *töten*!“. Ich erinnere mich verschwommen daran, dass von überall her Wölfe zusammenliefen, und an einen Wolf, der an meiner Hose zerrte, während sich Cassi auf meinen linken Arm konzentrierte.

„Warum hast du sie denn geschlagen?“, fragte Erich danach so leise, dass ich ihn neben dem lauten Klopfen meines Herzens kaum hörte.

„Ich hab sie nicht geschlagen! Ich hab sie gestreichelt! Du hast gesagt, ich soll die Wölfe wie Hunde behandeln, und ich streichle Hunde nun mal so. Und wenn ich mich einem Hund gegenüber sozial ungehörig benehme, dann beißt er mir nicht gleich den Kopf ab. Und überhaupt: Warum haben alle von euch, die Wölfe sozialisieren, diese hässlichen Narben?“ stieß ich in einem Atemzug hervor, während ich einen Druckverband über dem zerfetzten Ärmel meiner Daunenjacke anlegte. Nie wieder habe ich geglaubt, dass man zahme Wölfe wie Hunde behandeln kann. Erich und ich begannen jedenfalls danach, die Verhaltensunterschiede von Hunden und Wölfen ernsthaft zu erforschen.

Alle Leute, die ich kenne, die Wölfe zähmen, arbeiten mit einer Menge Ausrüstung. Das Pinocchio-System zum Zähmen der Wölfe erfordert ein ausgeklügeltes Managementprogramm für Kaniden. Zuallererst muss man sich schon einiges einfallen lassen, um einen Wolf im reproduktionsfähigen Alter gefangen halten zu können. Wölfe sitzen nicht gerade vor der Eingangstür und warten darauf, dass man nach Hause kommt. Ich möchte den Einfallsreichtum der Steinzeitmenschen keineswegs gering schätzen, aber einen Wolf am Weglaufen zu hindern ist nicht einfach. Die damaligen Menschen hätten ein steinzeitliches Pendant zu Zäunen, Halsbändern und Ketten gebraucht. In seinem Buch *Man, Culture and Animals* beschreibt der Anthropologe M.J. Meggitt, wie Ureinwohner Dingowelpen aus der Höhle holen, zähmen und dass diese gezähmten Dingos dann einige Jahre beim Dorf bleiben. Wenn sie aber der Ruf der sexuellen Reife erreicht, sind sie weg. Die Aborigines kennen dieses Muster, und wenn Frauen einen bestimmten Dingo besonders ins Herz geschlossen hatten, brachen sie ihm die Vorderbeine, damit er nicht zurück in die Wildnis laufen konnte. Das ist natürlich eine Managementmethode, die auch bei den Wölfen der Steinzeit funktioniert haben könnte, aber ein Wolf mit einer derartigen Beeinträchtigung hätte zur Jagd nicht mehr viel getaugt.

Kann ein Wolf so gezähmt werden, dass er seine wilde Abstammung vergisst? Und falls ja, folgt die Domestikation dann automatisch? Die Filmfotografen Lois und Herb Crisler verbrachten in den 1950er Jahren zwei Sommer und einen Winter im Norden Alaskas. Jeden Sommer zogen sie einen Wurf gefangengenommener Wolfsjungen auf, um sie fotografieren zu können. In ihrem Buch *Arctic Wild* beschreibt Lois Crisler ihr Leben in der Tundra, das sie mit sehr umgänglichen Wölfen teilte, die nach Lust und Laune im Camp aus und ein gehen – ein Bild, das einen glauben lässt, dass die frühen Menschen tatsächlich Wölfe „gezähmt“ haben könnten. Die jungen Wölfe schienen die beiden Menschen zu akzeptieren, sie begrüßten sie, spielten mit ihnen und hatten einen „fast menschlichen“ Austausch mit ihnen. Man beachte aber die Betonung auf dem Wort „jung". Man kann viele wildlebende Tiere zähmen und mit ihnen spielen, solange sie jung sind. Wenn sie erwachsen werden, kommen aber bei den meisten die Instinkte und Verhaltensweisen des Wildtieres wieder durch.

Man ließe die Grundprinzipien der Evolution außer Acht, würde man die Erfahrungen der Crislers mit denen der frühen Menschen vergleichen und daraus die Theorie ableiten, dass die Haushunde aus einer Reihe menschenfreundlicher Wölfe hervorgegangen sind. Die Wölfe der Crislers waren vielleicht so weit „zahm", dass sie mit ihnen Unterkunft und Nahrung teilten, aber mit dem Einsetzen der sexuellen Reife verschwanden sie zurück in die Wildnis. Sie waren nicht wirklich zahm. Die Wölfe fanden heraus, wie sie aus dem Zwinger entkommen konnten und sogar, an welcher Seite der Zaun am instabilsten war. Sie durften kommen und gehen, wie sie wollten, hatten dabei aber ihren völlig eigenständigen Rhythmus. Die Crislers hatten eine Interesse daran, auf die Wölfe und ihre Lebensbedingungen einzugehen, um das ursprüngliche Wolfsverhalten für die Kamera zu bewahren. Sie forderten von den Wölfen keine Hilfe bei der Jagd und keinen persönlichen Schutz, obwohl ihnen die Gesellschaft der Wölfe sowohl im Gelände als auch in ihrer kleinen Hütte ganz offensichtlich Freude machte.

Selbst die hoch motivierten Crislers, die ihre Wölfe gerne als Haustiere behalten hätten, mussten feststellen, dass sie nicht wirklich zahm waren – nicht in demselben Sinn, wie ein Hund zahm ist. Für einen Dokumentarfilm interviewte ich kürzlich einige Personen, die Wolfshybriden als Haustiere hielten. Die meisten von ihnen hatten einen Hund gekauft, der angeblich zu einem Achtel Wolfsblut in sich trug oder eine ähnlich unbeweisbare Abstammung hatte. Aber einige hatten tatsächlich einen echten Hybriden. Die Hybriden waren im Rahmen eines Experiments oder geplanter Weise in einem Zoo gezüchtet worden, und in einem Fall hatte eine Frau einen Wurf aus einer versehentlichen Paarung eines von Hand aufgezogenen Wolfes mit einem Deutschen Schäferhund. Sie alle meinten: „Es war ein Riesenfehler. Ich würde das nie wieder tun." Sie zogen diese Tiere auf, liebten sie und hielten bis zum Schluss mit ihnen durch. Sie konnten endlos viele Geschichten erzählen, weil jeder Tag mit ihren Tieren ein Abenteuer war. Es waren (zumindest in der Rückschau) großartige Geschichten. Sie alle hatten ausbruchsichere Zwinger mit doppelten Schiebetüren gebaut, und trotzdem konnte jeder davon erzählen, wie es seinem Tier gelungen war, auszubrechen und alle Enten oder die Hauskatze oder ähnliches zu fressen. Ich ging in die Zwinger, streichelte die Tiere aber lieber nicht. Jeder Besitzer riet mir, ich solle „vorsichtig sein und keine unerwarteten Bewegungen machen". Ich fütterte sogar eines der Tiere, das vorsichtig zwei Leckerchen aus meiner Hand nahm. Diese Wolf-Hunde waren aber trotzdem nicht gerade das, was ich mir unter einem Begleithund vorstelle. Sie waren keine Tiere, die ich gern als Haustiere in der Wohnung hätte, und keiner der Besitzer wollte je wieder so ein Tier.

Alle unter uns, die schon einmal Wölfe oder Kojoten in Zwingern gehalten haben, wissen, dass sie Ausbruchskünstler sind. Ich habe jahrelang Hunde in Zwingern gehalten, und sie haben den Schließmechanismus nie geknackt. Natürlich gab es die eine oder andere Ausnahme... die gibt es immer. Einige Border Collies fanden heraus, wie es funktioniert, und der alte Maremmano Abruzzesen-Mischling Tom konnte ein Schnappschloss öffnen, wenn es den richtigen Schnapper hatte. Wölfe und Kojoten schaffen das aber immer schon am ersten Tag. Nicht nur das, sie öffnen dann auch den Käfig ihres besten Freundes und danach alle anderen Käfige. Wir haben einen Neu Guinea Hund in unserem Zwinger, einen Dingo ähnlichen Kaniden, der offiziell als noch halb wild gilt. Caruso „weiß“, dass er raus kann, wenn wir versehentlich den Schnapper vom Schnappschloss nicht einrasten lassen. Aber er ist zu klug, *uns* merken zu lassen, dass er raus kann. Er drückt das Schnappschloss nicht auf, weil er auch „weiß“, dass er trotzdem noch im Zwinger festsitzt. Bis er wirklich ausbrechen kann, muss er nicht nur warten, bis das Schnappschloss an der Zwingertür nicht eingerastet ist, sondern auch die äußere Sicherheitstür offen ist. Früher oder später passiert dieser Fehler jedem unserer Zwingerbetreuer, und wenn alles passt, macht Caruso einen Abgang – üblicherweise schnurstracks zu unserer Schafherde.

Anders gesagt: Wildtiere verfügen über andere kognitive Fähigkeiten. Hunde sind nicht in dem Maß verständig wie Wildtiere. Wölfe und Hunde lernen anders. Das wurde von dem Psychologen Harry Frank und seinen Kollegen, die in den 1980er Jahren Wölfe und Hunde (Malamutes) untersuchten, auch experimentell nachgewiesen. Sie kamen zu dem Schluss, dass die Problemlösungsstrategien der Hunde anders sind. Wölfe lernen anscheinend durch Einsicht, während Hunde Übung brauchen, um eine bestimmte Aufgabe zu meistern. Forscher an den Universitäten von Connecticut und Michigan berichteten, dass bei ihren Experimenten die Wölfe Probleme viel besser lösen konnten als Hunde, insbesondere dann, wenn es dabei auch auf eine bestimmte Reihenfolge der einzelnen Schritte ankam. Die Crislers hatten bei ihren Wölfen in Alaska beobachtet, dass sie genau zuschauten, wie zum Öffnen der Tür der Türriegel zurückgeschoben wurde, und dass sie danach versuchten, es selbst zu tun – oft genug mit Erfolg. Hundetrainer machen die gegenteilige Erfahrung – Hunde sind oftmals nicht imstande, durch Beobachtung zu lernen.

In einem Semester zogen wir einmal Kojotenjunge und gleich alte Border Collies des gleichen Geschlechts gemeinsam auf, um Entwicklungsunterschiede feststellen zu können. Jede Woche wurden die Tiere gewogen und ihr Entwicklungsstatus festgehalten. Die Kojoten waren scheu und schwierig zu wiegen, vor allem, wenn die Border Collies rund um uns und die Waage herumtobten. An einem besonders schwierigen Tag gingen wir mit den Kojoten in einen leer stehenden Zwinger. Während wir den ersten wogen, kletterte der andere den Gitterzaun hoch und spazierte, oben am Rahmen angelangt, auf diesem Weg zurück in den eigenen Zwinger zu den Collies.

Da wurde mir zum ersten Mal klar, dass sie jederzeit hinaus konnten. „Hinaus konnten" ist eine hübsche Umschreibung für „regelmäßig hinaus kletterten". Um zu überprüfen, wie oft unsere Ausbruchskünstler das taten, wandte ich einen alten Trick von Wildtierhütern an und streute etwas Mehl auf den Boden und rund um das Gebäude. Am nächsten Tag gab es überall verräterische Spuren. Die Kojoten verbrachten jede Nacht auf dem Feld neben dem Zwinger und jagten Mäuse. Warum lernten die Border Collies nicht von ihnen, wie man hinauskam? Und warum gingen die Kojoten wieder zurück in den Zwinger? Gute Frage.

Wichtig bei diesen Anekdoten ist, dass sie nicht nur zeigen, dass Wildtiere bei Problemlösungen besser sind, sondern auch, dass sie durch Beobachten eines anderen Tieres – Menschen inklusive – lernen, wie Probleme gelöst werden können. Hunde sind im Allgemeinen beim Lernen durch Beobachtung sehr schlecht.

DAS ABRICHTEN DES WOLFES

Nun sehen wir uns einmal die andere schwammige Annahme an, dass nämlich Wölfe, wenn sie erst gezähmt sind, dazu abgerichtet werden können, nützliche Dinge zu tun. Wir haben bereits gesehen, dass sie zwar mit Schwierigkeiten, aber doch lernen können, eine Beziehung zum Menschen aufzubauen, und dass diese Beziehungen dann am besten klappen, wenn sie den Spielregeln des Wolfsverhaltens folgen. Kann man ihnen dann bestimmte Dinge beibringen? Können sie Pfote geben oder bei Fuß gehen? Im Wolf Park lernen die Wölfe zwar, eine Leine zu tolerieren, aber nicht bei Fuß zu gehen. Sie können sich an der Leine, so weit diese reicht, frei bewegen und sogar samt Trainer laufen.

Ich habe noch keinen zahmen Wolf getroffen, der selbst auf eher bescheidene Anforderungen positiv reagiert hätte, nicht einmal auf ein simples „Sitz" oder „Bleib". „Komm" ist unter Wölfen auch nicht wirklich ein Hit. Wölfe werden bei Obedience-Wettkämpfen nicht gezeigt. Ich habe noch keine Zirkusnummer mit Wölfen, Schakalen oder Kojoten gesehen. Es ist den Menschen gelungen, Löwen, Tigern und Leoparden beizubringen, aufrecht zu sitzen und durch einen brennenden Reifen zu springen. Aber warum hat bei all dem Interesse an Wölfen bislang niemand einem Wolf beigebracht, auf einem Sessel zu sitzen und einen Hundekeks auf der Nase zu balancieren? Und einen Hundekeks auf der Nase zu balancieren ist nichts besonders Schwieriges, wenn ich an all die Dinge denke, die man Hunden beibringen kann: Schafe hüten (und bewachen!), bei der Fasanenjagd vorstehen, Wildenten apportieren. Nun wird mir sicher jemand ein Foto von seinem Wolf schicken, wie er korrekt vorsteht; um mich zu überzeugen, braucht es aber erstens den Beweis, dass der Wolf das wieder und wieder korrekt ausführt, und zweitens eine aktuelle Broschüre des Clubs der Retriever-Wölfe von Amerika.

Kann man Wölfen vielleicht beibringen, einen Schlitten zu ziehen? Das ist etwas, was üblicherweise Sibirische Huskies tun, denen man ja nachsagt, als Rasse „eng mit dem Wolf verwandt" zu sein. Die Argumentationskette, nehme ich an, wäre etwa die: Wenn Huskies das so gut können und wenn sie eng mit dem Wolf verwandt sind, dann sollte ein Wolf im Schlittengespann jedenfalls *irgendeinen* Vorteil bringen. Der ernsthafteste Versuch, den ich dazu kenne, stammt vom Zoologen und Wolfsexperten Erik Zimen, der ein Wolfsgespann zum Schlittenziehen ausgebildet hat. Ein Bild von diesem Wolfs-Schlittengespann findet sich in seinem Buch über Wölfe. Auf dem Bild sieht es toll aus, die Geschichte dazu entlarvt allerdings den schönen Schein.

Zimen arbeitete mit fünf im Zoo geborenen, von Hand aufgezogenen, knapp einjährigen Wölfen und trainierte einen extrem kalten, langen, tief verschneiten Winter lang fast täglich mit ihnen. Im Lauf der Zeit gewöhnten sie sich allmählich an das Brustgeschirr, an das Gewicht des Schlittens und daran, dass sie in einer geraden Linie laufen sollten. Sie waren aber beim Schlittenziehen ineffizient und unzuverlässig. Sie waren dauernd damit beschäftigt, ihre Individualdistanz zu wahren, was im Geschirr aneinandergespannt eine heikle Sache war. „Gee" (links) und „haw" (rechts) funktionierten nicht, sie bestimmten selbst die Laufrichtung. Gelegentlich beschlossen einer oder zwei, dass sie nun genug gelaufen waren und legten sich einfach hin. Am Schluss von Zimens Schilderung erzählt er, wie sich einmal bei einer Ruhepause ein Rotkehlchen in das Wolfsgespann verirrte. Die Wölfe kletterten einer über den anderen, um schnüffeln zu können, die Leinen gerieten heillos durcheinander, die Wölfe wurden immer aggressiver gegeneinander und es endete mit einer Riesenstreiterei. Zimen und seine Frau konnten die Wölfe zwar schließlich wieder unter Kontrolle bringen, aber den Schlitten mussten sie an diesem Nachmittag selbst nach Hause ziehen.

Ich ging mehr als ein Dutzend Jahre lang selbst mit Schlittenhundegespannen Rennen und kann aus ganzem Herzen bezeugen, dass das Letzte, was ein Schlittenhundeführer zu den Problemen, die er selbst mit einem Gespann gut arbeitender Schlittenhunde schon hat, noch braucht, ein Wolf im Gespann ist, der alles noch schlimmer macht. Wenn jemand Huskies verkauft, wird gern behauptet, dass sie „Wolfsblut“ in sich hätten, um Neulinge zum Kauf zu verleiten. Vielleicht soll es ja nur dazu dienen, dass Welpen ohne Abstammungsnachweis, die nicht als reinrassig registriert werden können, ihre Käufer finden.

Denn welche Wolfseigenschaft könnte man denn in ein Schlittenhundegespann einbringen wollen? Wölfe sind nicht schneller und nicht stärker als Schlittenhunde, sie haben auch kein größeres Durchhaltevermögen. Sie reagieren auf Kommandos nicht besser, sondern im Gegenteil oft gar nicht. Ich habe noch nie von einem Wolf gehört, der Spitzenleistungen beim Rennen oder beim Lastenziehen geliefert hätte. Wölfe mögen zwar klüger und lernfähiger sein als Hunde, aber der wichtige Unterschied zwischen ihnen und Hunden ist der, dass man ihnen mit instrumenteller Konditionierung kaum etwas beibringen kann. Von Hunden heißt es, dass sie gerade schlau genug sind, um eine Aufgabe zu erledigen, und dumm genug, es zu tun. Kein anderes Tier im Tierreich reagiert so gut auf instrumentelle Konditionierung wie sie.

DIE DOMESTIKATION DES WOLFES

Selbst wenn es den Steinzeitmenschen gelungen wäre, Generationen von Wölfen zu zähmen und dann einigen von ihnen einfache Kommandos beizubringen (zum Beispiel zu sitzen oder zu kommen, wenn man sie rief), bleibt doch die brennende Frage offen: Wodurch wurden aus Wolf-Genen Hunde-Gene? Zähmung und Abrichtung mögen einen einzelnen Wolf geringfügig verändern, aber an seinen Genen ändert sich dadurch nichts. Wir brauchen noch immer die gute Fee mit ihrem Zauberstab, die sie in Hunde verwandelt. Wenn wir weder an Märchen noch an die Lamarckschen Vererbungsregeln (Weitervererbung von erworbenen Merkmalen) glauben, müssen wir daraus den Schluss ziehen, dass Zähmen und Abrichten alleine zu wenig sind.

Die Pinocchio-Theorie wird durch eine biologische Tatsache widerlegt, dass nämlich Nachkommen von gezähmten (und/ oder abgerichteten) Wölfen ihre Zahmheit nicht vererben. Wenn sich gezähmte Wölfe fortpflanzen, bekommen sie wilde Junge, also solche, die vom Menschen weg tendieren. Wenn sich Hunde fortpflanzen, bekommen sie zahme Welpen, also solche, die zum Menschen hin tendieren. Die beiden Arten sind in diesem Punkt ursächlich, instinktiv und genetisch voneinander verschieden.

Die australische Wildbiologin Laurie Corbett beschrieb 1995 in ihrem Buch *The Dingo in Australia and Asia* diese biologische Dichotomie kurz und treffend so:

> Praktisch betrachtet wird also die Nachkommenschaft einer langen Abfolge von domestizierten Tieren „automatisch" Verhaltensweisen zeigen, die den Anforderungen der menschlichen Besitzer entsprechen, während die gezähmte Nachkommenschaft eines Wildtieres mit jeder Generation immer wieder aufs Neue gezähmt (abgerichtet) werden muss. Es ist daher eine theoretische Unmöglichkeit, ein Wildtier zu domestizieren und dabei sein natürliches Verhaltensmuster zu erhalten, da es sich um zwei verschiedene genetische Veranlagungen handelt und ein Tier entweder die Veranlagung für das eine oder die Veranlagung für das andere Verhaltensmuster hat.

Die Pinocchio-Theorie und die Fakten der Verhaltensforschung passen also nicht zusammen. Das biologische Problem besteht darin, dass gezähmte und ausgebildete Wölfe die erlernten Tricks nicht an ihre Nachkommenschaft weitergeben können. Es ist bloßes Wunschdenken, wenn man künstliche Selektion von wild lebenden Wölfen durch Steinzeitmenschen, die Wolfsjunge aus Höhlen geholt und daraus Hunde gemacht hätten, postuliert.

Da Wölfe ihre zahmen und erlernten Fähigkeiten nicht weitervererben, müssen wir also herausfinden, durch welchen anderen Mechanismus aus Wölfen Hunde werden konnten.

DIE ENTSTEHUNG EINER ART ERFORDERT DIE EVOLUTION VON POPULATIONEN – NICHT VON INDIVIDUEN

Die meisten Wissenschaftler stellten sich die Entstehung der Hunde als Prozess der selektiven Züchtung aus Wölfen vor. Da es bei der Evolution nicht um die Evolution einzelner Tiere, sondern um *Populationen* bestimmter Organismen geht, wäre die Entstehung einer neuen Art nur dann möglich gewesen, wenn viele, viele Steinzeitmenschen viele, viele Wölfe gezähmt und abgerichtet hätten. Manche Wölfe waren vielleicht leichter zu zähmen und abzurichten als andere. Diese leichter zähmbaren Wölfe wurden eher mit anderen leichter zähmbaren Wölfen verpaart. Zusätzlich stellten die Steinzeitmenschen fest, dass in jeder Wolfsgeneration einige Tiere zutraulicher waren als andere, und sie verpaarten daher diese Wölfe mit anderen zutraulichen Wölfen. Irgendwann nannten sie dann die neu entstandene Linie zutraulicher Wölfe Hunde.

Ein Axiom der Artbildung fordert eine veränderte Häufigkeit eines bestimmten genetisch verankerten Merkmals in einer Tierpopulation im Laufe der Generationen. Zutraulichkeit tritt in der ursprünglichen Wolfspopulation sehr selten auf. Durch Selektion steigt die Häufigkeit des Auftretens von Zutraulichkeit von Generation zu Generation, und die so entstandene neue „Spezies" unterscheidet sich von ihren wild lebenden Vorfahren zumindest in diesem einen Punkt. Wenn das Merkmal Zutraulichkeit zu einer sexuellen Isolation der Population von ihrer Vorläuferpopulation führt, dann kann man von der Entstehung einer neuen Art sprechen.

Eine neue Spezies entwickelt sich also durch eine über einen längeren Zeitraum und schrittweise vonstatten gehende Verschiebung der Häufigkeit bestimmter Gene in einer Population.

Charles Darwin als Entdecker der Evolution beschrieb seine Theorie der natürlichen Selektion in dem Vergleich mit einem Bauern, der neue Rassen züchtet, indem er zuerst eine Sichtung seines Tierbestands und dann eine Auslese jener Tiere mit den erwünschten Merkmalen vornimmt und schließlich mit diesen Tieren züchtet. Ein wichtiger Teil dieses Konzepts besteht darin, dass die Bauern aus ihrem Tierbestand, also aus einer Population von Tieren, eine Auswahl treffen, um eine neue Zuchtlinie zu entwickeln. Sie kreieren keine Kühe, sondern selektieren die Tiere mit dem besten Milchertrag, um eine Zuchtlinie von Kühen mit höherer Milchleistung hervorzubringen.

Mitte des 19. Jahrhunderts war in England das Züchten von Tauben mit ungewöhnlichem Aussehen ein beliebter Sport, dem auch Darwins Nachbar frönte. Darwin verbrachte viele Stunden bei den Tauben und sah zu, wie sein Nachbar aus seiner Taubenschar (einer Population) diejenigen mit exotischem Aussehen oder Benehmen auswählte, um mit ihnen verschiedene neue Linien zu züchten. Darwin nannte diesen Prozess „künstliche Selektion", also Selektion durch den Menschen und nicht durch die Natur. Auch in diesem Beispiel ist aber entscheidend, dass die Taubenzüchter Individuen aus einer Population auswählten, die sich in den erkennbaren Merkmalen geringfügig von den anderen Mitgliedern ihrer Population unterschieden. Sie griffen nicht willkürlich in den Taubenkoben und nahmen irgendeinen beliebigen Vogel.

An diesem Punkt habe ich das größte Problem mit der Pinocchio-Theorie. Es gibt keinerlei archäologische Beweise dafür, dass die Steinzeitmenschen mit einer genügend großen Population gezähmter und abgerichteter Wölfe gelebt hätten. Um gezielt auf Zahmheit oder hundeähnliches Aussehen selektieren zu können, hätte man Unterschiede im Verhalten und Aussehen der vorhandenen Wölfe *feststellen* müssen. Wie konnten die steinzeitlichen Dorfbewohner eine Auslese genetisch zahmerer Wölfen vornehmen? Um den Übergang von „erlernter" Zahmheit zu „genetischer" Zahmheit zu bewältigen, hätten die Züchter der Steinzeit eine Auswahl unter Hunderten von Wölfen treffen, Unterschiede in natürlicher Zahmheit finden, diese zahmeren Wölfe vom Rest der Population isolieren müssen und schließlich viele Generationen lang immer nur mit den zahmsten Wölfen weiterzüchten dürfen.

Darwin nahm an, dass künstliche Selektion die natürliche Selektion nachahmt. Bauern erreichen Ertragsverbesserungen, indem sie zum Beispiel selektiv auf mehr Eierlege- oder Milchleistung ihrer Nutztiere züchten. Darwin war von dem, was man durch künstliche Selektion erreichen konnte, so fasziniert, dass er sich ein imaginäres Wesen vorstellte, das die natürliche Selektion beherrschen konnte und „die gesamte innere Organisation studieren ...und während Millionen von Generationen auf ein bestimmtes Ziel hin selektieren kann ...und wer weiß, was alles damit erreicht werden kann?“

Darwin ging davon aus, dass die Evolution ein sehr langsamer Prozess ist. Die Veränderungen, mit der aus einer Spezies eine andere entstand, ging winzigen Schritt um winzigen Schritt vonstatten. Damit sein Modell der natürlichen Auslese überhaupt funktioniert, musste er eine unbegrenzte Anzahl an Generationen postulieren. Für die Evolution der Haushunde gibt es diesen Zeitraum aber nicht. Es gab Hunde vor – vielleicht – 15 000 Jahren. Es gibt eine Fülle an Beweisen, dass es um 8000 v. Chr. bereits verschiedene Hunderassen gab. Das wären also nur 4000 Jahre Zeit, um von einem Stadium, in dem es zwischen Wölfen und Hunden noch keinen erkennbaren Unterschied gab, zu jenem Stadium zu gelangen, wo es plötzlich vor Hunden nur so wimmelt. Der Prozess der Evolution kann aus Sicht eines Evolutionsbiologen so schlicht nicht ausgesehen haben. In so einem kurzen Zeitraum können sich Wölfe nicht schrittweise und allmählich in Hunde verwandelt haben.

Darwin und seine Nachfolger nahmen einfach an, dass Menschen die „Hunde“ durch einen Prozess der Auslese von Variationen aus der Wolfspopulation domestizierten. Da Menschen zu Darwins Zeit gezielt verschiedene Hunderassen züchteten, nahm er an, dass die Menschen das auch früher so gemacht hatten.

DIE ENTSTEHUNG EINER ART ERFORDERT UNTERSCHIEDLICHE MORTALITÄT

Ein weiteres Konzept, das bei der Entstehung einer neuen Art, gleichgültig ob durch künstliche oder natürliche Selektion, zum Tragen kommt, hängt mit der zweiten Annahme der Evolutionstheorie zusammen. Sie besagt, dass zur Entwicklung einer neuen Art Unterschiede in der Mortalität erforderlich sind. In der künstlichen Selektion bedeutet unterschiedliche Mortalität, dass zum Beispiel der Bauer einigen Tieren die Fortpflanzung ermöglicht und andere daran hindert. Jene, die daran gehindert werden, sind genetisch gesehen „tot". In freier Wildbahn unterscheiden sich Darwin zufolge die Tiere (genetisch) in jedem Merkmal zumindest geringfügig und jene Tiere mit den günstigsten (genetischen) Merkmalen haben zahlreichere und bessere Nachkommen als jene, die herumlaufen und die Ärmel von Daunenjacken abreißen. Damit Unterschiede in der Mortalität schlagend werden können, müssen wir allerdings wiederum eine Population annehmen, in der zähmbare und abrichtbare Individuen mehr Nachkommen hinterlassen als ungezähmte.

Darwin mühte sich um eine Lösung für das Problem, woher denn die Vielfalt stammte, aus der die Menschen auswählten. Um die Frage der fehlenden Vielfalt an Wölfen in den Griff zu bekommen, stellte Darwin die Hypothese auf, dass Hunde von verschiedenen Vorfahren abstammen, zu denen sowohl Wölfe als auch Schakale zählen. Durch eine derartige Hybridisierung würde die notwendige Vielfalt entstehen, die eine Auslese ermöglicht. Seine Theorie der natürlichen Selektion (Überleben der Stärkeren) wie auch der künstlichen geht außerdem davon aus, dass es in allen ein Individuum ausmachenden Merkmalen eine genetische Variabilität gibt. Ohne diese Variabilität wären Unterschiede in der Mortalität nicht möglich. Darwin war allerdings klar, dass die Wölfe für viele der bei Hunden auftretenden Merkmale – zum Beispiel der zweimal jährlichen Läufigkeit – keine Variabilität aufweisen. Wie um Himmels willen konnte man dann auf dieses Merkmal selektieren? Darwin hatte damals jene Informationen, die wir heute haben, nicht zur Verfügung und wäre wohl – nehmen manche von uns an – völlig verblüfft gewesen, wie wenig Variabilität wild lebende Tierarten selbst über lange Zeit hinweg aufweisen. Es gibt Fossilienfunde von Tierarten, die in der Erdgeschichte auftauchen, 20 Millionen Jahre lang leben und dann aussterben, ohne sich im Geringsten verändert zu haben. Ja, selbst die Kaniden gibt es nun seit rund 40 Millionen Jahren und ihre Schädel haben noch immer dieselben Längenproportionen. Verglichen mit anderen Raubtierarten haben sie noch immer schwache Kiefer und schlechte Augen. In 40 Millionen Jahren haben sie gerade einmal eine Größenveränderung zustande gebracht.

Wenn wir versuchen, nach den Spielregeln von Darwin vorzugehen, stellen wir bald fest, dass die frühzeitlichen Tierzähmer ein echtes Problem hatten. Sie mussten auf eine Wolfspopulation zugreifen können, und zwar auf eine große, und auf eine, die Variabilität aufwies. Genetische Ansätze von zähmbar und lernbereit herauszufischen, wäre sicher schon nicht leicht gewesen. Dann mussten sie diese Tiere, die zum Thema Paarung so ihre eigenen Vorstellungen hatten, miteinander verpaaren. Dazu kommt noch, dass Wölfe ihre erste Läufigkeit frühestens im zweiten Lebensjahr haben, die steinzeitlichen Wolfszüchter hätten also zumindest vier Jahre warten müssen, bis sie aus den ersten in Gefangenschaft geborenen Wolfsjungen eine Auslese treffen und mit ihnen weiterzüchten konnten. Hätte es in dieser Generation bereits merkliche Veränderungen gegeben? Das darf bezweifelt werden. Pro Menschengeneration wären vielleicht fünf Generationen arrangierter Wolfspaarungen möglich gewesen. Zeitverschobene Belohnung und langfristige Planung waren daher für die frühzeitlichen Wolfszähmer ein Muss, wenn die Pinocchio-Theorie (vergl. Seite 41) zutrifft. Aber selbst dann ist der Erfolg fraglich. Ethologen im Wolf Park, Battle Ground, USA haben nun seit mehr als 25 Jahren und Generation für Generation Wölfe sozialisiert, ohne dass aus ihnen Hunde geworden wären. Sie haben dabei nicht auf Zahmheit gezüchtet, sondern einfach Wolfsjunge sozialisiert.

Wenn die Steinzeitmenschen tatsächlich die Absicht hatten, aus Wölfen Hunde zu ziehen, dann mussten sie nebenbei auch noch eine Reihe anderer Merkmale herauszüchten: verschiedene Fellfarben, unterschiedliches Haarkleid, Hängeohren, hoch getragene Schwänze und zweimal jährlich stattfindende Läufigkeiten, die bereits im Alter von sieben Monaten und nicht erst mit zwei Jahren einsetzen. Nicht zu vergessen das Bellen – Wölfe sind keine großen Beller, eigentlich bellen sie sehr selten. Man stelle sich nur vor, wie von den Wölfen, die *niemals* bellten, jene für die Zucht ausgewählt wurden, die *nur selten* bellten.

Beim Modell der künstlichen Selektion gibt es ein großes Rätsel: Bei all den Merkmalen, in denen sich Hunde von Wölfen unterscheiden, gibt es bei den Wölfen keine Variabilität. Ohne Variabilität gibt es keine Selektion.

Ich habe den Eindruck, dass kaum ein Hundemerkmal durch graduelle Entwicklung erklärt werden kann. Man möge sich nur vorstellen, wie der hängend getragene Schwanz des Wolfes langsam in die Höhe wandert oder die Stehohren allmählich umkippen, Millimeter für Millimeter über Jahrhunderte hinweg. Mutationen wie die kurzen Beine des Dackels können gar nicht Ergebnis einer graduellen Entwicklung sein, denn sie werden ja nicht von Generation zu Generation kürzer und kürzer.

Anhänger der künstlichen Selektion postulieren daher, dass es zu Mutationen kam. Warum kann der Übergang vom Wolf zum Hund nicht durch eine außergewöhnlich hohe Mutationshäufigkeit gekennzeichnet sein? Frühzeitliche Tierzähmer könnten besonders aufmerksam gewesen sein und jene Individuen zur Zucht ausgewählt haben, die durch Mutationen genetische Veränderungen in sich trugen. Nun, auch hier wären wir wieder mit dem Problem der Populationsgröße und der Frage, ob steinzeitliche Menschen das Paarungsverhalten ihrer Wölfe unter Kontrolle haben konnten, konfrontiert. Paarungen von Wildtieren zu arrangieren ist nicht einfach.

Wenn man von Mutationen ausgeht, so liegt ein weiteres Problem darin, dass sie in der Natur sehr selten sind und meistens zum Nachteil des Organismus ausgehen. Die frühzeitlichen Tierzähmer hätten schon großes Glück haben müssen, um die richtigen Tiere mit entsprechenden Mutationen zum richtigen Zeitpunkt zu erwischen.

Ein letztes Problem des Darwinschen Modells der künstlichen Selektion liegt darin, dass sich Hunde in einigen Punkten wesentlich von Wölfen unterscheiden – und sich selbst heute nur wenige Menschen dessen bewusst sind. Wenn wir einen 45 Kilo schweren Hund mit einem 45 kg schweren Wolf vergleichen, hat der Hund einen um 20 % kleineren Kopf. Das ist ein *viel* kleinerer Kopf. Wölfe haben beeindruckend große Köpfe.

Damit ein Hundeschädel genauso groß wäre wie ein Wolfsschädel, müsste der Hund schon sehr groß sein und 70 bis 80 kg wiegen, während der Wolf seine normalen ca. 45 kg wiegt. Aber selbst wenn die beiden Schädel gleich

Ein Wolf und ein großer Herdenschutzhund

	Wolf	Hund
Körpergewicht (kg)	48	45,5
Schädelgrösse (cm²)	352	268
Gehirnvolumen (cm³)	329	254

Mein alter Hund Tom war zwar genauso groß wie ein Wolf, hatte aber einen um 25% kleineren Schädel und in diesem Schädel im Vergleich kleinere Zähne und noch weniger Gehirn.

groß wären, hat der Hund ein um 10% kleineres Gehirn. Im kleinen Schädel eines großen Hundes ist ein vergleichsweise winziges Gehirn. Ein 70 kg schwerer Bernhardiner und ein 37 kg schwerer Wolf haben einen etwa gleich großen Kopf, aber das Gehirn des Wolfes ist trotzdem deutlich größer.

Bernhardiner sind vielleicht eine schlechte Wahl für diesen Vergleich, da sie noch kleinere Köpfe haben als andere Hunde der gleichen Gewichtsklasse. Der Kopf eines Bernhardiners ist überraschend klein. Sie sehen nur deswegen aus, als hätten sie einen dicken Schädel, weil sich ihre sehr dicke Haut an den Backen und rund um die Augen in Falten legt. Hunde haben im allgemeinen eine dickere Haut als Wölfe, aber bei einigen Rassen, wie zum Beispiel den Bernhardinern, ist sie extrem dick. Von den Eskimos wissen wir, dass Hosen aus Hundeleder um vieles haltbarer sind als solche aus Wolfsleder, und dass Hundeleder beim Nähen nicht reißt. Für die Kleidung von Kindern nimmt man daher am liebsten Leder von Hundewelpen, weil es weich und reißfest ist.

Auch die Zähne der Hunde sind kleiner als Wolfszähne. Hunde haben dieselbe Anzahl Zähne und dieselben Zahntypen wie Wölfe, Kojoten und Schakale, aber selbst ein 15 Kilo schwerer Kojote kann größere und stärkere Zähne

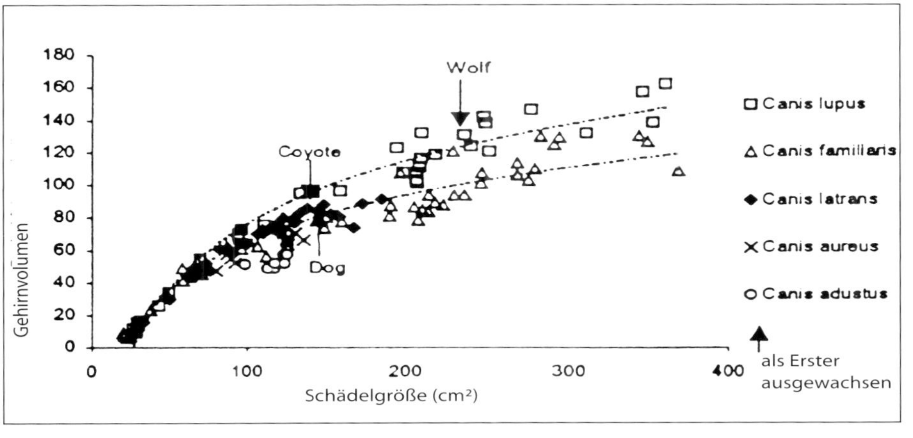

Vergleich des unterschiedlichen Gehirnvolumens und der Schädelgröße im Lauf des Wachstums. Hunde, Wölfe, Kojoten und Schakale haben (fast) alle bei der Geburt die gleiche Schädel- und Gehirngröße. Bis zum Alter von zehn oder zwölf Monate haben sie etwa die gleiche Wachstumskurve. Wölfe entwickeln einen großen Kopf mit großem Gehirn. Große Hunde haben dieselbe Wachstumskurve wie Wölfe, aber ihr Gehirnwachstum verlangsamt sich, und ihr Gehirn wird nicht viel größer als das von vier Monate alten Wolfsjungen. (Nach einer unveröffentlichten Dissertation von Ryan Kerney am Hampshire College.)

haben als ein doppelt so großer Hund. Verglichen mit dem Rest der Gattung Canis sind Hundezähne eher niedlich.

Aus welchem Grund sollte der mesolithische Hundezuchtverband eine Auslese der Wölfe in Richtung winziges Gehirn, zierliche Zähne, kleine, aber knochige Schädel und dicke Haut treffen? Hätten sie das überhaupt gewusst? Seltsam ist auch, dass – wenn die frühzeitlichen Tierzähmer einen Jagdgefährten züchten wollten – sie Tiere mit so schlechter Jagdausrüstung züchteten. Welchen Vorteil brachte es denn, kleine Zähne, einen derart kleinen Kopf, ein schwaches Gebiss und geminderte Gehirnleistung zu haben?

Die Pinocchio-Theorie bleibt also einiges schuldig. Ich glaube, es werden einfach zu viele Annahmen getroffen, die durch biologische Fakten und die Evolutionstheorie nicht gestützt werden. Es gibt keinen klaren Beweis, dass Menschen Wölfe durch künstliche Selektion domestizierten, dass sie durch Mutationen entstandene Veränderungen auswählten oder auf unsichtbare Veränderungen hin selektierten.

Ich habe in diesem Kapitel bisher ein mögliches Szenario für die Evolution von Wölfen zu Hunden durch künstliche Selektion geschildert. Es lautet kurz gesagt folgendermaßen:

Fang einen Wolf.
Zähme den Wolf.
Richte den Wolf ab.
Verpaare den Wolf mit anderen zahmen, abgerichteten Wölfen.
Und, siehe da, wir haben einen domestizierten Hund.

Oder, wie ich das weiter oben beschrieben habe:

zahm (erlernt) – abrichtbar (erlernt) – domestiziert (genetisch fixiert)

oder:

adoptieren – sozialisieren – abrichten – selektieren.

Ich glaube, so ist es verkehrt herum. Meiner Meinung nach muss ein Modell der Genese Wolf-zu-Hund folgendermaßen aussehen:

domestiziert – zahm (genetisch fixiert) – abrichtbar (genetisch fixiert)

oder:

domestiziert – von Natur aus zahm – von Natur aus abrichtbar

Das Szenario sieht grob skizziert folgendermaßen aus:

> Die Menschen schaffen eine neue ökologische Nische, das Dorf.
> Einige Wölfe besiedeln die neue Nische und erschließen eine neue Futterquelle.
> Die Wölfe, welche die neue Nische erschließen können, haben eine genetische Neigung zu einer kürzeren „Fluchtdistanz" als jene, die die Nische nicht erschließen können.
> Diese „zahmeren" Wölfe haben damit in der neuen Nische einen Selektionsvorteil gegenüber den wilderen Wölfen.

Diesem Modell zufolge folgt die Evolution der Hunde einem Prozess natürlicher Selektion. Das Einzige, was Menschen damit zu tun hatten, war, Dörfer zu errichten und damit verbunden Futterressourcen, Sicherheit und Fortpflanzungsmöglichkeiten zu bieten, die den von Natur aus zahmeren Wölfen bessere Überlebenschancen boten.

Wie sieht nun diese neue ökologische Nische, an die sich diese Tiere anpassten, genau aus, und warum sind kleine Schädel, Zähne und Gehirne ein Vorteil bei der Anpassung an diese Nische? Ich habe vor, ein Modell für die natürliche Evolution von Wölfen zu Hunden vorzuschlagen, das für alle Wesensmerkmale des Hundes eine Erklärung bietet. Gleichzeitig muss das Modell mit dem, was wir über natürliche Selektion wissen, übereinstimmen. Es muss auf deutlich plausibleren Mechanismen aufbauen, als es die Hypothese von der künstlichen Selektion tut.

Ich besuchte im Spätsommer des Jahres 1998 das Down House in der Grafschaft Kent in England, in dem Charles Darwin seine Kinder großgezogen und sein Buch *Die Entstehung der Arten* geschrieben hatte. Dort befinden sich auch seine Bibliothek und seine zahlreichen Laborinstrumente, genau so, wie er alles hinterließ. Als ich leise durch die Räume ging, die Buchtitel auf seinen Regalen las und versuchte, die Atmosphäre des Lebens Mitte des 19. Jahrhunderts zu erahnen, begann ich im Geiste eine Konversation mit Darwin – über Hunde. Ich würde dem Haus gerne wieder einen Besuch abstatten und dort Darwin treffen, mit dem ich eine sicher spannende Diskussion führen und dabei versuchen würde, ihn davon zu überzeugen, dass Hunde in erster Linie das Ergebnis natürlicher Selektion sind.

Mr. Darwin, würde ich sagen, ich glaube, Sie fänden eine andere Hypothese über die Evolution der Hunde sehr spannend. Ich möchte das Gedankenmodell vorschlagen, dass der Übergang von Wölfen zu Hunden sehr schnell und innerhalb weniger Generationen vonstatten ging, nicht allmählich über viele Generationen hinweg. Damit will ich Ihrer großartigen Theorie keinesfalls widersprechen, sondern vielmehr neue Beweise vorbringen, die uns nun zur Verfügung stehen und die meine Behauptung untermauern. Mit diesen Beweisen lässt sich auch eines jener Rätsel aufklären, für die Sie keine Erklärung fanden und daher den Begriff „mysteriöse Gesetze der Korrelation“ einführten.

Darwins Theorie von der natürlichen Selektion geht von der Annahme aus, dass sich die Umwelt langsam ändert und die Tiere sich an die veränderte Umwelt und die dadurch entstandene neue ökologische Nische anpassen müssen, um zu überleben. In einem der natürlichen Selektion folgenden Szenario passt sich eine Wolfspopulation an die vom Menschen geschaffene neue ökologische Nische an. Diese Nische ist das Dorf. Gegen Ende der letzten Eiszeit, also vor ungefähr 15 000 Jahren und somit zum gleichen Zeitpunkt, als gewaltige globale Klimaveränderungen stattfanden, ließen sich Menschen erstmals in festen Siedlungen nieder. Die Entstehung der Dörfer ging sehr schnell vor sich und fällt zeitlich in denselben Zeitraum, aus dem die ersten fossilen Nachweise von Hunden stammen, wie wir sie heute kennen.

Warum ist diese ökologische Nische wichtig? Eine Nische ist ein Ort, an dem Energie zu finden ist. „Energie“ meint in diesem Zusammenhang Nahrung. Nahrung besteht aus organischem Stickstoff, der für den Eiweißaufbau erforderlich ist, und aus Kalorien, die Energie liefern. Eine ökologische Nische muss einer Tierart auch andere Bedürfnisse wie geeignete Stellen für das Anlegen eines Baus oder Nestes oder Schutz vor Raubtieren bieten, das Wichtigste aber ist eine *konstante* Futterquelle.

In freier Natur stehen Tiere in einem dauernden Wettbewerb um Futter. Das liegt daran, dass Tiere sehr viel mehr Nachkommenschaft produzieren können, als die Natur Nahrung für ihre Versorgung liefert. Der größte Teil der zur Welt gebrachten Nachkommen stirbt aufgrund von Nahrungsmangel. Eine stabile Wolfspopulation verliert 70 bis 90 % ihrer gesamten Welpenzahl. Eine Wölfin kann zwar im Lauf ihres Lebens 25 Junge zur Welt bringen, nötig sind aber nur zwei, um sie und ihren Gefährten zu ersetzen. Das bedeutet, dass 92 % sterben müssen, damit die Population stabil bleibt. Unter Fleischfressern sind das absolut übliche Sterblichkeitsraten.

Hängt das Überleben dieser beiden Wolfsjungen von etwas Bestimmten ab oder ist es zufällig? Darwin merkte an, dass sich die Individuen jeder Population in jedem Merkmal geringfügig voneinander unterscheiden. Diese Unterschiede betreffen nicht nur Größe oder Aussehen, sondern auch Leistungsfähigkeit. Die Unterschiede ermöglichen dem einen Tier eine geringfügig bessere Anpassungsleistung an seine Umwelt als einem anderen Tier. Manche Tiere werden mit einer neuen Umwelt besser und effizienter zurechtkommen als andere. Sie werden daher mehr Nachkommenschaft hinterlassen und einen größeren Teil der nächsten Generation stellen. Ihre Nachkommen erben diese Merkmale von den Eltern und geben sie wiederum an ihre eigenen Nachkommen weiter.

Wenn sich viele Menschen lange Zeit an einem Ort aufhalten, sammeln sich Abfälle an: Ungenießbares wie Knochen oder andere Teile von ausgeweideten Tieren, Samen- und Getreidekörner oder fauliges Obst und Gemüse. Manchmal gibt es Nahrungsreste und immer die Endprodukte der menschlichen Verdauung.

Nennen wir diese neue ökologische Nische der Einfachheit halber die örtliche Müllhalde. Selbst heute noch sind Müllhalden für viele Wildtiere wie Wölfe, Bären, Adler, Möwen, Ratten, Kakerlaken, aber auch Bakterien, Pilze und Schimmelpilze interessant. Wild lebende Wölfe findet man gar nicht so selten auf Müllhalden, was sich schon viele Wildtierfotografen zu Nutze machten, indem sie sich mit ihrer Kamera in der Nähe einer Müllhalde niederließen. So konnten sie Wildtiere aus nächster Nähe fotografieren – sie mussten nur darauf achten, dass der Müll nicht mit auf dem Bild war...

Mein Kollege Luigi Boitani, ein Experte für die Wiederansiedlung von Wildtieren, erforschte Wölfe auf italienischen Abfallhaufen. Die Bewohner der Bergdörfer bekommen die scheuen Wölfe kaum jemals zu Gesicht. Sie glauben, dass die Wölfe nur im Winter zu den Abfallhaufen kommen, weil sie zu dieser Jahreszeit ihre Spuren im Schnee finden. Die Wölfe fressen dort aber das ganze Jahr hindurch, und zwar nachts, wenn die Leute schlafen. Um das zu beweisen, drehte Luigi um Mitternacht die Scheinwerfer auf und erwischte einen Hund, eine Katze und einen Wolf mit einem Maul voll alter Spaghetti.

Wenn sich heute lebende Wölfe einer menschlichen Siedlung nähern, gehen sie Risiken ein. Menschen sind für Wölfe gesundheitsgefährdend. Menschen verfolgen Wölfe, weil sie die unverzeihliche Sünde begehen, Haus- und Nutztiere zu töten. Natürliche Wolfsnahrung ist in Italien selten, und Schafherden werden von Schäfern und Herdenschutzhunden (mehr darüber in Teil II) vor Räubern geschützt. Boitani nimmt daher an, dass die Müllhalden für diese Wölfe eine wichtige Nahrungsquelle darstellen.

Wölfe sind als Beutesucher auf den Müllhalden aber nicht sehr effizient. Sie sind viel zu nervös. Nervöse Energie verbraucht zusätzliche Kalorien und Futter. Wenn Menschen auftauchen, geben Wölfe ein fast unhörbares Alarmsignal – ein „Wuff" – und das ganze Rudel verschwindet, bevor die Menschen sie überhaupt gesehen haben. Die Wölfe fliehen und kommen erst wieder zurück, wenn alles wieder ruhig ist, manchmal erst wieder in der Nacht darauf. Sie sind von Natur aus sehr menschenscheu, sie laufen weg (vermutlich viel früher als notwendig) und kommen lange nicht zurück (viel länger als erforderlich).

Deswegen können sie auch das Futter von Müllhalden schlecht verwerten. Zu bald und zu weit von der Nahrungsquelle wegzulaufen, verbraucht viel wertvolle Energie. Die „Fluchtdistanz" einer Tierart gibt an, wie scheu ein Tier ist und wie weit es sich zurückzieht. Manche Arten fliehen sehr rasch, wenn sich ihnen Menschen oder potentielle Raubtiere nähern. Wild lebende Wölfe haben eine große Fluchtdistanz; sie laufen bald, schnell und weit weg. Wölfe verbrauchen daher bei der Nahrungssuche auf den Müllhalden mehr Energie als andere Tierarten. Vor allem mehr als Hunde, die nicht so nervös darauf reagieren, wenn sich jemand nähert. Hier besteht ein großer Unterschied zwischen Hunden und Wölfen.

Warum sind Hunde bei der Nahrungssuche auf Müllhalden besser? Teilweise liegt es daran, dass Hunde genetisch bedingt zahmer sind und daher den dem Menschen gegenüber scheueren Wölfen im Wettbewerb überlegen sind. Diese Überlegenheit macht sich daran fest, dass, wenn ein Hund und ein Wolf Seite an Seite auf einer Müllhalde fressen und sich ihnen ein Mensch nähert, der Wolf viel früher wegläuft, während der Hund einfach weiterfrisst. Der Hund kann somit die Nahrungsressourcen der Müllhalde besser nutzen und verbraucht zusätzlich weniger Energie, weil er nicht flüchtet. Ein scheues Tier kann nicht lernen, zahm zu sein. Denn in diesem Fall ist Zahmheit eine erfolgreiche genetische Anpassung an die Nahrungssuche auf der Müllhalde.

Aufgrund der Variabilität wären einige der ersten Wölfe, die auf den Müllhalden auf Futtersuche gingen, genetisch bedingt weniger nervös gewesen als andere. Die weniger nervösen Wölfe hätten mehr Futter bekommen und diese Kalorien in Nachwuchs umgesetzt, statt sie mit Weglaufen zu verbrauchen. Das einzige, worauf diese Selektion hinauslief, war die Fähigkeit, in der Nähe von Menschen fressen zu können. Viele Wildtiere lassen ihre Beute im Stich und fliehen, wenn Menschen auch nur in die Nähe kommen. Wild lebende Geparden haben Probleme mit dem Fressen, wenn sie dabei von Menschen beobachtet werden. Nachdem der Gepard in vollem Lauf eine Gazelle gefangen und dabei viel Energie verbraucht hat, tauchen die Touristen auf und schießen Fotos. Wild lebende Geparden mögen das gar nicht und lassen in diesem Fall ihre Beute im Stich - manchmal kommen sie nicht einmal zurück. Und manchmal machen sich Schakale über die ungeschützte Beute des Geparden her, während dieser noch in seinem Versteck liegt. Eine Zeit lang ging die Population der Geparden in den Fotosafari-Gebieten zurück, bis die Menschen dazulernten und sie in Ruhe ließen. Löwen wiederum macht es nichts aus, wenn man ihnen beim Fressen zuschaut und Wölfe sind da eher wie die Geparden.

Die Hypothese von der Selbst-Domestikation der Hunde durch natürliche Selektion beruht auf diesem einen Merkmal, der Fluchtdistanz. Der Wolf, Canis lupus, zerfiel zunehmend in zwei Populationstypen – jenen, die es schafften, ihren Lebensunterhalt von den Abfallhaufen zu beziehen, und jenen, die das nicht konnten. In dem einen Populationstyp stieg die Häufigkeit der genetischen Veranlagung zur Zahmheit und diese Population entwickelte sich vermutlich zu einer neuen Spezies weiter.

Die Richtung Dorf orientierten Kaniden veränderten allmählich auch ihr Aussehen. Ihre neue Körperform war effizienter beim Stöbern nach Nahrung und der Beutesuche. Der Beute suchende Wolf nahm langsam Verhalten und Aussehen eines Hundes an. Er wurde einerseits zahmer, andererseits passten sich seine Größe und sein Körper an das Beutestöbern an – eher kleinwüchsig, mit einem im Vergleich kleinen Kopf, kleineren Zähnen und gerade so viel Gehirn, um das Beißwerkzeug an der richtigen Stelle einzusetzen. Diese Wölfe passten sich sehr rasch an die ökologische Nische an und wurden zu Hunden im Anfangsstadium.

Wild lebende Wölfe müssen groß sein, im Rudel leben und spezialisierte Fähigkeiten haben, um große und stattliche, teilweise auch flüchtige Beutetiere wie Elch oder Karibu aufspüren, erlegen und töten zu können. Aber die Größe, vor allem die Größe des Gehirns, ist kostspielig. Wachstum, laufende Versorgung und Verwendung eines Gehirns verbrauchen viele Kalorien.

Hunde sind im Gegensatz dazu an das Stöbern nach Nahrung auf den Abfallhaufen angepasst. Abfallhaufen liefern eine kontinuierliche Versorgung mit minderwertigerer Nahrung, die pro Maulvoll weniger Kalorien enthält als Beutetiere. Für die Hunde ist es wesentlich besser, dass sie keinen großen Kopf haben, und noch viel besser, dass sie kein großes Gehirn haben. Das kleinere Tier, also der Hund, ist eine neue, an die neue ökologische Nische Abfallhaufen angepasste Form.

Kleinwüchsige Wölfe, die weniger Energie verbrauchen, haben beim Überleben und in der Fortpflanzung gegenüber den großen, nervösen Jägern einen Vorteil. Hier haben wir einen Fall unterschiedlicher Mortalität. In der neuen ökologischen Nische sind die kleineren, weniger ängstlichen Tiere den großen, schlauen Großwild-Jägern überlegen.

Ich merke, wie Mr. Darwin sich für die These zu erwärmen beginnt. Wir haben hier das Zusammentreffen verschiedener Eigenschaften (charakteristische Merkmale), die den Hund ausmachen. Diese Wesensmerkmale erlauben es uns, den Hund als solchen zu definieren und vom Wolf zu unterscheiden. Hunde und Wölfe unterscheiden sich hinsichtlich der Proportionen von Kopf, Gehirn, Kiefer und Zähnen. Wenn wir zahmes Verhalten ebenfalls als charakteristisches Merkmal werten, haben wir den nach Beute stöbernden, ausgezeichnet angepassten Dorfhund. Wie mache ich meine Sache, Mr. Darwin?!

Nun, könnte er sagen, das ist eine sehr interessante Theorie. Aber es gibt da ein paar Unterschiede zwischen Hunden und Wölfen, die damit noch nicht erklärt sind. Bei Hunden fällt mir gleich mein Foxterrier Polly ein, der sich am liebsten da drüben auf dem Sessel einrollt und schläft. Warum, wenn Sie mir bitte erklären wollen, sind Schlappohren, ein mehrfarbig gemustertes Fell, unaufhörliches Bellen, zwei Läufigkeiten pro Jahr und früh entwickelte Fortpflanzungsfähigkeit Anpassungen ans Beutestöbern auf dem dörflichen Abfallhaufen? Wie erklärt Ihre Dorfhund-Theorie diese Wesensmerkmale?

Zuallererst und mit allem Respekt, Sir, möchte ich anmerken, dass ich die Diskussion auch dann nicht verloren habe, wenn ich nicht für jedes einzelne dieser Merkmale von Hunden einen Selektionsvorteil nennen kann. Die von Ihnen genannten Eigenschaften sind in der Natur so bizarr, dass Wissenschaftler schon immer der Meinung waren, es handle sich hierbei um das Ergebnis menschlicher und manchmal recht willkürlicher Züchtung. Und es besteht kein Zweifel daran, dass in der jüngsten Zeit ganz bizarre Merkmale herausgezüchtet wurden. Wir brauchen daher nicht anzunehmen, dass alle Eigenschaften des heutigen Hundes bereits ursprünglich als Anpassung an den Abfallhaufen des Dorfes vorhanden waren.

So wie ich das sehe, Sir, kämpfen sowohl das Modell der natürlichen, als auch das der künstlichen Selektion mit dem Problem, eine Erklärung für *jedes Wesensmerkmal* finden zu müssen. Manche Hunderassen haben ein schwarz-weißes Fell oder Schlappohren oder zwei Läufigkeiten pro Jahr, und sofort versuchen Anhänger der Selektionstheorie einen Selektionsvorteil von schwarz-weißem Fell oder Schlappohren oder zwei Läufigkeiten pro Jahr zu finden. Ihrer Meinung nach muss jedes einzelne Merkmal auf einen Selektionsprozess zurückzuführen sein. Warum erreichen Hunde ihre sexuelle Reife wirklich schon mit sieben oder acht Monaten und sind ab dann zweimal jährlich läufig? Wölfe sind erst in ihrem zweiten Lebensjahr soweit und haben nur eine Läufigkeit pro Jahr. Wenn man die Hunde mit ihren zwei Läufigkeiten pro Jahr betrachtet, wird man daher argumentieren, dass die Steinzeitmenschen wohl erreichen wollten, dass ihre Hunde häufiger Welpen hatten und daher Hunde mit häufigerer Läufigkeit selektierten. Ich könnte auch Spekulationen anstellen, dass die Sterblichkeit rund um die Abfallhaufen höher ist und die Hunde darauf mit einer Steigerung der Fruchtbarkeit reagierten. Jede dieser Antworten geht davon aus, dass das Merkmal ein Ergebnis von Selektion ist. Keine der Antworten kann dahingehend überprüft werden, ob sie richtig ist, weil sie in die Kategorie der a posteriori-Argumentation fallen, die von den Folgen auf die Ursachen schließt und von Fakten auf allgemeine Prinzipien. Aber nur weil ein Merkmal existiert, heißt das noch lange nicht, dass es durch Selektion zustande kam.

Ah, einen Augenblick, mein Freund, antwortet Darwin. So interpretiert vielleicht ihr modernen Darwinisten, was ich damals sagte. Aber erinnern Sie sich nicht daran, dass ich auch sagte: „...wenn der Mensch Selektion weitertreibt und dadurch Merkwürdigkeiten vermehrt, wird er aufgrund der mysteriösen Gesetze der Korrelation mit an Sicherheit grenzender Wahrscheinlichkeit unabsichtlich auch andere Teile der Struktur verändern“?

Natürlich erinnere ich mich daran, Sir, antworte ich. Es war etwas ganz Bemerkenswertes, was Sie da sagten. In *Die Entstehung der Arten* haben Sie überzeugend argumentiert, dass die natürliche Selektion generell ein Prozess langsamer kleiner Schritte ist und nicht sprunghaft stattfindet. In Ihrer ersten Schrift über natürliche Selektion haben Sie sogar geschrieben „*natura non facit saltum*" – die Natur macht keine Sprünge. Dass Sie „mysteriöse Gesetze der Korrelation" ins Treffen führen, kommt mir als Widerspruch vor, weil die unabsichtliche Veränderung anderer Teile nach einer sprunghaften Veränderung klingt. Die intensive Selektion auf ein Merkmal hin führt dazu, dass andere spontan und sprunghaft zu einer neuen Ausprägung gelangen. Was wäre, wenn Schlappohren, zwei Läufigkeiten pro Jahr und verschieden farbiges und scheckiges Fell solche sprunghaften Veränderungen sind? Was wäre, wenn die intensive Selektion auf die Fähigkeit zum Stöbern im Müllhaufen unbeabsichtigt zu einer Veränderung dieser anderen Merkmal geführt hätte? Wenn also beispielsweise ein kleinerer Kopf mit kleineren Zähnen und schwächeren Kiefern mit hängenden Ohren einhergehen?

Mr. Darwin, fahre ich fort, rund hundert Jahre nachdem Sie die mysteriösen Gesetze der Korrelation postulierten, begann ein russischer Genetiker namens Dimitri Belyaev ein mehrjähriges Experiment mit russischen Silberfüchsen (Vulpes fulvus). Sie wären begeistert gewesen von diesem Experiment. Es liefert uns gute Erklärungen für diese anscheinend sprunghaften Veränderungen. Ich finde das Experiment großartig, denn es zeigt einen äußerst wahrscheinlichen biologischen Mechanismus der Selbstselektion von Wölfen zu Hunden auf. Belyaev war für eine riesige Fuchspelzfarm in Novosibirsk verantwortlich und produzierte, ohne das überhaupt zu wollen, Füchse mit hundeähnlichen Merkmalen wie Schlappohren, zwei Läufigkeiten pro Jahr und scheckigem Pelz. Er begann damit, Füchse *ausschließlich auf Grund ihres zahmeren Verhaltens zu selektieren.*

Belyaev nahm dieses Experiment in Angriff, weil wilde Füchse in der Haltung auf Pelztierfarmen sehr schwierig sind. Selbst nachdem diese wilden Füchse 80 Jahre lang in Gefangenschaft gezüchtet, aufgezogen und von Menschen versorgt (also gezähmt) worden waren, machten sie Probleme. Füchse sind in Gefangenschaft schwer zu halten, genauso wie Wölfe oder andere Wildtiere. Sie sind scheu, laufen vor den Tierpflegern weg und knurren sie manchmal an. Oder sie verletzen sich, wenn sie blindlings gegen Wände laufen, sich mit anderen Füchsen panisch auf einen Haufen zusammendrängen und dann an Überhitzung oder durch Ersticken sterben. Es sind genau die gleichen Probleme, die man beim Aufziehen und Zähmen von Wölfen hätte.

Das Verhalten der nervösen, fluchtbereiten Füchse ist typisch wildes und natürliches Verhalten. Es ist dasselbe Problem, das ich bei den nervösen, fluchtbereiten Wölfe der Abfallhaufen bereits beschrieben habe.

Belyaev und seine Kollegin Ludmilla N. Trut hatten eine gewisse Variabilität im Defensivverhalten der Füchse in Gefangenschaft beobachtet, das sie für angeboren hielten. Wenn das stimmte, dann konnten sie auch danach selektieren. Belyaevs anfängliche Versuchspopulation bestand aus 465 Füchsen, die willkürlich aus Tausenden von Füchsen ausgewählt worden waren und unterschiedlich auf Menschen reagierten: 40 % waren ängstlich-aggressiv, 30 % waren extrem aggressiv, 20 % waren ängstlich und 10 % zeigten ruhiges Erkundungsverhalten ohne Angst oder Aggression.

Belyaev notierte allerdings: „Selbst die nicht aggressiven Füchse konnten nicht ohne entsprechende Vorsichtsmaßnahmen versorgt werden, wollte man nicht gebissen werden; es waren also auch sie praktisch wilde Tiere."

Der Unterschied, nach dem Belyaev die in Gefangenschaft gehaltenen Füchse auswählte, war ihre Fluchtdistanz. Flucht ist ein Gefahren vermeidendes Verhalten und ein wesentliches Element für das Überleben eines Wildtieres. Die Fluchtdistanz weist zwei messbare Komponenten auf: 1) wie nah man an ein Tier herankommen kann, bevor es versucht, zu fliehen, und 2) wie weit weg das Tier dann läuft.

Belyaev wählte die Erkundungsverhalten zeigenden, ruhigeren Tiere seiner Fuchspopulation aus und züchtete mit ihnen eine zweite Generation. Für weitere Generationen setzte er noch strengere Selektionsmaßstäbe an, bis er schließlich nur noch mit Tieren züchtete, die sich ihm „freiwillig" annäherten (Umkehr des Fluchtverhaltens).

Nach nur 18 Generationen hatte es Belyaev auf natürlich zahme Tiere gebracht, die viele Verhaltensmerkmale der domestizierten Hunde zeigten. Sie unterschieden sich in einigen Punkten wesentlich von ihren nicht-selektierten Zwingergenossen: Sie reagierten auf Menschen positiv und aktiv. Sie suchten aktiv die Nähe zu ihren Pflegern und kletterten auf ihnen herum, sie nahmen Futter aus ihrer Hand an, sie saßen auf dem Fensterbrett und warteten darauf, dass jemand kam; sie rollten sich auf den Rücken, damit man ihnen den Bauch kraulen konnte; sie ließen es zu, dass Menschen sie herumtrugen und ihnen Spritzen gaben. Sie kamen, wenn man sie rief.

Sie benahmen sich wie Hunde. Was vielleicht noch überraschender war: Sie sahen auch aus wie Hunde. Ihre Schwanzspitzen wanderten in die Höhe, wie beim Hund. Sie hatten häufig scheckiges Fell und hängende Ohren, und die Weibchen wurden nicht mehr einmal, sondern zweimal pro Jahr läufig. Belyaev notierte: „Sie hören sich sogar an wie Hunde."

Ein gescheckter Fuchs. Vor 30 Jahren sandte mir Dimitri Belyaev mehrere Aufnahmen seiner genetisch zahmen Füchse. Er hatte nur auf zahmes Verhalten gezüchtet, aber eine Reihe anderer, teils sogar unerwünschter Merkmale erhalten, die er sich nicht erklären konnte. Darunter waren scheckiges Fell, Hängeohren und hundeähnliche Lautäußerungen.

Wichtig ist, dass Belyaev auf keines dieser Merkmale hin gezüchtet hatte. Einige davon waren sogar absolut unerwünscht. Wer wollte schon einen schwarz-weiß gescheckten Pelzmantel? Die meisten anderen Merkmale waren ihm egal, er sah aber keines jemals voraus. Der Pelzindustrie war es gleichgültig, ob die Füchse Hängeohren hatten oder bellten.

Mr. Darwin, diese hundeähnlichen Merkmale tauchten auf mysteriöse und unvorhersehbare Weise und – wenn Sie das so nennen wollen – spontan auf. Es wäre wohl zutreffend zu sagen, Sir, dass Belyaev, weil er 18 Generationen lang auf Zahmheit züchtete, „dadurch Merkwürdigkeiten vermehrte", er also „aufgrund der mysteriösen Gesetze der Korrelation mit an Sicherheit grenzender Wahrscheinlichkeit unabsichtlich auch andere Teile der Struktur veränderte".

Nun höre ich Sie fast denken, Mr. Darwin: Das ist ja ein großartiges Beispiel *künstlicher* Selektion! Welches Tier zur Fortpflanzung kommt, ist eine Entscheidung des Menschen. Menschen selektieren auf Zahmheit der Füchse, und durch die mysteriösen Gesetze erhalten sie die bizarren anderen Merkmale. Wenn die Menschen Wölfe auf Zahmheit und Abrichtbarkeit selektiert hätten,

hätten sie ebenfalls ein bunt geschecktes Fell, Schlappohren und den ganzen Rest bekommen.

Nun, sicher, sie hätten damit ein bunt geschecktes Fell und Schlappohren erhalten. Aber meinen Sie mit dem „ganzen Rest" kleinere Zähne, Schädel und Gehirne? Belyaev erwähnte keinerlei Größenveränderung bei seinen neuen Füchsen. Hätte er festgestellt, dass diese Merkmale der Hunde ebenfalls in das Paket des Entwicklungssprunges Fuchs-zu-Hund gehörten, dann müsste ich meine Argumentation verändern. Ich gehe davon aus, dass verringerte Körpergröße und kleinere Schädel, Gehirne und Zähne das Ergebnis natürlicher Selektion und nicht sprunghafter Veränderungen sind. Wären sie Teil des Entwicklungssprunges als Nebenwirkung der Selektion auf Zahmheit, dann wären natürliche und künstliche Selektion nicht mehr unterscheidbar.

Ich finde Belyaevs Arbeit interessant, weil sie echte Beweise für die Entwicklung vom Wolf zum Hund durch natürliche Selektion liefert. Es sind Beweise, die mit nachweislichen Fakten übereinstimmen.

Der Pinocchio-Theorie der Hundeentwicklung zufolge muss „zahm" eine erlernte Anpassung einzelner Wölfe sein („man hole ein Wolfsjunges aus der Höhle und zähme es"). Die Theorie von der natürlichen Selektion stellt einen nach Beute stöbernden Hund an den Anfang der Kette, einen „zahmen" Kaniden, der genetisch an das Fressen in der Nähe von Menschen angepasst ist. Die Hunde bleiben deswegen in der Nähe der Menschen, weil dort ihr Futter ist. Das Dorf ist zu ihrer ökologischen Nische geworden; es ist der Lebensraum, an den sie angepasst sind. Die Hypothese von der künstlichen Selektion (Pinocchio) macht es notwendig, dass man wild lebenden Wölfen beibringt, bei den Menschen zu bleiben und gemeinsam mit den Menschen auf die Jagd zu gehen. Da sie aber an den Lebensraum Wildnis angepasst sind, würde es sie ständig vom Dorf wegziehen, genauso wie es die zahmen Wölfe der Crislers zurück in die Wildnis zog.

Die Hypothese von der künstlichen Selektion setzt voraus, dass die frühzeitlichen Menschen bewusst ein langfristiges Wolfzähmungs- und -züchtungsprojekt in Angriff nahmen, das schwierig durchzuführen und vermutlich gar nicht so gut umzusetzen ist, dass man tatsächlich eine evolutionäre Veränderung erreicht. Bei der Hypothese von der natürlichen Selektion müssen die frühzeitlichen Menschen nichts weiter als einfach in Dörfern leben.

Nun gut, sagt Mr. Darwin, ich denke, Ihre Argumente sind es wert, genauer verfolgt zu werden. Aber warum liegt Ihnen so viel an der Theorie, dass das zahme Verhalten, durch das sich Hunde von Wölfen unterscheiden, das Ergebnis natürlicher Selektion und der Anpassung an eine neue Nische ist? Warum wollen Sie mich unbedingt davon überzeugen, dass die Beutestöberer am Abfallhaufen durch natürliche Selektion dazu geworden sind? Welchen Unterschied macht es denn, ob mein Hund Polly von einer Population von Dorfhunden abstammt oder ein direkter Nachkomme von Wölfen ist? Noch dazu, wo sie doch in jedem Fall ein direkter Nachkomme von Wölfen ist.

Bei allem Respekt, Sir, es macht einen riesigen Unterschied. Erinnern Sie sich daran, wie Sie nach der Veröffentlichung von *Die Entstehung der Arten* in Karikaturen mit einem Affenkörper abgebildet wurden, so als würde die direkte Abstammung vom Affen gleichbedeutend damit sein, selbst ein Affe zu sein? Heute ist es so, dass in praktisch allen verbreiteten Fachpublikationen über Hunde die Meinung herrscht, dass sie als direkte Nachfahren des Wolfes selbst Wolfseigenschaften haben. Aber das Modell der natürlichen Selektion vom Wolf zum Hund macht deutlich, dass diese Wolfsqualitäten sich dabei entscheidend verändert haben. Hunde denken nicht wie Wölfe und verhalten sich auch nicht wie sie. Bücher über Hundeausbildung wollen uns aber glauben machen, dass Hunde ihr Verhalten direkt von den Wölfen übernommen haben. Es wird uns geraten, uns wie Rudelführer, wie Alpharüden zu benehmen und unsere Hunde wie rangniedere Tiere zu behandeln. Da der Hund vom Wolf abstammt, heißt es, müssen sich Hunde wie Wölfe benehmen, wie Wölfe denken und auf wolfsähnliche Signale entsprechend reagieren.

Hunde können aber nicht wie Wölfe denken, weil sie nicht das Gehirn von Wölfen haben. Wir stammen vom Affen ab, aber wir benehmen uns nicht wie sie und denken nicht wie sie. Wir sind trotz unseres gemeinsamen genetischen Erbes ein völlig anderes Tier als der Affe. Dasselbe gilt auch für die Hunde und ihre Vorfahren.

Laurie Corbett brachte das in den Schlussbemerkungen über die grundlegenden genetischen Unterschiede zwischen wild lebenden und domestizierten Tieren am besten auf den Punkt: „Wild lebende Dingos können daher gezähmt, aber nicht domestiziert werden. Sollten die Menschen bestimmte Rassestandards und typische Merkmale für Dingos festlegen und daraufhin züchten, werden sie keine Dingos bleiben. Ein domestizierter Dingo ist eben keiner, sondern nur eine neue Hunderasse."

Mr. Darwin, ich glaube, dass es falsch ist, unseren besten Freund wie einen Wolf zu behandeln. Ich habe mit Hunderten Schlittenhunden und noch viel mehr Herdenschutzhunden gearbeitet. Einem meiner besten Arbeitshunde meine dominante Stellung dadurch zu beweisen, dass ich ihn auf den Boden werfe und anknurre, wäre grotesk. Ich will ganz sicher nicht, dass meine Schlittenhunde sich jedes Mal, wenn ich auftauche, wie rangniedrige Wölfe auf den Rücken werfen und pinkeln. Ich glaube nicht, dass ein Hund versteht, was die Menschen wollen, wenn sie dieses (doch eher grotesk anmutende) „Alphawolf"-Verhalten an den Tag legen. Hunde verstehen dieses Verhalten deswegen nicht, weil die Dorfhunde keine Rudelstruktur hatten; sie waren teils allein, teils in losen Verbänden lebende Tiere. Ein derartiges Benehmen der Menschen verwirrt sie nur.

Es ist eine biologische Realität, dass der Wolf der entfernte Cousin des Hundes ist. Der Stammbaum der Kaniden teilte sich in zwei Äste auf, und Wölfe und Hunde gingen jeweils ihren eigenen Weg. Wölfe zeigen einen an die Wildnis angepassten Lebensstil und Hunde zeigen einen an das domestizierte Leben angepassten Lebensstil. Die beiden Kaniden-Cousins sind Anpassungen an verschiedene ökologische Nischen und aus genau diesem Grund sehr unterschiedliche Tiere.

KAPITEL 2

Dorfhunde

Bei meinen Reisen rund um die Welt, bei denen ich verschiedene Typen von Arbeitshunden erforsche, scheint immer auch eine andere Hundepopulation mit im Spiel zu sein. Sie ist im Hintergrund immer präsent. Wenn ich nach diesen Hunden frage, werden sie mir als Bastarde, als Straßenköter, als Promenadenmischung oder Mischlingshunde beschrieben. Mischlinge werden meist für eine Art degenerierter Hund gehalten, der ein Kreuzungsprodukt verschiedenrassiger Elterntiere ist. Es herrscht allgemein die Auffassung, dass diese Hunde alle von reinrassigen Vorfahren abstammen. Wenn wir eine Promenadenmischung sehen, versuchen wir sofort herauszufinden, welche Rassen in sie mit eingeflossen sind. Ich brauchte Jahre, bis mir dämmerte, dass ein Hund nicht unbedingt eine Kreuzung von Rassen sein muss, wenn er nicht wie ein Rassehund aussieht. Nicht jeder Streuner ist automatisch ein Mischling. Und woher wissen wir, dass es sich wirklich um einen Streuner handelt, also um einen Hund, um den sich seine Besitzer nicht mehr kümmern? Schließlich ist es höchst unwahrscheinlich, dass sich Hunde aus Wölfen direkt zu einem der heutigen Rassehunde entwickelten und danach zu Mischlingen degenerierten.

Woher stammt bloß die Vorstellung, dass anfangs alle Hunde reinrassig waren und alles, was seit damals nicht reinrassig ist, ein Mischling ist? Offenbar stellen sich alle Künstler den „ursprünglichen" Hund als ein dem Wolf sehr ähnliches Wesen vor, das neben haarigen, in Wolfsfell-ähnlicher Kleidung steckenden menschlichen Jägern herläuft. Dieses Bild findet man überall, und es hat im Lauf der Zeit zu den diversen Spekulationen über die Abstammung des Hundes seinen Teil beigetragen. Große Hunderassen müssen wohl von großen Wolfslinien abstammen. Mastiffs müssen von chinesischen Wölfen abstammen. Die ursprünglichen Hunde waren klein und müssen wohl von kleinen Wölfen abstammen. Die arabischen Wölfe sind (heute) klein und müssen daher wohl jene Unterart sein, aus der sich die Hunde entwickelten. Diese Argumentation klingt ein wenig nach der Philosophie von der Entstehung der Arten durch „ursprüngliche Schöpfung".

Mich rüttelte die Arbeit von Belyaev wach. Der Hund im Übergangsstadium, das „missing link" zwischen wild lebenden und domestizierten Füchsen war ein geflecktes, zahmes Tier mit Schlappohren und zwei Läufigkeiten pro Jahr und in vieler Hinsicht genauso wie die sogenannten Streuner oder Straßenhunde.

Afrikanischer Dorfhund. Dieser Hund gehört niemandem und ist weder ein Mischling noch ein Streuner. Es ist einfach ein entzückender Hund auf der Suche nach Abfällen und Futter.

Warum sollten nicht die vielen Straßenhunde im Mittleren Osten und in Afrika die direkten Nachkommen der ursprünglichen Hunde sein?

Es war eine wirkliche Erleuchtung für mich. Smoky, der Hund, den ich als Kind hatte, war klein, kurzhaarig, schwarz und hatte Kippohren. Meine Mutter erstand ihn für eine Spende von zwei Dollar für den Hundefutterfonds bei der Chemiefabrik Dewey and Almy in Cambridge, bei der mein Onkel Bob arbeitete. Dort nämlich stöberte Smokys Mutter sowohl bei der Tag- als auch der Nachtschicht des Auslieferbereichs nach Nahrung. Sie hing immer dort herum und kam offensichtlich an genug Futter, um in einen Wurf Welpen investieren zu können. Während mein Welpe erwachsen wurde, rätselte ich gemeinsam mit einem anderen Onkel, mit Onkel Joe, über seine Abstammung. Ich hatte gehofft, dass er zu einem großen Hund heranwachsen würde, aber Smoky erreichte seine volle Größe mit ca. zwölf Kilo und wurde ein schnittig aussehender, temperamentvoller kleiner Begleiter. Onkel Joe und ich sahen Bilder in Hundebüchern durch und beschlossen schließlich, dass Smoky ein italienischer Windhund-Mischling sein musste. Damals kam uns das gar nicht unwahrscheinlich vor, und schließlich musste er ja irgendeine Mischung sein, oder? Außerdem hatte ich damit eine beeindruckende Antwort auf die häufige Frage: „Was ist denn das für ein Hund?“

Wenn ich aber heute über Smokys Herkunft nachdenke, so glaube ich, dass ich einen Nachfahren des einfachen Dorfhundes zu mir genommen hatte, wie er in den Vorstädten des mittleren 20. Jahrhunderts kommensalistisch lebte. Ich hatte gerade, ohne es zu wissen, genau dasselbe getan, was seit dem Beginn der Hunde immer wieder stattgefunden hatte. Smokys Eltern waren – mit meinen heute erwachsenen und geübten Augen gesehen – direkte Nachkommen der ursprünglichen Dorfhunde.

Ich brauche also eine Hundepopulation, die in einem Dorf von heute lebt, das aber den Bedingungen der frühen Steinzeitdörfer entspricht, um meine Behauptung untermauern zu können. Ich brauche eine Hundepopulation, die in einer kommensalistischen Beziehung mit Menschen lebt. Es geht darum, Anthropologie und Verhaltensökologie zu kombinieren und zu beweisen, dass die Theorie von der natürlichen Selektion gemeinsam mit den Ergebnissen von Belyaevs Arbeit eine mehr als wahrscheinliche Erklärung liefert, wie der Übergang vom Wolf zum Hund stattfinden konnte.

Vor mehreren Jahrzehnten noch wurde angenommen, dass sich Kulturen wie Organismen von einfachen zu komplexen Formen entwickeln, und Anthropologen studierten daher „primitive“ Kulturen und „primitive“ Menschen. Die Vorstellung vom „edlen Wilden“ war weit verbreitet. Der edle Wilde lebte ein reines, primitives Leben, das nicht von der komplexen modernen Gesellschaft korrumpiert war. Inzwischen wissen wir, dass „primitive“ Kulturen genauso fortschrittlich und vielfältig sind wie moderne Kulturen. Sie sind nur anders. Die eine komplexe Kultur entwickelt sich weiter zur nächsten.

Diese Vorstellung erleichtert die Erforschung der Vergangenheit. Wenn zum Beispiel Anthropologen die Steinzeitmenschen verstehen wollen, untersuchen sie heutige Gesellschaften von Jägern und Sammlern. Man geht dabei von der Annahme aus, dass diese heute lebenden Gesellschaften eine Annäherung daran erlauben, wie das Leben der steinzeitlichen Jäger und Sammler gewesen sein könnte. Wissenschaftler vergleichen die Waffen, Werkzeuge und Reste von Hausrat und Essen in den Abfallhaufen heutiger Jäger und Sammler mit den archäologischen Funden aus frühen steinzeitlichen Dörfern und ziehen daraus Schlussfolgerungen, wie weit man die heute lebenden Menschen mit denen von damals vergleichen kann. Wenn die heute verwendeten Werkzeuge jenen aus der Steinzeit gleichen und die Menschen diese Werkzeuge noch immer für die Jagd und das Sammeln verwenden, können wir von großer kultureller Ähnlichkeit ausgehen.

Um also die heutige Version der ursprünglichen Hunde, die sich an das Leben in der ökologischen Nische Steinzeitdorf angepasst hatten, zu Gesicht bekommen zu können, suchte ich nach einer Hundepopulation, die in einer Jäger- und Sammlergesellschaft von heute in festen Siedlungen lebt. Ich brauchte außerdem Jäger und Sammler in Dörfern einer abgeschiedenen Gegend, in der die Isolation von der Außenwelt dazu beitragen sollte, die laufende Veränderung der Hunde durch die Einwanderung neuer Gene zu verhindern.

DIE STEINZEITINSEL

Ich fand eine derartige Population von Menschen und Hunden auf einer Insel vor der ostafrikanischen Küste. Pemba ist eine autonome Provinz des Staates Tansania und liegt knapp südlich des Äquators. Die Insel ist 750 Quadratkilometer groß (ca. 50 Kilometer lang und 15 Kilometer breit) und liegt etwa 50 Kilometer vor der Küste im Indischen Ozean. Bei klarem Wetter kann man nordwestlich der Meerenge von Pemba fast die hohen Gebäude von Mombasa sehen. Nach Westen hin kann man die Küste von Tansania sehen. Sansibar liegt außerhalb der Sichtweite im Südwesten. Pemba ist von einem spektakulären Korallenriff umgeben und könnte als tropisches Paradies bezeichnet werden, wenn man davon absieht, dass die Bevölkerung derzeit aus einer Viertelmillion Menschen besteht und weiter wächst.

Die Menschen leben als Jäger und Sammler. Sie ernähren sich vom Meeresfischfang und fast allem, was sich auf dem Korallenriff so tummelt. Das Riff verliert unter diesem enormen menschlichen Druck täglich an Faszination und Besonderheit. Neben ihren altsteinzeitlichen Berufen stehen die Pembaner mit einem Bein bereits in der Jungsteinzeit. Sie halten und verzehren Hühner, Kühe und Ziegen, sie pflanzen Gemüse an und verwenden auch andere Grundnahrungsmittel wie Kassava. Sie bauen ein wenig Reis an und kaufen noch mehr aus anderen Gegenden wie Indien dazu. Sie ziehen tropische Früchte, Kokosnüsse und Mangos. Der einst blühende Handel mit Gewürzen ist allerdings fast zum Erliegen gekommen. Handelsschiffe hielten zwar viele Jahre lang in Pemba und Sansibar an, sind heute aber selten geworden. Der Entdeckungsreisende Vasco da Gama landete auf seiner Suche nach einer Route nach Indien am letzten Tag des Ramadan des Jahres 1498 auf der Insel, nachdem er das Kap der Guten Hoffnung umschifft hatte. Schon davor war Pemba auf arabischen Handelsrouten gelegen und war bei so manchem Sultan und seinem Harem als Urlaubsort beliebt gewesen.

In der heutigen Weltwirtschaft ist Pemba aus dem Rennen und führt als Sackgasse ins Abseits. In mehreren Teilen der Insel findet man Kinder mit Symptomen von Kwashiorkor, einer Proteinmangelerkrankung, die als Hinweis darauf gedeutet werden kann, dass die Bevölkerung am Limit des in dieser Umwelt Möglichen lebt. Der Import von Protein ist teuer, daher ist das Korallenriff eine wichtige Proteinquelle für die Menschen. Es ist allerdings ein großes Problem, dass viele Produkte aus dem Riff gute Marktpreise erzielen und daher ans Festland verkauft werden, statt der Ernährung der Kinder zu dienen.

Die Pembaner sind natürlich nicht wirklich eine Gesellschaft von steinzeitlichen Jägern und Sammlern. Aber viele der Vollerwerbsfischer befahren in ihren Dhows das Korallenriff – in Booten, die aus einem ausgehöhlten Baumstamm hergestellt und mit einem ganz typischen dreieckigen Segel bestückt werden. Sie fischen nachts in den tieferen Gewässern und verwenden dabei Petroleumlampen, um die Fische anzulocken. Bei Ebbe, wenn das Riff teilweise frei liegt, sammeln sie Schalentiere. Das Leben auf Pemba hat sich seit der Steinzeit in vielen Details verändert, die Lebensweise des Jagens und Sammelns um das Korallenriff herum gibt es allerdings seit unvorstellbar langer Zeit.

Pemba besteht auch nicht wirklich aus einer Ansammlung steinzeitlicher Dörfer. Die Kultur von Pemba ließe sich treffender als eine beschreiben, die an der Grenze vom Jäger- und Sammlertum zum Ackerbau steht, also an der Grenze zwischen Mesolithikum und Neolithikum. In den USA gehören wir fast vollständig in die Jungsteinzeit, da unser Lebensunterhalt ausschließlich von domestizierten landwirtschaftlichen Nutzpflanzen und Nutztierarten gedeckt wird. Einen sehr geringen Teil unserer Nahrung gewinnen wir noch durch Wildsammlung (Beeren, Kaviar, Meeresfische), es handelt sich dabei aber nicht um lebensnotwendige Dinge, sondern um Luxusartikel. Die Menschen des Mesolithikums waren im Gegensatz dazu und per definitionem völlig vom Jagen wild lebender Tiere und Sammeln von Wildpflanzen abhängig. Wenn ein Mann auf die Jagd ging und leer ausging, blieb er hungrig. Die Pembaner ernähren sich heute sowohl von domestizierten als auch von wild lebenden Arten, aber ohne das Jagen und Sammeln hätten sie vermutlich große Schwierigkeiten. Schwierigkeiten, die vielleicht gerade auf sie zukommen, wenn man von der Verfassung ihrer Kinder ausgeht.

Zur Zeit des späten Mesolithikums (vor etwa 15 000 Jahren) bauten Jäger und Sammler im heutigen Israel in einer savannenartigen Landschaft Dörfer aus Stein in der Nähe von Wildwechseln. Es handelte sich um die Natufer. Sie bauten diese (soweit wir bisher wissen) ersten festen Siedlungen in der Nähe einigermaßen verlässlicher Nahrungsquellen. In Namibia sah ich einmal ein Beispiel dafür, wie diese Stellen ausgesehen haben müssen. Es handelte sich um ein Felsmassiv mitten in der Steppe. Verborgen zwischen den Felsen lag eine kleine Schlucht mit einem Wasserfall, der sich in ein Becken ergoss. Die Namibier versteckten sich unter Felsüberhängen und warteten, dass die grasenden Wildtiere zum einzigen Wasservorkommen der ganzen Gegend kamen. Da das Wild dorthin kommen musste, konnten sie ein festes Versteck aufbauen. Sie vertrieben sich die Zeit auf der Lauer mit Kritzeleien an den Felswänden. Energie zu sparen, indem man seine Nahrung zu sich kommen lässt, statt ihr hinterherzujagen, ist ein guter Trick, der das Überleben erleichtert. Das ist etwa so, wie beim Abfallhaufen zu sitzen und darauf zu warten, dass Essen kommt. Dasselbe macht eine verwilderte Katze bei unserem Futterhäuschen für die Vögel.

Vergleichbar dazu leben auch die Pembaner auf einer Insel mit einem konstanten Vorkommen an Wildtieren – nämlich jenen am Korallenriff. Sie leben vermutlich noch isolierter als die Natufer. Sie sind umgeben vom Ozean. Ich stelle mir die ersten Dörfer, die sie errichteten (wie die in dem Felsmassiv in Namibia) als Inseln in einem Meer aus Gras vor. Das fest gebaute Dorf wäre von einem Meer aus Gras umgeben gewesen. Hunde (oder Wölfe), die sich an die ökologische Nische Dorfabfallhaufen anpassten, wären ebenfalls in einem Meer an Gras und Steppe isoliert gewesen. Es war zwar möglich, das Meer zu überqueren, aber dazu brauchte es Energie und Geschicklichkeit. Welchen Grund sollte ein Mensch oder ein Tier haben, das Meer zu überqueren, solange es genug Nahrung und Wasser gab? Warum sollte man das Inselparadies verlassen? Noch dazu, wo die nächste erreichbare Insel vermutlich bereits von einer angestammten Population von Nahrungskonkurrenten bewohnt war?

Die Menschen auf Pemba leben in Häusern aus Holz, Lehm, Stroh und manchmal Beton, die neuerdings mit Wellblech gedeckt sind. Anthropologen haben den Zeitpunkt der ersten festen Siedlungen deswegen vor 15 000 Jahren angesetzt, weil die ersten Funde von Steinhäusern aus einer Zeit nur knapp danach stammen. Es ist aber durchaus möglich, dass schon Tausende Jahre davor die Menschen des Mesolithikums genauso wie jene auf Pemba heute in Siedlungen aus Strohhütten gelebt hatten. Funde solcher Dörfer zu machen wäre natürlich schwierig. Wenn es so gewesen sein sollte, dann gäbe es Hunde vielleicht schon länger, als wir annehmen. Meine Theorie ist ja, dass die Hunde zeitgleich mit den ersten festen menschlichen Siedlungen auftreten. Die ökologische Nische, die Wölfe ausnutzen und an die sie sich anpassen, entsteht erst durch das veränderte menschliche Verhalten. (In Kapitel 10 gehe ich näher darauf ein, wie lange es die Hunde wohl schon gibt.)

Als ich auf Pemba das erste Mal Hunde sah, waren meine Assoziationen: Streuner, Mischlinge, Straßenköter. Bald fiel mir allerdings auf, dass es gar keine Haushunde – als Haustiere – gab, von denen streunende Mischlingshunde abstammen könnten. Für das ungeschulte Auge sehen sie vielleicht wie Mischlinge aus, weil sie eher unscheinbar sind. Sie sehen alle mehr oder weniger gleich aus: mittelgroß, um die zwölf Kilogramm schwer, dabei schlank, kurzes glattes Fell von unterschiedlicher Färbung, das bei manchen große Flecken aufweist, bei anderen Abzeichen am Kopf, an den Ohren, Beinen oder am Schwanz. Sie haben Hängeohren oder Stehohren mit leicht umgeknickter Spitze. Die Hunde der gesamten Population haben eine überraschend einheitliche Größe. Für mich war klar, dass ich einen isolierten Genpool vor mir hatte, der keinen Einfluss von anderen Hundelinien und damit keinerlei Variationen im Aussehen aufwies. Während ich mit dem kleinen Team meiner Studenten auf Pemba herumfuhr, überraschte uns kein einziger Hund mit einem besonderen Aussehen. Nie sagte jemand: „He, sieh dir mal diesen riesigen Hund an!" Das alleine war schon ein deutlicher Hinweis darauf, dass wir es nicht mit zufällig entstandenen Streunern zu tun hatten, sondern dass die natürliche Selektion am Werk gewesen war. Die einheitliche Größe der Hunde wies auf einen starken Selektionsdruck hin, der das Überleben der am besten an die ökologische Nische Angepassten ermöglicht hatte. Jedes Individuum, das deutlich größer oder kleiner ist als zwölf Kilo, kann in dieser ökologischen Nische nicht bestehen. Die Abfallhaufen liefern nicht genügend Nahrung, um einen großen Hund zu ernähren, und kleine Hunde können sich kein ausreichend großes Gebiet als Futterquelle sichern.

Im Gegensatz dazu zeigt das *nicht* einheitliche Aussehen in Färbung und Ohrenform an, dass diese Merkmale keinem Selektionsdruck unterlagen. Färbung und Ohrenform, also jene Dinge, die in der künstlichen Selektion durch Züchter meist eine große Rolle spielen, sind für das Überleben eines einzelnen Tieres in einer natürlichen Population irrelevant.

Die Pembaner mögen im Allgemeinen keine Hunde, und meiner Meinung nach könnte das bei den frühzeitlichen Menschen aus denselben Gründen genauso gewesen sein. Die Pembaner sind Moslems. Mohammed mochte Hunde ebenfalls nicht, sagen die Pembaner, und riet daher davon ab, Hunde zu berühren. Sie sagen, in der Schnauze von Hunden würden böse Organismen leben. Aus diesem Grund seien Hundeschnauzen kalt und feucht. Die Absonderungen aus der Nase und das Speicheln und Sabbern seien Zeichen von Krankheit, Insekten und Parasiten. Sie glauben, dass man krank werden kann, wenn man mit Flüssigkeitsabsonderungen von Hunden in Berührung kommt. Zur Zeit von Mohammed waren Hunde so wie noch heute in weiten Gebieten Afrikas und Asiens häufig Überträger von Tollwut. Auch, wenn das „Süßer-Hund-Syndrom" vorherrschen mag, so muss doch berücksichtigt werden, dass Krankheit und soziale Normen in den steinzeitlichen Dörfern vermutlich eine viel größere Rolle spielten.

Die Pembaner glauben, dass Gott keine Hunde mag. Gott wird sie nicht mehr besuchen, wenn ein Hund ins Haus kommt. Selbst wenn ein Hund unaufgefordert das Haus betritt, muss das Haus danach gereinigt werden – und zwar *wirklich* gereinigt, spirituell gereinigt, bevor Gott sie wieder besuchen kann. Sie haben zu Hunden im Haus eine ähnliche Einstellung wie ich zu Ratten in meinem: Das weist mich, in meiner Gesellschaft, als unrein aus – entweder tatsächlich oder im spirituellen Sinn. Wäre ich rein, hätten diese Tiere keinen Anlass, zu mir zu kommen.

Einmal sagte mir ein Pembaner in einem Interview, dass er Hunde gern habe und seine Hunde auch streicheln würde. Ich sagte: „Nur zu, ich möchte das sehen", und er meinte: „Nicht vor meinen Freunden."

Die kulturell verankerte Abneigung der Pembaner gegen Hunde geht vermutlich bis auf biblische Zeiten zurück. Das Alte Testament, auf das sich sowohl Christen, Juden als auch Moslems berufen, weiß über Hunde wenig Gutes zu sagen. Es gibt einige wenige kryptische Passagen, die man als hundefreundlich interpretieren könnte, wenn zum Beispiel Hiob sagt: „Jetzt aber lachen sie über mich, die jünger sind als ich an Tagen, deren Väter ich nicht für wert geachtet, sie bei den Hunden meiner Herde anzustellen." Etwa Schäferhunde? Helfer des Menschen? Von den paar Dutzend Hinweisen auf Hunde in der Bibel sind jedoch die meisten Beschimpfungen von Menschen als „Hunde" – als niedrige, unverlässliche, verräterische, dreckige Schurken. So wie wir vielleicht sagen „Du miese kleine Ratte", heißt es bei ihnen „Du dreckiger Hund".

Ich hätte ein Schild mit der Aufschrift „Gebt acht auf diese Hunde"[1] (Philipper, 3;2) an der Zufahrt zu unserem Haus recht passend gefunden, da sich der Apostel Paulus dabei aber auf Menschen bezieht, die sich wie Hunde (im Sinne des Schimpfwortes) verhalten, ließ ich es dann doch lieber.

Das Alte Testament bezieht sich auch darauf, dass Hunde nach Futter stöbern. Bei Jesaja heißt es: „Aber gierig sind diese Hunde, sie sind unersättlich." Aber auch hierbei verwendet er eine Eigenschaft von Hunden dazu, unangenehme Zeitgenossen zu beschreiben. Dort, wo in der Bibel echte Hunde vorkommen, sind die Beschreibungen ziemlich ekelhaft: „Wer...in der Stadt stirbt, den werden die Hunde fressen; und wer auf dem freien Feld stirbt, den werden die Vögel des Himmels fressen." Hunde sind also so etwas wie die Aasgeier der Stadt. Die meisten Schilderungen beschreiben Hunde genau wie sie – widerliche Geier, die nachts durch die Straßen streifen und alles zerfetzen, was herumliegt, Menschen inklusive. Arme Isebel. Von ihr blieb nichts als ihr Schädel und ihre Handflächen, nachdem die Hunde mit ihr fertig waren.

In allen dreien der wichtigsten Religionen des Nahen Ostens gibt es Tabus, die Hunde betreffen. Die Ernährungsvorschriften verbieten Hundefleisch ausdrücklich, obwohl es in anderen Kulturen als Delikatesse gilt. Ein paar Nordko-

---

[1] im Englischen „Beware of the Dogs"

reaner, die in Chake Chake (auf Pemba) ein Fußballstadion bauten, verspeisten prompt ein paar der einheimischen Hunde, was bei den Einwohnern auf eine Mischung aus Erheiterung und Abscheu stieß. Selbst 15 Jahre nach dem Vorfall schnitten die Pembaner dieselbe Grimasse wie die Amerikaner, wenn sie hören, dass jemand eine Ratte isst, und sagten: „Das ist ja widerlich!"

Ein kulturelles Tabu wie dieses kann gut und gerne noch aus der Zeit der ersten frühzeitlichen Dörfer stammen. Die Menschen von damals waren Wildtieren gegenüber im Allgemeinen vermutlich nicht sehr freundlich eingestellt. Yeager und Miller beschreiben in ihrem Buch über Wildtiere in Afrika, *Wildlife, Wild Death*, dass in Ostafrika üblicherweise Wildtiere als Schädlinge betrachtet werden, die man manchmal isst und von denen man manchmal gefressen wird. In unserer eigenen Kultur wird der Wolf auch erst in jüngster Zeit anders als nur groß und böse gesehen. Wölfe, Kojoten und Schakale galten traditionellerweise als Geschmeiß, als Krankheitsüberträger und Raubzeug, das Haustiere riss. Das Bild vom edlen Wolf ist größtenteils sehr neuen Datums und nicht weltweit akzeptiert.

Angesichts dieser Einstellung der Pembaner den Hunden gegenüber sollte man annehmen, dass es auf der Insel gar keine Hunde geben dürfte. (Wenn die Einstellung der Amerikaner zu den Ratten dieselbe ist, sollte man annehmen, dass es bei ihnen keine Ratten gibt). Und tatsächlich wurde mir vor meiner ersten Reise nach Pemba erklärt, dass ich nicht erwarten dürfe, Hunde zu sehen. Ich bot jedem in unserer Gruppe einen Vierteldollar, wenn er einen Hund aufspürte. Ich ging schon in den ersten zwei Stunden fast pleite. Auf Pemba wimmelte es nur so von Hunden, es sind so viele, dass sie manchmal schon zum Problem für die Menschen werden. Wenn die Hundepopulation zu groß oder zu lästig wird oder wenn es eine Tollwut-Epidemie gibt, wird sogar die Armee gerufen, um die Hunde allesamt abzuschießen. Sie erwischen aber nie alle. Es ist so, als wollte man Ratten ausrotten: Das ist praktisch unmöglich.

Auf meinen Rundgängen in Pemba dachte ich anfangs, dass die Hunde wie Haustiere wirkten. Sie benahmen sich wie Haustiere. Ich sah Hunde, die auf dem Dorfplatz schliefen, in den Vorhöfen und in nächster Nähe zu den Häusern lagen. Handelte es sich bei ihnen um Haustiere? Gelegentlich versuchten wir, an einen Hund so nahe heranzukommen, dass wir ihn streicheln konnten. Das war schwierig. Sie hielten sich immer gerade außer Reichweite. Wir näherten uns ganz langsam und vorsichtig, und die Hunde entzogen sich immer gerade ein bisschen. Auf St. Kitts, einer der westindischen Inseln, streckte ich einmal meine Hand vorsichtig aus, um einen Hund hinter den Ohren zu kraulen. Da war ich plötzlich mit hochgezogenen Lefzen konfrontiert und kapierte, dass Kuscheln nicht Teil unserer Vereinbarung war. Die Hunde auf Pemba beachteten mich meist kaum, nur gerade genug, um mir ein kleines Stück auszuweichen. Wenn ich ihnen meine Aufmerksamkeit aufdrängte, trotteten sie weg. Tauben im Park verhalten sich ganz ähnlich. Einen Hund auf Pemba streicheln zu wollen ist genau so, wie eine Taube streicheln zu wollen. Einen Hund auf Pemba zu rufen ist genau so, wie eine Taube im Park zu rufen.

Wenn ich mich mit den Pembanern über die Hunde unterhielt, musste ich meine Fragen sehr vorsichtig formulieren.

„Ist das Ihr Hund?“, fragte ich zum Beispiel. „Ja“, bekam ich zur Antwort. „Füttern Sie Ihren Hund?“ „Ja.“ Aber auf die Frage „Was füttern Sie Ihrem Hund?“ bekam ich nur einen verwirrten Blick. Bei der Frage „Könnten Sie den Hund herrufen?“, bekam ich denselben Blick! „Natürlich könnte ich den Hund herrufen!“ „Kommt er dann auch?“ „Das weiß ich nicht, ich hab‘s noch nie versucht.“ „Na gut, rufen Sie den Hund her.“ „Wie soll ich ihn denn rufen?“ „Hat er einen Namen?“ „Das weiß ich doch nicht“, kam kichernd die Antwort. „O.K., rufen Sie ihn einfach her.“ Es folgte irgendetwas auf Suaheli. Nichts passierte. „Können Sie hingehen und den Hund streicheln?“ Das gab großes Gelächter! Warum sollte jemand so etwas tun wollen? „Haben Sie den Hund schon einmal berührt?“ „Nein!“

Warum betrachtet eine Pembanerin einen Hund als ihren Hund? Weil dieser Hund sich immer in ihrem Hof oder rund um ihr Haus aufhielt. „Ist das da Ihr Baum (im vorderen Teil des Hofes)?“ „Ja.“ „Gießen Sie Ihren Baum?“ „Wir schütten das Abwaschwasser dort hin.“ „Könnten Sie den Baum herrufen?“ „Aber gerne, wie möchten Sie denn, dass ich ihn rufe?“ Einen Hund zu besitzen war das Gleiche, wie einen Baum im Hof zu besitzen. Die Hofbewohner hatten mit dem Baum nichts zu tun gehabt, aber er stand eben in ihrem Hof. Im Gegensatz dazu waren Hühner ganz eindeutig deklarierter Besitz. „Das ist mein Huhn.“ Hühner sind wertvoll. Hühner kann man essen oder verkaufen. Auf einer Insel mit knapper Eiweißversorgung sind Hühner ein Wert. Auf einer Insel mit angespannter Ernährungslage kann man es sich nur leisten, einen Hund zu halten, solange er nichts kostet und kein Futterkonkurrent ist. Anders formuliert: Der Hund lebt in einer kommensalistischen Beziehung zum Menschen.

Die Hunde auf Pemba werden zwar nicht gefüttert, aber sie fressen. Sie durchstöbern die Abfälle des Dorfes. Manche Hunde treiben sich rund um einzelne Häuser herum, andere sammeln sich um bestimmte Menschengruppen. Wenn frühmorgens die Fischerboote landen und der Tagesfang versteigert wird, sind Hunde dabei. Eine Gruppe Fischer sitzt in der Morgensonne unter einem einzeln stehenden Baum am Strand, die Abenteuer der Nacht werden erzählt, wie etwa ein Schwertfisch mit dem Licht der Petroleumlampe zum Boot gelockt wurde. Unter den Zuhörern und Beobachtern finden sich auch ein, zwei Hunde, die scheinbar schlafend im Schatten liegen. Wenn die Fische ausgeweidet und zerlegt werden, gehören die Abfälle ihnen.

Die Männer machen Tee und essen Brot. Manchmal wirft vielleicht sogar einer von ihnen einem Hund ein Stück zu. Es wirkt ein wenig, als würde er einem Bettler eine Münze oder einer Taube ein paar Brotkrumen hinwerfen. Es ist kein wirkliches Füttern oder gar eine emotionale Zuwendung. Beim Taubenfüttern im Park geht es auch weniger um das Füttern der Tauben und mehr um das Beobachten der Tauben, wenn sie fressen – weil sie einfach da sind.

Rund um das Haus benehmen sich die Hunde und die Hühner gleich. Sie campieren im Hof. Sie fressen weggeworfene Reste. Die Abfälle, die die Hühner fressen, sind viel kleiner als die, die Hunde fressen. Hühner picken nach verstreuten Hirse- oder Reiskörnern oder nach kleinen Insekten. Sie wandern auf der Straße herum und picken winzige Dinge, die von vorbeifahrenden Fahrzeugen zerquetscht wurden, auf. Insekten oder Körner, Dinge unterhalb der Mindestgröße dessen, was Hunde fressen. Hühner durchstöbern genau wie Hunde die Höfe nach Nahrung. Sie bewohnen aber eine andere ökologische Nische – Hühner und Hunde sind keine Nahrungskonkurrenten um Abfälle des Dorfes. Vielleicht haben sich Hühner ähnlich wie Hunde selbst domestiziert. Ich sollte vermutlich Hühner auf die Liste jener Tiere setzen, die als Eindringling in festen menschlichen Siedlungen leben, wie Ratten, Tauben und Kakerlaken.

Die Hunde auf Pemba fressen im Regelfall nichts Lebendiges. Sie benehmen sich mehr wie Aasgeier. Sie verschwenden keine Energie auf das Nachjagen und Hetzen. Sie verwenden ihre Zeit für das Jagen (Suchen) und Sammeln. Sie sind nicht dauernd in Bewegung. Eigentlich sind sie selten in Bewegung. Nahrung finden heißt, sich an einen Platz zu begeben, wo die Nahrung von selbst auftaucht. Bei Aasgeiern ist dieser Platz in der Nähe eines sterbenden Tieres, wo sie sozusagen darauf warten, dass es zu Futter für sie wird. Bei Hunden ist dieser Platz der Abfallhaufen, wo sie darauf warten, dass Futter auf ihm auftaucht.

Jedes Haus in einem Dorf auf Pemba hat einen eigenen Abfallhaufen und eine eigene Latrine. Beide sind im Hinterhof, der – wie viele Hinterhöfe – an den Hinterhof von jemand anderem grenzt. Die Abfallhaufen am Rand der Hinterhöfe gehen oft ineinander über. Mehrere dieser Abfallhaufen und Latrinen werden von vielleicht einem oder zwei Hunden kontrolliert. Als mich ein kleiner Junge eines Nachts in der Türkei zur Latrine führte, dreht er sich plötzlich um, knallte gegen mich und schrie auf Türkisch (das ich vor diesem Augenblick nicht verstanden hatte): „Los, lauf! Die Hunde sind in der Latrine!" Türkische Hunde, die in Latrinen fressen, verteidigen manchmal ihr Futter, in diesem Fall hatten wir sie aber anscheinend wie eine Taube in die Enge getrieben, als wir durch die Tür kamen. Wie auch immer, es war eine gute Gelegenheit, gebissen zu werden. Die Hölle brach los, als wir zwei eine schmale Gasse entlangrannten, anscheinend von zwei Hunden verfolgt, die aber in eine andere Richtung davonrannten, als wir auf die Straße hinaus kamen. Bei ihnen lief dasselbe Fluchtverhalten ab wie bei uns, aber aufgrund der Umstände waren sie dabei in der engen Gasse hinter uns.

Die Einheimischen wissen recht gut, dass viele Hunde dieser Welt in den Latrinen fressen. Es ist nicht notwendig, detailliert auf die koprophagen Ernährungsgewohnheiten von Hunden einzugehen; es soll nur vermerkt werden, dass es in manchen Kulturen in dieser Hinsicht einen beiderseitigen Vorteil für Hunde und Menschen gibt. Zum Beispiel lernte unsere Tochter Karyn bei einem Arbeitsaufenthalt in der Nähe von Turkana-Dörfern in Kenia einen Brauch kennen, von dem Anthropologen seit Jahrzehnten berichtet hatten. Ein Baby bekommt als „Geburtsgeschenk" einen Welpen statt Windeln.

Bei den Dorfhunden findet man kaum noch „Wolfsverhalten". Die Hunde auf Pemba haben offenbar Reviere, in denen sie Futter suchen. Sie drohen anderen Hunden nicht direkt und haben das auch kaum nötig. Sie verhalten sich insgesamt sehr unauffällig und verteilen sich einfach auf die Umgebung. Dieselben Hunde halten sich Tag für Tag an denselben Stellen auf. Vielleicht suchen sie nachts in einem größeren Gebiet nach Futter, wir konnten das aber nicht beobachten. (Nachts in den Hinterhöfen der Leute herumzukriechen, ist nicht ganz ohne Risiko. „He, was ist da draußen los?" „Hallo, wir sehen nur den Hunden beim Fressen zu." „Aha...ah...")

Es wurde auch nicht ganz klar, ob das tagsüber beanspruchte Revier ein Futterrevier oder Teil eines eigenen Reproduktionsrevieres war. Bei vielen Kaniden lassen sich die beiden schwer unterscheiden. Wölfe haben zum Beispiel ein Futterrevier, in dem auch ihr Bau liegt und wo es einen Treffpunkt für die Fütterung der Welpen gibt. Man nimmt an, dass das Wolfsgeheul eine Form des Reviermarkierens ist, während der Paarungszeit nimmt aber die Intensität des Geheuls zu. Auch Kojoten jaulen zur Paarungszeit mehr. Meine Zwingerhunde bellen und heulen die ganze Zeit, aber wenn ein Weibchen läufig ist, wird es deutlich schlimmer.

Im Unterschied zu Wölfen bellen die Hunde auf Pemba, vor allem nachts. Das Bellen dient bei ihnen anscheinend als Ortsangabe: „Ich bin am Platz." „Ich bin hier, das ist meine Stelle." Eine Antwort ist weder notwendig, noch wird sie erwartet. Mir sind keine offiziellen Untersuchungen bekannt, die der Frage nachgehen, ob das Hundebellen dem Wolfsgeheul als Methode zur Abschätzung der Population vergleichbar sein könnte. Es gibt ähnliche Untersuchungen für andere Tierarten, bei denen herausgefunden wurde, dass der Lärmpegel in Brutgebieten eine Auswirkung auf den Bruterfolg hat. Ich bin aber fest davon überzeugt, dass das Bellen meines Hundes nachts im Hof, das vom Hund auf der Nachbarfarm beantwortet wird, das wiederum vom Hund einen Hof weiter beantwortet wird, und so der Reihe nach immer weiter, als Bellen rund um die Welt wandert. Und genau aus diesem Grund wird meine Ruhe in der Stille der Nacht darauf wieder gestört, weil mein Hund bellt. Das Bellen ist einmal rund um die Erde gewandert und zurückgekommen – so wie die Nacht.

In Neu Guinea haben die einheimischen „Singhunde" ihre Territorien außerhalb der Dörfer. Sie „singen" ein besonderes Lied mit Trillern und Klangmustern wie ein Vogelgesang, um ihr Revier zu markieren. Sogar in unserem Zwinger im Hampshire College geben die Neu Guinea Hunde ihr musikalisches Talent zum Besten, das in der ganzen Hundewelt sehr ungewöhnlich ist: ein moduliertes Jodeln und, das Beste von allem, ein hoher Triller. Da ihre Gesänge stark an Vogelgesang erinnern, liegt der Schluss nahe, dass ihre Reviere nicht Futter- sondern Reproduktionsreviere sind. Vielleicht ist das ein weiterer Hinweis darauf, dass das gleichbleibende, anhaltende nächtliche Bellen der Hunde auf Pemba in den Funktionsbereich Reproduktion fällt. Die Hunde in Neu Guinea kommen zum Fressen in die Dörfer, wo sie sich von den Abfällen ernähren, die von den Pfahlbauten oben herunterfallen, und so weit ich weiß, sind sie in dieser Zeit still.

Häufig wird Bellen als Alarmsignal interpretiert, mit dem der Wachhund seinen Herrn vor Herumtreibern warnt. Auf Pemba gibt es keine Herren, und trotzdem bellen die Hunde. Bellen warnt die Menschen aber dennoch vor Herumtreibern. Wenn die Hunde einen Eindringling wahrnehmen, wird das Bellen intensiver. Die Menschen können zwischen dem bloßen Bellen und dem Verbellen von etwas oder jemandem leicht unterscheiden. Die Erfahrung hat sie gelehrt, dass jemand oder etwas Fremdes in der Nähe ist, wenn das Bellen höher und schneller wird. Der Unterschied zwischen einem *wuffwuffwuff* und einem *WOUFWOUFWOUF* hat eine Bedeutung.

Das soll nicht heißen, dass die Funktion des Bellens darin besteht, die Menschen zu warnen. Es heißt auch nicht, dass Menschen jene Hunde selektierten, die Fremde verbellen. Viele Tiere erkennen Alarmrufe von anderen Tierarten und reagieren darauf entsprechend. Menschen reagieren im Wald auf die Alarmrufe von Eichelhähern und Krähen, und dennoch behauptet niemand, dass Menschen die Vögel selektiert hätten, damit sie sie vor Fremden warnen.

Die meisten Hunde auf Pemba leben alleine oder in sehr kleinen Gruppen mit maximal drei Tieren. Wenn man drei Hunde miteinander sieht, haben sie oft dieselbe Farbe. Dies ist vermutlich ein Hinweis darauf, dass es sich um ein Muttertier mit Nachkommen oder sonst genetisch verwandte Exemplare handelt. Man beachte das Wort „Gruppe", nicht „Rudel". Das Gruppenverhalten der Hunde auf Pemba entspricht nicht dem Rudelverhalten von Wölfen!

Im Gegensatz zu weit verbreiteten Vorstellungen zeigen Hunde überall auf der Welt kein (oder nur sehr selten) „Rudel"verhalten. Wölfe arbeiten bei der Jagd im Rudel zusammen, um große Beutetiere erlegen zu können. Nach dem Erlegen der Beute kehren die Rudelmitglieder in den Bau zurück, um für einen bestimmten Wurf Welpen Futter hervorzuwürgen. Normalerweise ist ein einzelner Wolf oder ein Wolfspaar zu keiner dieser Leistungen imstande, weder zum Erlegen eines großen Beutetiers noch zum Aufziehen eines Wurfes ohne Hilfe. Die Zusammenarbeit im Rudel – das aus verwandten Tieren besteht – ist also eine Überlebensstrategie.

Die Hunde brauchen nicht wirklich eine soziale Struktur, um sich von weggeworfenen Hühnerknochen und Mangoschalen zu ernähren. Für sie bedeuten andere Hunde keine Hilfe beim Finden von Futter oder beim Füttern der Welpen. Sie sind nicht nur keine Hilfe beim Durchstöbern des Mülls, sondern im Gegenteil sogar die Hauptkonkurrenten um eine begrenzte Menge Futter. Ein Leben im Rudel wäre daher für die Dorfhunde kein Selektionsvorteil. Sich zur Futtersuche zusammenzuschließen bringt kaum einen Nutzen, und fürs Füttern fremder Welpen gibt es keinen Grund.

Diese Tatsache ist für unser Verständnis von Hunden überaus wichtig. Der Dorfhund ist kein Rudeltier in dem Sinn, wie der Wolf es ist. Vielleicht wurde beim Dorfhund sogar gegen Rudelverhalten selektiert. Obwohl die Hunde eindeutig territorial sind und jeder für sich ein bestimmtes Gebiet bewohnt, sind sie ganz offenkundig nicht asozial. Sie haben sich auf ihre eigene Art an die Futtersuche im Dorf angepasst. Sie haben kleine Schädel, kleine Zähne und ein kleines Gehirn entwickelt und ihr Jagdverhalten in Anpassung an ihre ökologische Nische auf Beutestöbern spezialisiert. Das heißt, sie warten auf Futter oder suchen welches, und zwar jeder für sich, nicht in Zusammenarbeit. Und ihnen ist mit Sicherheit bewusst, dass die Menschen ihre Futterquelle sind, was dazu führt, dass sie sich für das Tun und Handeln der Menschen interessieren, statt Menschen zu meiden.

Ist Rudelverhalten genetisch bedingt? Forschungsergebnisse legen den Schluss nahe, dass es eine Entwicklung und Anpassung an ein bestimmtes Habitat ist. Wölfe bilden nicht immer Rudel; manche Populationen sogar nie. Kojoten, die man üblicherweise nicht als Rudeltiere bezeichnet, bilden sehr häufig Rudel, vor allem in Gebieten, wo sie keinen Störungen von Wölfen oder Menschen ausgesetzt sind. Ich möchte bezweifeln, dass es in Pemba irgendwelche Umweltmerkmale gibt, die zur Ausprägung von Rudelverhalten führen.

In meinen Augen gibt es bei Hunden wenig Hinweise darauf, dass sie jene grundlegenden Verhaltensmuster besitzen, die einen echten Zusammenschluss in wolfsähnlichen Rudeln erst ermöglichen. Hunderüden kümmern sich zum Beispiel im Unterschied zu Wölfen im Allgemeinen nicht um die Welpen und würgen kein Futter für sie hervor. Andere Verhaltensweisen von Hunden lassen vermuten, dass sie zu einer sozialen Organisation, wie sie erwachsene Wölfe haben, wenig Neigung zeigen. Es ist sogar fraglich, ob die weiblichen Tiere bei den Dorfhunden häufig genug Futter für die Welpen hervorwürgen, um deren Überleben sichern zu können. Das Aufzuchtverhalten der Hunde basiert auf dem Vorhandensein des Abfallhaufens, auf dem die Welpen selber Futter suchen können. Hunde sind an eine ganz andere ökologische Nische angepasst als Wölfe, und auch ihr Sozialverhalten hat sich so entwickelt, dass es zum Leben in dieser Nische passt.

Eine bescheidene Ausnahme und ein Beispiel dafür, wie die Umwelt das Beutesuchverhalten beeinflussen kann, sind die Hunde der städtischen Müllhalde von Chake Chake auf Pemba. Das ist ein unangenehmer Haufen. In Chake Chake liegt die Müllhalde in unmittelbarer Nähe der Schlachthöfe. Hier laufen ganz andere Dinge ab. Es gibt sehr viel mehr Futter – Fleischreste, Knochen, Eingeweide, Schädel samt Inhalt – in einem sehr viel kleineren Gebiet. Neben den Hunden machen auch Nebelkrähen, Dutzende kleinerer Vögel und eine ganze Reihe anderer Kreaturen Jagd auf die besten Stücke.

Wir stoßen nun auf ein wichtiges hundliches Axiom. Die Regel lautet: Je höher die Qualität des Futters, desto mehr Aggression unter Hunden. Jeder einzelne Hund geht größere Risiken ein, um an qualitativ hochwertiges Futter zu kommen. Hierfür werden auch Kämpfe ausgefochten. Bei uns im Zwinger konnten wir die Aggressivität dadurch unter Kontrolle halten, dass wir die Hunde mit Schweinepellets fütterten, statt mit hochwertigem Hundefutter. Schweinepellets sind übrigens kein minderwertiges Futter, unsere Hunde mochten sie nur nicht besonders. Wir konnten dadurch einige Herdenschutzhunde in der Gruppe halten, ohne dass es zur Fütterungszeit zu Raufereien gekommen wäre. Aber wehe, man wirft ihnen ein Steak hinein, wumm , schon gibt es einen wilden Kampf!

Im Allgemeinen sind die Dorfhunde auf Pemba in guter Verfassung. Einige sind ein wenig dünn. Es gibt trächtige Hündinnen und Welpen. Die Forderung, dass die immer größer werdende Hundepopulation von Zeit zu Zeit ausgedünnt werden muss, lässt darauf schließen, dass sie sich erfolgreich fortpflanzen und diese Hunde eine lebensfähige Population darstellen.

Man kann sagen, dass die Hunde von Pemba von Natur aus zahm sind und dass sie gut zu Belyaevs Beobachtungen über die Selektion auf kürzere Fluchtdistanz hin passen. Die Bevölkerung von Pemba versorgt sie unwissentlich mit einer ökologischen Nische. In diese Nische dringen die Hunde vor, dort finden sie Futter, pflanzen sich fort und schützen sich vor Gefahren, genau wie jede wild lebende Tierart. Sie sind noch immer wild lebende Tiere – so wie Ratten oder Tauben. Sie leben in einer Symbiose mit Menschen, sie sind vom Menschen abhängig (nämlich davon, dass er die ökologische Nische anbietet), und sie profitieren vom Menschen. Die Menschen haben wenig Nutzen von ihnen. Es ist eine kommensalistische Beziehung. Würden die Menschen (so wie in anderen Teilen der Erde) die Hunde regelmäßig verspeisen, dann könnte man von Mutualismus, einer echten Symbiose mit beiderseitigem Nutzen reden. Die Hühner auf Pemba leben in einer mutualistischen Beziehung mit Menschen.

Für kommensalistische Hunde ist Pemba vermutlich ein Inselparadies. Es gibt keine Ketten und Halsbänder, keine eingezäunten Höfe und Pflichtspaziergänge an der Leine. Sie werden weder kastriert noch sterilisiert, nicht in Häuser gesperrt und von ihren Artgenossen getrennt; sie müssen kein Sauberkeitstraining und keine Obedience-Kurse absolvieren. Sie haben keinen Menschen, der Rudelführer spielt oder wie Skinner oder Pawlow Strafen und Belohnungen verteilt und Clicker-Training mit ihnen macht. Die Hunde auf Pemba entgehen all dem. Sie genießen die Freiheit, das natürliche (wilde) Leben eines einfachen

Marktplatz in Kanton, China. Delikatessen wie Kaninchen, Hühner, Schildkröten oder Hunde werden auf diesem kantonesischen Markt zum Kauf angeboten. Bei Hunden sind Welpen am teuersten, weil sie als besonders wohlschmeckend gelten. In manchen Gegenden dieser Welt ist der Hund nur ein weiteres Nutztier, das als Nahrung und wegen seiner zur Herstellung von Kleidung gut geeigneten Haut geschätzt wird.

Hundes zu leben. Es ist ein Leben, das genauso dürftig oder nicht dürftig ist wie das Leben in der Wildnis und die Jagd auf große Beutetiere – aber bei weitem nicht so gefährlich.

Sind die Hunde von Pemba – und die Dorfhunde überall auf der Welt – nicht die ursprünglichen Hunde? Die Kriterien für die Wesensmerkmale von Hunden und die Umwelteinflüsse, die wir zu Beginn dieses Kapitels dargestellt haben, erweisen sich als richtig. Die kommensalistische Beziehung, die wir heute beobachten können, untermauert die Annahme, dass ein früher Prototyp von Hund in den mesolithischen Dörfern nicht nur überlebt hat, sondern sogar weit verbreitet gewesen sein könnte. Es handelt sich bei diesen Hunden nicht bloß um Streuner. Ich halte sie für die Nachkommen der ersten Hunde, die sich als domestizierte Tiere entwickelten, aus der frühen Menschheitsgeschichte im Mesolithikum.

Ich glaube auch, dass ähnliche Populationen von frühen Dorfhunden am Anfang der Entwicklung der modernen Rassen gestanden haben.

KAPITEL 3

Natürliche Rassen

Wie werden aus den lokal angepassten Dorfhunden die Hunderte von Rassen, die wir heute kennen? Meistens wird angenommen, dass die verschiedenen Rassen das Ergebnis von gezielter menschlicher Züchtung, also mit Darwin gesprochen von künstlicher Selektion sind. Dem ist nicht unbedingt so. Sie können auch als natürliche Rassen lokal und ohne Zutun des Menschen entstehen. Oder Menschen produzieren unabsichtlich und zufällig eine Rasse. Und natürlich ist es richtig, dass Menschen auch gezielt eine neue Rasse züchten können, wie wir in Teil II sehen werden.

Signalisiert der Begriff „Rasse“ nicht notwendigerweise eine mutualistische Beziehung zwischen Mensch und Hund? Von Mutualismus sprechen wir, wenn beide Spezies aus der Beziehung einen Nutzen ziehen. Häufig wird angenommen, dass es für jede Rasse eine bestimmte Verwendung gibt, für die der Mensch sie gezüchtet hat. Aber auch dies sind Annahmen, die überprüft werden müssen und nicht einfach vorausgesetzt werden können. Es ist durchaus möglich, dass eine Rasse durch natürliche Prozesse entsteht.

Zuerst möchte ich mich mit diesen natürlichen Prozessen befassen. Können die Hunde auf Pemba als reinrassig bezeichnet werden? Nun, warum nicht? Die Anforderungen, denen reinrassige Hunde entsprechen müssen, erfüllen sie. Aussehen und Verhalten sind bei ihnen mindestens so einheitlich wie bei jeder anderen Rasse. Sie vermischen sich nicht mit anderen Hunden, weil sie sexuell isoliert auf einer Insel leben. Ihnen fehlen zum Status als „anerkannte“ Rasse nur ein Zuchtverband samt veröffentlichtem Rassestandard und jemand, der die Stammbäume über sieben Generationen hinweg aufzeichnet. Genau so werden Rassen in vielen Fällen nämlich begründet.

Ich sehe die Rassebeschreibung schon vor mir:

DER PEMBA HUND

Ursprung. Die Rasse geht auf Hunde aus biblischen Zeiten zurück. Bereits auf den Pyramiden finden sich Bilder von ihnen, und auch die Bibel enthält Erwähnungen dieser Hunde. Man erzählt sich, dass sie in Booten aus ausgehöhlten Baumstämmen, den sogenannten Dhows, nach Pemba kamen, auf denen sie den Bootsfahrern beim Essen zur Hand gingen. Einige Exemplare wurden in stein-

> zeitlichen Gräbern der Natufer gefunden. Diese Hunde, die sich dort liebevoll an ihre Herren schmiegten, haben sich ihr Wesen als idealer Begleithund bis heute erhalten. Mindestens ein Wissenschaftler (ich) geht davon aus, dass es sich bei dieser Rasse um die direkten Nachfahren der Wölfe des Nahen Ostens handelt.
>
> Beschreibung. Der Pemba Hund ist ein mittelgroßer Jagdhund mit leicht länglichem Körperbau. Der Rassestandard schreibt für Rüden eine Schulterhöhe von 40 cm vor, Weibchen sind etwas kleiner. Das Gewicht sollte zwischen 10 und 13 kg betragen. Den Kopf wünscht man sich wohl proportioniert, nicht zu groß, mit runden Augen und freundlichem Gesichtsausdruck. Stehohren werden bevorzugt, andere Ohrenformen werden aber ebenfalls akzeptiert. Alle Färbungen sind zulässig, eine ungewöhnliche Musterung wird besonders geschätzt.
>
> Wesen. Der Pemba Hund ist bei der Jagd nach Futter sehr hartnäckig, er ist sehr intelligent, allerdings etwas reserviert. Um das Haus herum ist er gutmütig und sanft, bleibt immer in der Nähe und ist äußerst loyal. In seinen Ruhephasen ist er ein heiterer, zufriedener Hund. Absolut verlässlich mit Kindern und Hühnern.
>
> Verwendung. Der Pemba Hund hält äußerst effektiv fremde Hunde vom Anwesen fern. Er ist sehr wachsam und versieht seine Aufgabe bei jedem Wetter. Er ist ein guter Wachhund und verbellt Fremde, vor allem nachts, wenn Fremde am gefährlichsten sind.

Was will man mehr? Ein unternehmerischer Geist nimmt ein paar Exemplare einer lokalen Population frei lebender Hunde zu sich, weil er eine bestimmte Eigenschaft besonders nützlich oder interessant findet – oder aus irgendeinem anderen Grund. Vielleicht unterscheiden sich die ausgewählten Hunde irgendwie von anderen: Sie bellen nicht, sie geben trillernde Lautäußerungen von sich oder sind weiß. Der nicht bellende Basenji und der Neu Guinea Singhund sind relative Neuzugänge im Westen, die als natürliche Rassen und ungewöhnliche „Unterarten" eingeführt wurden. Im Süden der USA werden kleine, ursprünglich wild lebende Pariahunde als Haustiere adoptiert und sind dabei, als so genannte Carolina Hunde eine anerkannte Rasse zu werden.

Blättert man verschiedene Hundebücher durch, so findet man viele Rassebeschreibungen, die der von mir eben verfassten über den Pemba Hund ähneln. Einige der Schweizer Jagdhunderassen, deren Beschreibung das von mir Verfasste stark beeinflusste, stammen aus dem Nil-Tal in Ägypten und klingen meiner Meinung nach sehr nach dem ursprünglichen Dorfhund. Man könnte auch die Beschreibung der Kanaan Hunde heranziehen, nur dass die etwas größer sind. Es handelt sich hierbei nicht um Einzelbeispiele. Mehrere Dutzend Rassen sind dem Pemba Hund in vielen Details sehr ähnlich. Irgendjemand entdeckte in irgendeinem abgelegenen Dorf etwas, was er für eine einheimische Hunderasse hielt, erklärte sie zur Rasse und unternahm die notwendigen Schritte, um die offizielle Anerkennung der Rasse durch den Zuchtverband zu erwirken.

Die Frage ist nur, warum der Reisende davon ausgeht, dass es sich bei der Hundepopulation des abgelegenen Dorfes um eine Rasse handelt? Ich vermute, es liegt daran, dass die Hunde der Population sich derart ähneln. So wie ich feststellen konnte, dass die Hunde auf Pemba in Größe und Körperbau sehr einheitlich sind, werden Reisende andere abgeschiedene Gegenden finden, wo die Hunde ebenfalls sehr einheitlich ausgeprägte Merkmale, zum Beispiel in der Färbung, haben. Sie kommen in ein Dorf, und fast jeder Hund dort ist weiß. Sie nehmen daher an, dass die Menschen dort weiße Hunde gezüchtet haben; und bei absichtlich gezüchteten Hunden liegt der Gedanke an eine Rasse nahe.

Natürliche Prozesse können allerdings durchaus zu Populationen von ungewöhnlichen und einheitlichen Hundetypen führen, also zu Hunden einer ganz spezifischen Gestalt, und das war in der Vergangenheit ebenso der Fall wie es das heute ist. Ich bezeichne sie als natürliche Rassen.

Wir haben bereits gesehen, wie die natürliche Selektion eine bestimmte Kopfform und eine bestimmte Größe von Zähnen und Gehirn beim Dorfhund hervorgebracht hat. Bei jeder Hundepopulation wirkt die Selektion so, dass robuste und gut an die ökologische Nische angepasste Tiere entstehen. Von Hunden genutzte ökologische Nischen variieren weltweit in Quantität und Qualität des Nahrungsangebots, in Angebot von geeigneten Plätzen zur Welpenaufzucht und in der Art der drohenden Gefahren. Lokale Hundepopulationen haben sich überall an die jeweiligen Gegebenheiten angepasst. Im Norden sind Dorfhunde üblicherweise größer und an das kältere Klima angepasst. Der unterschiedliche Selektionsdruck führt zu verschieden gestaltigen Hunden.

Es gibt noch andere natürliche Ereignisse, durch die eine Hunderasse entstehen kann. Katastrophen, wie zum Beispiel Epidemien, löschen in regelmäßigen Abständen ganze Populationen von Dorfhunden aus. Die Hunde auf Pemba und in weiten Teilen Ostafrikas werden häufig durch Tollwut vernichtet. Zahlreiche Hunde sterben an der Krankheit, und noch viel mehr werden von Menschen getötet, um sich selbst zu schützen.

Wenn eine Population auf einer Insel wie Pemba zur Gänze ausgelöscht wird, wandert vielleicht eines Tages ein Hundepaar als eine Art „Adam und Eva" ein und begründet eine neue Population. Oder die Hundepopulation wird bis auf ein einziges Paar (oder eine trächtige Hündin) ausgelöscht, das dann eine neue begründet, deren Nachkommen alle von diesem ursprünglichen Paar abstammen. Das mögen jetzt übertriebene Beispiele dafür sein, was passieren könnte. Aber wie viele Tiere auch immer überleben oder in das hundliche Niemandsland einwandern, der Effekt ist sehr interessant.

Unser Gründerpaar ist nicht repräsentativ für die gesamte genetische Variabilität der Hundepopulation, aus der sie stammen, kann es auch gar nicht sein. Biologen sprechen in einem solchen Fall vom „Gründereffekt". Die neue Hundepopulation wird den Gründertieren stark ähneln, kann jedoch die ausgestorbene Hundepopulation nicht zur Gänze widerspiegeln. Wenn die Gründertiere zufällig weiß sein sollten, dann werden ihre Nachkommen ebenfalls alle weiß sein, auch wenn die ursprüngliche Population der Elterntiere verschiedenste Farben und Musterungen aufgewiesen hatte. Das häufige Vorkommen der Farbe weiß in der neuen Population wird in der Biologie als Gründereffekt bezeichnet.

Wenn ich zum Beispiel bei einem Basketballspiel mit verbundenen Augen ins Madison Square Garden Stadion in New York lange und willkürlich zwei Menschen, einen männlichen und einen weiblichen, herausgreife, dann könnte ich nur durch Zufall zwei mit blauen Augen erwischen. Wenn ich danach diese beiden Menschen auf einer einsamen Insel, wo es sonst keine Menschen gibt, aussetze, wäre dort hundert Jahre später die entstandene Population vorwiegend blauäugig. Und zwar ungeachtet der Tatsache, dass die Population beim Basketballspiel selbst zu 50 % braunäugig war. Die Häufigkeit von blauen Augen ist auf der Insel nicht dieselbe wie in der Ursprungspopulation des Gründerpaares. Wir könnten sogar sagen, dass diese Insel von einer Rasse blauäugiger Menschen bewohnt wird. Wären es Hunde, würde ich von einer Rasse blauäugiger Hunde sprechen. Es wäre aber grundfalsch, deswegen gleich anzunehmen, dass die blauäugigen Hunde von Menschen so gezüchtet wurden, und ebenso falsch, in den blauen Augen eine nützliche Anpassung an die Umwelt zu sehen.

Hunderassen mit bestimmten Merkmalen können regional durch natürliche Selektion in Reaktion auf veränderte Umweltbedingungen und aufgrund von Gründereffekten nach periodisch auftretenden Katastrophen innerhalb der Population entstehen und neu entstehen. Periodisch auftretende Epidemien sind in Tierpopulationen nicht die Ausnahme, sondern die Regel. Populationen wachsen, übernutzen ihre Nahrungsressourcen und erliegen irgendeiner Seuche. Die Populationen von Wölfen, Kojoten und Füchsen werden regelmäßig von Räude befallen, sie verhungern, erfrieren oder sterben an sekundären Infektionen. Tollwut, Staupe und Parvovirose sind bei Kaniden häufige Erkrankungen mit verheerenden Auswirkungen auf die Population. Die Welpen eines Jahrgangs sind in einem schlechten Jahr mit wenig Beutetieren schwächer und somit verschiedenen Gefahren gegenüber schutzloser.

Für Populationsökologen sind das normale Ereignisse. Nach jeder drastischen Reduktion einer Population, zum Beispiel nach einer Seuche, kann man einen Gründereffekt in der Nachfolgepopulation erwarten. Ich würde nicht davon ausgehen, dass die genetische Vielfalt eines bestimmten Merkmals über einen langen Zeitraum hinweg stabil bleibt. Daher würde ich auch nicht annehmen, dass eine natürliche Hunderasse sehr alt sein kann. Ich würde jedenfalls nicht erwarten, auf eine sehr alte Hunderasse – in dem Sinn, dass die heute lebende Population die gleiche genetische Vielfalt von Merkmalen aufweist wie ihre uralten Vorfahren – zu stoßen. Mein „Adam und Eva"-Hundepaar mag die direkte Nachkommenschaft einer alten Rasse sein, aber sie können keine Vertreter der alten Population sein. Genauso wenig wie ihre Nachkommen.

Wer einmal begriffen hat, dass die genetische Vielfalt von Merkmalen periodischen Verschiebungen unterliegt, wird verstehen, warum es so schwierig ist, spezifische Gene für Pitbulls, Golden Retriever oder sonst eine Rasse zu finden.

Keine Hunderasse kann als uralt im Sinne einer gleichgebliebenen genetischen Vielfalt bezeichnet werden. Selbst bei den modernen Hunderassen bleibt die genetische Vielfalt von Merkmalen nie gleich, was manchmal auf natürliche Selektion, manchmal auf künstliche Selektion und manchmal einfach auf Zufälligkeiten zurückzuführen ist. Die Züchter selbst tragen auf unterschiedliche Weise zu einer Verschiebung der genetischen Vielfalt bei – wenn zum Beispiel sehr viele Hündinnen vom Champion des Jahrs gedeckt werden, führt das zu einem Gründereffekt in der nächsten Generation.

DIE MENSCHEN BEMERKEN DIE HUNDE

Bis jetzt habe ich versucht, die Menschen in meiner Geschichte der Entwicklung der Hunde und Entstehung der Rassen nicht vorkommen zu lassen. Jetzt aber ist es Zeit, den Faktor Mensch in die Gleichung mit aufzunehmen.

Es ist nicht nur leicht, aus dem einfachen Dorfhund einen Familienhund zu machen – ich vermute, dass es vielerorts sogar unmöglich ist, das nicht zu tun. Wenn es den kommensalistisch lebenden Hund erst einmal gibt, ist der nächste Schritt zu Rassen mit bestimmtem Verwendungszweck und einem Zusammenleben mit wechselseitigem Nutzen für Hund und Mensch einfach. Die folgenden Kapitel über Herdenschutzhunde, Hütehunde und Schlittenhunde beschreiben genauer, wie aus den Dorfhunden hoch spezialisierte, mutualistisch lebende Rassen entstehen.

Zuerst wollen wir aber, nachdem wir nun aus dem Wolf erfolgreich einen Dorfhund gemacht haben, weitere Mechanismen untersuchen, wie aus eben diesen Dorfhunden verschiedene Rassen entstanden. Wir können etwa annehmen, dass die Menschen den einen oder anderen niedlichen Welpen adoptierten – allerdings handelte es sich dabei schon nicht mehr um Wolfswelpen, sondern

Ein mexikanischer Junge mit seinem kleinen Hund. Häufig sind es die Kinder, die kleine Welpen adoptieren. Auf diesem Weg entwickelt sich der kommensalistisch lebende Dorfhund in Richtung einer mutualistischen Beziehung mit Menschen.

um den Nachwuchs der von Natur aus zahmen, der *genetisch bedingt* zahmen Dorfhunde, die im Dorf oder zumindest seiner Nähe geboren wurden. Diese Welpen wurden von den Menschen in die Häuser genommen und umsorgt.

Meine Lieblingsgeschichte einer solchen Adoption spielt auf Sansibar. Sie beginnt damit, dass ich in einem superfeinen Touristenhotel auf einer Strandliege sitze und auf das kanadische Dokumentarfilmteam warte, das kommen soll, um Aufnahmen von Dorfhunden zu machen. Am Strand treiben sich drei Hunde herum, und da ich sonst nichts zu tun habe, fange ich unverbesserlicher Ethologe mit meinen üblichen Beobachtungen an. Ich überlege, wie diese Hunde wohl ihren Lebensunterhalt erwirtschaften.

Die Hunde lassen sich berühren – allerdings ist das Kraulen der Ohren so ziemlich das Maximum. Sie „gehören" ganz offensichtlich zum Hotel. (Eigentlich gehört das Hotel ihnen, wie sich später herausstellt.) Sie verbringen die Zeit tagsüber am Strand, häufig im Schatten unter den Strandliegen, selbst wenn diese von Menschen belegt sind. Tagsüber rühren sie sich kaum vom Strand weg in die strohgedeckte Strandhütte, sondern warten, dass sie etwas von den Imbissen der Hotelgäste abbekommen. Nachts übersiedeln sie, kaum dass die Bar geschlossen hat, in den Hof des Hotels. Jeden Abend läuft wie ein Uhrwerk dasselbe Ritual ab. Den ganzen Abend lang unterhalten sich die Leute, lachen, nippen an ihren Drinks, tanzen ein wenig. Draußen auf See sieht man die Petroleumlampen in den Booten der Jäger-Sammler-Fischer. Die Gäste sind hauptsächlich Erwachsene, gelegentlich sind Eltern mit kleinen Kindern dabei, und gegen 23.00 Uhr ist es daher meist schon sehr ruhig. Die Hotelbediensteten räumen das Geschirr vom Abendessen weg und schließen alle Türen ab. Sie gehen nach Hause. Als Allerletztes versperrt der als Letzter noch anwesende Barkeeper den Spirituosenschrank.

Zwei Millisekunden nach dem lauten metallischen *Klick*, mit dem der Schlüssel im Schloss umgedreht wird, bricht die Hölle los. Es ist wirklich wie Klickertraining. Pawlow hätte seine Freude daran gehabt. Plötzlich erwachen um die 30 Katzen zum Leben, sie kommen von überall her. Kämpfende, schreiende, fauchende Katzen. Die drei Strandhunde tauchen vor der Küchentüre auf, wo ein Schubkarren voller Abfälle abgestellt wurde, die am nächsten Morgen entsorgt werden sollen. Die ganze Nacht und bis in den frühen Morgen hinein werken verschiedenste Tiere rund ums Hotel. In den Balken der offenen Strandhütte sitzen ein paar winzige Affen, die sich ihren Anteil geschnappt haben. Am frühen Morgen tauchen Nebelkrähen, kleine Möwen und Spatzen auf und bearbeiten alle ihr eigenes Hotelrevier.

Bei Sonnenaufgang finden wir uns in einer steinzeitlichen Welt wieder. Die einzigen Menschen zu diesem Zeitpunkt sind die Fischer, die in ihren winzigen Dhows den Fang der Nacht einbringen. Die Krähen sind mit dem Fressen fertig und holen sich Nistmaterial, indem sie die Füllung aus den Strandkissen zupfen. Unter das Strohdach begeben sich die Möwen und Krähen selten, denn das ist das Revier der Spatzen, Affen und Katzen.

Die drei Hunde sind schon früh unterwegs und sehr aktiv – so aktiv wie sonst nie. Sie spielen ein bisschen und betreiben Körperpflege. Und meistens treiben sie sich an der Gezeitenmarke herum. Warum dort? Weil nebenan, beim verlassenen Palast des Sultans im Osten, drei andere düstere Hundegestalten am Ende der Betonmauer zwischen den beiden Grundstücken das Geschehen beobachten. Zwei weitere Hunde sind am Westende des Strandes und häufig im Grenzbereich. Gelegentlich stürmen sie herüber und sprinten vor dem Hotel den Strand entlang. Das Trio vom Hotel rennt aber mit ihnen mit und „spielt“ mit ihnen. Es ist aber kein Spiel, sondern ein Test, ein Trau-dich-doch-Spiel. Es geht dabei um einen territorialen Konflikt. Jeden Tag findet das gleiche Spiel statt, nie passiert viel, außer dass das Ritual durchgespielt wird. Das war's dann auch wieder. Den Rest des Tages verbringen die Hunde schlafend am Strand, immer mit einem offenen Auge, genau wie die Nachbarhunde.

Die Hotelhunde haben es wirklich gut. Sie haben viel und hochwertiges Futter. So viel sie fressen können. Das Futter befindet sich in einem einzigen Schubkarren, der zu einem bestimmten Zeitpunkt erscheint und leicht verteidigt werden kann. Was übrig bleibt, verschwindet in den frühen Morgenstunden, weil es die Putztruppe entfernt. Es bleibt also nichts übrig, was man verteidigen müsste – was den Hunden das Leben sehr erleichtert.

Ich frage den Eigentümer: „Tonino, sind das Ihre Hunde?“ „Ja!“, sagt er voller Stolz und Wärme. „Haben die Hunde Namen?“ Er grinst breit und sagt: „Natürlich haben sie einen Namen! Narbengesicht, Schecke und Mamma-Hund“. Tonino erzählt, wie er zu seinen Hunden gekommen ist.

Vor nicht ganz zehn Jahren brach auf Sansibar die Tollwut aus. Während der Epidemie ließ die Regierung wie üblich alle Hunde erschießen. Kurz danach tauchte das Hundetrio am Strand des Hotels auf. Dem europäischen Hotelmanagement war sofort klar, was das bedeutete. Es ging nicht nur um das Dauerthema Tollwut, sondern auch darum, dass eine ansässige Population flohverseuchter, bis auf die Rippen abgemagerter, nach Fliegen schnappender Hunde mit Schaum vor dem Maul nicht unbedingt die beste Werbung für ein Luxushotel war. Die europäischen Gäste würden jedenfalls annehmen, dass sich die Leute nicht um „ihre“ Hunde kümmerten, wenn es nicht noch größere Schwierigkeiten geben würde. Das Problem war allerdings: Wenn man die Hunde irgendwie los wurde, wäre nur der Platz frei für die nächsten. Dazu kam, dass die Hotelmanager Hundefreunde waren. Sie glaubten, dass es sich bei den schwarz-braunen Hunden wohl um Hunde mit Pinschereinschlag handelte, vielleicht eine Mischung mit italienischen Windhunden.

Ganz offensichtlich war aufgeklärtes Hundemanagement gefragt. Sie beschlossen, alle „ihre“ Hunde gegen Tollwut impfen zu lassen. Das war nicht ganz einfach. Sie bestellten einen Tierarzt, der Beruhigungsmittel einsetzen musste und dann den Hunden so lange folgte, bis er sie fangen und impfen konnte. Sie ließen gegen Tollwut impfen und dachten, wenn wir schon dabei sind, warum nicht auch gleich gegen Staupe, Hepatitis und Leptospirose. Und warum nicht auch entwurmen? Und schließlich noch die Idee: Warum nicht die Weibchen gleich kastrieren? Ein Operationstisch wurde improvisiert, und die Weibchen verloren ihre Fortpflanzungsfähigkeit.

Es erwies sich als eine brillante Strategie, die auf einer soliden Theorie beruhte: Sorge dafür, dass deine eigene Population am Leben und gesund bleibt, damit sie das Hotel gegen die Köter von nebenan verteidigen kann. Ob man will oder nicht, überall in den Tropen wird ein Hund auftauchen. Es ist besser, den einen, der bei einem auftaucht, gut zu versorgen, damit man nicht mehr als diesen einen bekommt. Damit ist ein kleiner Anfang für eine mutualistische Beziehung gemacht.

Tonino hatte nun aber ein neues Problem. Er hatte europäische Gäste, die nicht verstanden, dass es sich bei den Hunden um wilde Tiere handelte. Sie hielten sie für Hunde, und das hieß, dass sie jemand gehören mussten. Die Frage war also, wie man sie für die Gäste attraktiver machen konnte. Den Hunden musste beigebracht werden, sich wie Familienhunde zu benehmen. Es dauerte unterschiedlich lange, jeden der drei zu zähmen und „auszubilden“. Narbengesicht war am widerspenstigsten und brauchte ein Jahr. Tonino und seine Kollegen konditionierten die Hunde darauf, ein gelegentliches Streicheln zu dulden, ein ruhiges und kultiviertes Futterbetteln an den Tag zu legen und angebotene Happen höflich anzunehmen.

Eine reichliche Mahlzeit pro Tag heißt, dass die Hunde nicht dauernd auf Futtersuche sein müssen. Sie können ganz offen am Strand zwischen den Gästen schlafen und ihr kleines Paradies verteidigen. Und trotz des überreichen Futterangebotes gibt es keinen Populationszuwachs. Einmal jährlich kommt der Tierarzt mit der Spritze für die Impfung und mit den Entwurmungstabletten, Nachwuchs für die Hundepopulation des Hotels gibt es keinen. Er muss die Hunde nach wie vor mit Beruhigungsmitteln für die Behandlung ruhig stellen, weil sie wie wilde Tiere sehr scheu sind und sich nicht gerne fangen lassen. Der springende Punkt ist aber, dass es sich bei den Hunden von Sansibar bereits um Hunde handelt, die gezähmt und ausgebildet werden können. Sie sind noch wild, aber keine Wölfe mehr.

Toninos Geschichte zeigt, dass es ihm nützte, die Hunde aufzunehmen, weil es eine Form von Selbstschutz war. Er kümmert sich um die Hunde, damit das Hotel keine größeren Hundeprobleme bekommt. Zuerst wollte das Hotel keine Hunde. Am Schluss ist Tonino stolz auf seine Hunde. Und zwischendurch ist es den Hotelhunden viel besser ergangen als ihren Kollegen. Sie haben Kost und Logis plus Gesundheitsvorsorge – und benehmen sich sonst wie Hunde, was den Bedürfnissen der Menschen entgegenkommt.

Einmal war ich in einer kleinen türkischen Stadt, weil ich Hunde kaufen wollte. Die Einheimischen sagten mir, wo es einen Wurf gab. Als ich die Straße entlangging, kam eine Frau aus einem Haus, schnappte sich einen Welpen, der davor spielte, und verschwand mit ihm. Offenbar war es ihr Lieblingswelpe, von dem sie nicht wollte, dass er verkauft wurde. Diesen einen Welpen mochte sie aus irgendeinem Grund besonders – vielleicht weil er besonders niedlich oder lebhaft war, vielleicht war es die ungewöhnliche Farbe – was auch immer. Das Warum war egal. Die Hunde in diesem Dorf lebten noch hauptsächlich vom Abfall. Einige Hunde hatten allem Anschein nach Staupe. Sie aber erwählte sich aus welchem Grund auch immer diesen Welpen, der damit wesentlich bessere Überlebenschancen bekam als seine Wurfgeschwister. Das bisschen zusätzliche Fürsorge von ihr gab den Ausschlag für sein Überleben.

Gleichzeitig wird damit sichergestellt, dass jenes Merkmal, in dem sich der Welpe von seinen Wurfgeschwistern unterschied, an die nächste Generation weitergegeben wird. Wir haben hier vielleicht das Anfangsstadium der Entwicklung eines bestimmten Rassemerkmals. Nehmen wir an, sie suchte sich den Welpen wegen seiner Farbe aus. Der Hund hat nun eine größere Chance als seine Wurfgeschwister, seine Farbe an die nächste Generation zu vererben. Die Frau züchtete zwar nicht eigentlich, schuf aber eine unterschiedliche Mortalitätsrate, indem sie der einen Farbe den Vorzug gegenüber einer anderen gab. Ich hatte aufgrund der enormen Vielfalt an Färbungen, die es gibt, vermutet, dass eine bestimmte Färbung keinen Selektionsvorteil gegenüber einer anderen bringt. Mit ihrer Bevorzugung einer bestimmten Farbe griff die Frau nicht direkt in Merkmale ein, die einen Selektionsvorteil bringen, sondern veränderte ein oberflächliches Merkmal. Diesen Punkt darf man nicht vergessen, vor allem wenn ich in einem späteren Kapitel über die heutigen Rassen darauf eingehe, was passiert, wenn Menschen Merkmale verändern, die einen Anpassungseffekt hatten.

Es gibt unzählige Szenen wie die eben geschilderten. Toninos Hunde suchten sich ihn (oder seine Umgebung) aus, während die türkische Frau sich absichtlich einen bestimmten Welpen aussuchte. Der Biologe Alan Beck stellte fest, dass Leute in Baltimore streunende Hunde nicht alle gleich füttern, sondern einem bestimmten Lieblingshund Futter gaben. Ein ähnliches Verhalten ist es, wenn man die Erdnuss immer der weißen Taube zuwirft und nicht den anderen.

Wenn die Leute im Dorf, die Welpen füttern, das bevorzugt bei einigen ausgewählten tun, dann haben wir einen Fall von künstlicher Selektion noch ohne gezielte Hundezüchtung. Damit künstliche Selektion stattfinden kann, muss das variable Wesensmerkmal – egal worum es sich dabei handelt – bereits beim Welpen beobachtbar sein. Ein hübsches Fell ist ein sehr auffälliges und individuelles Merkmal. Ein anderes Merkmal ist niedliches Futterbetteln des Welpen, der herankommt und die Hand beschnüffelt und der eher ausgewählt wird als ein Welpe, der sich verkriecht oder einen anknurrt.

Bei all diesen Fällen von Hundeadoptionen geschehen zwei Dinge. Die Hunde entwickeln erstens ein Wesen, das sie leichter zähmbar und leichter abrichtbar macht, und Menschen leisten dieser Entwicklung Vorschub, ohne nur im Entferntesten an absichtliche Züchtung zu denken. Und zweitens wird jenes Merkmal, in dem sich der Welpe von den anderen unterscheidet, mit größerer Wahrscheinlichkeit in der nächsten Generation hervortreten und an Häufigkeit in der Population zunehmen.

Die Hunde einer bestimmten Region nehmen so eine bestimmte Gestalt, Färbung oder Verhalten an. Vielleicht stellen Menschen, wie Tonino, fest, dass ihnen der in ihrer Umgebung lebende Hund oder ihr Lieblingshund nützlich ist. Die Massai in Afrika haben einen kleinen Hund etwa von der Größe der typischen Dorfhunde. Die Kinder spielen mit den Hunden, solange diese Welpen sind. Wenn kleine Jungen die Rinder zum Grasen oder zur Tränke führen, begleiten sie die Hunde. Wenn ein Löwe auftaucht, verbellen die Hunde den Löwen und warnen so die Jungen. Ich unterhielt mich öfter mit Massai-Kriegern, die eine Lieblingsgeschichte von einem Hund haben, der sie zu einem Rinder reißenden Löwen führt. Die Geschichte endete (immer) damit, dass der Junge den Löwen mit seinem Speer tötet. Der Junge wird zum Mann, und seine Beziehung zum Hund trägt ihren Teil dazu bei.

Niemand züchtet diese Hunde im Sinne von geplanten Paarungen oder füttert sie so, wie wir uns Hundefütterung vorstellen. Es sind Dorfhunde, mit denen die Kinder im Welpenalter spielen (Zähmbarkeit), die den Viehhirten folgen (Lernbereitschaft) und die sich, wenn ein Löwe auftaucht, wie Hunde benehmen (ängstliches Bellen), worauf die Menschen gelernt haben, richtig zu reagieren. Die Hunde sind daher nützlich.

Die Hunde der Massai sind meistens rötlichbraun. Ein Gründereffekt? Vielleicht, ich neige aber eher zu der Ansicht, dass die Massai diese Farbe bevorzugen, weil sie zu ihrer rötlichen Kleidung passt. Ich wette, dass Hunde dieser Farbe etwas besser versorgt werden als die anderen. Wir nennen sie Massai Hunde, Massai Herdenhunde. Ich würde den Massai Hund als Rasse oder Züchtung beschreiben. Es handelt sich um eine geographisch eingegrenzte und nicht zufällige Häufung von roten Allelen. Die Menschen sind dabei zu einem Instrument der natürlichen Selektion geworden, weil sie für die roten Hunde besser sorgen.

Die Pemba Hunde und die Massai Hunde sind für mich Beispiele von völlig eigenständigen Rassen. Die Entstehung einer Rasse beginnt mit der Isolation einer Population und kann danach natürlich verlaufen (ohne spezifische Intervention durch den Menschen) oder künstlich (mit gezielter Intervention). Die Isolation einer Population kann durch die bevorzugte Adoption bestimmter Tiere verstärkt und beschleunigt werden. Menschliche Fürsorge verstärkt die Wirkung der „natürlich“ vorkommenden Mortalitätsunterschiede. Vielleicht wählen die Menschen anfangs Hundemerkmale aus einer Laune heraus aus – sie selektieren vielleicht Hunde mit rötlicher Farbe oder suchen sich welche aus, die ihnen beim Spazierengehen oder auf der Jagd immer hinterherlaufen.

Die modernen Rassen hatten ähnliche Entstehungsgeschichten. Ein Beispiel von vielen für die absolut typische Methode zur Schaffung einer neuen Rasse ist der Golden Retriever. Dem Handbuch des Golden Retriever Club of Scotland

Ein Massai-Junge mit seinem Arbeitshund. Die Hunde gehen eigentlich eine Bindung mit den Rindern ein und begleiten die Herde auch dann, wenn ein neuer Hirte sie übernimmt.

aus dem Jahr 1866 zufolge wird der Golden Retriever als „Nachfahre der seltenen gelben Unterart aus der Zucht von schwarzen Retrievern mit gewelltem Fell" gehandelt. Der erste gelbe Retriever, der bei der Entstehung der Rasse eine Rolle spielte, war ein einzelner gelber Welpe in einem Wurf schwarzer Retriever mit gewelltem Fell. Dieser Rüde, Nous, wurde 1868 mit einem Tweed Water Spaniel namens Belle verpaart. Im Wurf der beiden gab es vier gelbe Retriever, die den Grundstock der Rasse bildeten. Lord Tweedmouth, ein begeisterter Jagdsportler und umsichtiger Hundezüchter, entwickelte die gelbe Zuchtlinie sorgfältig und führte darüber genau Buch. Weitere Verpaarungen mit Irish Settern, schwarzen Retrievern und Labrador Retrievern in dieser Generation ergab schließlich jene Golden Retriever, deren Stammbaum mit 1901 festgehalten ist und die damit die ältesten reingezüchteten Exemplare dieser Rasse laut Zuchtaufzeichnungen sind.

An der Absicht der Menschen besteht in diesem Fall kein Zweifel, auch nicht daran, dass sie die Tiere sexuell isolieren und gezielt paaren konnten. Ich möchte aber ein paar Fragen aufwerfen. Wir haben hier einen Fall eines Tieres mit herausragendem Verhalten, das zufällig auch eine einzigartige Farbe hatte. Es ist auch vorstellbar, dass die einzigartige Farbe von Nous dazu führte, dass er bevorzugt behandelt wurde und dadurch wiederum die Entwicklung herausragender Verhaltensmerkmale förderte. Ist das herausragende Verhalten nun

Ergebnis von Veranlagung oder erlernt? Lord Tweedmouth liefert dafür keine Erklärung. Nous wurde aber nicht nur bevorzugt behandelt, er wurde auch ein begehrter Zuchtrüde. Nous wurde mit anderen herausragenden Tieren verpaart, um hervorragende Welpen zu produzieren.

Wir haben es hier mit zwei Annahmen zu tun: 1) dass die herausragenden Eigenschaften genetisch verankert sind und 2) dass die Welpen dieses hervorragende Verhalten von Nous vererbt bekommen. Diese Argumentation bietet zwar ein gewisses Maß an Unterhaltung und Romantik, ich möchte aber eine Gegenthese aufstellen: Nous war schlicht wegen seiner Farbe so beliebt und erhielt daher mehr Aufmerksamkeit. Er wurde mit guten Hunden anderer Rassen verpaart, die so entstandenen Welpen waren deswegen so herausragend, weil sie die Mischlingen eigene Vitalität hatten, weil sie von hervorragenden Müttern abstammten und weil die Leute an sie besondere Erwartungen hatten und sie daher bevorzugt behandelten.

Ich glaube, dass die Fellfarbe einen enormen Selektionsvorteil darstellt, wenn es darum geht, wer mit wem verpaart wird. Menschen haben so ihre Launen und eine gute Farbwahrnehmung. Hunden, die eine eher schlechte bis sehr schlechte Farbwahrnehmung haben, ist die Farbe egal. Der einzige Nutzen einer unüblichen Fellfärbung besteht darin, dass sie dem jeweiligen Hund die Fürsorge der Menschen sichert. Bei den natürlichen Rassen richtet die menschliche Vorliebe für eine bestimmte Farbe keinen Schaden an, weil der Hund trotzdem selbst für sein Auskommen sorgen muss, genauso wie seine Nachkommenschaft. Auch bevorzugte Hunde der natürlichen Rassen pflanzen sich selbstständig fort, und es gilt das Überleben des Stärkeren als Regel. Wenn aber schließlich die Menschen jenen Punkt erreichen, an dem sie diese Tiere künstlich isolieren und die Auswahl nach Lust und Laune treffen, wird es für die Hunde schwierig. Paarungen nach willkürlichen Kriterien zu arrangieren halte ich für einen schweren Fehler, im Kapitel 7 werden wir uns genauer damit befassen.

Jetzt geht es darum, die ersten einfachen Hunde zu verstehen und ein paar Möglichkeiten zu betrachten, wie sie sich zu der Vielzahl verschiedenster Rassen weiterentwickeln konnten. Die nächsten Kapitel beschäftigen sich damit, wie aus den natürlichen Rassen die großartigen Arbeitshunderassen entstanden sind, und beschreiben die Entwicklung des Hundes vom kommensalistisch lebenden, im Abfall stöbernden Dorfhund zum Partner einer echten und für beide Seiten vorteilhaften Symbiose.

TEIL II

MUTUALISMUS: ARBEITSHUNDE UND MENSCHEN

Teil I beschäftigte sich mit der Entwicklung vom Wolf zum Hund. Wir lernten Hundepopulationen kennen, die in der Nähe von Menschen leben, im menschlichen Abfall nach Futter stöbern, aber ohne direkte menschliche Hilfe zurechtkommen – und das bestens. Wir konnten sogar erklären, wie sich verschiedene Arten und natürliche Hunderassen ohne menschliches Zutun entwickelten. Die Dorfhunde leben in einer kommensalistischen Beziehung mit dem Menschen. Sie profitieren von den Menschen, verursachen ihnen aber keinerlei Kosten. Ihr Verhalten bei der Futtersuche, in der Fortpflanzung und bei der Suche nach Schutz vor Gefahren ähnelt dem von wild lebenden Spezies und ist eine für das Überleben notwendige Anpassung an ihre ökologischen Nische. Die fragliche Nische wurde von den Menschen unabsichtlich geschaffen, als sie anfingen, feste Siedlungen zu bewohnen, in denen sich Nahrungsreste und Abfälle ansammeln konnten.

Der Hund ist einfach eine Abwandlung des Vorläufers Wolf, ein neues Tier, das sich an eine neue Futterquelle anpasste. Größe und Körperbau des Hundes sind eine Reaktion auf diese neue Futterquelle. Das Verhalten des Hundes, seine Orientierung und seine auf den Menschen abgestimmten Bewegungen sind ebenfalls eine Anpassung an die neue Futterquelle. Die anderen, unerklärlichen Unterschiede zwischen Hunden und Wölfen können als genetische Sprünge betrachtet werden – als Unfälle der Entwicklung –, die durch die rasche Entwicklung der neuen, zahmeren Art der Nahrungssuche hervorgerufen wurden.

Das Konzept der Dorfhunde liefert ein ungewohntes Bild von Hunden. Üblicherweise nimmt man an, dass die Hunde vom Menschen hervorgebracht wurden, um Hilfe bei der Arbeit oder auf der Jagd zu haben, was schließlich in den spezialisierten Hunderassen mündete. Dorfhunde hält man für Hunde, die von ihrem Leben als reinrassige Familienhunde wegliefen und sich mit anderen Streunern fortpflanzten, so dass Mischlingsnachkommen entstanden, die Mülltonnen umwerfen, um an ihr Futter zu kommen. Mir erscheint es aber wesentlich wahrscheinlicher, dass es sich bei den Millionen allgegenwärtiger Streuner nicht um verwahrloste Mischlinge handelt, sondern um den echten Nicht-Wolf in seiner ans Dorf angepassten Gestalt. Aus dieser Population nehmen Menschen einzelne Tiere als Haustiere auf, bringen ihnen manchmal Tricks oder kleine Aufgaben bei, und verpaaren dann bevorzugte Tiere miteinander, um nützliche Rassen zu entwickeln. Aus diesen Populationen einfacher Hunde haben sich unsere Hunderassen mit ihren außergewöhnlichen und hoch spezialisierten Fähigkeiten entwickelt, die den Menschen dienen. Ich sah einmal eine Show mit Hundetricks im Zoo von San Diego. Als der Hundetrainer gefragt wurde, was denn das für ein Hund sei, antwortete er: „Ein Kainanung – ein keine Ahnung, welche Rassen in der Mischung sind."

Mit der Entwicklung der Arbeitshunderassen ändert sich der Status des Hundes, aus dem Kommensalismus des nach Futter stöbernden Hundes wird eine echte Symbiose, die auch als Mutualismus bezeichnet wird. Ob es sich um echten Mutualismus handelt, in dem beide Spezies voneinander abhängig werden und sich physisch an die Lebensgemeinschaft anpassen, ist hier im Teil II nicht die Frage. Vermutlich ist diese Beziehung für den Hund letzten Endes nicht von biologischem Vorteil, das werden wir aber später (in Teil III) diskutieren. Mit der Entstehung der verschiedenen Hunderassen wird die ursprüngliche, gut angepasste Gestalt des Hundes so verändert, wie es dem Menschen gefällt. Man könnte sagen, der Hund ist nun stärker vom Menschen abhängig und damit in größerem Maße den Launen des Menschen ausgeliefert. Die Beziehung ist damit kein echter Mutualismus im biologischen Sinne.

Meine Aufgabe in Teil II besteht darin, die biologischen Prinzipien hinter der Ausformung differenzierter Arbeitshunderassen aufzuzeigen. Oder anders gesagt, warum sind Aussehen – und Verhalten – der Rassen so, wie sie sind? Sie vollbringen manchmal schwer vorstellbare Leistungen – etwa ein Fleisch fressender Kanide, der Beutetiere vor anderen Kaniden beschützt. Es gibt Schäferhunde, spezialisierte Fleischfresser, die Schafe hüten oder sie vor anderen Fleischfressern beschützen, statt sie einfach aufzufressen. Die wölfischen Vorfahren müssen sich bei der Vorstellung im Grab umdrehen. Was hat ein Hund davon, Schafe zu hüten oder zu beschützen? Andere spezialisierte Hund ziehen mit Vorräten voll bepackte Schlitten. Schlittenhunde arbeiten sehr schwer, aber wofür? Sie rennen jedenfalls nicht, weil jemand ihnen ein Steak vor die Nase hält. Sie rennen und ziehen dabei Schlitten und Schlittenführer, bis der Schlittenführer „Hoo, halt!" ruft. Retriever schwimmen im kalten Wasser hinaus und bringen einen schmackhaften Wasservogel unversehrt zu ihrem Hundeführer am Ufer zurück. Hütehunde hetzen Schafen hinterher, ohne sie zu fangen. Sie bekommen dafür nichts als ein kurzes Streicheln und ein leises „Das reicht". Wissen sie, dass sie am Abend ihr Futter bekommen werden? Selbst wenn sie es wissen, ist es sehr unwahrscheinlich, dass sie für eine derart zeitverschobene Belohnung eine Leistung erbringen.

Bei vielen Leistungen, die verschiedene Rassen erbringen und bei denen sie häufig bis zur Erschöpfung arbeiten, gibt es keine erkennbare, unmittelbare Belohnung. In der Tierwelt ist das ein sehr ungewöhnliches Verhalten. Vielleicht besteht die Belohnung ja nicht aus Futter, vielleicht ist sie bereits in der Leistung enthalten. Die Arbeit einer spezialisierten Hunderasse muss so ähnlich sein wie Spiel oder Liebeswerben beim Menschen – es fühlt sich einfach gut an. Vielleicht ist der Motor hinter der Entwicklung des Hundeverhaltens die sich entwickelnde Form, deren Belohnung in der Leistung selbst besteht. Das kurze Streicheln über den Kopf ist nur die Draufgabe.

In Teil II werde ich die Wege erforschen, wie sich die verschiedenen Rassen der Arbeitshunde entwickelten. Wir werden sehen, dass es sich dabei um einen komplexen Prozess handelte. In einigen Fällen werden wir feststellen, dass dieses Arbeitsverhalten schlicht eine Verhaltensanpassung an die veränderten Bedingungen des menschlichen Wirtschaftens war. In anderen Fällen ergab sich die Gestalt des Hundes aufgrund der natürlichen Selektion, die den nach Abfällen stöbernden Dorfhund der mesolithischen Menschen an die agrarische Lebensweise der Jungsteinzeit anpasste. Zum Beispiel unterliegen Beutestöberer in einer Schafe züchtenden Kultur einem anderen Selektionsdruck als die ursprünglichen Dorfhunde.

Jede Arbeitshunderasse stellt eine Anpassung des einfachen Dorfhundes an menschliche Unternehmungen dar. In vielen Fällen beeinflussen Menschen zwar die Richtung, welche die Entwicklung nimmt, aber bei weitem nicht so sehr, wie wir vielleicht dachten. Die Entwicklung der Rassen erfolgte nicht immer durch künstliche Selektion, wie Darwin sich das vorstellte. Darwin wäre vielleicht sehr überrascht davon, wie sehr die Entstehung der Rassen der natürlichen Selektion ähnelt.

Jedes Kapitel in Teil II beschreibt einen anderen Weg, wie Hunde von kommensalistischen zu mutualistischen Symbionten der Menschen wurden. In Kapitel 4 entstehen durch eine Reihe von Umwelteinflüssen und Ereignissen, die die *Verhaltenskonfiguration* des erwachsenen Tieres formen, Arbeits- und Sporthunderassen. Es braucht keine auf menschliche Zwecke abgestellte Züchtung, damit Tiere entstehen, die komplexe Aufgaben ausführen können. In Kapitel 5 dienen uns Schlittenhunde als Beispiel für die perfekte *physische Übereinstimmung* für die Erfüllung einer bestimmten Aufgabe. Die physische Konformität wird durch Elimination jener Tiere aus dem Genpool erzielt, die die Leistung nicht erbringen. Dadurch wird jede Generation besser und besser. Dabei werden allerdings nur die weniger effizienten Tiere ausgesondert, es gibt auf Seiten der Menschen keinen Erkenntnisprozess, auf welche Merkmale selektiert werden muss oder was eine gute Konformität ausmacht. Kapitel 6 beschreibt eine ähnliche Entwicklung für die spezialisierten Herdenschutzhunde und Jagdhunde.

In diesem Fall zielt künstliche Selektion auf die perfekte *Verhaltenskonfiguration* ab. Die Verhaltenskonfiguration ist für Vorstehhunde, Apportierhunde oder Herdenschutzhunde genauso notwendig wie die physische Konformität für Schlittenhunde. Wenn die Rasse erst einmal die exakte physische Übereinstimmung oder Verhaltenskonfiguration hat, kann sie ihre Aufgabe besser erfüllen als jede andere Spezies. Schlittenhunde laufen beispielsweise Marathonstrecken schneller als jede andere Spezies. Ohne exakte Verhaltenskonfiguration wiederum ließe sich kaum ein Hund so weit ausbilden, dass er seine Aufgabe zufriedenstellend erfüllen kann. Genauso wie es lächerlich wäre, einem Dackel das Schlittenziehen in schnellem Tempo beibringen zu wollen, wäre es praktisch unmöglich, einen Wettbewerb für Hütehunde mit einem Golden Retriever gewinnen zu wollen.

Teil II gibt auch Einblicke in die Debatte um Vererbung (genetisch) versus erlerntes Verhalten (Umwelteinflüsse). Nur Hunde mit den richtigen Anlagen können zur Arbeit ausgebildet werden. Aber selbst bei Hunden mit den richtigen Anlagen können nur jene eine Leistung erbringen, die von Geburt an richtig aufgezogen und ausgebildet wurden. Ich werde eine Reihe von Verhaltensunterschieden bei verschiedenen Hunderassen durchgehen und zeigen, wie Verhalten genetisch beeinflusst ist und wie Umwelteinflüsse sich auf die Entwicklung auswirken. Warum gelang es selbst Erik Zimen, einem Experten für Wolfsverhalten, nicht, aus ein paar Wölfen echte Schlittenhunde zu machen? Warum kann ich Wölfe nicht zu Herdenschutzhunden oder Hütehunden ausbilden? Warum kann ich Border Collies nicht zu Herdenschutzhunden ausbilden? Warum gibt es sogar einige Herdenschutzhunde, die ich nicht zu Herdenschutzhunden ausbilden kann? Man achte auf den Plural. Ich rede davon, wie unwahrscheinlich es ist, viele speziell veranlagte Hunde zu etwas auszubilden, wofür sie nicht gezüchtet wurden. Ich habe davon gehört, dass es Leute gibt, die angeblich einen Wolf in ihrem Schlittenhundegespann haben oder deren Herdenschutzhund die Schafe auch hütet und treibt. Ich weiß, dass es vereinzelt Hunde gibt, die beachtliche und völlig untypische Leistungen vollbringen. Ich weiß aber auch, dass viele Menschen, die ihre Hunde lieben, ihnen über-hundliche Eigenschaften zuschreiben und die Fantasie manchmal den Sieg über die Beobachtung davonträgt.

KAPITEL 4

Umwelt und Entwicklung

HERDENSCHUTZHUNDE

Ein Grasmeer dehnt sich von der Mandschurei aus westwärts bis zur ungarischen Ebene. Über seine welligen Horizonte trieben berittene Nomaden ihre Herden auf der rastlosen Suche nach Nahrung voran. Im Winter suchten sie im Windschatten der Berge Zuflucht vor dem *buran*, dem weißen Winterwind; im Frühling, wenn sich ein Blumenteppich über den Boden legte, ruhten sie sich aus... Das Wandern war ihr jahreszeitlich bedingtes Ritual, ihre Musik das Heulen von Doggen, Schellengeläut und trappelnden Füßen.
(Bruce Chatwin: *Was mache ich hier*, S. 199–200, Carl Hanser Verlag, 1991)

Es bleibt ... über die Vierfüßler zu reden, soweit es die Hunde betrifft – vor allem aber mich, der ich wolliges Vieh weiden lasse. Der Hund ist nämlich nur mit diesen Einschränkungen Beschützer des Viehs und dessen, der ihn als Begleiter braucht, um sich zu verteidigen. Unter diese Gattung fallen vor allem die Schafe, dann die Ziegen; auf sie macht der Wolf gewöhnlich Jagd, ihm stellen wir die Hunde als Verteidiger entgegen.
(Marcus Terentius Varro: *Gespräche über die Landwirtschaft*, Buch 2, S. 164; herausgegeben, übersetzt und erläutert von Dieter Flach, Wissenschaftliche Buchgesellschaft, 1997)

FRÜHENTWICKLUNG UND FORMUNG DES VERHALTENS

Es gibt verschiedene Arten von Schäferhunden. Da sind erst einmal die Hütehunde, die Herden treiben und von einem Ort zum anderen bringen. Und es gibt die Herdenschutzhunde, die sich nicht zum Schafe treiben eignen, und das auch gar nicht tun sollen, sondern deren Aufgabe es ist, die Schafe vor Raubtieren wie Wölfen, Kojoten, Bären, Schakalen, Pavianen, Leoparden oder sonstigen Räubern, mit denen es die Hirten zu tun bekommen könnten, zu schützen. (Ich verwende dabei den Begriff „Schafe" – so wie Varro „Rinder" – als Synonym für die verschiedensten Herdentiere).

Herdenschutzhunde und Hütehunde sind als Forschungsobjekte das Traumduo eines jeden Verhaltensforschers. Zwei Typen (Rassen) von Hunden wachsen in derselben Umgebung auf – nämlich in Weidegebieten; sie sind beide darauf selektiert, auf denselben Umweltreiz zu reagieren – nämlich auf Schafe; aber wie sie das tun, ist bei beiden völlig verschieden. Die eine Rasse treibt Schafe, die andere beschützt sie. Da sich die beiden Rassen in derselben Umgebung unterschiedlich verhalten, können wir davon ausgehen, dass die Unterschiede zwischen ihnen genetisch festgelegt sind.

Herdenschutzhunde gehören vermutlich zu den ältesten Arbeitshunderassen. Es kann sie natürlich noch nicht länger geben als domestizierte Schafe oder Ziegen, aus denen die ersten Herden bestanden, die vor ungefähr 8000 Jahren aufkamen. Zur Zeit von Varro (vor 2050 Jahren) waren Herdenschutzhunde bereits zahlreich und ein Wirtschaftsfaktor. In alten Schriften oder Abbildungen kommen sie häufig vor.

Herdenschutzhunde sind vermutlich auch die größte Gruppe der Arbeitshunde. Es gibt weltweit Millionen von ihnen. Im Westen halten wir Hunde wie den Komondor, Kuvasz oder Pyrenäenberghund für seltene Rassen. Als ich in den 1970er Jahren mit der Erforschung von Herdenschutzhunden begann, fand ich dazu in den Vereinigten Staaten praktisch keine schriftlichen Informationen. Das Wenige, das es gab, stellte sich häufig als falsch heraus. In Rassebeschreibungen wurde behauptet, dass diese großen Schäferhunde sowohl Treibhunde als auch Schutzhunde wären. Im englischsprachigen Raum versteht man unter Schäferhunden üblicherweise Collies oder Hütehunde. Die Verwirrung ist vielleicht darauf zurückzuführen, dass man es im englischsprachigen Raum schon seit vielen Jahrhunderten nicht mehr mit Raubtieren zu tun bekommt und daher kein Bedarf an Herdenschutzhunden besteht oder – in meinen Augen die wahrscheinlichere Erklärung – dass die Autoren der Rassebeschreibungen das Verhalten der Hunde bei der Herde nicht wirklich genau beobachtet hatten.

Es war sogar so, dass der damals 24-jährige englische Biologe Charles Darwin „amüsiert" war, als er 1833 auf seiner Reise nach Uruguay das erste Mal Herdenschutzhunde zu Gesicht bekam. Er beschrieb das Ereignis so, als hätte er eine echte Entdeckung einer allein in Südamerika vorkommenden Art gemacht. Es war ihm offenbar nicht bewusst, dass die Aufzucht- und Ausbildungsmethoden, die er beschrieb, weltweit (außer auf den britischen Inseln) üblich war. Es war ihm auch offensichtlich nicht klar, dass es damals, im Jahr 1833, wie heute Millionen dieser Hunde gibt und dass praktisch jeder Schafhirte von Portugal bis China und von Russland bis Südafrika mit vier oder fünf von ihnen arbeitet.

Darwin ist aber ein derart scharfer Beobachter und wunderbarer Autor, dass ich seine Entdeckung in seinen eigenen Worten wiedergeben will. Es gelingt ihm dabei, alle wesentlichen Elemente eines Herdenschutzhundes in nur wenigen Sätzen zu beschreiben.

> Während unseres Aufenthalts auf dieser Estancia trug das, was ich über die Schäferhunde dieses Landes sah und hörte, sehr zu meinem Vergnügen bei. Man trifft beim Reiten häufig auf große Schafherden, die von ein oder zwei Hunden bewacht werden und mehrere Meilen vom nächsten Haus oder Menschen entfernt sind. Ich fragte mich oft, wie eine derart feste Freundschaft entstehen konnte. Die Erziehungsmethode besteht darin, den Welpen bereits in sehr jungem Alter von der Mutterhündin zu trennen und an seine künftigen Gefährten zu gewöhnen. Drei oder vier Mal am Tag wird ein Mutterschaf festgehalten, damit der Kleine bei ihr trinken kann, und im Schafpferch wird ihm ein Nest aus Wolle bereitet; er darf zu keiner Zeit Kontakt mit anderen Hunden oder mit den Kindern der Familie haben. Die Welpen werden überdies alle kastriert; wenn sie dann erwachsen sind, bringen sie ihren Artgenossen daher kaum noch irgendein Gefühl entgegen. Aufgrund dieser Erziehung hat der Hund gar nicht den Wunsch, von der Herde wegzugehen, und so wie ein anderer Hund seinen Herren verteidigen wird, wird dieser die Schafe verteidigen. (Charles Darwin: *The Voyage of the Beagle*, S. 163, P. Collier and Son, 1909)

Man beachte, dass er dabei nicht auf Rasse, spezielle Züchtung, Selektion oder sonstige genetische Faktoren eingeht. Die Rasse ist kein Thema. Aus Darwins Beschreibung geht nicht einmal hervor, wie die Hunde aussehen oder wie groß sie sind. Ich würde darauf tippen, dass es sich im Wesentlichen nur um nützliche Dorfhunde handelte, die an das Leben mit der Herde angepasst waren. Darwin war ein so genauer Berichterstatter, dass er es sicher vermerkt hätte, wenn die Hunde besonders groß, besonders schön oder sonst irgendwie auffällig gewesen wären.

Darwins Schilderung vermittelt zwischen den Zeilen den Eindruck, dass es ausreicht, irgendeinen Welpen der lokal vorkommenden Hunde zu nehmen und ihn richtig aufzuziehen, um dann einen brauchbaren Herdenschutzhund zu bekommen. Die Schafhirten von Uruguay und auch überall sonst wussten natürlich, wie man einen guten Herdenschutzhund erhält. 150 Jahre nach Darwins Beobachtungen versuchten die Biologen Hal Black und Jeffrey Green im Westen der Vereinigten Staaten Ranchern von heute beizubringen, wie man Herdenschutzhunde richtig aufzieht und ausbildet. Sie griffen dabei auf jenes Rezept zurück, nach dem die Navajos mit ihren Herdenhunden gearbeitet hatten und das sie bei der Beobachtung von Navajo Schäferhunden entdeckt hatten. Die Navajos hatten ursprünglich von spanischen Missionaren gelernt, dass man für seine Schafherde am besten sorgt, wenn man Herdenschutzhunde mit den Schafen aufzieht. Das System klingt ganz wie das von Darwin beschriebene Rezept.

> Mischlingswelpen werden ab dem Alter von vier bis fünf Wochen im Korral mit Schafen, Lämmern, Ziegen und Kindern gehalten und aufgezogen. Die Welpen bekommen Hundefutter oder Essensreste. Die Hunde bekommen keinen eigenen Unterschlupf wie Erdhöhlen oder Hundehütten (sie legen sich dann zum Schlafen zu den Schafen oder graben sich ihre eigenen Erdgruben). Der Körperkontakt und das Streicheln der Hunde wird auf ein Minimum reduziert. Keine offene Zuneigung zeigen. Welpen, die sich vom Korral entfernen, werden dorthin zurückgetrieben (schimpfen, zurückjagen, Objekte nach ihnen werfen). Die Welpen dürfen, wenn sie alt genug sind, mit der Herde auf die Weide. Schlechtes Benehmen wie Beißen, Schafe oder Ziegen hetzen oder an ihrer Wolle ziehen wird mit Schimpfen und leichten Schlägen bestraft. Hunde, die dennoch weiter hetzen, beißen oder gar Schafe töten, werden entfernt. (Black und Green, 1985).

In beiden Beschreibungen ist der frühe Beginn mit ganz jungen Welpen, die mit der Zielspezies gemeinsam und ohne sonstige Hundegesellschaft aufgezogen werden, der kritische Faktor für das richtige Verhalten beim erwachsenen Tier. Darwin meint dazu: „Ich frage mich oft, wie eine derart feste Freundschaft entstehen konnte." Wie kann ein Fleischfresser zum Beschützer einer Beutetierart werden? Darwin beantwortet die Frage selbst, wenn er dann beschreibt, wie die für diese Entwicklung nötige Umwelt aussieht. Statt den Hund im Haus aufzuziehen, wo er Vertrauen zum Menschen entwickelt und seine Aufmerksamkeit und sein Schutzverhalten seinem Herrn gelten, wird der Hund im Stall aufgezogen und entwickelt Vertrauen zu den Schafen und richtet seine Aufmerksamkeit und sein Schutzverhalten auf Schafe.

Hätte Darwin in moderner Sprache geschrieben, hätte das vielleicht so geklungen: Die zwischenartliche soziale Bindung zwischen Schafen und Hunden hängt von der *Prägung* des Welpen während der *kritischen Phase* seiner Sozialisation ab, die beim Hund etwa von der 4. bis zur 16. Lebenswoche reicht. Die genaue Beachtung der Umweltanforderungen für die Entwicklung des Welpen in dieser Phase führt zu einer Formung und Konditionierung des Verhaltens des erwachsenen Tieres, die zum Ergebnis hat, dass normalerweise artspezifisches Sozialverhalten (angeborenes, untereinander gezeigtes Verhalten) auf eine andere Tierart übertragen wird (erlernte Interaktionen des Hundes mit Schafen). Aufgrund der Prägung und der Umgebung, in der der Hund aufgezogen wird, kann er Schafen gegenüber nicht das übliche Raubtierverhalten entwickeln. Dasselbe Prinzip haben wir schon bei den Dorfhunden auf Pemba gesehen, die mit Hühnern aufwachsen und sie daher nicht töten.

Den meisten Schafhirten ist gar nicht bewusst, dass sie das Verhalten des Hundes verändern, so wie vielen von uns nicht klar ist, dass wir das Verhalten unseres Hundes dadurch beeinflussen, dass er von Welpentagen an mit uns im Haushalt aufwächst. Wir kaufen einen acht Wochen alten Welpen, nehmen ihn mit nach Hause, wo er von anderen Welpen isoliert bei uns aufwächst. Die Menschen werden dadurch zum Sozialpartner des Hundes. Herdenschutzhunde werden in Schafställen geboren, bilden während ihrer ersten Lebensmonate ihre sozialen Bindungen aus und werden im Laufe ihrer Entwicklung auf Schafe sozialisiert.

Zwischen dem kommensalistisch lebenden Dorfhund, der sich kaum berühren lässt, und dem Familienhund oder dem Herdenschutzhund gibt es einen einzigen Unterschied: das soziale Umfeld, in dem sie aufwachsen.

Kann man einfach irgendeine Hunderasse nehmen? Reicht es, einen Hund im Alter von vier Wochen zu nehmen und nach Rezept vorzugehen, um einen Herdenschutzhund zu bekommen? Nein, nicht wirklich. Wir versuchten das einmal bei einer Retrieverhündin, die wir entsprechend aufzogen, sie entwickelte aber kein Schutzverhalten, wie die Herdenschutzhunde es haben, und hat auch nie vergessen, wie Apportieren funktioniert. Von den Rassen, die ich in Kapitel 6 bespreche, eignet sich keine einzige als guter Herdenschutzhund. Auf die Gründe werde ich noch zu sprechen kommen.

Marcus Terentius Varro erkannte vielleicht als Erster diese Unterschiede, seine Empfehlung an die Bauern vor mehr als 2000 Jahren ist heute noch so gültig wie damals:

> Zu achten hat man darauf, dass man nicht von Jägern oder Metzgern Hunde kauft, weil die einen zu träge sind, um dem Herdenvieh zu folgen, während die anderen, wenn sie einen Hasen oder einen Hirsch sehen, lieber ihm als den Schafen folgen werden. Darum ist entweder eine von Hirten gekaufte Hündin besser, die dazu abgerichtet wurde, Schafen zu folgen, oder aber eine, die überhaupt nicht abgerichtet gewesen ist. Ein Hund lässt sich nämlich ziemlich leicht zu irgend etwas abrichten, und es haftet die Abrichtung, die auf die Hirten abzielt, stärker als die, die auf die Herden geht. (Varro: *Gespräche über die Landwirtschaft*, Buch 2, S. 164)

Herdenbesitzer, die sich auf ihre Herdenschutzhunde verlassen können müssen, kommen zu dem selben Schluss. Rasse, Gestalt und genetische Anlagen sind weniger wichtig als die Umwelt, in der sich ein Hund entwickelt. Diese Aussage werde ich bei der Beschreibung der Entwicklung von Herdenschutzhunden ein klein wenig abwandeln. Im Wesentlichen gilt aber, dass der Hund während der Phase des Gehirnwachstums in den ersten Lebenswochen alle Nervenverbindungen entwickelt und so anlegt, wie es den Reizen aus seiner

Umwelt entspricht. Diese Entwicklung bestimmt im Vorhinein über das spätere Verhalten des erwachsenen Tieres. Anders formuliert heißt das, dass die Prägung den Hund für immer verändert.

Der österreichische Ethologe Konrad Lorenz war vermutlich der Erste, der entdeckte, wie wichtig diese Periode der primären Sozialisation ist. Es gelang ihm, seine Entdeckungen entsprechend zu formulieren und sie in seinen inzwischen berühmten Experimenten mit Gänsen zu überprüfen. Seine Beobachtungen trugen ihm einen Nobelpreis ein. Er arbeitete mit Graugänsen und wies nach, dass die Sozialisation auf eine andere Spezies (nämlich Lorenz selber) in einer zeitlich genau festgelegten Phase ihrer Entwicklung zu einer „Prägung" der Gänse auf ihn führte. Gänse sind Nestflüchter und laufen und schwimmen bereits eine Stunde nach dem Schlüpfen. In manchen Fällen findet die soziale Bindung innerhalb weniger *Minuten* nach der Geburt statt. Im Gegensatz dazu setzte die soziale Bindung bei den Dohlen von Lorenz, die Nesthocker (und beim Schlüpfen nackt und hilflos) sind, schrittweise und zu einem späteren Zeitpunkt ihrer Entwicklung ein. Aber wenn die Prägung richtig vorgenommen wurde, zogen beide Arten die Gesellschaft ihres „Pflegevaters" vor.

Hundewelpen ähneln weniger den Gänsen, sondern sind eher Nesthocker wie die Dohlen. Bei der Geburt sind Ohren und Augen der Hunde noch geschlossen. Ihr Überleben hängt wie bei den Dohlen von der elterlichen Fürsorge ab, aus eigener Kraft schaffen sie das nicht. Aufgrund der Unterschiede zwischen den Gänsejungen, die vom Schlüpfen an überlebensfähig sind und sofort ihre soziale Bindung bilden, und den Dohlen (und Hunden), die dafür mehrere Wochen brauchen, formulierte Lorenz das Konzept der kritischen Phasen der Entwicklung.

Wölfe, Kojoten, Schakale und Hunde beginnen mit dem Aufbau sozialer Bindungen, sobald sich um den 13. Lebenstag die Augen öffnen. Mit Erlangen der Sinnesfunktionen stellt sich auch die Fähigkeit zum Aufbau von sozialen Beziehungen ein. Wenn Hunde erst einmal 16 Wochen alt sind, sind die Chancen für die Sozialentwicklung deutlich geringer oder vorbei. Wenn sie in dieser Phase keine Schafe oder Menschen zu Gesicht bekamen, werden sie ihnen ihr Leben lang mit Scheu begegnen. Die Sozialentwicklung beginnt bei Wölfen zwar auch mit 13 Tagen, sie unterscheidet sich aber von der der Hunde dadurch, dass die Entwicklung sozialer Beziehungen sehr viel rascher geschieht und mit 19 Tagen bereits wieder abgeschlossen ist. Dass Hunde ein viel größeres Ausmaß an Zahmheit entwickeln können als Wölfe liegt auch daran, dass die Phase, in der sie neue Bindungen eingehen können, viel länger dauert.

Der als „kritische Phase der Sozialentwicklung" beschriebene Zeitraum zwischen der 2. und 16. Woche wurde bei Hunden erstmals 1950 in einer Studie von John Paul Scott und Mary Vesta Marston beschrieben, die auf die bemerkenswerte Forschungsarbeit in Bar Harbor in Maine zurückgeht. Kritische Phase bedeutet einfach, dass der Welpe in diesem Zeitraum über die größte Bereitschaft und Fähigkeit verfügt, soziale Fertigkeiten zu erlernen. Rangordnungen werden in dieser Phase ausgebildet, und die Hunde lernen und üben Unterordnungsverhalten. Sie lernen das Futterbetteln, bei wem es einzusetzen ist und wie aus Futterbetteln das Sozialverhalten Begrüßen wird. Und sie lernen, zu welcher Spezies sie gehören.

Mit 16 Wochen geht die Phase des sozialen Lernens ihrem Ende zu. Der Hund hat danach nur mehr in sehr geringem Ausmaß die Fähigkeit, soziale Fertigkeiten auszuprägen oder zu verändern. Im Wesentlichen ist das Sozialprofil des Hundes mit 16 Wochen für sein ganzes Leben fertig ausgebildet. Wenn ein Hund mit 16 Wochen menschenscheu ist, wird er das sein Leben lang sein. Kann er mit intensivem Training lernen, seine Scheu abzulegen? Er könnte sicherlich gewisse Fortschritte machen, wird aber sein Leben lang immer eine gewisse „Färbung“ seines Sozialverhaltens aufweisen.

Gibt es individuelle Unterschiede, wann die Phase sozialen Lernens ein Ende hat? Natürlich. Es gibt Unterschiede zwischen verschiedenen Tieren derselben Rasse genauso, wie die durchschnittliche Dauer von Rasse zu Rasse unterschiedlich sein kann. Die Mitarbeiter im Sozialisationsprogramm des Wolf Park nehmen die Jungen bereits aus dem Wolfsbau, bevor sie noch die Augen öffnen. Die Sozialentwicklung der Wölfe geht so rasch vor sich, dass die menschlichen Adoptiveltern zwischen dem 13. und 19. Tag 24 Stunden täglich mit den Jun-

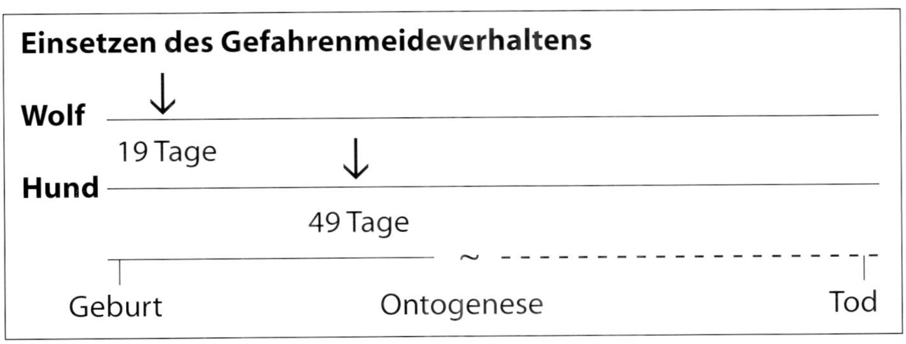

Einsetzen des Bewegungsmusters Angstreaktion (Gefahrenvermeidung) beim Wolf und beim Hund. Beim Wolf setzt die Angstreaktion um den 19. Tag ein. Wenn Wölfe bis dahin nicht an Menschen gewöhnt wurden, ist es mehr als fraglich, ob sie noch gezähmt werden können. Hunde hingegen entwickeln die Angstreaktion erst zwischen der sechsten und achten Lebenswoche. Es ist daher viel leichter, aus dem Hund ein Haustier zu machen.

Körperhaltungen, die Dominanz oder Unterwerfung ausdrücken, treten erstmals in der kritischen Phase der Sozialentwicklung auf. (K. Doktor-Sargent)

Ein Hund zeigt Unterwerfungsverhalten gegenüber Schafen. Wenn ein Welpe anfängt, Bewegungsmuster aus dem hundlichen Sozialverhalten gegenüber Schafen zu zeigen, so kann man daraus schließen, dass er eine Bindung zu ihnen aufgebaut hat. Der Anatolische Hirtenhund im Bild, der den Schafen gegenüber eine für Hunde typische Unterwerfungshaltung zeigt, wird zu einem sehr guten Herdenschutzhund heranwachsen. (Foto: Jay Lorenz)

gen verbringen müssen. Und dazu müssen sie sie auch füttern, säubern und mit ihnen spielen. Man kann daraus ersehen, dass alle, die sich in der Steinzeit einfach ein Wolfsjunges geschnappt hätten, beim Zähmen und Abrichten dieser Jungen enorme Probleme gehabt hätten. Es ist extrem schwierig und zeitaufwändig, einer Wölfin Junge wegzunehmen und sie während der neonatalen Phase selbst zu versorgen.

Wenn ein künftiger Herdenschutzhund die ersten 16 Lebenswochen mit Schafen aufwächst, wird er Schafe sein Leben lang als primäre Sozialpartner betrachten – er ist auf Schafe geprägt, ähnlich wie die Graugänse auf Lorenz. Der erwachsene Herdenschutzhund folgt Schafen, zeigt Begrüßungsverhalten und reagiert auf ihre Signale mit zwischenartlichen Dominanz- bzw. Unterwerfungsgesten. Manchmal kommt es zwischen den Hunden und Schafen sogar zu sexuellen Avancen.

Gelegentlich ist die Rede davon, dass ein solcher Hund glaubt, er sei ein Schaf. Das ist vermutlich falsch. Er weiß, dass er ein Hund ist. Er zeigt den Schafen gegenüber hundliches Sozialverhalten, nicht Schafverhalten. Wenn er sich für ein Schaf hielte, würde er das Sozialverhalten von Schafen an den Tag legen, das deutlich anders ist. Wenn Hunde drohen, zeigen sie ihre Zähne und knurren, während Schafe mit dem Vorderbein stampfen, wenn sie einem Hund drohen. Knurren ist ein genetisch verankerter Bestandteil des Sozialverhaltens und für Hunde typisch. Hunde knurren ihre Beute normalerweise nicht an. Knurren richtet sich an Tiere, mit denen sie kommunizieren müssen. Wenn ein Hund Schafe anknurrt, ist das ein sicheres Indiz dafür, dass er während der kritischen Phase eine soziale Bindung zu Schafen aufgebaut hat. Die Sozialisation auf bestimmte Sozialpartner ist eine Frage des Lernens. Dieses Lernen kann aber nur in der kritischen Phase der Hundeentwicklung stattfinden, deren Dauer genetisch festgelegt ist.

Wenn ich mit meinem Hund spreche, verwende ich in der Kommunikation menschliches Sozialverhalten. Ich halte mich nicht für einen Hund. Es gibt aber einen Teil in mir, der meinen Hund für menschlich hält. Ich glaube sogar, dass mein Hund weiß, wovon ich spreche. Ich beobachtete einmal einen portugiesischen Hirten, der seine Ziege in Portugiesisch anbrüllte, weil sie sich über Nachbars Garten hergemacht hatte. Die Ziege muss wohl perfekt Portugiesisch verstanden haben, denn sie verließ Nachbars Garten schleunigst. Herdenschutzhunde nehmen vermutlich auf ähnliche Weise an, dass Schafe hundeähnlich sind und Hundesprache verstehen. Wenn ich meine Hunde füttere, versuchen die Schafe, so viel Hundefutter wie nur möglich zu klauen, und die Hunde knurren sie an, als würden die Schafe das verstehen.

Schäferhunde in der Alten Welt verbringen im Regelfall die ersten 16 Lebenswochen mit ein oder zwei Wurfgeschwistern, einigen erwachsenen

Hunden inklusive ihrer Mutter, etwa 300 Schafen und einem Schafhirten. Im Italienischen gibt es für diese Dreierkombination ein eigenes Wort, nämlich *morra.* Nach diesen 16 Wochen ist der Hund in Gestalt und Verhalten so geformt, dass er das „Bedürfnis“ hat, sein restliches Leben in der morra zu verbringen. Niemand käme auf den Gedanken, einen solchen Hund zu kaufen und als Familienhund mit in die Stadtwohnung zu nehmen. Er würde sich dort wahrscheinlich sehr unwohl fühlen und sich nie gänzlich an eine Umwelt ohne Schafe anpassen können. Ein ähnlich unbefriedigendes Ergebnis würde man erhalten, wenn man ein Wolfsjunges erst im Alter von vier bis sechs Wochen aus dem Wolfsbau holt.

Die mit der kritischen Phase verbundenen praktischen Aspekte leisten einen großen Beitrag zu unserer Beziehung mit Hunden. Der erste und wichtigste Schritt in Richtung einer mutualistischen Beziehung mit Hunden ist nämlich gar keine Frage der Genetik, sondern besteht darin, dass sich die Welpen in eben jener Umgebung entwickeln, in der sie als erwachsene Tiere ihre Aufgaben erfüllen sollen. Leider wird das Konzept der kritischen Phase häufig nicht einmal von Hundetrainern vollständig verstanden, die einen Hund auf eine spätere bestimmte Aufgabe vorbereiten und sein Verhalten entsprechend formen sollen. Es ist eine weit verbreitete Annahme, dass das Sozialverhalten in einem

Bei diesen Welpen entwickelt sich das Gehirn eines Herdenschutzhundes für Schafe.

Wolfsrudel genetisch vorbestimmt ist und vererbt wird. Daher argumentieren Hundetrainer in etwa folgendermaßen: Hunde stammen vom Wolf ab, Wölfe bilden Rudel, daher müssen Hunde das Rudelverhalten der Wölfe verstehen und sollten den Trainer als „Alphatier“ und Rudelführer akzeptieren.

Aber ist Rudelverhalten *tatsächlich* genetisch bedingt? Nicht wirklich. Das Rudelverhalten ist, so wie Verhalten allgemein, epigenetisch – also eine Ebene über den Genen angesiedelt. Rudelverhalten besteht aus Verhaltensweisen, die während der kritischen Phase erlernt werden, und ist nur eine von mehreren Optionen, die den Wölfen offen stehen. Wenn Hunde während der kritischen Phase kein Rudelverhalten erlernen, ist es völlig sinnlos, wenn man nach Ende dieser Phase des sozialen Lernens den Rudelführer mimen will. Beim Rudelverhalten geht es außerdem nicht nur um Rangordnung und Hierarchie, sondern um wesentlich komplexere Zusammenhänge. Es handelt sich um ein Bündel vielschichtiger Verhaltensweisen, die durch Spiel und Pflegehandlungen bzw. deren Einforderung im Jugendalter erlernt werden. Ein Trainer, der das Alphatier eines Wolfsrudels nachahmt und beispielsweise einen Hund auf den Rücken wirft, ihm an die Kehle geht und ihn anknurrt, jagt dem Hund ohne Zweifel Angst ein. Die Botschaft für den Hund ist aber eine ganz andere, als der Trainer glaubt. Lehren und Lernen durch Einschüchterung funktioniert selten. Ein „Sitz“ lernt der Hund nicht von jemandem, der ihm Angst macht, weil er durch den Druck abgelenkt wird und seine Aufmerksamkeit nicht mehr der Aufgabe widmen kann, sondern sich stattdessen mit seinem Sozialstatus befasst. Kein Alphawolf wird versuchen, einem Rudelmitglied etwas beizubringen, schon gar kein „Sitz“. Dass die Analogie mit dem Wolfsrudel noch immer so weit verbreitet ist und im Hundetraining so häufig verwendet wird, zeigt recht deutlich, wie wenig wir über die Verhaltensentwicklung beim Hund wissen.

Eine kritische Phase für die Entwicklung von Sozialverhalten, das klingt nach Zauberei. Im Gehirn des Hundes geschieht dabei etwas, was von Dauer ist und nach Abschluss dieser Phase praktisch nicht mehr verändert werden kann. Aus irgendeinem Grund bleiben Inhalte und Zeitpunkt des Lernens auf die kritische Phase beschränkt. Ein Verhalten, das einmal „gelernt“ wurde, kann nicht mehr – zumindest nicht leicht und nicht vollständig – verlernt werden. Man sollte eigentlich meinen, dass es uns mit unserem vielen Wissen über Lernen und Ausbildung möglich sein müsste, dem Hund ein anderes Verhalten beizubringen. Trotzdem kann der Hund es aber offensichtlich nicht lernen. Im Volksmund heißt es: „Einem alten Hund kann man keine neuen Kunststücke mehr beibringen.“ Aber wissen wir auch, warum nicht?

Während der kritischen Phase muss es offenbar zu bleibenden Veränderungen kommen. Es macht ganz den Eindruck, dass ein auf Schafe sozialisierter Hund anders programmiert ist als derselbe Gen-Satz, der in einem Dorf ohne

Schafe aufwächst. Könnte Lernfähigkeit eine genetische Reaktion auf die Umwelt sein? Kann Lernen genetisch gesteuert sein?

Wir haben es hier mit einer wichtigen und grundlegenden Frage zu tun. Früherfahrungen sind nicht deswegen so entscheidend, weil es die ersten Lernerfahrungen sind, sondern weil die Gehirnentwicklung dadurch beeinflusst wird. Vor einiger Zeit trainierte ich einige Hunde als Herdenschutzhunde – *dachte* ich zumindest. Ich glaubte, dass die Hunde Herdenschutzverhalten lernten. Die kritische Phase ging rund um die 16. Woche zu Ende, ich nahm daher an, dass wir unsere Hunde nur vorher mit den Schafen rausbringen mussten. Wir brachten unseren Welpen aber nicht bei, Herdenschutzhunde zu sein, indem wir sie gemeinsam mit den Schafen hielten. Vielmehr „wuchs" den jungen Hunden ein auf Herdenschutzverhalten programmiertes Gehirn.

Das Gehirn wächst ähnlich wie Beine oder sonstige Körperteile. Beine *können* nicht nur laufen, sie *müssen* laufen, damit sie sich richtig entwickeln. Wenn Beine während des Wachstums (der kritischen Phase) nicht laufen können, verkümmern sie und werden unbrauchbar. Das gleiche gilt für das Gehirn. Das Gehirn wächst in zwei Richtungen: es wird größer und seine Form verändert sich. Die Umweltstimulation während der ersten 16 Wochen bestimmt, um wie viel das Gehirn wächst und wie es seine Form verändert.

Die kritische Phase der Sozialentwicklung fällt mit der Phase des raschesten Gehirnwachstums zusammen. Bei einem einen Tag alten Welpen einer Her-

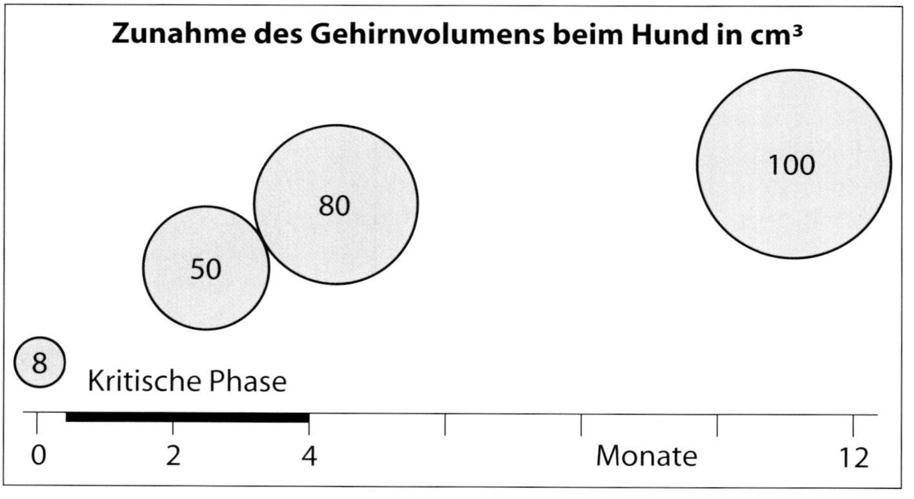

Übersicht über die Gehirnentwicklung. Der größte Teil des Gehirnwachstums eines Hundes findet während der kritischen Phase der Sozialentwicklung statt. Wenn das Wachstum einmal abgeschlossen ist, ist die Programmierung nur noch schwer zu ändern.

denschutzhundrasse beträgt das Gehirnvolumen rund 10 cm^3. Es ist also etwa so groß wie die Spitze meines kleinen Fingers. Wenn der Welpe mit etwa acht Wochen entwöhnt wird, hat das Gehirn 60 cm^3. In der 16. Woche hat es eine Größe von 80 cm^3 erreicht und wächst sehr rasch, bis es mit knapp über 100 cm^3 seine volle Größe erlangt. Einer unserer ersten und liebsten italienischen Schäferhunde, Tom, brachte es auf ein Gewicht von 45 kg bei einem Gehirnvolumen von 106 cm^3.

Der Welpe hat bei der Geburt im Wesentlichen alle Gehirnzellen, die er in seinem ganzen Leben haben wird. *Im Wesentlichen* ist dabei die Formulierung, auf die es ankommt. Jüngste Forschungsergebnisse zeigen, dass auch beim erwachsenen Tier noch neue Nervenzellen und neue Nervenverbindungen gebildet werden können. Manche Zellen sterben ab und können ersetzt werden, welche Auswirkungen diese Veränderungen haben, wird allerdings erst erforscht.

Wenn das Welpengehirn bereits die Gesamtzahl der Zellen des erwachsenen Gehirns beinhaltet, wie kann es dann wachsen und zehnmal größer werden? Der Grund ist der, dass das Gehirnwachstum praktisch zur Gänze aus der Bildung von Nervenverbindungen zwischen den Zellen besteht. Eine riesige Anzahl der bei der Geburt bereits vorhandenen Zellen bildet keine Verbindungen aus und wird nicht vernetzt. In der Frühentwicklung der Welpen findet eben diese Vernetzung zwischen den Nervenzellen nach einem bestimmten Muster statt. Einige Nerven bilden spontan und in Folge körpereigener Signale eine Verbindung. Einige Nerven „suchen“ einen Muskel, an den sie anknüpfen können. Andere Nervenverbindungen entstehen als Reaktion auf Signale von außen, das heißt, Signale von außerhalb des Gehirns. Das Auge teilt zum Beispiel dem Gehirn mit, wie viele Zellen es braucht, um den Augapfel bewegen zu können. Für große Augen braucht es mehr Zellen als für kleine Augen, Tiere mit großen Augen fordern daher im Gehirn mehr Nervenverbindungen für die Augenfunktion an.

Das Gehirn muss sich nicht nur an die Augengröße anpassen, sondern auch an die Augenaktivität. Die Anpassung des Gehirns an das Auge geschieht über die Entwicklung der sowohl der Augengröße als auch der Augenaktivität entsprechenden Nervenverbindungen. Im Gehirn eines im Dunkeln aufgezogenen Welpen gibt es weniger Nervenverbindungen. Ein im Dunkeln aufgezogener Welpe hat ein kleineres Gehirn als ein normal aufgezogener. Ein Welpe, der in einer reizarmen Umgebung aufwächst, hat ebenfalls ein kleineres Gehirn. Experimente an Katzenjungen ergaben, dass Tiere, die während der Augenentwicklung mit horizontal gestreiften Brillen aufwuchsen, als erwachsene Tiere keine vertikale Sehwahrnehmung hatten. Sie liefen gegen Tischbeine, als würden sie sie gar nicht sehen können.

In der kritischen Phase setzen auch andere Sinneswahrnehmungen ein. Der Verhaltensforscher Ed Bailey beschreibt, wie wichtig die olfaktorische Prägung für den Aufbau einer Bindung mit einem Welpen ist. Er rät künftigen Hundebesitzern, den Wurf bereits ab der fünften Woche zu besuchen, Körperkontakt zum Welpen zu pflegen und ihm die Möglichkeit zur Prägung auf bestimmte Gerüche zu geben. Darwin notierte in Uruguay, dass man den Welpen der Herdenschutzhunde ein „Nest aus Wolle ... im Schafstall" gab. Von Geburt an lebten sie somit mit dem Gefühl, dem Anblick, dem Geruch und dem Geschmack von Schafen. Die Züchter von Jagdhunden wissen, dass Welpen leicht an einen Gewehrknall in der Nähe gewöhnt werden können, wenn sie den Knall und andere Geräusche bereits vor dem Einsetzen der Angstreaktion kennen lernen konnten.

Es sollte inzwischen deutlich geworden sein, dass der Anblick, der Geruch und die Geräusche von Schafen andere Auswirkungen auf das Gehirnwachstum haben als die Einflüsse, denen das Gehirn eines Welpen in einer Stadtwohnung ausgesetzt ist. Ein Welpe, der in seinen ersten acht Lebenswochen keine Schafe zu sehen bekommt, hat ein anders ausgeprägtes Gehirn als einer, der ab der vierten Lebenswoche mit Schafen zu tun hat. Im Alter von 16 Wochen sind praktisch alle Nervenverbindungen fertig entwickelt und der größte Teil des Gehirnwachstums abgeschlossen. Ein Welpe, der Schafe erst im Alter von 16 Wochen das erste Mal zu Gesicht bekommt, kann auf diesen Umweltreiz noch mit geringfügigen Anpassungen im Gehirnwachstum reagieren, aber nicht mehr mit vielen.

Die Sache ist einigermaßen kompliziert und für eine Berechnung aller möglichen Variationen würde man vermutlich riesige Computer brauchen. Gleichzeitig ist es aber recht einfach, sich ein Bild davon zu machen, was im Prinzip vorgeht. Warum gibt es keine zwei Tiere, die ganz genau gleich aussehen oder gleich denken? Einfach deswegen, weil es unmöglich ist, dass zwei Hunde in einer exakt identischen Umwelt aufwachsen. Zwei Tiere können sich niemals zur gleichen Zeit am genau gleichen Ort aufhalten, was zur Folge hat, dass sie nicht die genau gleichen Impulse aus ihrer Umwelt erhalten können, daher bildet sich auch kein identisches Muster an Nervenverbindungen. Das führt dazu, dass sie nicht dieselben Denkmuster und Verhaltensweisen haben. Wenn ein Welpe aus einer reizarmen Umwelt als erwachsenes Tier in eine vielfältige und an Reizen reiche Umwelt kommt, kann er nicht mehr lernen, sich in dieser Umwelt zurechtzufinden, weil er nicht über die erforderlichen Nervenverbindungen verfügt. Wenn ein Hund 16 Wochen alt wird, hat er praktisch alle sozialen Verknüpfungen hergestellt (oder eben nicht), die er je haben wird.

Die Erkenntnisse über das Wachstum des Gehirns sollten dazu beitragen, endlich den Disput über erlerntes vs. vererbtes Verhalten zum Verstummen zu bringen. Es handelt sich nie um entweder nur Erlernen *oder* nur Vererbung, sondern immer um beides gleichzeitig. Leberzellen produzieren neue Leberzellen, weil ihre Umwelt dazu der Auslöser ist. Verhalten ist immer epigenetisch – also oberhalb der Ebene der Gene – und Ergebnis eines Wechselspiels zwischen Genen und der Entwicklungsumwelt. Aus der Synergie von Klima und Gen-Satz entsteht ein einzigartiger Organismus. Keine zwei davon sind in Aussehen und Verhalten identisch.

Die Entwicklung des Gehirns während des Wachstums besteht aus einer Kettenreaktion von Milliarden von Einzelereignissen, die entweder durch innere Reize (Vererbung) oder äußere Reize (Erlernen) ausgelöst werden. Die Behauptung, dass diese Kettenreaktion von Wachstumsschritten genetisch verankert ist, ginge am Kern der Sache vorbei.

Als ich 1976 meine Studien über Herdenschutzhunde aufnahm, ging ich davon aus, dass Herdenschutzhunde ein vorprogrammiertes Herdenschutzverhalten haben müssen, weil sie sich so derartig anders verhalten als Border Collies. Ich nahm an, dass es sich beim Herdenschutzverhalten um eine genetische Veranlagung handelt. Es wurde mir auch von allen so erklärt. Diese Rassen, hieß es, wurden darauf selektiert, Schafe zu beschützen. Wir wurden auch ständig gefragt: „Welche Rasse ist am besten?" Implizit hieß das, welche Rasse hat die besten Gene.

Gleichzeitig erhielten wir während des Forschungsprogramms über Herdenschutzhunde laufend Anrufe von Ranchern mit gleich lautenden Beschwerden. Sie hatten bei einem Züchter einen etwas älteren Welpen gekauft – sagen wir einen vier Monate alten Pyrenäenberghund – und der Züchter hatte erklärt, dass es sich dabei um eine traditionelle Herdenschutzhundrasse handelte, aber es war unmöglich, den Hund bei der Herde zu halten, obwohl er aus einer „guten" Zuchtlinie stammte. Unsere erste Frage in einem solchen Fall war immer: War der Hund in den ersten vier Monaten mit Schafen aufgewachsen? Nein? Dann war sein Gehirn für die Aufgabe nicht richtig entwickelt. Man kann einem Hund keine neuen sozialen Kunststücke mit befriedigendem Ergebnis beibringen.

Beim Aufziehen von Welpen muss auf die Details geachtet werden, vor allem wenn sie als Erwachsene spezifische Aufgaben erfüllen sollen. Wenn sich Menschen einen Welpen zulegen, holen sie ihn meist im Alter von acht Wochen ins Haus, sie füttern ihn, knuddeln mit ihm, bringen ihm bei, stubenrein zu sein, gehen mit ihm spazieren und spielen mit ihm. Damit liefern sie dem Welpen (meist völlig unbewusst) die notwendigen Bedingungen für eine spezialisierte Gehirnentwicklung, durch die das künftige Verhalten des Hundes geformt wird. Wenn ich einen Welpen kaufen möchte, würde ich mir die Umgebung, in der seine Frühentwicklung stattgefunden hat, genau ansehen und sicherstellen, dass er nicht die ersten acht Lebenswochen im Zwinger oder in der Waschküche mit seiner Mutter und den Wurfgeschwistern als einziger Gesellschaft aufgewachsen ist. Ich wäre bei einem zwölf Wochen alten Welpen aus der Tierhandlung sehr skeptisch, ob der Hund noch genügend Zeit für jene Gehirnentwicklung hätte, wie ich sie mir wünschen würde. Ich würde außerdem vermuten, dass ich auch dann, wenn ich den Welpen jeden Tag alleine im Haus einsperre, während ich bei der Arbeit bin, einen Hund mit einem kleinen Gehirn und unzureichenden Nervenverbindungen bekommen würde, der daher keinen guten Begleithund abgibt. Die kritischen Phasen müssen noch viel genauer untersucht werden. Es geht dabei um sehr viel mehr als nur die Sozialisation von einem Tier auf ein anderes. Ein Grund, warum bei den Graugänsen von Konrad Lorenz die Prägung kurz nach der Geburt abgeschlossen war, lag darin, dass kurz danach die Angstreaktion einsetzt. Angst ist eine Reaktion mit Reizschwelle, das bedeutet, dass ein Reiz einen bestimmten Pegel überschreiten muss, um eine Reaktion auszulösen. Wir können jedes beliebige Signal nehmen. Das Tier kann mit vorsichtiger Annäherung auf das Signal reagieren oder mit dem Versuch, zu fliehen und jenes Ding, von dem das Signal ausging, zu meiden. Wir können ein Geräusch nehmen. Das Geräusch kann laut oder kaum hörbar sein, je nach Entwicklung des Gehörs. Zu Anfang der Entwicklung des Gehörs ist ein für ein erwachsenes Tier vielleicht lautes Geräusch für das noch unentwickelte Gehör ein leiser Ton. Tiere meiden laute Geräusche und werden leise Geräusche entweder ignorieren oder untersuchen. Bei immer wiederkehrenden Geräuschen kann auch Gewöhnung einsetzen. Angst ist zu einem großen Teil ein Meideverhalten gegenüber neuen Dingen.

Vor dem Einsetzen der Angstreaktion zeigen Tiere gegenüber neuen Dingen oder Geräuschen keine Angst. Für einen neugeborenen Welpen ist alles neu. Nach dem Einsetzen der Angstreaktion rufen neue Dinge und Geräusche Meideverhalten hervor – man nennt das auch Gefahrenvermeidung. Jagdhundausbilder machen Welpen mit dem Geräusch von Schüssen vertraut, bevor sich bei ihnen der „Angstbereich" im Gehirn entwickelt. Wenn man in der Umgebung von Welpen in den ersten sechs Wochen Gewehrschüsse abgibt, entwickeln die Welpen ein Gehirn, das auf diese Geräusche in der Umwelt eingestellt ist. Gewehrschüsse werden etwas ganz Alltägliches. Wenn der Welpe aber erst nach dem Einsetzen der Angstreaktion (in diesem Fall könnte das einfach die Reizschwelle sein, ab der das Geräusch als zu laut empfunden wird) mit Schüssen konfrontiert wird, wird er sie als zu vermeidende Gefahr wahrnehmen. Ein Jagdhund, der nicht schussfest ist, ist zur Jagd nicht zu gebrauchen. Und wie immer lässt sich bei einem Hund, der nicht schussfest ist, nicht mehr viel machen. (Damit soll nicht in Abrede gestellt werden, dass manche Hunde unabhängig von der jeweiligen Umwelt empfindlicher reagieren als andere.).

Die Angstreaktion setzt bei verschiedenen Hunderassen und sogar innerhalb einer Rasse aufgrund individueller Entwicklungsunterschiede zu verschiedenen Zeitpunkten ein. Bei einer Rasse setzt die Angstreaktion im Durchschnitt vielleicht zwischen der sechsten und achten Woche ein, während eine andere sie nicht vor der achten bis zehnten Woche zeigt.

Jedes Verhaltensmuster – Angst, Unterwerfung, Erkundungsverhalten, Spielen – hat einen anderen Entwicklungsverlauf, der von Rasse zu Rasse verschieden ist. Jedes hängt sowohl mit der Entwicklung der Drüsen und Hormonausschüttungen als auch mit der Entwicklung der Motorik und Sinneswahrnehmung zusammen. Und jedes Subsystem ist gleichzeitig ein Feed Back-Mechanismus, nach dem beim Welpen nicht nur Veränderungen im Gehirnwachstum, sondern auch in der Entwicklung aller anderen Organe stattfinden. Danach trifft wiederum jedes Signal auf neu ausgeprägte Organe und verändert sie erneut. Die Knochen aktiver Welpen haben eine andere Form als die von wenig aktiven Welpen. Die Wachstumsrate von Drüsen lässt sich durch häufige Verwendung der Drüsen verändern, was wiederum das Einsetzen der Reizschwelle für bestimmte Verhaltensweisen beeinflusst.

Border Collies und manche Vorstehhunde zeigen während der kritischen Phase der Sozialisation das Einsetzen von Jagdverhalten. Zehnwöchige Border Collies fangen an, Objekte in ihrer Umgebung zu fixieren und sich anzupirschen. Danach nehmen sie die Verhaltenskette Fixieren – Anpirschen – Hetzen in ihr Spielrepertoire mit anderen Border Collies auf. Ihr Spielverhalten besteht also zum Teil aus Elementen des Raubtier-vs.-Beute-Verhaltens. Schafe reagieren sehr sensibel auf Raubtier-vs.-Beute-Verhalten und gehen Tieren, die Fixieren – Anpirschen – Spiele an den Tag legen, aus dem Weg.

Falls Herdenschutzhunde je Jagdverhalten zeigen, dann nicht vor dem Alter von fünf oder sechs Monaten. Die Entwicklung ihres Sozialverhaltens ist bis dahin längst abgeschlossen. Sie können daher das Jagdverhalten nicht in ihr Sozial- und Spielverhalten aufnehmen. Schon allein dadurch unterscheidet sich ihr rassespezifisches Verhalten stark von den Collies.

Das Jagdverhalten (auch Bewegungsabfolge des Verhaltensmusters Jagd genannt) eines Hundes besteht im wesentlichen aus:

Orten / Fixieren / Anpirschen / Hetzen / Packen / Töten / Zerreißen

Nicht alle Hunderassen verfügen über die vollständige Bewegungsabfolge des Jagdverhaltens. Dass die Dorfhunde auf Pemba kein einziges Element davon zeigten – zumindest nicht gegenüber Hühnern oder dem Viehbestand des Dorfes – war ein wichtiger Hinweis, welchen Status sie dort haben.

Hunde und Fleischfresser im Allgemeinen zeigen gegenüber Tieren, mit denen sie aufgewachsen sind, oder einzelnen ihnen vertrauten Tieren kein Jagd- und Tötungsverhalten. Der Ethologe Paul Leyhausen bringt in seinem Buch *Motivations of Human and Animal Behavior* ein Beispiel dafür. Er hatte eine wilde Goldkatze (Profelis temmincki), die er mit Ratten fütterte. Eine Ratte konnte entwischen und versteckte sich unter dem Katzenlager. Die Ratte „freundete" sich mit der Katze an. Die Katze fraß jede neue Ratte, nicht aber ihre Freundin – bis die Ratte im Alter von vier Monaten weggenommen und erst drei Monate später, als sie viel größer war, wieder zurückgebracht wurde. Das war das Ende der Freundschaft.

Wir hatten fünf Hühner, die unser Husky Sitka „kannte". Sie rührte sie nie an. Die Hühner wurden älter, und ich kaufte zwei neue. Sitka tötete und fraß die beiden neuen, rührte die alten aber weiterhin nicht an. Die Züchter von Foxhound-Arbeitslinien kennen das Phänomen und lassen ihre Welpen von Bauern, die man als Welpensitter bezeichnet, aufziehen. Da sich die Jagdinstinkte dieser Hunde erst entwickeln, wenn ihre Sozialisation auf Nutztiere bereits abgeschlossen ist, können auf diese Art aufgezogene Foxhounds, wenn sie erwachsen sind, einen Fuchs quer durch einen Bauernhof jagen, ohne den Hühnern auch nur einen Blick zu widmen, selbst wenn es fremde Hühner sind. Dass Foxhound-Züchter die kritischen Phasen kennen und für ihre Zwecke nutzen, trägt sehr zu einer entspannteren Beziehung zwischen Jägern und Bauern bei.

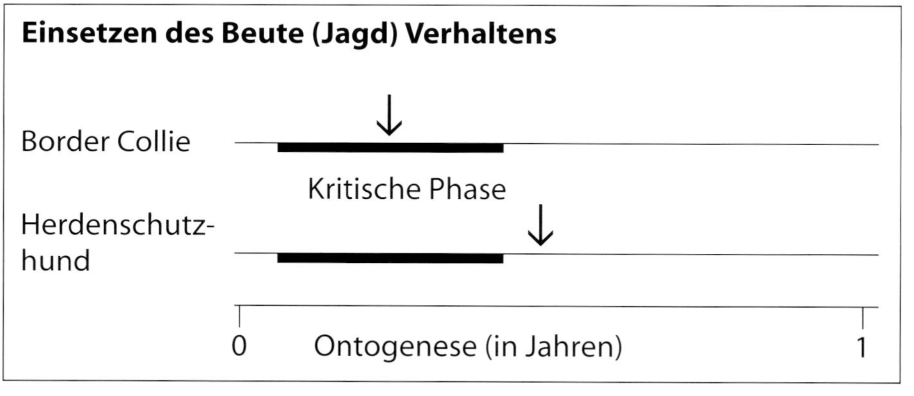

Einsetzen des Bewegungsmusters Jagdverhalten: Vergleich zwischen Border Collies und Herdenschutzhunden. Bei Border Collies setzt das Jagdverhalten früh ein und wird in das Sozial- und Spielverhalten integriert. Bei Herdenschutzhunden setzt das Jagdverhalten erst ein, wenn die Phase der Sozialentwicklung bereits beendet ist. Ihr Spielverhalten weist daher weniger Verhaltenselemente auf als das der Border Collies.

Die allerbesten Herdenschutzhunde entwickeln kein einziges Element des Jagdverhaltens. Die weniger guten Hunde (also praktisch alle) zeigen ein oder zwei Elemente des Bewegungsablaufs (meistens Hetzen und Packen), aber sehr schwach ausgeprägt.

Das bedeutet, dass viele nicht perfekte Hunde ausgezeichnete Herdenschutzhunde abgeben, wenn der Besitzer während der kritischen Phase streng auf die richtige Entwicklung geachtet hat. Gegenüber anderen Tieren verhalten sich viele gute Herdenschutzhunde weniger rücksichtsvoll. Manchmal hetzen und töten sie Wildtiere. Dolly, eine unserer Maremmano Abruzzesen, die in Texas lebt, war ein wunderbarer Herdenschutzhund – zuverlässig, aufmerksam und eine ausgezeichnete Beschützerin ihrer Mohairziegen. Aber Hasen fing und tötete sie und schleppte sie tagelang mit sich herum, bis von ihnen nichts mehr übrig war. Dann fing sie den nächsten. Sie hatte die Elemente Hetzen und Töten, nicht aber das Bewegungsmuster für Zerreißen. Sie konnte daher Tiere, auf die sie nicht sozialisiert worden war, zwar töten, aber nicht fressen, weil ihr ein wesentliches Element des Jagdverhaltens fehlte. Der Rancher interpretierte ihr Verhalten so, dass sie einfach ein weiches Kissen wollte, weil er häufig beobachtet hatte, dass ihr Kopf auf dem toten Kaninchen ruhte.

So wie es eine kritische Phase für die Entwicklung des Sozialverhaltens gibt, gibt es auch eine für die Entwicklung des Jagdverhaltens. Jedes der Bewegungsmuster Orten, Fixieren, Anpirschen, Hetzen, Packen, Töten und Zerreißen wird unabhängig von den anderen in einer eigenen kritischen Unterphase ausgeprägt. Am einen Tag beobachtet man, wie das Kätzchen das Wollknäuel fixiert. Ein paar Tage später übt es das Hetzen und den Beutesprung. Und irgendwann wird das Verhalten nicht mehr mit dem Wollknäuel geübt, sondern gegen Mäuse gerichtet. Es sieht so aus, als ob das Tier mit den Fixieren – Anpirschen – Spielen mit dem Wollknäuel übt oder lernt, wie man tötet und was es als erwachsenes Tier braucht. Was wirklich vor sich geht, ist allerdings viel komplizierter und ernster.

Ein Bewegungsmuster muss beim ersten Auftreten positiv verstärkt werden. Nicht alle, aber viele Bewegungsmuster werden nicht ins Verhaltensrepertoire aufgenommen und gehen für immer verloren, wenn sie nicht in der Anfangsphase verstärkt werden. Wenn das Tier das neue Bewegungsmuster ausführt, bleibt es erhalten. Man nimmt an, dass das Verhalten „wächst“ und sich ohne entsprechende Stimulation nicht richtig entwickeln kann Das Saugen bei neugeborenen Welpen ist ein gutes Beispiel. Das Bewegungsmuster Saugen, manchmal auch als Saugreflex bezeichnet, setzt bei den meisten Säugetieren kurz vor der Geburt ein. Wenn der Welpe nicht innerhalb weniger Minuten nach der Geburt tatsächlich saugt, erlischt das Verhalten, und zwar vermutlich deswegen, weil die notwendigen Nervenverbindungen nicht gebildet werden. Ein Welpe, der nicht innerhalb weniger Minuten nach der Geburt saugt, verliert die Fähigkeit, das Bewegungsmuster auszuführen. Man kann es ihm später nicht mehr beibringen. Man kann einem Tier nicht nur das Saugen nicht beibringen, man kann ihm Kauen und Schlucken genauso wenig beibringen. Es handelt sich dabei um angeborene Bewegungsmuster, deren Entwicklung bzw. Einsetzen zu einem späteren Zeitpunkt stattfindet.

Ich sah wiederholt Fälle, bei denen Herdenschutzhunde erste Anzeichen des Bewegungsablaufs Hetzen zeigten, aber wenn die Welpen sofort von der Schafweide weggebracht wurden, ging das Verhalten wieder verloren und tauchte nie wieder auf. Genauso gab es Fälle, bei denen Herdenschutzhunde beim Einsetzen des Hetzens auf die Schafe zuliefen. Meine Schafe aber reagierten darauf nicht, da sie seit Jahren auf Hunde sozialisiert waren. Wenn die Schafe nicht weglaufen, kann ein Hund sie nicht hetzen. Selbst wenn ein Hund das Potential für das Verhalten Hetzen hat, braucht er doch ein Umweltsignal, mit dem das Verhalten ausgelöst wird.

Wie die Umweltereignisse, die schließlich als Ergebnis einen erwachsenen Arbeitshund hervorbringen, genau ineinander greifen und sich gegenseitig beeinflussen, ist unergründlich. Die Komplexität der Verhaltensentwicklung beim Hund soll den Lesern vor Augen führen, wie überholt der Disput um erlerntes versus ererbtes Verhalten ist. Das war zwar einmal eine spannende Frage der Verhaltensforschung, heute aber wissen Wissenschaftler, warum Vererbung und erlerntes oder erworbenes Verhalten nicht voneinander zu trennen sind. Wenn wir die kritische Phase der Sozialentwicklung betrachten, sehen wir, dass die Ausprägung der genetischen Anlagen des Hundes von der Umwelt, in der er aufwächst, abhängt. Wenn die Stimulation durch die Umwelt fehlt, unterbleibt die epigenetische Reaktion.

Die meisten Leute, die mit Arbeitshunden zu tun haben und über einige Erfahrung verfügen, züchten ihre Hunde selbst. Ich kann mir zwar einen Border Collie-Welpen kaufen, die Arbeit beginnt dann aber erst. Ich muss das Verhalten des Welpen von frühestem Alter an formen, damit er zu einem Hütehund heranwächst, wie ich ihn mir wünsche.

Bei Herdenschutzhunden geschieht diese Formung häufig automatisch. Der Hund wird in einer Schafzüchterkultur geboren. Der Rest folgt von selbst. Jenen Menschen, die mich anrufen und fragen: „Welche Hunderasse ist am besten geeignet?“, antworte ich: „Keine Rasse wird eine Arbeitsleistung erbringen, wenn der Hund nicht während der kritischen Phase mit Schafen aufwächst. Sie müssen nur nach einer Hunderasse mit schwach ausgeprägtem Jagdverhalten suchen, bei der die Bewegungsmuster des Jagdverhaltens erlöschen, wenn sie nicht verstärkt werden, und Sie brauchen einen vier oder fünf Wochen alten Hund, der entsprechend sozialisiert werden kann. Ein simpler Dorf- oder Straßenhund kann alle notwendigen Eigenschaften haben. Sie brauchen nur einen solchen Welpen zu fangen und ihn mit Schafen aufzuziehen."

TRANSHUMANZ: DIE VERBREITUNG UND VERMISCHUNG DER GENE

Das Verhalten eines guten Arbeitshundes besteht aus dem Wechselspiel einer Reihe von Umwelteinflüssen sowie genetischen und epigenetischen Ereignissen, die während seiner Entwicklung stattfinden. Das Verhalten der ursprünglichen Herdenschutzhunde beruht nicht auf einer genetischen Evolution dieser Schäferhunde. Dennoch betrachten wir sie heute als Rassen – Rassen, die darauf selektiert wurden, groß, weiß und beschützend zu sein. Bei der Diskussion über Herdenschutzhunde steht oft die Frage nach der besten Rasse im Raum. Unsere Forschungsarbeit am Hampshire College konzentrierte sich auf Rassen und verglich die Erfolgsquoten von jeweils hundert italienischen Maremmano Abruzzesen, Anatolischen Hirtenhunden und jugoslawischen Šarplaninacs. Wir führten auch Beobachtungen an einer kleineren Zahl von Tibet Mastiffs, Portuguese Castro Laboreiros, Pyrenäenberghunden, Komondors, Kuvaszs, Pulis und zwei Kaukasischen Owtscharkas durch, mit dem Ziel, ihre Arbeitsleistung auf amerikanischen Farmen und Ranches zu beurteilen.

Wenn das Verhalten des erwachsenen Tieres durch seine Umwelt während der Entwicklung geprägt wird, warum haben dann diese Herdenschutzhunde ein unterschiedliches Aussehen, das auch als Anpassung an das Leben mit der Herde entstanden sein soll? Dazu müssen wir genauer betrachten, wie aus den frühen Hunden, die mit Hirten und ihren Herden aufwuchsen, die Herdenschutzhunde der verschiedenen Rassen entstanden.

Der römische Schreiber Marcus Terentius Varro beschreibt das Aussehen der Hirtenhunde sehr detailliert folgendermaßen:

„ ... sollen sie wohl gestaltet sein, einen stattlichen Wuchs, schwarze oder graue Augen, stimmige Nasenflügel, schwärzliche oder rötliche, weder zu hoch aufgeschürzte, noch zu tief herabhängende Lefzen, ein sich verjüngendes Kinn und, aus ihm hervorgewachsen rechts und links, zwei leicht vorstehende Fangzähne aufweisen, während die oberen eher senkrecht als vorspringend sein sollen, damit gewährleistet ist, dass sie, die spitz zulaufen, von den Lefzen bedeckt sind. Aufweisen sollen sie ferner große Köpfe und Schlappohren, einen starken Nacken und Hals, lange Knochen zwischen den Gelenken, gerade gestellte, eher nach außen als nach innen gebogene Unterarme, große und hohe Pfoten, die sich

> ihm auseinanderspreizen, wenn er läuft, getrennte Zehen, harte, gebogene Krallen, eine weder hornartige noch zu harte, sondern gleichsam aufgequollene und weiche Sohle, einen sich vom oberen Ende des Oberschenkels an verjüngenden Rumpf, ein weder leicht herausstehendes noch durchhängendes Rückgrat, eine dicke Rute, ein tiefes Bellen, einen großen Rachen. (Varro, *Gespräche über die Landwirtschaft*, Buch 2, Seite 164–165)

Ich nehme an, dass war der erste Rassestandard, der jemals festgeschrieben wurde. Die Kernbotschaft ist die, dass der Hund einen guten Körperbau haben soll. Besondere Größe oder Stärke werden nicht gefordert, sondern ein ausgewogener Körperbau mit guter Pigmentierung. Die Beschreibung deutet darauf hin, dass die Hirten zur Zeit der Römer besonders auf den Körperbau ihrer Hirtenhunde achteten – den Körperbau, den die besten Arbeitshunde aufwiesen. Varro fügte noch ein Merkmal hinzu: „ ... und nach Möglichkeit ein weißes Fell, weil solche Hunde in der Dunkelheit wie Löwen aussehen."

Die Aussage, dass Weiß die bevorzugte Farbe ist, bedeutet gleichzeitig, dass es auch gute Arbeitshunde in anderen Farben gab.

Ich denke, man kann aus Varros Beschreibung herauslesen, dass die alten Römer Herdenschutzhunde züchteten. Wenn man den Text nicht genau liest, kann man wohl zur Auffassung gelangen, dass die römischen Bauern künstliche Selektion nach Darwin praktizierten, indem sie die besten Hunde auswählten, dabei Merkmalen wie weißem Fell den Vorzug gaben und die Hunde mit den erwünschten Merkmalen miteinander verpaarten. Wir könnten angesichts der weißen Farbe der Maremmano Abruzzesen glauben, dass die Menschen diese Hunde seit alten Zeiten züchteten und alte Wesensmerkmale durch die Weitergabe von einer Generation zur nächsten erhalten blieben. Wir könnten in Versuchung kommen, die Maremmano Abruzzesen für eine sehr alte Rasse zu halten.

Ich glaube nicht, dass das der Fall ist. Ich glaube nicht, dass sich die Herdenschutzrassen so entwickelt haben. Und ich glaube auch nicht, dass sie wirklich eine alte Rasse im Sinne einer sexuell isolierten Population seit Varros Zeit sind, die direkt von uralten Vorfahren abstammt. Ich bin völlig überzeugt, dass die Römer bereits Hunde mit einheitlichen Wesensmerkmalen hatten, die wie Rassen aussahen, vielleicht sogar wie moderne Rassen. Ich bin sicher, dass es bereits spezifische Herdenschutzhunde und spezifische Jagdhunde gab. Und ich zweifle nicht daran, dass es einige römische Adelige gab, die Hundezwinger hatten und Zwingerpersonal beschäftigten, das einzelne Hunde miteinander verpaaren konnte. So wie wir heute den Walker Coonhound haben, gab es sicher schon den Caesar Spaniel.

Von den Zwingern einer Hand voll reicher Römer ist es aber ein weiter Weg bis zu den Millionen Hirten mit ihren Multimillionen arbeitender Schäferhunde auf abgelegenen Bergweiden. Das Überleben der Schäferhunde war von einem Phänomen namens „Transhumanz“ abhängig. Jedes Frühjahr und jeden Herbst treiben die Hirten ihre Schafe in Gebiete mit frischem, üppigem Gras. Sie durchwandern riesige Weidegebiete und ziehen weit über Bergpfade. Während der Wanderung haben sie keine Möglichkeit, läufige Hündinnen zu isolieren. Eine läufige Hündin bleibt etwa zwei Wochen lang empfängnisbereit. Man stelle sich nur vor, wie das ist, wenn man tagelang durch riesige Weidegebiete wandert, jede Nacht an einem anderen Ort sein Lager aufschlägt und verhindern will, dass die läufige Hündin von jedem Rüden im Umkreis ihrer Duftwolke gedeckt wird. Auch die heute lebenden Hirten derselben auf Schafwirtschaft beruhenden Länder haben noch kein System zum Schutz ihrer läufigen Hündinnen gefunden. Es ist schwer vorstellbar, dass die Hirten zu Varros Zeit oder in der Jungsteinzeit eine Methode gehabt haben sollen, den Fortpflanzungstrieb ihrer Hunde zu kontrollieren. Wenn ich nur an die Probleme denke, die ich trotz Zwinger und Co. habe, und an unsere vielen Fehler bei gezielten Paarungen, kann ich mir beim besten Willen nicht vorstellen, dass auch nur eine dieser „Rassen“ Jahrhunderte lang sexuell isoliert geblieben sein soll.

Läufige Hündinnen werden unweigerlich gedeckt, zuerst von jenen Hunden, mit denen sie Sozialkontakte unterhalten, danach von den anderen Rüden der *morra*. Danach von den Hunden der benachbarten *morra* und vermutlich von allen anderen Rüden im Dorf des Hirten. Es ist ein Aufruf an alle, die sich freiwillig melden. Manchmal verteidigt ein Rüde oder eine Gruppe von Rüden aus dem Rudel des Hirten das Weibchen gegen andere Rüden. Die Hündin wird dann höchstwahrscheinlich nur von Mitgliedern der eigenen *morra* gedeckt. Das Schlüsselwort ist allerdings „höchstwahrscheinlich“.

Denn alle in Frage kommenden Hunde, die bei der Herde, in ihrer Umgebung oder im Dorf vorhanden sind, kommen als Freiwillige in Frage. Es ist durchaus vorstellbar, dass der Wurf dann so viele Väter hat, wie es Welpen gibt. Die Hunde in der unmittelbaren Umgebung der Hündin sind mit größter Wahrscheinlichkeit selbst Hirtenhunde, und selbst wenn der Wurf mehrere Väter hat, handelt es sich sehr wahrscheinlich um lauter Hirtenhunde aus der Nachbarschaft. Die Welpen werden also vermutlich alle insofern reinrassige Hirtenhunde sein, als es sich bei den möglichen Vätern um lauter Hunde handelt, die von den Menschen auf den Schafweiden akzeptiert werden.

Das ist übrigens eines der gesündesten Zuchtprogramme überhaupt. Ein Rüde, der Träger von defekten Genen ist, gefährdet damit nicht gleich den ganzen Wurf. Zufällige Paarungen sind in einer gut an ihren Lebensraum angepassten Tierpopulation eine gute Methode, die notwendige genetische Vielfalt zu bewahren. Gleichzeitig besitzt ein Wurf mit mehreren Vätern eine erhöhte

Variabilität, die wiederum der natürlichen Selektion eine große Auswahl ermöglicht.

Wenn sich die Herdenschutzhunde eigenständig fortpflanzen, warum kommt dann kein Hund mit dem Aussehen eines Dorfhundes heraus? In Wirklichkeit leben Hunde in den meisten Weidegebieten der Erde noch als Beutestöberer und haben in Bezug auf Größe, Körperbau, Farbe und Verhalten die gleichen Merkmale wie Dorfhunde. Es muss aber beachtet werden, dass der Selektionsdruck, der für die Größe der Hunde auf Pemba bestimmend ist, nicht der gleiche Selektionsdruck ist, dem Hunde in den Bergweidegebieten in Nepal unterliegen. Obwohl Herdenschutzhunde größtenteils noch als Beutestöberer leben und sich meist eigenständig fortpflanzen, sind sie im Schnitt etwa dreimal größer als die Hunde auf Pemba.

Die Hirtenhunde der Damara in Angola und Namibia sind nicht dreimal so groß wie die Dorfhunde der Region, sondern in puncto Größe von ihnen kaum zu unterscheiden. Die eurasischen Hirtenhunde sind im Regelfall deutlich größer als die afrikanischen. Biologen wissen schon lange, dass die Mitglieder einer Art üblicherweise an Körpergröße zulegen, je weiter weg von den Tropen und je näher bei den Erdpolen sie leben. Die Größe steigt auch mit der Höhenlage. Die Hirtenhunde Eurasiens leben weiter nördlich und in hoch gelegeneren Weidegebieten als jene in Afrika. Man könnte es als logisch bezeichnen, dass Tibet Mastiffs viel größer sind als die Hunde auf Pemba, weil letztere im Hochgebirgsklima einfach erfrieren würden.

Wir müssen also berücksichtigen, dass regionale Unterschiede nicht unbedingt das Ergebnis von absichtlicher Züchtung durch den Menschen, sondern auch von natürlicher Selektion sein können. Häufig geht man davon aus, dass eine Hundepopulation, in der ein Merkmal wie Größe oder Farbe sehr häufig vorkommt, von Menschen auf dieses Merkmal hin gezüchtet wurde. Wir dürfen jedoch nicht vergessen, dass eine Hundepopulation einer Region auf einen Gründereffekt (vgl. Kapitel 3) zurückgehen kann, also von einigen wenigen Einzeltieren abstammt. Ein regional einheitliches Aussehen wird auch durch den regional wirkenden Selektionsdruck auf die Population verstärkt.

Die einfachste Methode, eine natürliche Rasse gezielt weiterzuentwickeln, ist postzygotische Selektion. Das bedeutet nichts anderes, als dass die Hirten unerwünschte Hunde eliminieren und nur jene versorgen, die die erwünschten Merkmale haben. Wenn ein Hund Schafe jagt, wird er getötet. Wenn ein Hund nicht bei der Herde bleibt, verirrt er sich. Wenn er sich verirrt, sinken seine Chancen, sich mit den anderen Hunden der Herde fortzupflanzen. Wenn er sich verirrt, kann er sich auch nicht von Abfällen der Hirten und der Herde ernähren.

Ein steinzeitlicher Hirte, der feststellte, dass ein ihm sympathischer Hund eine bestimmte Aufgabe, wie die Schafe vor Wölfen zu beschützen, erfüllte, teilte vielleicht sein Essen mit ihm oder warf ihm Reste oder übrig gebliebenes Essen hin. Die Chancen des Hundes, zu überleben und seine Gene an die nächste Generation weiterzugeben, stiegen damit.

Man beachte aber, dass der Hund nicht gezielt dafür gezüchtet wurde, einen guten Arbeitshund abzugeben. Er wurde dafür auch nicht extra ausgebildet. Der wirkliche Grund, warum der Hund gut arbeitet, liegt darin, dass er während der kritischen Phase mit der Herde und den Hirten aufgewachsen ist. Das Arbeitsverhalten ist zu einem guten Teil ein Nebenprodukt der Umwelt, in die der Hund hineingeboren wurde.

Es sind faszinierende Prozesse und natürliche Kräfte, die bei der Ausprägung der physischen Merkmale von Herdenschutzhunden in Richtung bestimmter „Rassen" am Werk sind. Wie bei allen Prozessen natürlicher Selektion hängt das Überleben vom Futter, der Fortpflanzung und der Gefahrenvermeidung ab. Lange nach der Zeit von Varro bekam ich meine ersten Herdenschutzhunde westlich von Skopje in Mazedonien zu Gesicht. Es war während des Frühjahrstriebes der Schafe samt Hunden in die Berge von Šarplanina. Ich begleitete eine Herde, die aus einer halben Million Schafe bestand und von den tiefer gelegenen Winterweiden in Griechenland hinauf auf die Sommerweiden entlang der albanisch-mazedonischen Grenze zog. Einmal saß ich mit einem jungen Mazedonier, den ich über das amerikanische Konsulat kennen gelernt hatte, 14 Tage lang an einer Kreuzung und beobachtete Tausende Schafe, Hirten und Hunde auf ihrem Weg nach Norden. Anfangs fielen einem die Hunde kaum auf, weil sie genauso groß waren wie die Schafe, dieselbe Farbe wie die Schafe und den gleichen Körperbau wie die Schafe hatten, samt langer, wolliger Schwänze. Die Hunde verhielten sich auch wie Schafe und trotteten mit gesenktem Kopf Kilometer um Kilometer dahin.

Ich sollte noch viele Herden und ihre Hunde im Mittelmeerraum begleiten. Jedes Land im Westen wie im Osten hat eine oder mehrere regionale Herdenschutzhund-Varianten (oder Rassen, wie sie neuerdings heißen). In Portugal gibt es mindestens drei – den Estrela Berghund, den Castro Laboreiro und den Rafeiro do Alentejo oder Alentejo Mastiff. Die Spanier haben den Mastin Español und beanspruchen auch einen Teil der Population des Pyrenäenberghundes für sich, der üblicherweise als französische Rasse angesehen wird.

In Italien ist es eine Rasse, die Maremmano Abruzzesen, obwohl in regelmäßigen Abständen Versuche unternommen werden, sie in regionale Varietäten aufzugliedern, zum Beispiel als Maremmano und als Abruzzesen Mastiff. Bücher über Hunderassen führten noch vor wenigen Jahren zwei italienische Herdenschutzhunde an – den Maremmano, der ein kürzeres Fell hat, und den

Abruzzesen, der einen längeren Rumpf besitzt. Bis eines Tages jemandem auffiel, dass der Maremmano immer nur in den kalten Monaten auftrat, wenn die Schafe auf die Winterweiden entlang der toskanischen Küste getrieben wurden (*mare-mma*, die „Weide am Meer"), während der Abruzzese nur in den Sommermonaten auf den Bergweiden des Abruzzesen-Gebirges entlang der Zentralapenninen auftrat.

Der jugoslawische Šarplaninac ist nach dem Šarplanina-Gebirge im heutigen südwestlichen Mazedonien und Ostalbanien benannt. Wenn er auf den Winterweiden in Thessalien in Griechenland ist, heißt er Griechischer Schäferhund. Es wird damit deutlich, dass jede Hundepopulation verschiedene Namen hat, je nachdem wo sich die Hunde gerade befinden.

Die meisten Schäferhunde in slawischen Ländern heißen Owtscharka oder „Schäferhund", was auf das slawische Wort *owtscha* für Schaf zurückgeht. So gibt es zum Beispiel den Zentralasiatischen Owtscharka, den Südrussischen Owtscharka, den Kaukasischen Owtscharka, den Transkaukasischen Owtscharka, den Polnischen Owtscharka oder Tatra Berghund, um nur einige zu nennen. Die Ungarn haben den Komondor und den Kuvasz. Bei den türkischen Hirtenhunden gibt es ebenfalls eine Reihe verschiedener, den Sivas, den Kangal und den Kars Hund oder allgemein formuliert den Anatolischen Hirtenhund (benannt nach dem Anatolischen Hochplateau). Wenn sich politische Grenzen verschieben, ändern sich auch die Rassenamen, zumindest im Ausland. Die Transkaukasischen Owtscharkas, die wir vor einigen Jahren mitbrachten, heißen jetzt türkische Kars Hunde. Ich habe zwar nicht alle Rassen im Detail untersucht, habe aber Bilder ganz ähnlich aussehender Hirtenhunde bei der Arbeit in Rumänien, Bulgarien, Georgien, dem Iran, dem Irak, dem Libanon und weiter in Afghanistan, Tibet, Nepal und der chinesischen Gobi-Region gesehen. Praktisch jede traditionelle Hirtenkultur hat eine eigene Hirtenhund-"Rasse". In einer kürzlich erstellten Auflistung, die KORA, ein Schweizer Programm für den Karnivoren-Schutz erarbeitet hatte, sind 48 Typen von Herdenschutzhunden in 26 Ländern zwischen Europa und Tibet angeführt. Ihre „Rasse"-Bezeichnung besteht üblicherweise aus einer Kombination von „Hirtenhund der (nahe gelegenen) Berge (oder Region)".

Ein neuer Trend schreibt den Hunden verschiedener ethnischer Gruppen oder Nationalgebiete einen eigenen Rassestatus zu. Bei dem derzeitigen Interesse an Rassen und ethnischer Authentizität gibt es bereits mehr anerkannte Hunderassen als Hirtenkulturen, in denen sie hätten entstehen können. Es dürfte bei den heutigen Hobbyforschern besonders beliebt sein, die „Namen" alter „Rassen" ausfindig zu machen. In dem Maße, wie neue Nationalgrenzen oder Regionen entstehen, entwickeln die Hobbyforscher ihre Erklärungen (oder Kontroversen) über die ursprünglichen, reinrassigen und wirklichen

Rassen. In der Türkei zum Beispiel unternahmen einige Vereinigungen und nicht-türkische Hobbyforscher den Versuch, ihre „Rassen“ nach Farbvarianten getrennt anerkennen zu lassen. Vom überall anzutreffenden Anatolischen Hirtenhund, auch bekannt als Karabas, was „Schwarzkopf“ heißt, gibt es auch eine reinweiße Variante. In den letzten Jahren ist diese Variante des Karabas im Ausland beliebt geworden und wurde zu einer der neu entdeckten „Rassen“ – zum Akbas, was „Weißkopf“ bedeutet.

Viele Hirten- und Berghunde werden heute von Züchtern übernommen und dann von nationalen und internationalen Zuchtverbänden offiziell anerkannt. Reisende, Diplomaten, Militärs und Menschen auf Auslandsaufenthalt importieren einige Hunde und gründen einen Hundeklub. Üblicherweise kommen sie mit einem Hundepärchen zurück und finden ein paar andere, die ebenfalls einen solchen Hund mitbrachten. Sie gründen einen Klub, bringen eine Vereinszeitschrift heraus, führen sieben Hundegenerationen lang ihre Aufzeichnungen und beantragen danach die Anerkennung ihrer Hunde als eigenständige Rasse beim nationalen Zuchtverband, zum Beispiel beim American Kennel Club. Die Mitglieder des Hundeklubs können sich dann oft nicht einigen, wie die Rasse genau aussehen soll und wer die „echten“ Hunde hat. In der Folge spalten sie sich in zwei Gruppen auf und ändern sogar den Rassenamen der Hunde.

Wie aber bestimmt man eine Rasse? Vor Jahren fragte ich einmal einen Hirten in Portugal: „Ist das ein Estrela Berghund?“ Er antwortete: „Ist das da das Estrela Gebirge?“ Und, siehe da, eine neue Rasse war entdeckt! Wenn ich heute diese Bergregion besuche, sind selbst die Hirten schon davon überzeugt, dass die Estrela Berghunde etwas ganz Besonderes sind.

Wenn die Arbeitshunde einmal als Rasse offiziell anerkannt sind, ruhen Nationalstolz und die Markthoffnungen der Zuchtklubs auf ihnen. Fans vertreten lautstark, dass ihre Rasse die beste sei. Mich erinnert das ein wenig an Herrenrasse-Mentalität, bei der es um die Verteidigung der genetischen Überlegenheit einer regionalen Hundevariante geht. Ein guter Freund von mir behauptet, dass die Maremmano Abruzzesen die besten Herdenschutzhunde sein müssen, denn immerhin hätte die Renaissance in Italien ihren Ausgang genommen.

Das ist alles nicht ganz ernst gemeint oder sollte es zumindest nicht sein. Reinrassigkeit ist aber ein künstliches Konstrukt von Zuchtklubs, bei dem es letzten Endes nur um Geld und Ruhm geht. Die Hunde, die irgendwo in den Bergen leben, werden erst dann zu einer echten, reinen, offiziell anerkannten Rasse, wenn jemand ein paar von ihnen mitnimmt und sexuell von allen anderen Hunden isoliert. Da Hirten keine Möglichkeit hatten und haben, ihre läufigen Hündinnen zu isolieren, konnten sie auch keine Rasse nach der Definition des American Kennel Club züchten. Allerdings ist es durchaus möglich, dass ihre Hunde in Folge von Umwelteinflüssen, Gründereffekten und postzygotischer Selektion bevorzugter Tiere regionale Eigenheiten entwickelten.

Ein Rassestandard ist die Beschreibung einer genetischen Variante, die durch Isolation einer kleinen Population vom Rest der Spezies durch den Menschen künstlich geschaffen wurde. Bei der internationalen Anerkennung einer Rasse stehen die biologischen Gesetzmäßigkeiten, die zu einer Hunderasse oder einem Hundeschlag führen, nicht gerade im Mittelpunkt. Die Begriffe *Rasse, Gattung* oder *Unterart* werden alle biologisch ähnlich definiert. Es wird dabei immer davon ausgegangen, dass die weltweiten Unterschiede in Häufigkeit und Verbreitung von Genen (Allele) nicht zufällig sind und dass diese nicht-zufälligen Unterschiede Ergebnis irgendeines Selektionsprozesses sind. Der Begriff *Unterart* impliziert eine geographische Anpassung, die bei einer bestimmten Art zur Ausbildung von regionalen, für die Unterart spezifischen Merkmalen führte. Wenn Biologen zum Beispiel bei einer Art auf verschiedenen Kontinenten verschiedene Fellfarben vorfinden, betrachten sie die unterschiedliche Färbung als Anpassung an lokale Gegebenheiten. Bei Menschen spricht man bei derartigen Unterschieden in der Hautfarbe von Menschen*rassen* und nicht von Unterarten. Bei Tieren wird der Begriff Rasse im biologischen Sinne für *Gattungen* verwendet, wobei die Merkmale von Region zu Region abgestuft ausgeprägt sind und keine klaren Grenzziehungen möglich sind. Bei Haustieren bezeichnet die landläufige Bezeichnung *Rasse* Züchtungen von Tieren, für die die Tiere gefangen und eingesperrt, Zuchtprogramme ausgearbeitet und gezielte Paarungen vorgenommen werden. Man geht dabei auch von sexueller Isolation aus, die nicht aufgrund regionaler Abgeschiedenheit oder natürlicher Selektion zustande kommt, sondern durch eine vom Menschen vorgenommene Trennung und darauffolgende künstliche Selektion auf ein bestimmtes erwünschtes Merkmal. Es sind menschliche Launen, die dazu führen, dass die Farbe Weiß herausgezüchtet wird, weil sie als rein gilt, oder dass auf Schnürenhaare gezüchtet wird, weil es ungewöhnlich ist. Wenn die Charakteristika von regionalen Herdenschutzhunden auch in der Zwingerhaltung bewahrt werden sollen, entspringt das ebenfalls einer menschlichen Laune, weil die Anpassung an das Leben in Bergregionen nicht notwendigerweise eine sinnvolle Anpassung an das Leben in der menschlichen Zivilisation bietet.

Als ich im zeitigen Frühjahr des Jahres 1977 die riesige Wanderbewegung von Griechenland nach Mazedonien beobachtete, war ich in diesem Augenblick Zeuge eines wesentlichen Faktors der Hundeentwicklung. Die Transhumanz ist die den Jahreszeiten folgende Wanderung von Hirten oder Nomaden von den tiefer gelegenen Winterweiden zu den höher gelegenen Sommerweiden bzw. zwischen den auf verschiedenen Breitengraden gelegenen Weiden. Ich verfolgte eine Form der Herdenhaltung, wie sie sicher seit vielen Jahrhunderten

Transhumanz

NY → WDC 500 km !

stattfindet und schon vor Varro – vor mehr als 2000 Jahren – stattfand. Stonehenge und ähnliche Monumente, die vor über 4000 Jahren errichtet wurden, dienten vielleicht als Kalender für die Hirten und gaben an, wann es Zeit war, die Herden auf die Sommerweide zu treiben. Die Bibel ist zu einem Teil auch die Geschichte von Hirtenstämmen, die mit ihren Herden zwischen weit voneinander getrennt liegenden Gebieten hin und her wanderten. Der Mann im Eis, der 1991 in den österreichisch-italienischen Alpen gefunden wurde, als sein 4000 Jahre altes Grab schmolz, könnte durchaus ein Hirte gewesen sein, der bei einem Schneesturm im Spätfrühling umkam.

Die Herde in Mazedonien im Jahr 1977 bestand aus einer halben Million Schafe, die 300 Meilen weit von ihren tief gelegenen griechischen Winterweiden hinauf in die sommerlichen Weidegebiete des Šarplanina-Gebirges zogen. Im Herbst wanderten sie wieder zurück nach Griechenland. Das entspricht einer jährlichen Wanderung von New York nach Washington, D.C. und zurück. Der Gedanke, auch nur einmal im Leben zu Fuß von New York nach Washington zu gehen, wirkt auf die meisten von uns wohl eher abschreckend. Aber Tausende Hirten in Eurasien haben seit frühester Jugend zweimal jährlich solche Entfernungen zurückgelegt.

Man muss das Phänomen Transhumanz kennen, wenn man die „Rassen" von Herdenschutzhunden verstehen will. Die Transhumanz hat immer eine direkte Auswirkung auf die Entwicklung gut arbeitender Hirtenhunde samt ihrer regionalen Varianten gehabt. Jeder Hund lebt in zwei verschiedenen Gebieten: im Gebiet der wärmeren und tiefer liegenden Winterweiden und auf den kühleren Bergweiden im Sommer. In den heißen mediterranen Sommern vertrocknen die tief liegenden Weiden rasch, und die Herden *müssen* in höher gelegene Gebiete ziehen, wo das frische Gras nach der Schneeschmelze üppig sprießt. Im Herbst *müssen* sie dort wieder weg, bevor sie einschneien. Bricht man im Frühjahr oder im Herbst nicht rechtzeitig auf, stirbt die gesamte Schafherde.

Den Winter verbringen die Griechischen Berghunde in der Ebene Thessaliens und beschützen ihre Herden vor griechischen Wölfen und Schakalen. Dann legen die Hunde 500 Kilometer quer durch Mazedonien bis zur Grenze zwischen Albanien und dem Kosovo zurück. Viele der Hirten sind Moslems, viele sprechen nur Albanisch und kein einziges Wort Griechisch, Mazedonisch oder Serbisch.

Manchmal sitze ich in Konferenzen und höre zu, wie darüber diskutiert wird, welche Farbe ein Griechischer Berghund oder ein Türkischer oder Jugoslawischer oder sonst ein Hirtenhund haben muss. Dabei konnte ich bereits mitverfolgen, wie sich ein Hund, der im Winter ein Griechischer Berghund ist, im Sommer in einen Jugoslawischen Hirtenhund, der auch als wunderschöner Šarplaninac oder wunderschöner Albanischer Berghund bekannt ist, verwandelt. Das heutige Wiederaufleben antiker Länder unter nationalistischen Vorzeichen führt dazu, dass eine direkte Abstammung von den Hirtenhunden Alexanders des Großen plötzlich zum Erbe der Hunde im Sommer gehört. Der genau selbe Hund kann je nach Jahreszeit sprachlich mutieren und innerhalb desselben Jahres zu drei oder vier verschiedenen Rassen gehören.

Die großen Herdenschutzhunderassen gehören üblicherweise nomadisch (transhumant) lebenden Volksgruppen. Bei jedem Trieb haben die Hunde die Gelegenheit, sich mit entlang der Route ansässigen Hunden zu vermischen. Wenn sie das Hochland erreichen, können sie sich mit Hirtenhunden anderer Regionen und Länder paaren. Welpen, die auf den Hochweiden zur Welt kommen, werden verkauft und an Freunde aus weit entfernten Gebieten abgegeben. Die Gene eines einzigen Hundes können auf diese Art entlang der Wanderroute und mittels der Welpen in Gebiete, die das Elterntier nie selbst zu Gesicht bekommen hat, verbreitet werden. Das dauert nicht länger als ein paar Monate. Die Gene eines Hundes können in einem einzigen Jahr Tausende Kilometer zurücklegen. Die *Foundation for Transhumance and Nature* in der Schweiz schätzt, dass es weltweit etwa 125 000 km Wanderrouten von Schafherden gibt, die bis zu 75 m breit sein können. Bei jedem Trieb werden zwischen 600 und 1000 km zurückgelegt, pro Richtung. Obwohl heutzutage viele Herden bereits mit LKWs transportiert werden – in Spanien beispielsweise fand der letzte große Herdentrieb in den 1950er Jahren statt –, legen die Tiere trotzdem zweimal pro Jahr riesige Entfernungen zurück und verbringen viele Monate in einer neuen Umgebung. Im Nahen Osten und in Asien bewältigen die Schafe und Hirten – diese oft zu Pferd – die Strecke noch selbst.

Wie groß der Einfluss der Transhumanz auf die Hundegenetik ist, wird glasklar, wenn man die Zahl der mitwandernden Hunde betrachtet. Der von mir beobachtete riesige Trieb in Griechenland/ Mazedonien bestand aus einer halben Million Schafe, die in *morras* von rund 350 Schafen, ein oder zwei Hirten und zwei bis fünf Hunden untergliedert waren. Manchmal konnten wir beobachten, wie zwei große, ruhige Hunde mit dem Hirten oder hinter ihm hergingen, gefolgt von einem Teenager, der zwei halb erwachsene Hunde an Stricken mitführte. Und manchmal konnte man aus einem am Sattel befestigten Jutesack das Protestgeschrei kleiner Welpen hören.

Eine halbe Million Schafe ergibt rund 1400 *morras*: also mindestens 1400 Hirten und bis zu 7000 erwachsene Hirtenhunde.

Die Transhumanz von Mazedonien ist verglichen mit denen im Fernen Osten nur durchschnittlich groß oder sogar klein. Wenn das Verhältnis von Hirten und Hunden zu Schafen dort das gleiche ist wie in Mazedonien, dann wandern dort zweimal jährlich bei der Transhumanz 414 000 Hirten und etwa 1,6 Millionen Hunde. Noch weiter im Osten liegt der drittgrößte Schafprodu-

Freundschaftsdienste. Ein Hirtenjunge auf einem Trieb der Transhumanz hilft seinen Hunden, die Reise zu bewältigen. Mutualismus zwischen Menschen und Hunden bedeutet, dass die Menschen den Hunden helfen, zu überleben und sich fortzupflanzen, und die Hunde dafür ihre Fähigkeiten zum Nutzen des Menschen einbringen. Einzelne Rassen von Hunden entstehen dann, wenn der Mensch seine Hilfe einigen Hunden aus der Umgebung angedeihen lässt. Hier hilft der Hirte weißen Hunden. Warum er die weißen auswählte, spielt dabei keine Rolle. In der nächsten Generation wird es daher mehr weiße Hunde geben.

zent der Welt, China, wo riesige Herden im Gebiet um die Wüste Gobi auf Wanderschaft sind.

Meiner Schätzung nach erstreckt sich ein 1500 Kilometer breiter Landstrich vom westlichen Mittelmeer bis östlich des Himalaja, in dem deutlich mehr als eine Million erwachsener Hirtenhunde auf drei Kontinenten hin und her wandern. Jedes Jahr paaren und vermischen sich dabei zahllose Hundepopulationen. Im Lauf der Jahrhunderte drangen schafhütende Kulturen immer wieder in neue Gebiete vor: die Araber nach Albanien, die Sumerer nach Ungarn und vielleicht bis hinauf nach Finnland, die Asiaten in die Türkei. Jede Population sammelt dabei neue Gene an, die sie mit zurückbringt und im Winterlager mit Hunden austauscht, die wiederum aus anderen Regionen Gene mitgebracht haben. Und das geht so zweimal pro Jahr seit rund 4000 Jahren! Die Herden wandern bereits so lange, dass die Schafe tiefe Schneisen in den Fels getrampelt haben, die aussehen, als hätte ein Gletscher die Pässe abgeschliffen.

Für einen Populationsgenetiker ist die Vorstellung, dass zweimal jährlich eine Million Hunde zwischen Eurasien und Afrika auf Wanderschaft ist, einfach irre. Jedes Mal, wenn jemand von Rassen zu reden anfängt, wird mir beim Gedanken an die wandernden Heerscharen der Transhumanz ganz schwindlig.

TRANSHUMANZ: EVOLUTION VON GRÖSSE UND KÖRPERBAU

Ja, ich glaube, dass die Vorfahren unserer heutigen Herdenschutzhunde mit den Nomaden aus alten Zeiten in die jeweiligen Gebiete kamen. Ich bin überzeugt, dass die mazedonischen Hunde vor vielen Jahren mit den türkisch-moslemischen Hirten aus Anatolien kamen und davor aus dem Irak und dem Iran und aus Afghanistan und China. Und ich glaube auch, dass sie Gebiete erreichten, wo schon früher Viehtriebe hingeführt hatten, und dass sie auch dorthin zurückwandern. Viele dieser Wanderbewegungen sind keine scharf begrenzten Einzelereignisse; in vielen Fällen sind es Teile traditioneller Routen. Viele der Hirtenkulturen sind deutlich älter als die Staaten, deren Gebiet sie durchwandern. Viele Hirten sprechen eine andere Sprache als die in den von ihnen frequentierten Weidegebiete und Wanderrouten. Und offenbar bleiben viele Hirten von internationalen Regelungen verschont, da sie ohne Reisepass Grenzen überqueren, wie sie es seit Jahrhunderten getan haben. Als ein Massai-Krieger bei der Überquerung der Grenze zu Kenia nach seinem Reisepass gefragt wurde, antwortete er: „Meine Ohrringe sind mein Pass!“

Die Tatsache, dass es sich bei den Hirtenkulturen um alte Traditionen handelt, heißt nicht, dass ihre Hunde seit den ersten Viehtrieben reinrassig (soll heißen sexuell isoliert) wären. Ganz im Gegenteil. Die weitläufigen Wanderbewegungen sind für die Hundeentwicklung von großer Bedeutung, weil sie dazu geführt haben, dass die derzeit rund eine Million Hunde, die mit den Herden unterwegs sind, eine homogenisierte Form zahlreicher Populationen sind. Die erste Untersuchung von mitochondrialer DNA, die ich je machen ließ, zeigte, dass mein Border Collie die gleichen Haplotypen aufwies wie der Šarplaninac, den ich aus Jugoslawien mitgebracht hatte. Bei einer weiteren Untersuchung stellten wir fest, dass der italienische Maremmano Abruzzese, den ich in Gran Sasso gekauft hatte, den gleichen Haplotyp hatte wie Wölfe aus Rumänien und Südrussland. Die Tatsache, dass die Haplotypen identisch waren, bedeutete, dass meine Border Collies und der Šarplaninac vor nicht allzu langer Zeit dieselbe Großmutter hatten. Und die Maremmano Abruzzesen-Hündin, die meine Schafe in Massachusetts bewachte, hatte von einer Ur-Ur-Urgroßmutter den gleichen Haplotyp wie ein Wolf in Rumänien, ein Haplotyp, den diese vermutlich auf Wanderschaft von einem Wolf, der ihr unterwegs begegnet war, aufgegabelt hatte.

Da die Viehtriebe sehr anstrengend und stressreich sind, sind sie gleichzeitig ein Faktor der natürlichen Selektion. Wie bei allen anderen Organismen ist es auch bei Herdenschutzhunden so, dass aufgrund der Selektion nur die Stärksten überleben, ganz im Sinne Darwins. Jeder Hund, der beim Trieb nicht mithält oder nicht mehr mithalten kann, geht dem Genpool der Herdenschutzhunde verloren. In Italien sieht man auf Müllhalden entlang der Wanderrouten häufig zwei oder drei Maremmano Abruzzesen, die sich von den Viehtrieben absetzten und zurückblieben. Ich frage mich heute noch, warum ich in Italien für gutes Geld Maremmano Abruzzesen kaufte, wo doch die Müllhalden entlang der Wanderrouten voller zurückgelassener Hunde sind, die wunderbar aussehen.

Hunde auf einem Abfallhaufen. Diese Hunde sind bei der Wanderung der Transhumanz zurückgeblieben; heute heißt das im Allgemeinen, dass die Schafhirten den Hund nicht mehr auf den LKW packen konnten. Der Hund ist damit aus dem System gefallen und hat in einer Schafkultur kaum noch eine Chance auf Fortpflanzung.

Die Sterblichkeitsrate der Hunde auf Viehtrieben ist hoch. Bei dem Trieb in Mazedonien fand ich entlang der Route viele tote Hunde, die meisten von ihnen waren von Autos überfahren worden. Die herumziehenden Hunde der Transhumanz kommen auch mit zahlreichen Krankheiten in Berührung und verbreiten sie über weite Strecken. Als ich in der Türkei auf die Suche nach gesunden Hunden ging, wurde mir das Ausmaß der Welpenerkrankungen in der Hundewelt erst so richtig bewusst.

Die Hunde unterliegen in der Transhumanz also einem enormen Selektionsdruck – aufgrund ihrer Lebensweise und Tätigkeit, ihrer Fortpflanzung und ihrer Sterblichkeit.

Das hat unter anderem Auswirkungen auf ihre Größe. Herdenschutzhunde sind charakteristischerweise größer als der durchschnittliche Dorfhund. Wenn man sie beobachtet, versteht man auch warum. Erstens können größere Hunde größere Schritte machen. Größere Hunde haben einen besseren Raumgriff pro Schritt. Aus wie vielen Schritten bestehen 1000 km? Das kommt auf die Größe des Hundes an. Jeder Schritt bedeutet für den Hund ein wenig Abnutzung und Verschleiß. Jeder Schritt kostet Energie. Ein Hund, der eine Entfernung in nur halb so vielen Schritten zurücklegen kann, hält länger durch und hat größere Chancen, den Weg hin und zurück zu bewältigen. Ein solcher Hund ist besser daran angepasst, mit der Herde Schritt zu halten.

Zweitens kommen größere Hunde mit Futtermangel besser zurecht und leiden unter Hungerperioden weniger stark als kleinere Hunde. Grosse Hunde können mehr Fettreserven aufbauen und mehr Körperwärme speichern, weil bei ihnen das Verhältnis von Oberfläche zu Volumen niedriger ist. Das ist ein wichtiger biologischer Faktor. Je größer ein Lebewesen ist, desto länger kommt es ohne Nahrung aus. Tiere, die lange, magere arktische Winter überstehen können (zum Beispiel das Wollmammut oder der Riesenhirsch während der Eiszeit) sind selbst in ihrer taxonomischen Familie üblicherweise gigantisch große Arten. Die Viehtriebe sind für die Hirtenhunde wie der Winter. Die menschlichen Abfälle sind nicht mehr die verlässliche Futterquelle, die sie waren. Jeden Tag zieht man weiter, während der Abfallhaufen zurückbleibt. Auf Wanderschaft haben Menschen, Hunde und Schafe weniger Nahrung und weniger Zeit zur Nahrungsaufnahme. Es ist daher besser, mit ausreichend Reserven aufzubrechen und möglichst wenig Schritte machen zu müssen.

Drittens haben größere Tiere eine höhere Wahrscheinlichkeit, ausbrechende Krankheiten, ungünstige Klimabedingungen und Unfälle zu überleben als kleinere Tiere. Welpen haben wie Kinder keine ausreichende Körpermasse, um rasch einsetzende Dehydrierung überleben zu können, und fallen daher den Folgen schweren Durchfalls leichter zum Opfer. Große Hunde kommen auch mit den niedrigen Temperaturen auf den Bergweiden besser zurecht. Plötzliche Unwetter mit bitterkaltem, gefrierendem Regen können bei kleinen Tieren rasch zum Tod führen. Und es kann auch gut sein, dass große Tiere weniger leicht durch Unfälle zu Schaden kommen. Sie laufen beim Überqueren von Flüssen oder Erklimmen von Abhängen ein geringeres Risiko, auch deswegen, weil große Knochen weniger leicht brechen als kleine.

Das soll nun nicht heißen, dass große Hunde nicht auch spezielle Probleme hätten. Eines davon ist ganz sicherlich, dass große Tiere mehr Futter brauchen. In Hirtenkulturen bieten allerdings die Abfälle im Vergleich zu jenen auf Pemba mehr hoch qualitative Nahrung. Die Nebenprodukte von Schafen – Milch, Molke, tote Schafe, Schafmist und Nachgeburten – haben einen hohen Protein- und Fettgehalt und ernähren große Tiere besser. Wie die Straßenköter von Chake Chake sind auch die Hirtenhunde stärker darauf bedacht, dieses hoch qualitative Futter zu verteidigen, bleiben daher ganz in der Nähe dieser Abfälle und vertreiben Räuber, die der Herde zu nahe kommen.

Die ganz großen Hunde (mehr als 45 kg) haben ein echtes Problem damit, ein Zuviel an Körperwärme loszuwerden. Hunde wie Bernhardiner oder Neufundländer erleiden bei einer langen Wanderung häufig einen Hitzschlag. Diese beiden Rassen entwickelten sich in kälteren Gebieten, wo Überhitzung nicht so ein Problem war. Es ist fraglich, ob derart große Hunde einen Viehtrieb im Mittelmeerraum überleben würden. Schon am ersten wirklich heißen Tag würden den Schwergewichten Blutgefäße im Gehirn platzen. Die meisten Hunde, die wir auf den Viehtrieben sahen, liegen in der Gewichtsklasse von 20 bis 35 kg. In den Ländern der Halbwüsten weiter im Osten sind die Hirtenhunde kleiner und erinnern manchmal im Körperbau an Windhunde – vermutlich eine Anpassung, um leichter Körperwärme abgeben zu können. In höher gelegenen gebirgigen Ländern wie Afghanistan, Nepal und bis in die Mongolei haben die mittelgroßen Hunde einen massigeren Körperbau, um Wärme besser zu speichern.

Dabei war wieder die natürliche Selektion am Werk, wobei jede regionale Variante von Größe und Körperbau einen Kompromiss zwischen mindestens drei Faktoren darstellt: der effizientesten Schrittlänge, der Menge an aufgebauter und gespeicherter Körperwärme und der Menge, der Qualität und dem Vorkommen der Nahrung.

Die Größe und der Körperbau der Herdenschutzhunde sind notwendigerweise eine Anpassung an die spezifische ökologische Nische der Viehtriebe.

Man könnte meinen, dass größere Hunde automatisch besser dazu geeignet sind, die Schafe gegen Wölfe, Bären oder Raubkatzen zu verteidigen. Das stimmt aber nur zu einem sehr geringen Teil. Viele Hirten auf der ganzen Welt haben kleine (12 oder 13 kg schwere) Hirtenhunde, die offenbar genauso effizient sind. Die 10 bis 12 kg schweren Hunde der Massai warnen erfolgreich vor

Löwen, und die etwa gleich großen Hunde der Navajo beschützen die Herden wirksam vor Kojoten und Pumas. Die Hunde der Damara im südlichen Angola und in Namibia sind von den dortigen Dorfhunden nicht zu unterscheiden, beschützen die Herden aber vor Leoparden, Geparden, Pavianen und einer ganzen Reihe weiterer Raubtiere.

Zum Schutz vor Raubtieren müssen die Hunde nicht besonders groß sein. In der Mythologie über Herdenschutzhunde finden sich immer wieder Geschichten von Hunden, die mutig und heldenhaft gegen ein Rudel Wölfe kämpfen. Ich bezweifle auch nicht, dass dies gelegentlich vorkommen kann. In den meisten Fällen passiert allerdings gar nichts, weil Raubtiere auf eine Herde, die von fünf Hunden bewacht wird, erst gar nicht Jagd machen. Der Schutz der Herdenschutzhunde besteht meistens darin, dass sie verbellen, stören und laut sind.

Nur selten greift ein Raubtier einen Hund tatsächlich an. Ein echter Kampf mit Zähnen und Klauen ist für ein Raubtier eher von Nachteil. Kämpfe kosten sehr viel Energie. Weder das Raubtier noch der Hund haben überschüssige Energie, die sie in gefährliche Auseinandersetzungen investieren könnten. Alle Tiere müssen abschätzen, was sie ein Kampf „kosten“ würde. Es muss schon viel auf dem Spiel stehen, um dieses Risiko einzugehen. Die meisten Raubkatzen – Pumas, Geparden oder Leoparden – gehen selbst kleinen Hunden aus dem Weg. Ein wild lebendes Raubtier, das in einem Kampf verwundet wird, riskiert – auch dann, wenn es den Sieg davonträgt – Infektionen und Verletzungen, die ihm ein erfolgreiches Jagen erschweren und ihn damit vielleicht das nächste Fressen kosten.

Die wenigsten Raubtiere sind in ihrem Verhalten so programmiert, dass sie sich wegen noch nicht gefangener Beute auf einen Kampf einlassen würden. Bereits erlegte Beute wird verteidigt, es ist aber etwas ganz anderes, einen Kampf zu riskieren, nur um ein Beutetier überhaupt angreifen zu können.

Herdenschutzhunde warnen den Hirten und die Herde und melden die Anwesenheit eines Raubtiers. Das Wichtigste dabei ist aber (und das kann ich gar nicht genug betonen), dass gleichzeitig das Raubtier selber gewarnt wird. Das Raubtier weiß damit, dass es *entdeckt* wurde. Es erfährt, dass jemand Wache hält und sein räuberisches Verhalten beobachtet. Wie ich bereits in Teil I beschrieben habe, mögen es viele Tierarten – darunter auch der Wolf – nicht, wenn sie beim Fressen beobachtet werden. Das alleine reicht oft schon, dass viele Raubtiere ihr Jagd- und Anpirsch-Verhalten abbrechen.

Raubtiere wie die Geparden unterbrechen häufig die Verhaltenssequenz Fixieren – Anpirschen, wenn das potentielle Beutetier bemerkt, dass sich ein Gepard heranschleicht.

Es macht wenig Sinn, sich an ein Beutetier heranzuschleichen, wenn man dabei die ganze Zeit verbellt wird. Häufig genügt es, sich einem Raubtier zu nähern und zu bellen, um es von der Jagd abzulenken. Die meisten Fleischfresser sind nicht imstande, ihre Jagd fortzusetzen, wenn daneben ein Hund kläfft. Genauso wenig wie sie den Versuch, ein fettes Lamm zu reißen, fortsetzen werden, während der Hund gleichzeitig Schwanzschnüffeln, Territorialverhalten und Dominanzgesten an den Tag legt.

Hirten haben meist mehr als einen Hund, egal ob es große oder kleine sind, häufig sind es bis zu fünf auf rund 350 Schafe. Wenn Wölfe versuchen, in die Herde einzudringen, bekommen sie es mit einer Kakophonie verschiedenster Geräusche aus allen Richtungen zu tun. Viele Hirten hängen ihren Schafen Glocken um, was den Aufruhr noch vergrößert. Für die Raubtiere sind die Glocken ein unbekannter Lärm und können ein Meideverhalten auslösen. Werden die Schafe angegriffen und gejagt, ändert sich der ruhige Rhythmus, und das aufgeregte Bimmeln der Glocken alarmiert Hunde und Hirten.

In der Alten Welt wurde mir von Hirten häufig erzählt, dass sich Herdenschutzhunde ihr stachelbewehrtes Halsband dadurch verdienen, dass sie ihren ersten Wolf töten. Ich fragte eine Hirten in Portugal nach seinem über 30 kg schweren Hund, der einen übel aussehenden eisernen Halsring trug: „Taugt der Hund etwas?“ Der Hirte antwortete: „Er hat schon viele Wölfe getötet.“ Als ich meinte: „Aber er hat doch am ganzen Körper keine einzige Narbe“, antwortete der Hirte stolz: „Das beweist nur, wie gut der Hund ist!“

Es ist ein immer wiederkehrendes Thema in meinem Leben. Ich höre mir stundenlang Vorträge mit Erlebnisberichten an, wie toll ein Hund einer bestimmten Rasse eines Landes ist, und dass er es mit einem ganzen Wolfsrudel aufnahm und völlig allein die Herde rettete. Ich sitze da und denke an die vielen Stunden, die ich damit verbrachte, die Schädel von Hunderten Wölfen und Herdenschutzhunden zu vermessen, und wie ich dabei dachte, was für niedliche Zähne letztere doch haben und wie klein ihre Schädel sind und wie schwach ihr Gebiss ist. Haben Hunde so wenig Gehirn, dass sie gar nicht bemerken, dass sie sich auf einen Kampf mit einem übermächtigen Gegner einlassen? Das glaube ich nicht. Jedes Mal, wenn ich Zeuge einer Auseinandersetzung zwischen einem Wolf und einem Hund wurde, sah der Hund eindeutig ängstlich aus.

Ich weiß, dass Hunde mit Wölfen kämpfen können. Unser Šarplaninac Maremmano-Mischling Blizzard musste sich eines Nachts in Minnesota gegen vier Wölfe verteidigen und kämpfen. Ich folgte der Spur der Kämpfenden am nächsten Tag drei Kilometer weit mit klopfendem Herzen, weil ich Angst hatte, dass Blizzard dabei getötet worden war. Ich fand Büschel von Hundehaaren und dann Wolfsfell, ein Hinweis darauf, dass mal Blizzard einen Wolf niedergerungen hatte, mal sie ihn. Und irgendwie hatte er sich wieder auf die Beine gekämpft. Blizzard fand schließlich Rückendeckung in der Ecke eines Betonpfeilers und bezog dort Position. Dort fand ich ihn letztlich auch. Die Wölfe waren längst abgezogen.

Es ging ihm gut. Er hatte keinen Kratzer davongetragen. Wie viele Hundekämpfe war auch diese Begegnung in erster Linie eine rituelle Auseinandersetzung gewesen. Hunde und Wölfe demonstrieren dem Gegner ihre Stärke, aber niemand will dabei eine Verletzung riskieren. Ich weiß nicht, um welche Wölfe es sich bei den vieren gehandelt hatte. Vielleicht waren drei davon Halbwüchsige, die dem alten Veteranen Blizzard nicht wirklich gewachsen waren. Und vielleicht war der vierte Wolf ihr alter Vater, dem an diesem Tag seine Arthritis recht zu schaffen machte. Wenn man sich wilde Wölfe auf Raubzug vorstellt, denkt man meist nicht daran, dass es sich um spezifische Einzeltiere handelt. Blizzard hatte bei diesem Kampf rasch gemerkt, dass er einer Übermacht gegenüberstand, er bezog eine Verteidigungsposition und behielt sie bei. Selbst nachdem die Wölfe längst abgezogen waren, blieb er dort. Er war zwar ein ziemlich mürrischer alter Hund, aber kein Narr. Ihm war klar, dass von ihm außer einem Haufen Fleisch und Fell wenig übrig bleiben würde, wenn die vier Kerle Ernst machen sollten. Und jeder Wolf für sich konnte sich ausrechnen, dass sie zu viert Blizzard zwar erledigen konnten, dass aber dabei der eine oder andere ernsthafte Bisswunden davontragen konnte. Die Wölfe mussten jeweils ihre Überlebenschancen abschätzen, und vielleicht waren die Halbwüchsigen noch zu unerfahren, um sich ihrer Sache sicherer zu sein.

Der Kampf zwischen Blizzard und den Wölfen war aufregend, aber nicht das, was ich haben möchte. In erster Linie will ich, dass meine Hunde nicht in Kämpfe verwickelt werden. Ich will ganz sicher nicht, dass sie Wölfe oder Kojoten töten. Die Kernidee unseres Projektes war ja, eine Methode zu finden, wie man Raubtiere in Schach halten konnte, ohne sie töten zu müssen. Es ging nicht darum, Wildtiere zu töten oder auch nur zu vertreiben. Wichtig war nur, die Schafe vor den Wildtieren wirksam zu schützen. Meine liebsten Hirtenhunde sind die kläffenden kleinen Hunde der Damara und der Navajo.

Ich habe auf unserer Farm eine kleine (25 kg schwere) Maremmano-Šarplaninac-Mischlingshündin namens Ellen, die der sanfteste Hund von allen ist. Sie lebt mit unserer Schafherde und würde nie im Leben jemanden beißen oder mit irgendjemandem kämpfen. Wir verlieren keine Schafe und haben keine Probleme mit ihr, obwohl in den Wäldern rundum Kojoten leben und wir viele Besucher auf dem Hof haben. Ellen hat alles, was man sich von einem Herdenschutzhund nur wünschen kann. Sie würde es schaffen, mit mir nach Washington zu wandern, wenn ich dazu imstande wäre. Ich sage allen, dass Ellen ein Herdenschutzhund ist, und meiner Meinung nach heißt das, dass sie das perfekte Verhalten und den genau richtigen Körperbau für diese Aufgabe hat. Das liegt daran, dass sie bei uns auf der Weide mit den Schafen groß geworden ist. Ellen und ich leben in einer mutualistischen Beziehung – ich füttere sie und kümmere mich um ihre Gesundheit und um Fortpflanzungsmöglichkeiten für sie. Und ich glaube, dass ich es ihr und ihrer bloßen Anwesenheit zu verdanken habe, dass wir keine Schafe an Raubtiere verlieren. Ellen könnte ich bei keinem Rassehundeklub eintragen lassen, für mich aber ist sie das Ergebnis einer jahrtausendelangen natürlichen Selektion und damit die eindeutig beste „Rasse" von Herdenschutzhund.

DIE ENTSTEHUNG DER RASSEN: FARBSELEKTION

Hunde haben oft von Landstrich zu Landstrich verschiedene Färbungen. Die Häufigkeit einer bestimmten Farbe kann zum Teil auf Ausmerzen zurückgehen. Ich habe in einem früheren Kapitel darauf hingewiesen, dass den Hunden Farbe nichts bedeutet. In ihrem Fortpflanzungsverhalten spielen Nase und Verhalten die Hauptrollen. Welche Farbe ein bestimmtes Tier hat, entscheidet nicht darüber, ob ein Tier sich fortpflanzen kann oder nicht. Es gibt allerdings eine Ausnahme, wie schon Varro festhält. Gute Hunde müssen eine gute Pigmentierung aufweisen. Die Augen, Lefzen und Fußballen sollen eine „gute" Farbe haben. Meiner Erfahrung nach ist es umso besser, je dunkler die Pigmentierung ist. Bei rosa Augenlidern gibt es leicht Sonnenbrand, und rosa Fußballen sind weicher und weniger widerstandsfähig. Wenn man weiße Hunde unbedingt nur mit weißen Hunde verpaaren will, führt das – wenn nicht zu Schlimmerem – jedenfalls zu Problemen mit der Pigmentierung. Ich hatte bei unserem Projekt die Maremmano Abruzzesen besonders gern, allerdings störte mich ihr weißes Fell. Einer der besten Maremmano Abruzzesen-Arbeitshunde, die ich je hatte, war eine Hündin namens Anna, aber sie litt wegen ihrer rosa Augenlider dauernd an Sonnenbrand.

Manche regional vorkommenden Rassen sind (heute) vorwiegend weiß: der Maremmano Abruzzese, Komondor, Kuvasz, Polnische Owtscharka und Pyrenäenberghund. In den meisten Gebieten gibt es zwar reinweiße Hunde, aber nicht besonders häufig. Varro hatte eine Vorliebe für Weiß. Ich vermute, das liegt daran, dass viele Menschen weiße Welpen aus irgendeinem Grund niedlicher finden als dunkle. Sie sind auch seltener. Bei einem heterozygoten Wurf sind im Durchschnitt von acht Welpen zwei weiß. Ich sah mir einmal einen Wurf von Maremmano Abruzzesen an und der Hirte erklärte mir, die beiden weißen seien die „reinrassigen" Hunde. Die anderen brachte er um.

Echte Maremmano Abruzzesen. Das sind echte Maremmano Abruzzesen, hieß es. Das muss stimmen, denn echte Maremmano Abruzzesen sind weiß, der Rest des Wurfes wird beseitigt werden, weil er nicht reinrassig ist. Die Definition des Hirten, was echt ist, ist nicht falsch, sondern nur anders als meine.

Echte Maremmano Abruzzesen. Um die Ecke findet man den Rest des Wurfes, „die nicht ganz so echten" Maremmano Abruzzesen.

Es ist bei den Hirten durchaus üblich, dass nur zwei Welpen eines Wurfes am Leben gelassen werden. Herdenschutzhunde haben meist viele Welpen pro Wurf, die von einer nomadisierenden und sich von Resten ernährenden Mutterhündin kaum alle versorgt werden können. Auch ein Hirte, der von Weide zu Weide zieht, kann bei einem großen Wurf nur schwer einem Lieblingshund besondere Beachtung schenken. Wenn man aber einen Teil des Wurfes tötet, ist dafür gesorgt, dass die verbleibenden zwei Welpen in der kritischen Phase ihrer Entwicklung ihrer Mutter und den Schafen mehr Aufmerksamkeit schenken und nicht von verspielten Wurfgeschwistern abgelenkt werden. Die beiden Welpen werden daher zu besseren Herdenschutzhunden heranwachsen.

Die regional unterschiedlichen Färbungen von Hunderassen haben ihren Ursprung in dem Brauch, nur zwei Welpen eines Wurfes am Leben zu lassen. Hirten haben jeweils verschiedene Lieblingsfarben. Sie erkennen einen Hirtenhund an der Farbe. Wenn ich einen Hund verkaufen oder auch nur Werbung dafür machen möchte, dass ich gute Hunde habe, würde ich mich an die regional bevorzugte Farbe halten. So wie der italienische Schäfer seine zwei weißen Welpen für die reinrassigen hielt, glaubt ein portugiesischer Hirte, dass es die gescheckten Welpen sind, und der türkische Hirte, dass es die braunen mit der schwarzen Maske sind. Die überlebenden Welpen haben in jedem Fall die regional übliche Färbung. Wenn in dem Wurf keine Welpen diese Färbung haben, kann es sein, dass keiner am Leben bleibt, oder es werden zwei Welpen einer anderen Farbe am Leben gelassen. Es kommt ganz darauf an, ob der Hirte neue Hunde braucht oder nicht. Hirten behalten oft nur männliche Tiere, die einfach deswegen bessere Herdenschutzhunde abgeben, weil sie selber keinen Wurf zur Welt bringen.

Wenn von den Würfen immer nur zwei Welpen mit der bevorzugten Färbung am Leben gelassen werden, führt das innerhalb weniger Generationen dazu, dass diese Fellfarbe bei den Hunden sehr häufig vorkommt. Wenn ein Hund sich mit dem Nachbarhund fortpflanzt, hat dieser daher höchstwahrscheinlich dieselbe Farbe.

Als ich 1980 in Portugal war, hatten der Estrela Berghund und der Castro Laboreiro noch keine einheitliche Farbe, obwohl schon damals tiefschwarz beim Castro besonders häufig vorkam. Eine andere traditionelle Rasse, den Alentejo, konnte ich nicht finden. Heute, 20 Jahre später, sind in Folge verschiedener politisch/ ethnischer Ereignisse die Populationen der drei Rassen größer geworden und jede unterscheidet sich in ihrer Farbe eindeutig von den anderen. In der Stadt Castro Laboreiro im gebirgigen Nordteil Portugals sind die meisten Hunde heute schwarz gestromt. Der Körperbau der Hunde ist aber bei weitem nicht so einheitlich wie ihre Färbung. Der Grund dafür ist einfach: Hirten können zwar die Fellfarbe, die der erwachsene Hund haben wird, bereits kurz nach der Geburt feststellen, aber wie groß er werden und welchen Körperbau er haben wird, lässt sich beim Neugeborenen unmöglich feststellen.

Das Interesse an der Bewahrung seltener „Rassen“ führt seit Kurzem dazu, dass jene Merkmale, die typisch für eine Rasse sind, für eine Wertsteigerung bei Hundeverkäufen außerhalb der Region sorgen. In dem Maße, wie die Hunde noch für anderes als ihre Eignung für die Arbeit wertvoll werden, achten die Hirten mehr auf die so genannten rassespezifischen Merkmale und lassen nur jene Welpen am Leben, die sie aufweisen.

In jeder Region entsteht parallel zur Häufigkeit einer bestimmten Fellfarbe eine Geschichte, warum gerade diese Farbe wichtig ist. So wie Varro für Weiß argumentierte, glauben die Hirten in Nordportugal, dass ihre Castro Laboreiros aufgrund ihres gescheckten Fells von den Wölfen zwischen den Felsen der Gegend nicht entdeckt werden können. Es gibt viele Gründe, Weiß vorzuziehen. Die Löwen aus Varros Zeit spielen im heutigen Italien nicht mehr wirklich eine Rolle, aber weiße Hunde, sagt man, sind von Schafen praktisch nicht zu unterscheiden, sodass jagende Wölfe auf der Hut sein müssen. Weiße Hunde sind auch deswegen beliebt, weil der Hirte so im Dunkeln Hund und Wolf besser auseinander halten kann und nicht versehentlich seinen heldenhaften Hund erschlägt. Und schließlich werden manche behaupten, dass die ursprünglichen Hirtenhunde weiß waren, Weiß die Farbe der Reinheit ist und daher ein Zeichen für eine uralte Rasse. Weiß gilt vielen als Zeichen der Unverdorbenheit: Weiße Hunde, so die Annahme, können keine Bastarde sein.

Nun, solche Erklärungen ergeben hübsche Überlieferungen. Bei genauerer Untersuchung erweisen sie sich allerdings als falsch. Hübsche weiße Schafe sind selten. Meistens ist ihr Fell eher schmutzig-grau und nimmt die Farbe des Erdbodens an. Normalerweise sehe ich einen weißen Hund in einer Schafherde schon aus kilometerweiter Entfernung. Ich habe in der ganzen Zeit nie einen Hirten getroffen, der versehentlich im Dunkeln seinen Hund erschlagen hätte oder der überhaupt je Wölfe erschlagen hätte. Ich bin noch auf keinen Hund gestoßen, der eine Begegnung mit einem Löwen gehabt hätte. Ich habe noch keinen Herdenschutzhund gesehen, der so viele Narben hat, dass sie als Beweis herhalten könnten, dass er sich je gegen einen Wolfsangriff hätte verteidigen müssen. Genauso wenig ist mir je ein Hund über den Weg gelaufen, von dem man hätte annehmen können, er habe sich mit einem Wolf prügeln können oder wollen (mit seinem kleinen Kopf, dem kleinen Gehirn und den kleinen Zähnen muss ihn der Gedanke an einen Angriff auf ein Tier mit großem Kopf, großem Gehirn und großen Zähnen ängstigen). Die besten und klügsten meiner Herdenschutzhunde waren Wölfen und Bären gegenüber immer sehr zurückhaltend und vorsichtig. Wölfe und Bären ihrerseits verhalten sich in

Gegenwart einer Gruppe Hunde sehr reserviert. Wer will schon Verletzungen davontragen und morgen keine Beute machen können?

Die meisten regionalen Typen von Hirtenhunden sind natürlich nicht weiß. Selbst die weißen Maremmano Abruzzesen in den Bergen haben oft große gelbliche oder graue Flecken an den Ohren und am Rücken. Auf den meisten Gemälden mit Hirtendarstellungen, die ich in Europa in Museen sah, sind reinweiße Hunde sehr selten. Eine bestimmte Farbe ist ein Hinweis dafür, dass die Hunde, von denen die Welpen stammen, Hirtenhunde waren. Nur in wenigen Gebieten sind es die weißen Welpen eines Wurfes, die am Leben gelassen werden. Sie sind besonders für Touristen von Interesse, die die Welpen für teures Geld kaufen. Auch andere regionaltypische Färbungen locken Welpenkäufer an. Die Fellfarbe ist der beste Hinweis darauf, dass ein Hund wirklich aus der lokalen Hirtenkultur stammt. In manchen Gebieten werden die Ohren der Welpen kupiert, und dieses Merkmal gilt dann als Erkennungsmarke eines echten Hirtenhundes. Menschen, die mit Hunden arbeiten, wissen allerdings: „Ein guter Hund hat keine falsche Farbe.“ Der beste Anatolische Hirtenhund, den ich je hatte, hieß Bernie. Ich kaufte ihn einem Hirten ab, der über Hunde so viel wusste wie kein anderer, den ich in der Türkei je kennen lernte. Die meisten Hirtenhunde der Region waren braun und hatten dunkle Schnauzen, Bernie allerdings hatte die gleiche Färbung wie ein Bernhardiner, eine Färbung übrigens, die bei den dortigen Dorfhunden weit verbreitet war.

JAGDBEGLEITHUNDE

> ... da es unter den Hunden bekanntlich zwei Gattungen gibt, zum einen den Jagdhund, der es mit wilden Waldtieren zu tun hat, zum anderen den Hund, der zur Bewachung angeschafft wird und es mit dem Hirten zu tun hat...
>
> (Marcus Terentius Varro, 2050 v. Chr.)

> Hippolyta: Ich habe nie einen so musikalischen Missklang, einen so süßen Donner gehört.
>
> Theseus: Meine Hunde sind aus der spartanischen Rasse gezüchtet,
mit solchen Lefzen, von solcher Sandfarbe und an ihren Köpfen
hängenden Ohren, die den Morgentau abstreifen;
krummbeinig und mit Wammen wie thessalische Bullen;
langsam bei der Verfolgung, doch mit ihrem Gebell wie
Glocken aufeinander abgestimmt...
>
> (Shakespeare, *Ein Sommernachtstraum,* Akt IV, Szene 1)

Varro schrieb 2050 Jahre vor Christus nicht nur über Herdenschutzhunde, sondern auch über Jagdhunde. Ich nenne sie Jagdbegleithunde. Ein gutes Beispiel für Hunde, die den Menschen ins Gelände begleiten, ist der Beagle. Der Streifzug endet schließlich damit, dass sowohl der Mensch als auch der Hund einen Hasen oder ein sonstiges Beutetier jagen. Andere Jagdbegleithunde sind der Otterhound, der Irish Wolfhound, der Coonhound und so weiter. Es gibt weit mehr als 200 anerkannte Jagdhunderassen, womit sie vermutlich die größte Gruppe verschiedener Hundetypen stellen. Ich bin Mitglied von zwei Ginsterkatzen-Jagdklubs auf Pemba und gehörte einem Jagdhundeklub für die Affenjagd an (Ginsterkatzen gehören wie die Mungos zur Familie der Schleichkatzen und sehen oberflächlich betrachtet ein bisschen wie Wiesel aus).

Jagdbegleithunde unterscheiden sich deutlich von den Vorsteh- und Apportierhunden (siehe Kapitel 6), die ebenfalls bei der Jagd eingesetzt und gemeinhin als Jagdhunde bezeichnet werden. Wer eine Jagdzeitschrift abonniert hat, wird darin wenig über Jagdbegleithunde lesen. Vorsteh- und Apportierhunde bringen eine Veranlagung für ein bestimmtes Repertoire an Bewegungsabläufen mit. Jagdbegleithunde sind eher unspezifische Hunde. Rassespezifische Unterschiede in ihrem Verhalten sind vor allem auf unterschiedliche Umwelteinflüsse während der Entwicklungsphase der Welpen zurückzuführen. Ich betrachte sie in dem gleichen Sinn als unspezifische Hunde, wie ich Herdenschutzhunde als unspezifische, aber in einer Hirtenkultur aufgewachsene Hunde einordne. Zugegeben, der Unterschied zwischen Jagdbegleithunden und sonstigen Jagdhunden ist nicht immer sehr klar. Der springende Punkt ist aber, dass ein Hirtenhund oder ein Jagdbegleithund sein rassespezifisches Verhalten nur dann an den Tag legen wird, wenn sorgfältig auf die Umwelteinflüsse während der Welpenentwicklung geachtet wird, und dass es nicht durch Selektionsdruck zustande kommt.

Die Jagdbegleithunde haben eine den Herdenschutzhunden ähnliche Entwicklungsgeschichte. Am Anfang ihrer Entwicklung vor mehr oder weniger langer Zeit standen die Dorfhunde. Sie wachsen in einer Jägerkultur auf. Hunde, die lernen, gut zu jagen, werden bevorzugt behandelt. Die Lieblingshunde bekommen besseres Futter und bessere Gesundheitsversorgung, was wiederum zu besseren Fortpflanzungschancen führen kann. Sie pflanzen sich mit anderen Hunden aus dem Ort fort, die häufig wiederum selbst von jemandem wegen ihres guten Jagdverhaltens geschätzt werden. Dazu kommt, dass die Jäger Hunde, die ihnen nicht passen, nicht am Leben lassen oder zumindest nicht weiter für sie sorgen. So entstehen durch natürliche Selektion, menschliche Unterstützung und die Eliminierung unerwünschter Hunde regional unterschiedliche Hunde, obwohl niemand sie tatsächlich züchtet.

Die Beschreibung der Jagdbegleithunde ist in diesem Buch deswegen zwischen den Kapiteln über Herdenschutzhunde und über Schlittenhunde eingebettet, weil ihre Entwicklung eine Zwischenstufe zwischen der Selbst-Selektion und der Selbst-Abrichtung der Herdenschutzhunde und den Schlittenhunden darstellt, bei denen jedes Detail ihrer Morphologie und ihres Verhaltens vom Schlittenhundeführer genauestens kontrolliert wird. Der Unterschied zwischen den Herdenschutzhunden und den Jagdbegleithunden besteht darin, dass bei letzteren der Jäger die Umwelt der Welpen absichtlich so gestaltet, dass sie als erwachsene Hunde nicht nur gute Jäger abgeben, sondern auch wissen, was sie jagen sollen.

Jagdbegleithunde waren vielleicht die ersten nützlichen Hunde. Nützlich meine ich im Sinne einer symbiotischen Beziehung mit beiderseitigem Vorteil. Sie könnten auch insofern die älteste Rasse sein, als praktisch aus jedem Dorfhund ein Jagdbegleithund werden kann. Da die unspezifischen Dorfhunde sich bereits mehrere Jahrtausende vor den ersten Hirtenkulturen entwickelt hatten, hatten sie eher eine Gelegenheit, Jagdbegleithunde als Herdenschutzhunde zu werden. Es wäre möglich, dass Menschen diese unspezifischen Hunde schon bald nach dem ersten Auftreten der Dorfhunde aufzogen (prägten), für sie gesorgt und sie ausgebildet haben. Da es so einfach ist, aus dem unspezifischen Dorfhund einen Jagdbegleithund zu machen, könnten die Menschen bereits im Mesolithikum Tiere aufgezogen haben, die eine Veranlagung hatten, sie auf der Jagd zu begleiten.

Es wäre möglich, ich glaube aber, dass das erst viel später im Neolithikum stattfand. Ich werde darauf gleich noch zurückkommen. Aber die Tatsache, dass die Menschen Dorfhunde für die Jagd verwendeten, ist kein Beweis dafür, dass sie Hunde für diesen Zweck auch züchteten oder es dafür eigene und sexuell wie auch immer von anderen Hunden isolierte Hunderassen gab. Dass es heute eine derart große Zahl von Jagdhunderassen gibt, ist vielmehr ein Hinweis darauf, dass der Sprung vom Dorfhund zum Jagdhund sehr einfach ist und in allen Weltgegenden und zu jeder Zeit immer wieder von neuem stattfand.

In Kapitel 2 beschrieb ich die Dorfhunde und ihre kommensalistische Beziehung zum Menschen. Ich verwendete eine Methode der Anthropologie und verglich das Leben der Menschen auf Pemba heute mit jenem der Jäger- und Sammlergesellschaften des Mesolithikums. Ich hielt fest, dass die Hunde auf Pemba nicht direkt mit den Urhunden verglichen werden können, aber die Prozesse und Faktoren ihrer Selektion veranschaulichen, wie die Entstehung des Ur-Hundes vielleicht vonstatten ging. Als ich schrieb, dass die Menschen auf Pemba im Allgemeinen Hunde nicht mögen und ihnen aus dem Weg gehen, bezog sich das in erster Linie auf jene Bevölkerungsgruppen, die als Jäger und Sammler leben, und ließ zum damaligen Zeitpunkt den Teil der landwirtschaftlich aktiven Bevölkerung außer Acht, die Hunde sehr wohl mehr oder weniger mögen und regelmäßig bei der Jagd einsetzen. Die Menschen auf Pemba haben Jagdbegleithunde und verwenden sie zur Jagd auf Schädlinge.

Ich erforschte gerade die Futtersuche der Dorfhunde auf Pemba, als mir zufällig ein Affenjäger mit seinen sechs Hunden über den Weg lief. Sie sahen genauso aus wie die Dorfhunde, folgten allerdings dem Jäger, was auf Pemba ein für Hunde seltenes und ungewöhnliches Verhalten ist.

Der Mann machte Jagd auf Grüne Meerkatzen, die auf Pemba als Schädlinge gelten, weil sie die Ernte vernichten. Die Mangobauern hatten ihn angeheuert, um die Affen zu töten, die ihre Haine plünderten. Es war ein Job, der gut bezahlt wurde. Ich hatte schon vor Jahren auf Affen spezialisierte Jagdhunde auf den Westindischen Inseln, auf St. Kitts, kennen gelernt. Dort fraßen die Meerkatzen das Zuckerrohr, und die Jäger erhielten für jeden erlegten Affen Kopfgeld. Auf St. Kitts waren aber die Affen selbst als Braten begehrt. „Affenfleisch schmeckt süß“, erklärte man mir. Als ich den Jäger auf Pemba danach fragte, schnitt er eine Grimasse, als hätte ich ihn danach gefragt, ob er Ratten esse.

Waren seine Hunde gute Jäger? Er sagte mir, seine Hunde wären sehr gut und hätten schon viele Affen gefangen. Er tippte einen der Hunde mit dem bloßen Fuß an und rollte ihn auf den Rücken, damit ich die Narben an seinem Hals und seinem Unterkiefer sehen konnte. (Er mochte seine Hunde nicht wirklich berühren, das mit dem Fuß zu machen, war ein interessanter Kompromiss, wie er doch seinen Stolz befriedigen und die Tüchtigkeit seines Hundes als Affenjäger beweisen konnte.)

Ich fragte ihn, ob die Narben bewiesen, dass sein Hund ein guter Jäger sei. „Nein“, antwortete er, „ich weiß, dass meine Hunde gut sind, weil ich mit meinen Hunden jedes Mal den ersten Preis im Jagdhundeklub gewinne.“ Ich war sprachlos. Der erste Preis im Jagdhundeklub?! Ich war völlig überrascht, denn angeblich mochten die Leute hier doch wie in Kapitel 2 beschrieben gar keine Hunde. Tun sie auch nicht. Es gibt aber gleichzeitig auch die mit Jagdhunden arbeitenden Jäger.

Die Jäger auf Pemba machen Jagd auf Schädlinge und auf alles, was auf den Feldern Schaden stiftet. Grüne Meerkatzen plündern die Mangohaine genauso wie die Gemüsefelder. Affen können sich ja von allem ernähren, was dem Menschen als Nahrung dient, und sind damit seine Nahrungskonkurrenten. Der zweitwichtigste Schädling ist die wunderschöne Ginsterkatze. Sie lebt in Dorfnähe und macht Jagd auf Hühner und Enten.

Wichtig bei der Sache ist, dass die Menschen und die Hunde nicht auf Jagd gehen, um sich Nahrung zu beschaffen. Die Pembaner sind Moslems und haben strenge Vorschriften, die ihnen untersagen, Affen oder Ginsterkatzen zu essen. In England sind Nerze und Füchse Schädlinge, auch ihr Fleisch wird

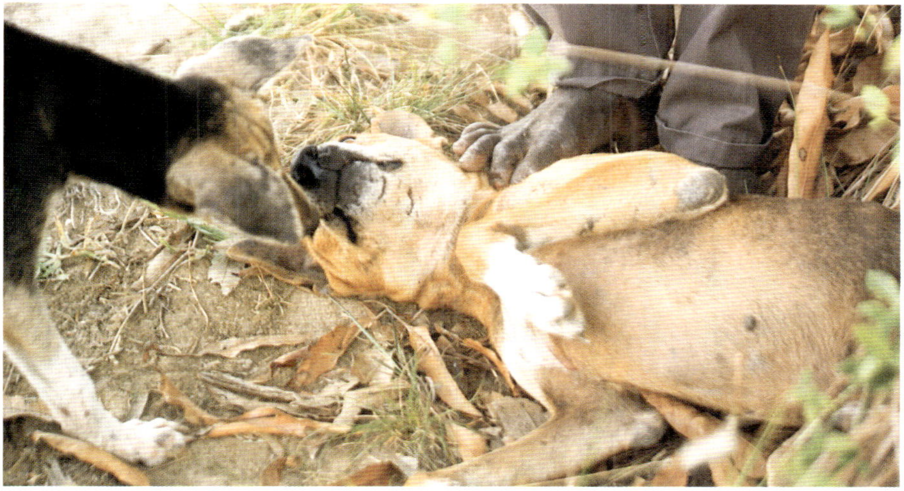

Ein guter Affen-Hund. Hier haben wir einen guten Jagdbegleithund. Seine Qualität lässt sich weniger an den Narben, die er in seinen vielen Kämpfen mit Affen davontrug, ablesen, sondern daran, dass er bei der Preisverleihung im örtlichen Jagdklub meistens den Gewinn davonträgt. Der Besitzer hat den Hund gerade mit dem Fuß auf den Rücken gedreht. Er mag Hunde zwar, aber nicht so sehr, dass er sie auch gerne anfasst.

nicht verzehrt. In Amerika essen wir auch keine Kojoten und Ratten, obwohl Menschen und Hunde Jagd auf sie machen. Kaum jemand isst Waschbären. Ein derartiges Verhalten ist bei Jägern also durchaus üblich.

Farmer und Rancher heuern in vielen Regionen der Welt Jäger an, um ihr Eigentum von Schädlingen frei zu halten. Wolfsjäger in Portugal ziehen von Stadt zu Stadt und stellen ihre Beute zur Schau, und die Hirten zahlen ihnen eine kleine Belohnung dafür, wenn sie derart schlimme Schädlinge erledigt haben. In Amerika bezahlen Rancher die Jäger, damit sie mit ihren Hunden kommen und Kojoten aufspüren und töten. In früheren Jahrzehnten bekamen die Jäger von den Ranchern nicht nur Kopfgeld für die Kojoten, sondern konnten auch die Felle verkaufen. Jagdklubs in Großbritannien ziehen mit Terriern von Farm zu Farm und verbringen ganze Tage auf der Rattenjagd. Früher bezahlten die Farmer die Jäger auch, wenn sie Dachse, Füchse und Nerze erlegten. Ich unterhielt mich einmal mit einem englischen Bauern, der einen Jäger und seine Lurcher-Hunde bestellt hatte, um der Hasen Herr zu werden. Sieben Hasen fressen so viel Gras wie ein Schaf, erzählte er mir. Der Jäger erlegte 450 Hasen, was, so behauptete der Bauer, noch nicht einmal spürbare Auswirkungen auf die Population hatte. Die Hasen gelten in diesem Beispiel nicht als Beutetiere oder Nahrungsquelle, sondern schlicht als Schädlingsart. Meine liebste Geschichte über Schädlingsarten ist die von den Forellen- und Lachsklubs, die Jäger engagierten, um Otter zu jagen und ihre Flüsse von diesem lachsfressenden „Ungeziefer" zu befreien. Der „Compleat"-Angler Isaac Walton hielt Otter für die schlimmsten Schädlinge von allen.

Lurcher sind übrigens eine Kreuzung von Greyhounds und einer beliebigen anderen Rasse. Meistens handelt es sich bei der anderen Rasse um Border Collies, es kann aber auch fast jede andere Rasse sein – Saluki, Bedlington Terrier, American Pitbull Terrier, Airedale Terrier usw.. Sie werden alle gern genommen und haben alle eine spezielle Eigenschaft, die gut zum Wesen des Greyhounds passt, sodass die Verpaarung Hunde für ganz bestimmte Aufgaben ergibt. Ich erwähne das deswegen, weil betont werden soll, dass sich jeder Hund als Jagdbegleithund eignet, wenn er nur imstande ist, seine Leistung in einer bestimmten Umgebung zu bringen. Außerdem gibt es bei Jägern, die mit Jagdbegleithunden arbeiten, seit langem die Tradition, dass jeder seine eigene Hundeart für ganz bestimmte Zwecke züchtet.

Wenn die Leute Jäger und ihre Hunde anfordern, um ihr Gebiet von Schädlingen befreien zu lassen, dann tun sie das deswegen, weil sie glauben, dass die Jäger ihnen helfen werden, ihr Problem erfolgreich zu bekämpfen. Dabei ist die Jagd nur Nebensache. Wo immer ich auch war, galt die Leidenschaft der Menschen gar nicht der Jagd selbst oder der Beute, sondern dem Beobachten der Hunde bei der Arbeit. Die Jagd ist zum Sport geworden. Die Bezahlung ist dabei – ganz wie bei dem Affenjäger meiner Geschichte, der dafür bezahlt wurde, auf einer bestimmten Farm auf Jagd zu gehen – nur ein extra Bonus für etwas, was man sowieso gerne tut.

Ich trat zwei der Ginsterkatzen-Jagdklubs auf Pemba bei, und zwar keineswegs, weil ich Ginsterkatzen töten wollte. Aber ich liebe es, Hunden bei der Arbeit zuzusehen. Ich kaufte mir eine wirklich gute Hündin und ließ sie auf Pemba. Sie gehört zu den Spitzenhunden in einem der Spitzenklubs und ich bin sehr stolz auf „meinen" Hund. Ich schicke dem Jagdmeister Geld, damit er gut für sie sorgt, ich hoffe, dass sie Junge bekommt, und werde auch für sie sorgen. Ich war ein so guter Hundemäzen, dass sogar ein Klub nach mir benannt wurde (zumindest solange ich dort war).

Ich finde die Jagdklubs auf Pemba großartig. Ich konnte dort gelegentlich auftauchen und vorschlagen „Organisieren wir doch eine Jagd". Alle, die Dorfhunde inklusive, sind begeistert, Vorkehrungen werden getroffen und wir vereinbaren einen Treffpunkt.

Wir sammeln uns am Treffpunkt, etwa 20 Klubmitglieder, eine Reihe Zuschauer und rund 50 Hunde, die jeweils ihren Jäger begleiten. Nach den

Die Hundemeute des Ray-Jagdklubs. Das hier sind die besten Hunde der Welt, nicht weil sie die meisten Ginsterkatzen erlegt hätten, sondern weil unser Klub der beste ist. Und der beste Klub hat immer die besten Hunde (... falls Sie verstehen, was ich meine ☺).

Die Hundemeute der Nerzjagd. Man beachte, wie sehr die Hundemeute für die englische Nerzjagd der für die afrikanische Ginsterkatzenjagd gleicht.

Anfangsritualen, bei denen während des Eintreffens der Jäger die Geschichten vergangener aufregender Jagden erzählt werden, machen wir uns schließlich in jene Gegend auf, in der irgendjemand eine Ginsterkatze gesichtet hat. Dann gibt es jede Menge Geschrei, es wird mit Stöcken auf die Büsche geschlagen, bis früher oder später eine Ginsterkatze davon wach wird (es sind nachtaktive Tiere) und sich rührt. Das wird von einem Hund mit einem lauten Aufjaulen quittiert, und die Jagd geht für Hund und Mensch los. Die Aufregung steigt. Jede Menge Anweisungen werden geschrien. „Fang sie dort drüben am Engpass ab!" Dann haben wir die Ginsterkatze verloren. Alles wird still. Dann finden wir sie wieder, die Hunde bellen, die Menschen schreien noch mehr Anweisungen. Früher oder später wird die Ginsterkatze gefangen, vielleicht ist es jemandem gelungen, sie mit dem Stock zu erwischen, oder ein Hund hat sie gepackt. Ein Hund schnappt sich die Ginsterkatze und stolziert damit herum, während die anderen Hunde daran ziehen und zerren. Alle legen an der Fangstelle eine Rast ein (ich ganz besonders), und die Jäger setzen sich zusammen, plaudern und scherzen glücklich über die Jagd und gehen die wichtigen Momente, als man das Tier fast verloren hatte, fast erwischt hatte und besonders ruhmreiche Augenblicke noch mal durch: „Hast du gesehen, wie mein Hund..." oder „Ich glaube der und der Hund hat sie verloren."

Die Ginsterkatze wird schließlich auf einen Stock gespießt und im Triumphzug aus dem Wald getragen. Irgendwo hält der Zug wieder an, ein rituelles Feuer wird aufgebaut, die Ginsterkatze wird gebraten und zerteilt, und jeder Hund bekommt ein winziges Stück. (Normalerweise ist das das Signal dafür, dass mein Jahresbeitrag fällig ist.) Es ist eine wirklich aufregende Jagd mit lauter guten Kameraden und tollen Hunden. Darum bin ich dort Mitglied. Und wie sich herausstellt, sind alle anderen ebenfalls deswegen Mitglieder – um die Hunde zu beobachten und dann mit den Kumpeln Geschichten austauschen zu können.

Aber ist die Jagd außer guter Unterhaltung auch nützliche Arbeit ? Ist sie ein Fall von Symbiose zwischen Mensch und Hund? Jagen und erlegen die Hunde Ginsterkatzen, um ihren Anteil an der Symbiose mit dem Menschen zu erfüllen und ihren Beitrag zur mutualistischen Beziehung und zur Ökonomie zu leisten? Gehen die Jäger auf Jagd, um Schädlinge zu dezimieren, damit sie mehr Hühner haben und die hungrigen Kinder ernähren können? Unterstütze ich die Hundeklubs, weil sie in einem derart proteinarmen Land zur Rettung der Hühner beitragen?

Ich glaube nicht. Ich habe diese Frage oft und oft gestellt: „Warum machst du Jagd auf Ginsterkatzen (oder Affen)?" Als Erstes bekam ich immer zur Antwort: „Es macht Spaß, die Hunde bei der Arbeit zu sehen." Ich dränge und frage weiter, um eine bessere und verantwortungsbewusstere Antwort zu bekommen. Aber ich bekomme sie nie. Dann formuliere ich die Frage anders: „Sind Ginsterkatzen nicht schreckliche Schädlinge?“ Und dann dämmert ihnen, auf welche Antwort ich aus bin, und sie erzählen mir, was für schlimme Schädlinge Ginsterkatzen sind und dass sie daher gejagt werden müssen. Auf St. Kitts setzt man „Affe“ an die Stelle von „Ginsterkatze“, in Großbritannien „Nerz“ und in Amerika „Kojote“, die Geschichte ist überall die gleiche.

Fuchsjäger haben zu der Sache einen etwas anderen Zugang. Sie erklären, dass die Fuchsjagd Tradition hat. Sie müssen ihre Schädlinge extra aufziehen und dann freisetzen. Ein begeisterter Hasenjäger in England ist gleichzeitig Vorsitzender der Hasenschutzbewegung. Er will verhindern, dass diese entsetzlichen Weideschädlinge ausgerottet werden, weil man sie sonst nicht mehr jagen kann.

Ich glaube, wir können aus der Geschichte der Jagdbegleithunde von Pemba einiges lernen. Als Erstes, dass Jagdbegleithunde zur bäuerlichen Kultur gehören und nicht zu den Jägern und Sammlern. Können wir daraus schließen, dass Jagdbegleithunde erstmals im Neolithikum eingesetzt wurden und nicht schon in den Jäger- und Sammlergesellschaften des Mesolithikums? Können wir den Schluss ziehen, dass Jagdbegleithunde von Anfang an im Jagdsport und der Schädlingsbekämpfung eingesetzt wurden und nicht als Gehilfen bei der Jagd auf Beutetiere als Nahrung?

Es gibt durchaus Fälle, wo Hunde verwendet werden, um Fleisch für den Menschen zu erbeuten. Ich habe mich aber immer gefragt, ob insgesamt gesehen Hunde, die Fleisch für den Menschen erlegen, jemals besonders wichtig waren. Die Hypothese, dass der Mensch sich ursprünglich den Hund als Jagdgehilfen nahm, ist zwar sehr beliebt, hat in meinen Augen aber nie besonders Sinn gemacht. Manchmal wird behauptet, die Zusammenarbeit zwischen dem Menschen mit seinem überlegenen Gehirn und dem Wolf mit seiner überlegenen Sinneswahrnehmung und Schnelligkeit brachte beiden am Ende des Tages mehr Beute ein – wenn sie kooperierten und die Beute teilten. Mir ist aber nicht bekannt, dass je eine dieser Vorstellungen von Anfang bis Ende auf ihre Kalorienbilanz durchgerechnet oder der Versuch gemacht worden wäre, einen positiven Kalorieneffekt pro Arbeitseinheit für zumindest eine der beiden Spezies nachzuweisen.

Meist nimmt man nur an, aufgrund der Tatsache, dass Menschen in Gruppen jagen und Wölfe in Gruppen jagen, nützt es beiden Seiten, wenn sie sich zusammentun. Man setzt dabei auch voraus, dass es zahme und abgerichtete Wölfe gibt, die eine lebensnotwendige Ressource mit den Menschen teilen.

Wenn ich aus der Sicht des Biologen den Energieverbrauch der Menschen und der Hunde berechne, die beim Beutemachen kooperieren, ergibt sich für keine Seite ein eindeutiger Vorteil. Man müsste eine richtige Studie durchführen und nachmessen, wieviel Energie ein Hund bei der Jagd verbraucht, dazurechnen, wieviel Energie der Mensch bei dieser Jagd verbraucht, und dann die Zahl durch den Kaloriengehalt der erlegten Beute dividieren. Die Gleichung könnte so aussehen:

x Kalorien-Gehalt eines Hasen : x Kalorien-Verbrauch von Mensch und Hund zum Erlegen des Hasen.

Ist das Ergebnis größer als eins, dann ist das eine Bestätigung für die Theorie des mutualistischen Jagens. Meine eigenen Jagderfahrungen mit Hunden belegen eher das Gegenteil, wenn ich mit fünf Beagles einen Hasen jage, brauchen wir eine Kalorienbeihilfe, um das überhaupt machen zu können.

Wenn ich die Evolution vom wölfischen Vorfahren zum hoch spezialisierten Retriever vor diesem Hintergrund betrachte, dann verwerfe ich die Wolf-wird-Jagdhund-Theorie gleich wieder. Ich nehme an, im späten Mesolithikum hatten weder die Menschen noch die Wölfe so üppige Nahrungsreserven wie meine Retriever und ich heute. In der alten Zeit gab es bei der Gleichung Energiekonsum vs. Energieverbrauch nicht den einfachen Ausweg Supermarkt, wenn die Beute entkommen war. Woher sollten sie außerdem die Energie genommen haben, die sie in das Experiment der Wolfszähmung hätten investieren müssen? Der Energiehaushalt der Wölfe im späten Mesolithikum war – so wie bei allen großen Raubtieren – sehr knapp bemessen. Immerhin war es 12 000 Jahre vorher zu einer deutlichen Reduktion der Größe der Wölfe gekommen, was darauf hindeutet, dass die Umwelt ihnen nicht mehr so viel Nahrung bot. Wenn die meisten Wölfe am Verhungern waren (und darauf baut die Theorie von Darwin auf), dann hatten sie andere Prioritäten, als ihre Nahrung mit einer anderen Spezies zu teilen. Ich nehme an, auch die mesolithischen Jäger- und Sammlerpopulationen gehorchten dem Theorem von Malthus, dass eine Zunahme der Bevölkerung zu einer Erschöpfung der Nahrungsreserven führt. Auch die durchschnittliche Größe des Menschen ging vor 12 000 Jahren zurück, was ebenfalls auf eine Abnahme der Menge oder Qualität der verfügbaren Nahrung hinweist. Die Menschenpopulation muss mit Nahrungskonkurrenz zu kämpfen gehabt haben. Ich würde vermuten, die Jäger und Sammler gingen mit ihrer Energie sehr sparsam um, so wie andere Tierrassen auch. Ein Typ, der mit einer Höhle voller kaum sozialisierter Hauswölfe herumexperimentierte, gehört wohl nicht zu den Energiesparern.

Die Geschichte der Jagd mit Hunden, vor allem der Jagd auf große Tiere wie Rotwild, bei der sich der Energiegewinn eher lohnt, zeigt, dass es sich dabei um das Privileg einiger reicher Jagdsportler handelte. Es ist eine Beschäftigung für Menschen, die einen Ressourcenüberschuss zur Verfügung haben. Man muss viel Zeit und Arbeit aufwenden und über viel Wissen verfügen, um einen für die Arbeit geeigneten Hund zu züchten und abzurichten. Und nicht jedes Mal läuft es gut und der Hund wird ein guter, erfolgreicher Arbeiter. Ich glaube einfach nicht, dass Hunde bei der Jagd auf Nahrung jemals eine wichtige Rolle als mutualistische Symbionten spielten, lasse mich aber gerne eines Besseren belehren.

Aber gehen wir doch einmal der Frage nach, ob nicht die ersten Jagdhunde vielleicht auf Schädlingsbekämpfung spezialisierte Hunde waren. Je öfter ich die Jagdbegleithunde beobachte, desto überzeugter bin ich, dass es sich bei den ersten Jagdbegleithunden um Hunde handelte, die zur Jagd auf Schädlinge eingesetzt wurden. Wenn das richtig ist, dann muss der Mutualismus mit diesen Hunden eindeutig im Neolithikum (also vor weniger als 10 000 Jahren) und nicht schon im Mesolithikum angesiedelt werden. Schädlinge sind Tiere, die unsere Feldfrüchte und Nutzpflanzen plündern. Die Jagd auf Schädlinge machte erst Sinn, als es den Pflanzenbau gab und die Ernte einen wesentlichen Teil der menschlichen Ernährung ausmachte. Schädlinge gibt es rund um das Dorf immer. Sie sind geschickte Futterkonkurrenten des Menschen und eine Plage.

Kommen die Teilnehmer einer Jagd auf Schädlinge energetisch auf ihre Rechnung? Zahlt es sich für die Dorfbewohner aus, ein Rudel Hunde gegen die Schädlinge zu halten? Anders gesagt, ergibt die Gleichung: Kilogramm vor Schädlingen bewahrter Nahrungsmittel dividiert durch den Energiebedarf von Mensch und Hund bei der Jagd auf Schädlinge eine Zahl, die größer ist als eins?

Vielleicht – aber auch das bezweifle ich. Mir ist klar, dass die Hauptaufgabe (und ein hoher Energieverbrauch) eines jeden Bauern darin besteht, seinen Ertrag vor Schädlingen zu schützen. Rancher im Westen der USA investieren unglaublich viel in die Jagd auf Kojoten und den Schutz ihrer Schafe vor einer Reihe weiterer Räuber. Ein Freund von mir verbringt mehr als die Hälfte seiner Arbeitszeit auf der Ranch damit, seine Schafe vor Schädlingen zu schützen. Ob die Rechnung auf Pemba aber aufgeht, dass der Energieverbrauch von 50 Hunden und 30 Männern, die aufgeregt herumrennen und versuchen, eine zwei Kilogramm schwere Ginsterkatze zu fangen, mehr oder weniger dem Energiegehalt der Hühner entspricht, die sonst von der Ginsterkatze gefressen worden wären, ist zweifelhaft. Im Prinzip ist es wohl möglich – schließlich sind die Hunde auf Pemba recht klein und leben hauptsächlich von Abfällen. Wenn aber die englischen Nerzjäger für ihre Hunde Futter kaufen und sie im Wagen Hunderte Kilometer weit transportieren, dann kann die Rechnung nie im Leben aufgehen. In Wahrheit ist die Jagd mit Hunden einfach ein wunderbarer Sport.

Die erste Lektion, die wir von den Jäger- und Sammlergesellschaften des heutigen Pemba lernen, besteht darin, dass es nicht die Jäger- und Sammlerkultur ist, die mit Hunden auf die Jagd geht. Es ist die agrarische Lebensweise, in der sich die mutualistische Beziehung zu entfalten beginnt. Die Hunde sind keine Jagdgehilfen bei der Beschaffung menschlicher Nahrung. Bei der mutualistischen Beziehung zwischen Menschen und Hunden geht es um den Schutz der Ernte. Man könnte sogar sagen, dass es sich um einen Fall von echtem Mutualismus handelt, da die Hunden von den Abfällen der Ernte profitieren, zu deren Schutz sie beitragen.

Die zweite Lektion, die ich bei den Jagden auf Pemba lernte, ist die, dass die Initiative zur Jagd von den Menschen ausgeht. Die Hunde haben normalerweise von sich aus kaum ein Interesse an der Jagd. Damit aus einem Welpen ein Jagdhund wird, muss man ihn schon sehr früh aus seiner natürlichen Umwelt herausholen und ihn während seiner kritischen Phase in einer speziellen Umgebung aufziehen, die seine Neigung zum Jagen fördert, sobald er erwachsen ist.

Selbst dann gehen Hunde selten wie Wölfe von sich aus auf die Suche nach Beute. Sie liegen vielmehr im Dorf herum und fressen Abfälle und Reste (von denen ein Teil von ihren menschlichen Jagdgefährten für sie reserviert wurde). Die Jagd fängt mit einem Menschenauflauf samt Hunden an einem vorher vereinbarten Ort an, von dem es dann in das eigentliche Jagdrevier geht. Die Hunde folgen einfach den Menschen. Sie werden dadurch zum Jagen angeregt, dass die Menschen begeistert jagen. Es handelt sich um einen Fall von Mitmach-Effekt. Die Hunde jagen, weil die Menschen und andere Hunde jagen. Sie jagen Ginsterkatzen, weil die Menschen und die anderen Hunde Ginsterkatzen jagen. Sie töten Ginsterkatzen, weil die Menschen und die anderen Hunde Ginsterkatzen töten. Wenn meine Jagdfreunde auf Pemba in ein Gebiet mit potentiellem Ginsterkatzen-Vorkommen gehen würden, dort rufen, schreien und eine Ginsterkatze aufstöbern, dann aber kehrt machen und nach Hause gehen würden, ohne die Ginsterkatze erlegt zu haben, dann würden die Hunde den Menschen nach Hause folgen. Einige Jagdbegleithunderassen von heute würden auch aus eigenem Antrieb jagen. In diesen Fällen geht die Motivation für die Jagd auf innere Ursachen und nicht auf äußere zurück. Sie ähneln schon mehr den normalen Jagdhunden in Kapitel 6.

Jagdbegleithunde jagen *nicht* – ich wiederhole, sie jagen *nicht* –, um Nahrung zu beschaffen. Die Hunde nehmen auch nicht an der Jagd teil, weil sie am Schluss Futter bekommen. Wenn sie die Ginsterkatze erlegt und getötet haben, fressen sie sie auch tatsächlich nicht. Es gibt keine Keilerei ums Fressen. Sie haben offenbar das Element Zerreißen der Beute nicht in ihrem Bewegungsablauf. Wenn die Menschen die Ginsterkatze zerschneiden, fressen die Hunde sie. Auch in diesem Punkt sind sie den Herdenschutzhunden sehr ähnlich. Für die Schlittenhunde, die im nächsten Kapitel behandelt werden, ist die unmittelbare Belohnung das Spielen mit anderen Hunden oder Menschen – Spielen in dem Sinn, dass es keine biologische Belohnung wie Futter oder Fortpflanzungsmöglichkeiten für den hohen Energieverbrauch gibt. Es ist für die Hunde genauso ein Sport wie für die Menschen. Sie gehen auf Jagd, um einem sozialen Bedürfnis nachzugehen.

Unterscheiden sich die Hunde auf Pemba von unseren heutigen, sorgfältig gezüchteten westlichen Jagdhunden? Ich glaube nicht. Ich halte sie für genauso hoch entwickelt. Ich nahm mit einem TV-Team an einer Nerzjagd in England und einer Ginsterkatzenjagd auf Pemba teil. Die Briten ließen die Hunde aus den Autos, gingen zum Fluss, bliesen ihre Jagdhörner und gaben seltsame Geräusche von sich. Die Hunde wurden ganz aufgeregt und folgten ihren Menschen. Es gab zwischen den beiden Jagden nur zwei Unterschiede. Erstens hatten sich die Menschen auf Pemba nicht mit roten und gelben Jacken herausgeputzt, und zweitens erwischten die Hunde auf Pemba ihre Beute.

Die dritte Lektion, die ich bei der Untersuchung der Jäger-, Sammler- und Bauernkultur auf Pemba lernte, war, wie man einen Hund zu einem auf eine bestimmte Tierart wie die Ginsterkatze spezialisierten Jagdhund macht. Wie erreicht man, dass ein Hund nur Ginsterkatzen oder nur Füchse oder nur Nerze jagt? Auch dabei, glaube ich, unterscheiden sich die alte und die moderne Methode nicht. Man nimmt irgendeinen Dorfhund, der mit Hühnern und Kühen aufwächst. Am besten nimmt man ganz junge Welpen. Man bindet sie fest und füttert sie. Man neckt und ärgert sie mit einem frischen Ginsterkatzenfell. Wenn sie größer sind, nimmt man sie gemeinsam mit anderen Hunden mit auf die Jagd. Man feuert sie an, zu jagen. Wie man jagt und worauf man Jagd macht, lernen sie von den anderen Hunden. Ab dann verstärkt jede Jagd, auf die man den Hund mitnimmt, die Spezialisierung auf ein bestimmtes Beutetier. Dieses Rezept klingt ganz wie das der Navajo für die Aufzucht von Herdenschutzhunden.

Als ich auf Pemba an der Jagd mit den 50 Hunden teilnahm, hatte ich den Eindruck, dass nicht alle von ihnen wirklich jagten und einige sich bis zum Schluss bereits verabschiedet hatten und nach Hause gelaufen waren. Bei den englischen Nerzjagden ist das ganz ähnlich, wie mir die Jäger erzählten. Die Nerze wurden erst vor einigen Jahren in England eingeführt. Gleichzeitig wurde die Otterjagd verboten, weil die Otterpopulation bereits gefährlich geschrumpft ist. Die neu entstandenen Nerz-Jagdklubs rekrutierten Hunde aus anderen Klubs, Foxhounds, Otterhounds oder Hunde für die Hasenjagd und „lehrten" sie die Jagd auf Nerze. „Bislang haben wir noch keinen Nerz-Hound", sagte ein Experte. „Manche Hunde brauchen jahrelang, bis sie auf Nerz umgestellt sind", erklärte ein anderer.

Wenn man einen Hund als Nerz-Hound oder einen Ginsterkatzen-Hound bezeichnet, klingt das nach eigener Rasse: „Bislang haben wir noch keine(n) Nerz-Hound (Rasse)." Vielleicht meinte der Befragte ja keine Rasse im Sinne des Hundezuchtverbands. Dass einige Jagdmeuten aus Hunden mit einheitlichem Körperbau, einheitlicher Farbe und einheitlichem Verhalten bestehen, heißt noch nicht unbedingt, dass es sich um eine sexuell isolierte Hundepopulation mit einer Anpassung an die Nerzjagd handelt. Die Hunde einer wirklich guten Jagdmeute sind alle gleich groß, bellen gleich und haben die gleiche Färbung. Für wirklich gute Jagden ist das wichtig, weil gleich große und gleich gebaute Hunde auch gleich schnell und mit dem gleichen Bewegungsablauf laufen. Dadurch steigt die Wahrscheinlichkeit, dass sie miteinander laufen. Das wiederum verstärkt den Rudeleffekt und ist in sich eine Motivation, das Verhalten fortzusetzen. Wenn ein Hund sich von der Meute zu weit absetzt oder zu weit zurückbleibt, weil er ein besserer oder schlechterer Läufer ist, verliert er das Interesse an der Jagd und kehrt um. Wenn alle Hunde in der Meute homogen sind und sich ähnlich verhalten, wird die Aufregung maximiert.

Wenn man eine Jagdhundrasse entwickeln will, gründet man als Erstes eine Meute. Einige Hunde davon werden als Jagdhunde besser geeignet sein als die anderen. Manche Hunde werden dem Jagdmeister folgen, den Nerz aufstöbern oder – besonders wichtig – den Nerz besser anzeigen als die anderen. Einige sind deswegen besser, weil sie mit anderen Hunden zusammenarbeiten. Jene Hunde, die sich von den anderen abheben, werden besser versorgt, besser ausgebildet und bekommen schließlich mehr Möglichkeiten zur Fortpflanzung. Die Hunde, die im Dorf bleiben, statt mit auf die Jagd zu gehen, oder die den Nerz nicht anzeigen, werden vielleicht eliminiert, jedenfalls aber nicht für die weitere Züchtung verwendet. Manche Hunde werden sich – ganz wie bei den Herdenschutzhunden auf Viehtrieben – einfach verlaufen und zurückgelassen.

Jede neue Hundegeneration besteht aus besseren Jagdhunden und aus einander immer ähnlicheren Tieren. Die Entwicklung der Rasse verläuft ganz ähnlich wie die bei den Hirtenhunden. Aber Achtung: Diese sorgfältig selektierten Hunde sind keine Rasse. Die einzelnen Tiere besitzen keine ererbten (genetischen) Fähigkeiten, die sie außerhalb der Meute auszeichnen würden. Wenn ich einen wirklich guten Hund aus einer Meute nehme und in eine andere mit Hunden anderer Größe hineinstecke, könnte er sich als völlige Niete erweisen, was nur daran liegt, dass er mit den anderen Hunden nicht einheitlich zusammenarbeiten kann.

Dass sich ein Hund auf eine einzige Beutetierart spezialisiert, ist auf zwei verschiedene Prozesse zurückzuführen. Erstens wachsen die Welpen in einem Dorf oder auf einer Farm auf, wo sie auf Nutztiere geprägt werden. Foxhounds werden heute zum Beispiel von so genannten Welpensittern aufgezogen. Das sind häufig Bauern und Farmer aus dem Ort, die die Welpen während der gesamten kritischen Phase der Sozialentwicklung bei sich auf dem Hof aufziehen. Dadurch machen die Hunde nicht Jagd auf Nutztiere, genauso wenig wie die Herdenschutzhunde Schafe jagen. Der auf diese Weise aufgezogene erwachsene Foxhound kann einen Fuchs quer über einen Bauernhof verfolgen, ohne sich von den wegrennenden Haustieren ablenken zu lassen.

Zweitens lernen die Hunde, eine bestimmte Beuteart zu jagen. Von klein auf werden dazu verschiedene Methoden verwendet, darunter auch die, ein bereits erlegtes Tier dieser Art als Köder vor ihnen herzuschleppen. Sie lernen, was der ganze Aufruhr soll und welche Tierart sie aufstöbern und jagen sollen. Am meisten lernen sie aber durch den Mitmacheffekt von den anderen Hunden. Einen Schlittenhund auszubilden ist einfach, wenn man ein Gespann hat. Es ist einfach, einen Nerz-Hound auszubilden, wenn man eine Meute für die Nerzjagd hat. Wenn es in Großbritannien erst einmal eine gute Meute für die Nerzjagd gibt, wird es nicht mehr lange dauern, bis es auch eine spezielle Hunderasse für die Nerzjagd gibt.

Die Meute einer Jagd nimmt eine ganz eigene Gestalt an. Jagd und Jagdmeute werden zu einer Tradition, an der der gesamte Ort teilhat. Sie werden Teil der lokalen Kultur. Wiederholung und Erwartung führen bei den Hunden zu gesteigerter Aufregung. Im nächsten Kapitel werde ich beschreiben, wie der Mitmacheffekt bei Schlittenhunden ganz ähnlich wirkt, die ja auch rennen, ohne einer Beute hinterherzuhetzen. Die symbiotische Beziehung zwischen Menschen und Jagdbegleithunden bzw. Schlittenhunden hat ihre Wurzeln nicht im für bestimmte Zwecke adaptierten Rudelverhalten der Wölfe, sondern beruht auf dem Element der Selbstbelohnung, das in der Beziehung zwischen Mensch und Hund enthalten ist. Es geht dabei nicht ums Fressen, sondern es handelt sich um selbstbelohnende Aktivitäten. Es macht ganz einfach Spaß.

Bei vielen Jagdklubs ist es so, dass sich eine Person um die Hunde kümmert und sie züchtet und andere Mitglieder (wie ich) sich einkaufen. Der ganze Stolz des Klubs sind die Hunde, die als gute Meute möglichst einheitlich sein und sich von anderen Hunden möglichst deutlich unterscheiden sollen. Eine seltene Farbe etwa kann das Kennzeichen eines bestimmten Jagdklubs, eines bestimmten Hundeexperten oder einer bestimmten Gegend werden. Bei den Foxhounds und teilweise auch bei den amerikanischen Coonhounds findet man wunderbare Beispiele unterschiedlicher Färbung als typisches Kennzeichen.

Der Glaube, dass eine bestimmte typische Färbung gleichzeitig für eine bestimmte angeborene Fähigkeit steht, ist allerdings ein Irrglaube. Das typische Kennzeichen steht nicht für einen amerikanischen Foxhound, sondern für den Jagdklub und die Meute, und ein Hund ist nur so gut wie der Klub. Viele Züchter wählen heute bei präzygotischen Paarungen so aus, als hätte die Farbe eines Hundes etwas mit seiner Qualität als Jagdhund zu tun. Das einzig Gute dabei ist, dass der Hund wie alle anderen Hunde der Meute 40 cm groß ist. Meine

Freunde, die Nerze und Ginsterkatzen jagen, züchten nie auf Farbe, sondern suchen zum Züchten gute Hunde aus, die die richtige Farbe haben.

Bei den Hirten auf den Viehtrieben, die jene Welpen am Leben ließen, die von guten Hündinnen mit der richtigen Farbe abstammten, war es das Gleiche. Auch die Jäger auf Pemba sorgen nicht nur besser für gute Jagdhunde, sondern auch für deren Nachwuchs. Solche Welpen sind wertvoll. Bei Hirtenhunden wie Jagdhunden finden Welpen von herausragenden Hunden rasch einen Käufer. Die Abstammung wird in vielen dieser ländlichen und agrarischen Gesellschaften matrilinear verfolgt. Normalerweise weiß niemand, welchen Vater (oder welche Väter) ein Wurf hat. In afrikanischen Jagdklubs ist man auf eine gute Mutterhündin oder auf eine gute Meute stolz. Ein Welpe aus guter Züchtung kann auch aus einer guten Meute stammen, ohne dass man weiß, wer die Elterntiere waren. Da das Jagen ein erlerntes Verhalten ist, lernen schließlich die Welpen in einer besseren Meute auch besseres Jagdverhalten.

Welpen von guten Mutterhündinnen zu selektieren ist bereits eine Form von Züchtung. Es ist noch nicht unbedingt präzygotische Selektion, aber es bewegt sich in die Richtung. Wenn es in der Gegend hauptsächlich Jagdhunde gibt, dann ist es sehr wahrscheinlich, dass das beste Weibchen von den besten Jagdhunden gedeckt wird. Auch hier sind die Parallelen zur Haltung und Vermehrung der Hirtenhunde auffallend. Wenn wir bei Varro nochmals nachlesen, was er den Hirten über den Kauf eines guten Hirtenhundes geraten hat, dann steht da: „Kauft nie einen Hund von einem Jäger. Und wenn man ein Jäger ist, sollte man nie einen Hund von einem Hirten kaufen. Denn wenn ein Welpe erst einmal in eine bestimmte Richtung geprägt wurde, kann er sich nicht mehr in eine andere entwickeln."

Wenn wir nun den beiderseitigen Nutzen für jede Spezies (Hunde und Menschen) berechnen und feststellen sollten, die Jagd auf Schädlinge bringt keinen ökologischen Vorteil, was dann? Dann stellt sich heraus, dass es sich um reinen Sport handelt. Die überwältigende Mehrheit aller Hundeleute hat – seit es Hunde gibt – einfach Spaß daran, ihre Hunde rennen zu sehen. Für die Hunde lohnt es sich, weil sie dadurch besser versorgt und wertvoll werden. Der Nutzen für die Menschen ist ein rein psychologischer – und zwar nicht nur für die Jäger selbst, sondern für das ganze Dorf. Die Bauern bekommen das Gefühl, jemand kümmert sich um sie, weil ja die Jäger mit ihren Hunden versuchen, die Schädlinge der Region zu bekämpfen. Die Jäger sind Jugendliche aus der Gegend, die ihre Fähigkeit als Jäger und Hundeführer beweisen können. Sie sind stolz auf die Jagd und ihre Hunde. Und alle anderen schauen gern bei der Jagd zu. Während der Filmaufnahmen für die Nerzjagd in England verbrachten rund um die Jagd etwa 100 Menschen einen ganzen Tag bei Regen im Freien.

Wenn ich behaupten würde (was ich auch tue), Haustiere und Familienhunde wirken sich positiv auf das psychische Wohlbefinden ihrer Menschen aus, wäre es dann nicht logisch, dass diese Argumentation auch für die Menschen gilt, die auf ihre Hundemeute stolz sind? Ich habe eine gute Jagdhündin und fühle mich daher gut, selbst wenn die Hündin in Afrika ist. Ich habe einen guten Hund, und die Leute wollen mich in ihrem Jagdklub haben. Ich schaue den Hunden gern bei der Arbeit zu, und das verbindet mich mit Gemeinschaften, in denen die Menschen ebenfalls Hunde mögen. Der Eifer, den Jäger an den Tag legen, zeigt, wie wichtig die Jagd den Teilnehmern ist.

Welchen Nutzen haben die Jagdbegleithunde von dieser symbiotischen Beziehung? Handelt es sich auch für den Hund um einen Fall von echtem Mutualismus? Ich glaube, die Lebensqualität der Jagdbegleithunde steigt, weil sie besser versorgt und mehr geachtet werden. Ein Welpe aus dem Wurf einer guten Jagdhündin hat bessere Überlebenschancen und vermutlich auch eine höhere Lebenserwartung. Auf einer Insel wie Pemba, wo die normalen Dorfhunde nicht sehr beliebt sind, trifft das vermutlich besonders zu. Im Dorf lebt eine eher kleine Gruppe Hunde verteilt über das Dorfgebiet, während der Hof eines Jägers voller Hunde steckt. Anders gesagt heißt das, die Verbreitung der Hunde auf Pemba folgt einem bestimmten Muster. Bei den Jagdhunden ist die Populationsdichte größer als die Nahrungsquelle Dorfabfälle eigentlich zulassen würde. Ihr Talent bringt den Jagdhunden also etwas.

Dass sich jeder Hund für jede Aufgabe eignet, wenn er nur richtig aufgezogen und ausgebildet wird, ist die wichtigste Information in diesem Kapitel. Brian Plummer in Schottland hat eine Truppe von King Charles Spaniels, die durch die Gegend ziehen, Hasen aufstöbern und sie töten. Wir haben es bei diesen Hunden – ohne sie weiter zu kommentieren – jedenfalls mit einer ganz und gar einheitlichen Meute zu tun. Diese Spanielart wird seit Jahrhunderten als Schoßhund gezüchtet. Sie wurden nicht auf ihre Fähigkeiten als Jagdhunde selektiert. Brian, der sich rühmt, ein guter Hundetrainer zu sein, verwendet sie als Beispiel für sein Hauptargument: Wenn man sich etwas gut überlegt und daran arbeitet und wenn man sich mit Hunden gut auskennt, kann man jeder Hunderasse beibringen, jede denkbare Aufgabe zu erfüllen.

In einem Gespräch mit Brian merkte ich an, dass ein Hund *nur dann* jede Aufgabe erfüllen kann, wenn er als Welpe richtig sozialisiert wurde. Ich war mir sicher, Brian würde diese Einschränkung für die Regel, dass man jedem Hund jede Aufgabe beibringen kann, verstehen und akzeptieren. Es sah aber nicht so aus. Also fragte ich Brian, ob man einem King Charles Spaniel beibringen könnte, auf Löwenjagd zu gehen. Oder könnte ein King Charles Spaniel sich einem Viehtrieb anschließen und selbst bei entsprechender Sozialisation die

Schafe vor Wölfen beschützen? Nun, Brian hat Hundeverstand, er kennt sich mit Hunden wirklich aus. Er grinste nur breit und meinte: „Was glaubst du?“

Brian Plummer und seine King Charles Spaniel. Ein guter Teil des Hundeverhaltens entsteht durch Formung während der Frühentwicklung. Die Hasen jagenden Spaniels sind Brian Plummers Beweis dafür, dass man jedem Hund alles beibringen kann.

KAPITEL 5

Rassespezifischer Körperbau

WIE LAUFEN SCHLITTENHUNDE?

Es gibt Hunderte verschiedene Hunderassen. Jede erfüllt einen bestimmten Zweck. Jede hat einen ganz bestimmten Körperbau. Der besondere Körperbau einer Rasse ermöglicht es ihr zumindest theoretisch, ihren Zweck besser zu erfüllen, als das jede andere Rasse oder Spezies könnte. Man könnte auch sagen, dass die kontinuierliche Selektion auf bessere Arbeitsleistung zu einer ganz besonderen Körperform der Tiere geführt hat.

Moderne Schlittenhundgespanne sind über Strecken jenseits der zehn Meilen (das sind 16 km) die schnellsten Tiere der Welt. Kein anderes Tier kann auf Strecken von 10, 100 oder 1000 Meilen mit Schlittenhunden mithalten. Viele Tiere sind auf kurzen Strecken von ein paar Metern, ein paar Hundert Metern oder einer Viertelmeile schneller als Schlittenhunde, aber wenn es um richtige Entfernungen geht, sind Schlittenhunde unschlagbar.

Der Geschwindigkeitsrekord von Geparden, Antilopen und dem Weißschwanzgnu liegt deutlich höher (Gepard 115 km/h, Antilope 98 km/h, Weißschwanzgnu 80 km/h), aber diese Geschwindigkeiten erreichen sie nur auf der Kurzstrecke. Sie können sie nicht über längere Strecken beibehalten. Manche schaffen die Höchstgeschwindigkeit nicht einmal eineinhalb Kilometer weit.

Im Tierreich gelten die Menschen als gute Langstreckenläufer. Marathonstrecken mit 42 km Länge sind verhältnismäßig einfach, und jedes Jahre gehen Tausende Menschen bei Marathonläufen an den Start. Der derzeitige Rekord für die Marathondistanz liegt bei zwei Stunden, sechs Minuten, das sind etwa 20 km/h oder drei Minuten pro Kilometer. Ein Pferd schafft das schneller, auch wenn nur wenige Pferderennen über eine Strecke von 42 km gehen. Der International Desert Marathon in Qatar (Arabisches Emirat) führt über die Standardmarathondistanz (42,2 km). Das Siegerpferd des Jahres 1997, ein Araber, brauchte dafür eine Stunde, 24 Minuten und eine Sekunde – das ergibt ziemlich genau 30 km/h oder zwei Minuten pro Kilometer.

Bei Schlittenhunderennen müssen die besten Gespanne Strecken in Marathonlänge mit einem Tempo von zwei Minuten pro Kilometer bewältigen. Und zwar auf Schnee. Und bergauf, bergab, durch Wälder und über Flüsse, querfeldein und in scharfen Kurven. Und das Ganze mit rund 100 kg Schlitten und Hundeführer hintendran. Unter Idealbedingungen – also auf flachem, geradem

Terrain mit festem Boden – könnte ein Gespann durchaus Geschwindigkeiten von 1,6 Minuten pro Kilometer erreichen. Das wären rund 38 km/h, etwa die doppelte Geschwindigkeit von Menschen.

Das Hundegespann läuft aber am nächsten Tag dieselbe 30 oder 40 km lange Strecke noch mal – beim Menschen oder bei Pferden wäre das unvorstellbar. Und am nächsten Tag vielleicht noch mal! Die Weltmeisterschaft der Schlittenhunderennen in Anchorage, Alaska, geht am ersten und am zweiten Tag über 32 km und am dritten Tag über 43 km. Das ist selbst für die Gewinner keine leichte Sache, aber welches andere Tier auf Erden könnte diese Leistung überhaupt erbringen?

Dann gibt es das Iditarod Trail Race in Alaska, ein Gedenkrennen über fast 1800 km. Als es 1973 das erste Mal durchgeführt wurde, gab es noch nicht einmal eine feste Route. Die Schlittengespanne gingen in Anchorage an den Start und fuhren Richtung Nome, unterwegs mussten sie einige Kontrollstellen passieren. Die Schlittenhundeführer trugen Schneeschuhe und mussten auf der tief verschneiten Strecke den Hunden den Weg bahnen, Flüsse überqueren und Ausschau nach Elchen halten. Der Sieger brauchte im ersten Jahr 20 Tage, 49 Minuten und 41 Sekunden. Heute, 30 Jahre später, gibt es ein Schneemobil, das die Route spurt, und Brücken und Überholspuren. Damit ist das Rennen für Hundeführer wie Hunde viel sicherer geworden und auch schneller. Die Entfernung ist die gleiche, aber die Siegerzeit (und der derzeitige Rekord) betrug im Jahr 2000 nur mehr neun Tage, 58 Minuten und sechs Sekunden. Das heißt, dass die Gespanne pro Tag eine Strecke von 200 km zurücklegen, und das neun Tage hintereinander. Das ist so, als würde man neun Tage lang täglich fünf Marathons laufen! Eine 24-stündige Ruhephase und zwei achtstündige Pausen sind verpflichtend vorgeschrieben. Gibt es irgendein anderes Säugetier, das eine solche Leistung erbringen könnte? Meine Aufgabe ist es nun zu schildern, wie ein Hund das schafft.

Moderne Schlittenhunderennen sind ein Musterbeispiel für eine von Hund und Mensch gemeinsam und mutualistisch erbrachte Leistung. Mutualismus beschreibt eine Lebensgemeinschaft von zwei Spezies, die sich auf beide vorteilhaft auswirkt. Die Hunde erbringen eine Leistung, die der Mensch nicht selbst leisten könnte. Die Menschen geben den Hunden Hilfestellung und Anleitung, damit sie die Leistung für den Menschen erbringen können. Die Belohnung für die Hunde besteht darin, dass sie mit anderen Hunden und den Menschen gemeinsam etwas tun, und darin, dass sie mehr Futter, mehr Fortpflanzungsmöglichkeiten und mehr Schutz vor Gefahren bekommen. Die guten Hunde nehmen teil an einem Evolutionsprozess – und entwickeln den perfekten Körperbau. Eine solche Beziehung zum wechselseitigen Nutzen nennt man auch eine funktionelle Beziehung. Die Aktivitäten des Hundes sind auf jene des Menschen abgestimmt und führen zu Vorteilen für beide Seiten.

Mutualismus im biologischen Sinn bedeutet, beide Spezies passen sich physisch (Veränderungen im Aussehen) oder in ihrem Verhalten aneinander an. Die Veränderungen sind genetischer Natur und dienen dem Zweck, das Zusammenleben effizienter zu machen. So wie es aussieht, verändern sich in einer mutualistischen Beziehung zwischen Menschen und Hunden die Hunde genetisch in puncto Aussehen und Verhalten, während die Menschen ihr Aussehen nicht verändern und ihr Verhalten durch einen Lernprozess anpassen. Menschen können aus der Lebensgemeinschaft mit den Hunden aussteigen, ohne genetische Fitness einzubüßen; ein Hund, der sich spezialisiert und ein bestimmtes Aussehen entwickelt hat, steckt in der Beziehung allerdings fest. Kurz gesagt, das menschliche Leben wäre bis auf ganz wenige Ausnahmen nicht bedroht, wenn plötzlich alle Hunde sterben würden; wenn aber plötzlich alle Menschen sterben würden, könnten die domestizierten Hunde in ihrer heutigen Form nicht überleben. Bei einer solchen Beziehung bekommt der traditionelle Mutualismus eine leichte Schieflage. Genau genommen kann man nicht von wirklichem Mutualismus im strengen ökologischen Sinn sprechen, weil einer der beiden Symbionten sich nicht genetisch an das Zusammenleben mit dem anderen angepasst hat. Unsere Beziehung zu Haustieren entspricht nicht dem, was Biologen Koevolution nennen, bei der eine genetische Anpassung beider Arten stattfindet. Schlittenhunde haben eine genetische Anpassung an das Schlittenziehen durchlaufen, während die Menschen das Führen eines Schlittengespannes nur lernen müssen.

Schlittenhunde haben sich ihre Stellung in dieser sehr spezifischen ökologischen Nische durch die Entwicklung vom einfachen Dorfhund zu einem hoch spezialisierten Wesen mit effizientem Körperbau erworben. Anfangs hieß es bei den Schlittenhundeführern, dass „jeder Hund taugt“. Als aber den Schlittenhunden eine größere Ausdauer und höheres Tempo abverlangt wurden, kristallisierten sich Spezialisten heraus. Das geschah natürlich weder bei den Schlittenhundeführern noch bei den Hunden gezielt und geplant. Im Lauf der Generationen fielen dann aber einzelne Hunde der Population auf, weil sie beim Schlittenziehen besonders schnell oder ausdauernd waren. Die Schlittenhunde von heute sind vermutlich eine Spitzenleistung künstlicher Selektion. Sie gehen ursprünglich auf Hunde zurück, die aus unterschiedlichen ökologischen Nischen stammen und für den neuen Zweck eingesetzt wurden. Meist nimmt man an, dass es sich bei diesen ersten Hunden vor allem um „nördliche“ Rassen handelte, wie Sibirische Huskies, Malamutes oder Grönlandhunde. In Wahrheit gibt es aber auch jede Menge andere Rassen in der Mischung, zum Beispiel

Retriever, Setter oder Greyhounds. Der einmalige Körperbau der heutigen Schlittenhunde wurde relativ rasch durch Kreuzungen erreicht.

Was mich am effizienten Körperbau der Schlittenhunde so fasziniert, ist die Tatsache, dass die meisten Schlittenhundeführer über die wichtigen und spezifischen Merkmale der Schlittenhunde gar nicht Bescheid wissen. Sie züchteten „absichtlich" gute Arbeitshunde, taten das aber auf Grundlage der beobachteten Leistung und ohne zu wissen, welche physischen Merkmale ein Hund aufweisen musste, um einen Schlitten mit hohem Tempo ziehen zu können.

In Alaska legten beim Goldrausch zu Beginn des 20. Jahrhunderts Tausende Menschen große Entfernungen durch unwirtliche Gegenden zurück und mussten dabei samt ihrer Ausrüstung auf Schlitten, die von Hunden gezogen wurden, reisen. Das Überleben eines Menschen hing buchstäblich von den Hunden ab, die er vor den Schlitten spannte. Schlittenhundeführer transportierten Frachten, kontrollierten Fallen, beförderten die Post und überwachten riesige Gebiete – und verdienten sich mit ihren Schlittengespannen so den Lebensunterhalt. Jeder Puncher war stolz darauf, ein großes Gespann lenken zu können. Die wirkliche Bewährungsprobe war zwar, ob man überlebte, es gab aber auch sportliche Wettbewerbe. In den ersten Jahrzehnten des 20. Jahrhunderts gab es „Pelz-Treffen", bei denen die Trapper ihre Pelze verkauften, Freunde und Bekannte trafen und mit ihren Hunden an Wettbewerben teilnahmen, um gleichermaßen Ansehen wie Preisgeld zu gewinnen. Schlittenhunderennen wurden rasch ein wichtiges sportliches Ereignis. Die Welt veränderte sich, Maschinen traten an die Stelle der Hundegespanne und boten viel schnellere und verlässlichere Transportmöglichkeiten. Aber die Wettbewerbe als Unterhaltung blieben und wurden bald selbst ein Wirtschaftszweig. Ein Schlittenhundeführer der Spitzenklasse konnte bei nur einem Rennen ein Preisgeld in Höhe eines Jahresgehalts gewinnen. Besonders gute Hunde wurden sehr kostbar und konnten für teures Geld an einen potentiellen Wettbewerbsteilnehmer verkauft werden. Wer gute Hunde hatte, konnte mit diesen zuerst die großen Preisgelder gewinnen und dann mit den Hunden züchten und die Welpen verkaufen. Die Hundeführer achteten genau darauf, welches Verhalten ihre Hunde zeigten. Nur die besten Hunde wurden miteinander verpaart.

Daher sind Schlittenhunde heute schneller denn je. Die Siegerzeiten der Rennen werden immer besser. Hunde, die vor 20 Jahren noch Rennen gewannen, würden heute nicht einmal mehr zur Teilnahme gemeldet. Als ich Mitte der 60er Jahre mit Schlittenhunderennen begann, galt eine Zeit von 2,5 Minuten pro km noch als sehr gut. Als ich 15 Jahre später mit diesem Sport aufhörte, musste man meist schon eine Zeit von 2,1 Minuten pro km erreichen, um ein Rennen gewinnen zu können. Die Schlittenhundeführer heute wissen so viel mehr über Hunde und Hundeausbildung als ihre großen Vorgänger, dass sie wirkliche

Profis und Meister geworden sind. Von diesen Profis ist keiner so nostalgisch, dass er sich nach den großartigen Hunden der Eskimos zurücksehnen oder auf die Idee kommen würde, nach Sibirien zu fahren, um eine unentdeckte Meute wundervoller Hunde zu suchen.

Die Gespanne, die bei den Toprennen von heute als Sieger durch das Ziel gehen, bestehen gar nicht aus Sibirischen Huskies, sondern aus den sogenannten Alaskan Huskies, einer Mischung aus allem, was wirklich schnell rennt. Es sind meist langbeinige, schnittige Hunde. Sie haben oft die gleiche Farbe und die gleichen Stehohren wie Huskies, dies sind aber rein äußerliche Merkmale, die mit ihrer Schnelligkeit nichts zu tun haben. Die hat ihre Ursache in ihrem Gangwerk. Die Vorderläufe des Alaskan Husky heben kaum von der Schneeoberfläche ab, wenn sie darüber gleiten und den nächsten Riesenschritt machen. Ihre Bewegung im vollen Lauf ist so eben und weich, dass man das Gefühl hat, sie könnten dabei auch noch ein Tablett mit Gläsern auf dem Rücken balancieren.

Um Spitzengeschwindigkeiten über lange Distanzen halten zu können, sind sehr ökonomische Bewegungen erforderlich. Ökonomische Bewegungen ergeben sich aus dem Körperbau eines Hundes. Kein Hund schafft es in das Gespann, wenn er nicht den richtigen Körperbau hat. Als ich in Kapitel 3 die Hunde auf Pemba beschrieb, gab ich den „Rassestandard“ mit 10 bis 13 kg an, weil das genau die Größe ist, die sie von Natur aus haben. Vielleicht würde mir gar nicht auffallen, dass die einheitliche Größe der Hunde eine Anpassung an die ökonomischen Rahmenbedingungen des Dorfhundelebens sind, wenn ich nicht Biologe wäre. Der Rassestandard für die Sibirischen Huskies schreibt vor, dass die Rüden nicht mehr als 27 kg wiegen sollen. Ich vermute, dass die Schlittenhundeführer durch Versuch und Irrtum herausgefunden haben, dass Hunde mit einem Gewicht jenseits der 27 kg ihre Aufgabe weniger gut erfüllen als leichtere Hunde.

In Kapitel 2 und 3 gingen wir der Frage nach, warum 11 bis 12 kg eine Anpassung an die ökonomischen Bedingungen des Dorfhundelebens sind. Wir werden daher jetzt untersuchen, warum ein Gewicht unter 27 kg eine Anpassung an die ökonomischen Erfordernisse von Schlittenhundegespannen sind. Es ist nicht auf den ersten Blick klar, warum nicht ein größerer und kräftigerer Hund für diese Aufgabe besser geeignet wäre. Um ehrlich zu sein, ich habe bisher niemanden gefunden, der mir die Sache hätte erklären können. „Große Hunde sind nicht ausdauernd genug“, erklären mir die Profis. Aber warum nicht? Mich als Biologen, der noch dazu Schlittenhunderennen gewinnen wollte, faszinierte die Sache mit der Größe und dem Körperbau, und ich studierte die rassespezifischen körperlichen Merkmale genauer.

Die Familie der Hunde im Allgemeinen besteht aus großartigen Läufern. Sie sind Zehenläufer (also spezialisierte Läufer, die auf den Zehen laufen). Wölfe, Kojoten und Schakale bewegen sich leichtfüßig durch die Landschaft. Meistens haben sie einen trabähnlichen Gang, wie ein Vogelhund; sie erkunden riesige Gebiete mit der Nase am Boden und versuchen, Spuren von Beutetieren aufzunehmen.

Als Beispiel dafür, wie leicht und natürlich das Laufen für einen Schlittenhund ist, nehmen wir Joanie, eine Husky-Border Collie-Mischlingshündin. Joanie war einer von diesen „Eine Runde an der Leine als Auslauf"- Stadthunden, die ein Wochenende mit uns verbrachte. Auf unserem ein paar Hektar großen, landwirtschaftlich genutzten Gelände konnte sie frei laufen und tun, was sie wollte. Das war noch zu der Zeit, als wir die großen Schlittenhundgespanne hatten und häufig Trainingsläufe absolvierten. Am ersten Tag von Joanies Besuch lief sie mit einem der Gespanne aus dem Hof und joggte ihm 20 km weit hinterher. Danach spannten wir die Hunde ab und stellten ein neues Gespann für die nächste Trainingsrunde zusammen, was in etwa 20 Minuten dauerte. Joanie lief wieder mit, allerdings konnte sie diesmal nicht mehr mithalten. Nach acht Kilometern gab sie auf und lief nach Hause zurück. Ihr vermutlich erster 40-km-Lauf schadete ihr offensichtlich in keiner Weise. Man stelle sich nur vor, irgendein anderes Tier auf der Welt würde eine solche Odyssee ohne vorheriges Training unternehmen und käme dabei aus dem Stand auf 2,5 km pro Minute. Ein Mensch würde im Krankenhaus landen, ein Pferd wäre tot. Keiner von beiden wäre am nächsten Tag auf den Beinen, Joanie aber hüpfte fröhlich herum und war bereit für die nächste Runde.

Die Fähigkeit eines Tieres, eine große Anstrengung länger als ein paar Minuten durchhalten zu können, hängt zu einem großen Teil von seinem maximalen Sauerstoffumsatz ab. Für den Stoffwechsel, der die Energie produziert, ist es entscheidend, dass Sauerstoff zu den arbeitenden Muskeln transportiert und dort verbraucht wird. Hunde haben vor allem rote Muskulatur, was bedeutet, dass sie sehr, sehr viele Blutgefäße besitzen und damit eine hohe Kapazität haben, die Muskeln mit roten, also mit Sauerstoff angereicherten Blutkörperchen und Nährstoffen zu versorgen. Katzen dagegen haben vor allem weiße Muskulatur. Sie haben nicht so viele Blutgefäße, dafür aber sehr viel mehr Nervenverbindungen in jedem Muskel, wodurch der Muskel einer Katze eher weißlich aussieht, während der eines Hundes dunkelrot ist.

Die Katze hat sehr feine und genaue Bewegungen und bewegt sich viel schneller – allerdings nicht sehr lange. Man denke nur an einen Geparden, der mit voller Geschwindigkeit und 115 km/h läuft und ohne ins Stocken zu kommen mit einer geschmeidigen Bewegung eine Vorderpfote ausstreckt und einer Gazelle einen Schlag auf den Kopf verpasst. Die Augen und alles andere im

Nervensystem einer Katze sind im Vergleich viel größer – und viel fantastischer als beim Hund. Ein Gepard, das schnellste Säugetier auf Erden, kann aber mit einem Hund oder Pferd leicht gejagt und gefangen werden. Früher jagten berittene Jäger einem Geparden einfach so lange hinterher, bis seine Muskeln keinen Sauerstoff und keine Energie mehr hatten. Das arme Tier konnte nichts anderes mehr tun als daliegen und keuchen, während die Menschen es packten und in den nächsten Zoo verschickten. Mit seinen Tausenden Blutgefäßen kann der Hund alle Körperteile schnell und kontinuierlich mit Nährstoffen versorgen. Zum Muskel gebrachte oder dort gespeicherte Zucker oder Fette werden – wenn Sauerstoff dazu kommt – verbrannt und setzen die Energie frei, die für die Muskelkontraktionen erforderlich ist.

Sauerstoff wird im Blut von den roten Blutkörperchen, dem Hämoglobin, transportiert. Dieses Hämoglobin ist hellrot, wenn es Sauerstoff trägt. Die Bezeichnung vom Hund als Tier mit roter Muskulatur bezieht sich auf das Sauerstoff transportierende Hämoglobin in den Blutgefäßen der Muskulatur. Gute Wind- oder Schlittenhunde haben derart viel Hämoglobin, dass ihr Blut verglichen mit dem anderer Spezies dick und sirupähnlich ist.

Ein Autor, der sich mit dem Hämoglobin beim Windhund beschäftigte, wunderte sich sogar, dass ihr Herz so einen Schlick überhaupt bewältigt. Wenn ein menschlicher Sportler so viel Hämoglobin hätte, würde man ihn sofort verdächtigen, sich mit Eigenblut gedopt zu haben. Dabei wird dem Sportler ein halber Liter Blut so rechtzeitig vor einem Wettbewerb abgenommen, dass der Körper Zeit hat, das wieder auszugleichen. Ein oder zwei Tage vor dem Wettbewerb bekommt der Sportler das vorher entnommene Blut wieder als Transfusion, wodurch er 10 % mehr Hämoglobin hat. Man erzählt sich, dass einige Olympia-Siege auf diese Weise errungen wurden. Hunde dagegen haben ein eigenes System zur Speicherung von Hämoglobin entwickelt und können es dann freisetzen, wenn sie es brauchen.

Schlittenhunde haben ein weiteres Merkmal, nämlich ihr spezifisches Verhältnis von Größe zu Gewicht, das dazu führt, dass sie bei einem Rennen die besten Leistungen von allen Rassen bringen und schneller als jeder Greyhound und jede andere Rasse sind. Greyhounds sprinten zwar mit 58 km/h die ovale Rennbahn entlang, aber nur über eine kurze Distanz – die Bahnen sind circa 502 m lang, manchmal auch kürzer. Oft genug stand ich auf meinem Schlitten, plagte mich durch Schneematsch und strömenden Regen, schob den Schlitten und feuerte das Gespann an, nur um nach dem Rennen Kommentare zu bekommen wie: „Warum nehmen Sie für das Rennen diese mickrigen kleinen, nur 23 kg schweren Bastarde? Warum legen Sie sich nicht große, kräftige Hunde wie die Malamutes zu? Warum setzen Sie keine Bernhardiner ein?“ Und wenn ein

Schlittenhundeführer klagte, dass seine Hunde an diesem Tag so langsam gewesen waren, bekam er zu hören: „Warum verwenden Sie keine Greyhounds?“

Man könnte die Fragen ähnlich simpel beantworten, dass nämlich Schlittenhunde genau die richtige Größe für diese Aufgabe haben, Greyhounds, Malamutes und Bernhardiner aber nicht. Körper und Proportionen eines Schlittenhundes sind so gebaut, dass es beim Schlittenziehen keine überflüssige Bewegung gibt. Im Umkehrschluss heißt das, Greyhounds, Malamutes und Bernhardiner würden mit ihrem Körperbau sehr wohl überflüssige Bewegungen machen, wenn sie einen Schlitten ziehen. Es sind die ökonomischen Bewegungen, die es dem Schlittenhund ermöglichen, fast ohne Anstrengung zu laufen und dabei ein Langstreckenrennen lang mit hoher Geschwindigkeit einen Schlitten zu ziehen. Man könnte auch sagen, er kann aufgrund seiner Bewegungen seine Aufgabe besser ausführen, als jede andere Rasse das könnte. Da Schlittenhunde in dieser Umwelt so effizient laufen, können sie länger durchhalten als ein Tier mit überflüssigen Bewegungen. Greyhounds, Malamutes und Sibirische Huskies sind aus unterschiedlichen Gründen beim Schlittenziehen mit Hochgeschwindigkeit sehr ungeschickt.

Wenn jemand mit einem Gespann wunderbar trainierter und ausgebildeter Dackel zum Rennen käme, würden alle grinsen, weil sie wissen, dass die Dackel nicht gewinnen können. Ich würde grinsen, wenn jemand mit einem Gespann Malamutes käme, weil ich weiß, dass sie keine Chance haben. Da würde ich mein Glück schon eher mit den Dackeln riskieren. Ich sage „riskieren“, weil es grausam wäre, Dackel oder Malamutes gegen Alaskan Huskies ins Rennen zu schicken. Diese beiden Rassen sind schlicht nicht für eine derartige Anstrengung und so lange Strecken gebaut. Es ist ihnen nicht nur unmöglich, so weit und so schnell zu laufen wie ein Alaskan Husky, sie würden bei dem Versuch sogar schweren Schaden nehmen.

Rennen und dabei gleichzeitig einen Schlitten ziehen ist ein ziemlich kompliziertes Verhalten. Schnelles Laufen wird nicht gelernt, sondern ist genetisch bedingt. Ein Hund kann nicht *lernen*, mit Höchstgeschwindigkeit zu laufen; er muss dazu *fähig* sein, Höchstgeschwindigkeiten zu laufen, und dann eigens dafür trainiert werden. Wenn der Hund dazu fähig ist, Höchstgeschwindigkeiten zu bringen, dann kann er auch lernen, es zu tun. Wenn ein Hund nicht den nötigen Körperbau für schnelles Laufen hat, kann man ihm das Rennen auch nicht beibringen. Einem Dackel kann man nicht beibringen, auch nur einen Kilometer lang mit einer Geschwindigkeit von 2,5 km pro Minute zu laufen. Einen Malamute wiederum kann man aus einem anderen Grund nicht dazu bringen, Langstrecken zu laufen. Wenn ich zum Beispiel folgere, dass der Dackel zu kurze Beine hat, dann beschaffe ich mir einen langbeinigen Hund und bin *das* Problem los. Greyhounds haben sehr lange Beine; sind sie eigentlich etwas anderes als langbeinige, lang gezogene, sehr, sehr schnelle Dackel?

Was uns zu der Frage zurückbringt: Warum legen Sie sich keinen Greyhound zu, um den Schlitten mit Hochgeschwindigkeit zu ziehen?

Es gibt zwei entscheidende Gründe dafür, dass Greyhounds keine Schlittenhunderennen gewinnen können. Erstens ist ihr Gang für das Schlittenziehen ungeeignet. Und zweitens sind sie zu groß und schwer.

Schauen wir uns zuerst den Gang an. Greyhounds laufen mit einem Doppelsatz (Satz nennt man einen Vorwärtssprung des Hundes, bei dem alle vier Beine in der Luft sind.) Ein Greyhound stößt sich mit den Hinterbeinen in einem Riesen*satz* ab, landet kurz auf den Vorderläufen, springt mit den Vorderbeinen in die Luft und wirft die Hinterbeine weit nach vorn; er landet auf den Hinterbeinen und springt wieder nach vorne in die Luft. Ein menschlicher Läufer macht das gleiche, er springt beim Laufen von einem Punkt zum nächsten und verbringt dazwischen einige Augenblicke in der Luft und ohne Bodenkontakt.

Der Doppelsatz ist sehr schnell – und sehr instabil. Greyhounds stürzen häufig. Ein Sturz bei 57 km/h bedeutet zumindest eine Niederlage beim Rennwettbewerb, im schlimmsten Fall eine schwere Verletzung. Die Hunde für die englischen Hetzjagden – die sogenannten Lurcher – sind nicht umsonst Greyhound-Mischlinge, weil reinrassige Greyhounds viel zu verletzungsanfällig sind. Rennpferde machen im Unterschied zu Greyhounds beim Galoppieren nur einen Satz. Das Pferd stößt sich mit den Vorderbeinen ab, ist kurz in der Luft (sehr kurz, kaum wahrzunehmen) und landet auf den Hinterbeinen. Dann aber streckt es sich nach vorn und bringt die Vorderbeine auf den Boden, während die Hinterbeine noch an Ort und Stelle bleiben. Während des größten Teils der Vorwärtsbewegung hat es zumindest ein Bein, manchmal mehrere Beine am Boden.

Greyhounds und Pferde laufen auf die ihnen eigene Art, weil sie durch Knochenstruktur, Muskulatur, Gewicht und ein bestimmtes Training dazu prädestiniert sind. Ein Pferd kann nicht bei voller Geschwindigkeit aus dem Sprung auf den Vorderbeinen landen. Wenn das gesamte Gewicht bei der Landung auf die dünnen Vorderbeine kommt, die nicht biegsam sind und daher leicht brechen, dann geht das an die Grenze dessen, was Knochen, Muskeln und Blutgefäße aushalten können. Bei Katzen und Hunden ist die Verbindung zwischen Schulterblättern und Wirbelsäule nicht fest, sondern eine relativ lockere Muskelschlinge, die als Aufhängung und Stoßdämpfer fungiert. Pferde brauchen aber aufgrund ihres großen Gewichts eine viel festere Muskulatur. Der Unterschied ist etwa wie der zwischen der Aufhängung eines Luxuswagens und der des Müllautos.

Die Bewegung des Pferdes besteht in einem bestimmten Moment des Ganges, lauftechnisch betrachtet, zum Teil aus Gehen und zum Teil aus Laufen. Der Doppelsatz des Greyhound ist im Gegensatz dazu eine echte Laufbewegung. Bei einem Walking-Wettbewerb bei Menschen muss ein Fuß immer Bodenkontakt haben, das heißt, dass einen kurzen Augenblick lang beide Füße den Boden berühren. Beim Walking sind springende Vorwärtsbewegungen und Phasen ohne Bodenkontakt, also Schwebephasen, verboten.

Gehen und Laufen sind verschiedene Gangarten und gehorchen unterschiedlichen physikalischen Gesetzen. Das Gehen ist eine Fallbewegung, bei der die Schwerkraft für die Beschleunigung sorgt. Man lehnt sich nach vorne und fängt an, vornüber zu fallen, bis ein Bein vorbewegt und die Fallbewegung gestoppt wird. Gleichzeitig wird durch die Beinbewegung der Körper wieder zu seiner eigentlichen Größe aufgerichtet. Beim echten Gehen ergibt sich aus der Beinbewegung keine Vorwärtsbeschleunigung. Das Tempo des Gehens ergibt sich aus der Beschleunigung des Körpers aufgrund der Schwerkraft (9,7 m pro sec) und der Schrittlänge. Die Geschwindigkeit hängt zu einem guten Teil davon ab, wie weit ein Tier oder Mensch bei jedem Schritt nach vorne fällt.

Laufen besteht aus einem Vorwärtssprung, bei dem man vom Boden abhebt und dann wieder herunterfällt. Es funktioniert wie eine Sprungfeder, die zusammengedrückt und dann losgelassen wird und dabei das Tier nach vorne schnellen lässt. Der schnellste Teil des Sprungs ist am Anfang, wenn der Körper nach vorne beschleunigt, während der Schwebephase verlangsamt sich die Bewegung aufgrund des Luftwiderstands. Das Tier landet in dem Moment wieder auf dem Boden, in dem die Geschwindigkeit geringer ist als die Anziehungskraft der Schwerkraft. Tiere, die sehr schnell laufen, halten sich nicht damit auf, lange Zeit in der Schwebe zu hängen, sondern sehen zu, dass die Beine fleißig ihre Hebelwirkung beim Abstoßen von der Erde und Nachziehen entfalten und damit in einem fort die Schwerkraft überwinden und den Körper nach vorne katapultieren.

Ein Greyhound auf der Bahn läuft *S p r u n g, S p r u n g, S p r u n g, S p r u n g,* während die Bewegung eines Pferdes ein *S c h r i t t, Sprung, S c h r i t t, Sprung, S c h r i t t...* ist. Das ergibt einen deutlich hörbaren Rhythmus, der auch im lautmalerischen Wort *Gal-opp, Gal-opp, Gal-opp* enthalten ist.

Wenn man einen *Sprung-Sprung*-Hund wie den Greyhound oder auch nur einen *Sprung-Schritt*-Hund ins Geschirr spannt, dann wird in dem Moment, wo alle vier Pfoten in der Luft sind, die Zugleine des Geschirrs nicht nur die Schwebephase unterbrechen, sondern außerdem den Hund nach hinten rucken und aus dem Gleichgewicht bringen, sodass er seitlich Richtung Hauptleine stürzt. Die Bewegung des Hundes wird völlig instabil. Stellen Sie sich nur vor, wie ein Gespann aus zwölf Hunden mit instabilen Bewegungen in hohem Tempo herumstolpert und stürzt.

Zugtiere müssen aus Gründen der Stabilität immer mindestens ein Bein auf dem Boden haben. Lauftechnisch gesehen dürfen sie eigentlich nicht laufen, sondern müssen gehen. Pferde, die vor dem Wagen Rennen gehen, tun das im Schritt oder Trab, wobei immer zwei Beine Bodenkontakt haben. Ein durchgehendes (galoppierendes) Pferd vor dem Wagen ist deswegen so angsteinflößend, weil nicht nur das hohe Tempo, sondern vor allem die mangelnde Stabilität beängstigend sind und man einen Sturz befürchten muss.

Schlittenhunde verwenden schreitende Gangarten – Schritt, Trab und Kanter. Im Schritt und Trab sind immer zwei Beine fest am Boden und zwei in der Luft. Diese Gangarten sind kraftvoller als Laufen, weniger anstrengend und sehr stabil. Sie werden daher bei langen Rennen, wie dem Iditarod, bevorzugt. Das Tempo ist dabei allerdings niedriger als beim Kanter, bei dem immer nur ein Bein Bodenkontakt hat. Beim Kanter kann der Hund weiter ausgreifen. Eigentlich handelt es sich dabei um einen Schritt, bei dem sich der Hund so weit, wie ihm das physisch möglich ist, streckt. Die große Schrittlänge ermög-

Das Laufen ist beim Schlittenhund technisch gesehen eigentlich ein Gehen, da er immer mit mindestens einer Pfote Bodenkontakt hat.

licht letztlich ein höheres Tempo. Die Beschleunigung ergibt sich noch immer aus der Schwerkraft, und die Geschwindigkeit hängt von der Schrittlänge ab.

Schlittenhunde haben allerdings das Problem, dass sie die Schwerkraft für das Ziehen des Schlittens verwenden müssen, obwohl der Schritt eine kontrollierte Fall- und Auffangbewegung ist. Wenn das Körpergewicht des Hundes nicht ausreicht, um den Reibungswiderstand des Schlittens durch einfaches Nach-vorne-Lehnen (Einsatz der Schwerkraft) zu überwinden, bewegt sich der Schlitten nicht, und der Hund kann auch nicht nach vorne fallen. Es muss also das Gesamtgewicht des Hundes oder der Hunde so hoch sein, dass der Reibungswiderstand des Schlittens überwunden werden kann. Man stelle sich nur einen Moment lang vor, wie die Dackel im Dackelgespann im Geschirr stehen, alle auf den Hinterbeinen, und versuchen, die Vorderbeine nach vorn auf den Boden zu bringen – sie sind viel zu klein und leicht, um einen Schlitten zu bewegen.

Wenn das Gesamtgewicht der Hunde nicht ausreicht, sind sie gezwungen, aktiv zu ziehen, das heißt, die Beine als Hebel zu verwenden und den Körper nach vorne zu stoßen. Je schwerer die Last ist, umso tiefer müssen die Hunde sich vorbeugen und ins Geschirr stemmen, um sich besser abstoßen und die Hebelwirkung erhöhen zu können. Das Hebeln geht langsam. Je mehr Kraft ins Hebeln geht, desto niedriger wird das Tempo. Außerdem werden dadurch die Gelenke sehr beansprucht, weil Gelenkskugel und -kapsel aneinander reiben. Die Muskeln werden bis zum Äußersten gespannt. Und die Pfoten werden besonders schlimm in Mitleidenschaft gezogen. Wenn ein Hund auf Eis und Schnee hebeln muss, drückt er sich so fest vom Boden ab, dass er damit den Reibungswiderstand von Schlitten und Schlittenführer überwindet. Unter diesen Umständen führt jedes Ausrutschen zu Abschürfungen; Abschürfungen tun weh; Hunde, die Schmerzen haben, laufen nicht. Hebeln heißt für den Hund arbeiten unter schwierigsten Bedingungen. Jene Rennen, bei denen ein Gespann aus maximal fünf Hunden bestehen darf, sind immer auf kürzere Strecken beschränkt als jene ohne Gespannbeschränkungen, weil bei kleinen Gespannen die Hunde bergauf oder in Kurven mehr Hebelarbeit über Beine und Rücken verrichten müssen.

Übrigens, die Bilder von Schlittenhundeführern, die die Hunde mit Peitschenhieben zu Höchsttempo treiben, stammen aus Büchern und Filmen. Hunde, die Schmerzen haben, sich fürchten oder sauer sind, laufen nicht. Verletzte Hunde ebenfalls nicht. Hunde mit wunden Pfoten genauso wenig. Dehydrierte Hunde laufen nicht. Hunde, die hebeln müssen, können nicht laufen. Die wirklich guten Schlittenhundeführer wissen das und achten peinlich genau darauf, wie es ihren Hunden körperlich und geistig geht. Ein guter Schlittenhundeführer muss wissen, wie groß die Last sein darf. Er darf keine Wunder erwarten und muss die Gesetze der Physik zumindest aus dem Bauch heraus berücksichtigen. Kein Schlittenhundeführer, der diese Dinge nicht beachtet, wird ein Rennen gewinnen.

Die Gangart Schritt, bei der die Schwerkraft als Hauptantrieb verwendet wird, wird etwas komplizierter, wenn es um mehr als einen Hund geht. Wenn ich einen Hund vor dem Schlitten habe, muss dieser 100 % der Last ziehen. Wenn der Hund nicht schwer genug ist, um das Gewicht des Schlittens durch Vorfallen bewegen zu können, brauche ich entweder einen schwereren Hund oder muss meinen Hund dazu bringen, per Hebeln aktiv zu ziehen. Das ist der Moment, wo die Frage nach dem größeren, kräftigeren Hund üblicherweise auftaucht. Ein großer Hund hat vielleicht genügend Masse, um den Schlitten durch Vorfallen bewegen zu können, ohne das langsame, kraftraubende und anstrengende Hebeln einsetzen zu müssen. So einen Hund nennt man Pferd. Tatsächlich dachte der britische Entdecker Robert Scott, er hätte das Transportproblem in der Arktis gelöst, als er einen Trupp sibirischer Ponys vor seine Schlitten spannte. Das Problem von Masse und Reibungswiderstand löste er damit auch tatsächlich, allerdings traten dann ein paar andere, sehr ernste Probleme auf.

Um mittels Masse den Reibungswiderstand überwinden zu können, braucht man entweder wenige große Hunde oder viele kleine. Warum verwendet man nicht große, kräftige Hunde? Warum keinen 45 kg schweren Malamute? Warum keinen 90 kg schweren Malamute? Wie groß und stark müsste ein geeigneter Hund sein? Wie wär's mit zehn 90 kg schweren Malamutes? Eine Tonne Hund lehnt sich vor, und die 90 kg Schlitten plus Fahrer flutschen weiter wie nichts. Was spricht dagegen?

Das Problem ist, dass jeder einzelne Riesenhund nach dem Vorfallen seine gesamten 90 kg Gewicht wieder zu voller Höhe aufrichten muss. Und das bei einem 25 km langen Lauf viele Tausende Male. Als Frank Shorter 1972 bei den Olympischen Spielen von München den Marathon gewann, hatte er in der Nacht davor seine Laufschuhe geschmirgelt, um ein paar Milligramm loszuwerden. Wenn im Laufe eines Rennes ein paar Milligramm 50 000 Mal hochgehoben und vorgeschwungen werden, ergibt das in Summe einiges an Kraftaufwand und Geschwindigkeitsverlust. Körpergröße geht daher immer mit Körperkraft einher, weil groß auch immer schwer bedeutet. Etwas Schweres im Vorfallen abzufangen und den schweren Körper aus dem Fall wieder aufzurichten, erfordert viel Kraft und Energie – und das immer wieder und wieder und wieder.

Kann größer auch stärker heißen? Stellen wir uns Hunde als etwas Kugelförmiges vor. Im Physikunterricht haben wir gelernt, dass sich das Volumen im Kubik zum Durchmesser erhöht. Wenn bei einem Hund das Volumen im

Kubik steigt, steigt der Querschnitt der Muskel- und Knochenmasse nur im Quadrat. Ein 1,58 m großer Mensch, der fit genug für einen Marathon ist, wiegt vielleicht 45 kg, während jemand mit 1,88 m vielleicht 90 kg wiegt. Das sind 20 % mehr Körpergröße und 100 % mehr Körpergewicht. Der große Läufer hat dabei gleichzeitig einen in der Relation kleineren Querschnitt bei der Muskel- und Knochenmasse. Das heißt, er muss unverhältnismäßig mehr Kraft aufwenden. Außerdem hat er eine verhältnismäßig größere Abnutzung von Muskeln und Knochen. Größer bedeutet also nicht im gleichen Verhältnis stärker. Marathonläufer oder Gymnastikchampions sind aus diesen, wie auch aus einigen anderen Gründen, klein.

Große Hunde müssen mehr Körperzellen ernähren und haben im Vergleich weniger Muskel- und Knochenmasse, die das größere Zellvolumen versorgt. Bei den wirklich großen Hunden geraten die Dinge schnell aus dem Lot. Neufundländer schwimmen aus dem gleichen Grund gern im kalten Wasser, aus dem der Brontosaurus gern in Seen herumsaß. Es liegt nicht an irgendwelchen Genen für Wasserliebe, sondern daran, dass sie sich wohler fühlen, wenn das Wasser das trägt, was ihre Beine nur schwer tragen können.

Das Wasser trägt nicht nur, es kühlt auch die große Masse an Zellen. Warum hat noch niemand einen 200-kg-Hund gezüchtet? Ich halte einen solchen Hund für ein Ding der physischen Unmöglichkeit, hauptsächlich deswegen, weil er größte Probleme mit der Regulierung der Körpertemperatur hätte. Jede lebende Zelle produziert Wärme als Ergebnis der Reaktion von Sauerstoff mit Zucker. Hunde haben mit ihrem reich geäderten Gewebe und dem hohen Hämoglobinanteil im Blut, der für reichlich Zufuhr an brennbarem Sauerstoff sorgt, Probleme damit, die erzeugte Körperwärme wieder abzugeben. Sie sind wunderbare Kraftstoffverbrenner und Wärmeerzeuger, aber entsetzlich schlecht darin, die Wärme wieder loszuwerden. Sie gehören zwar nicht zu den Säugetieren, die dabei am allerschlechtesten sind, aber Säugetiere haben im Allgemeinen mit dem Abbau überschüssiger Körperwärme eher Schwierigkeiten.

Die Grafik über die Wärmespeicherung im Körper zeigt, dass ab einem Körpergewicht von 20 kg Hunde deutlich wachsende Probleme beim Wärmeabbau haben. Und diese Zahlen beziehen sich nur auf den Ruhezustand. Wenn sich der Hund bewegt, steigt die Wärmebelastung rapide an. Ein Hund, der schnell rennt, produziert eine unglaubliche Menge an Körperwärme.

Warum müssen Hunde überschüssige Körperwärme abbauen? Hunde sind wie Menschen homotherm, regulieren also selbst ihre Körpertemperatur. Es wird jene Temperatur aufrechterhalten, bei der die Zellchemie am besten funktioniert. Beim Menschen funktionieren die Gehirnzellen am besten bei rund 37 Grad Celsius. Wenn unser Gehirn auf 34,4 Grad abkühlt, stellen die Gehirnzellen den Denkprozess ein. Die chemischen Reaktionen in den Gehirnzellen

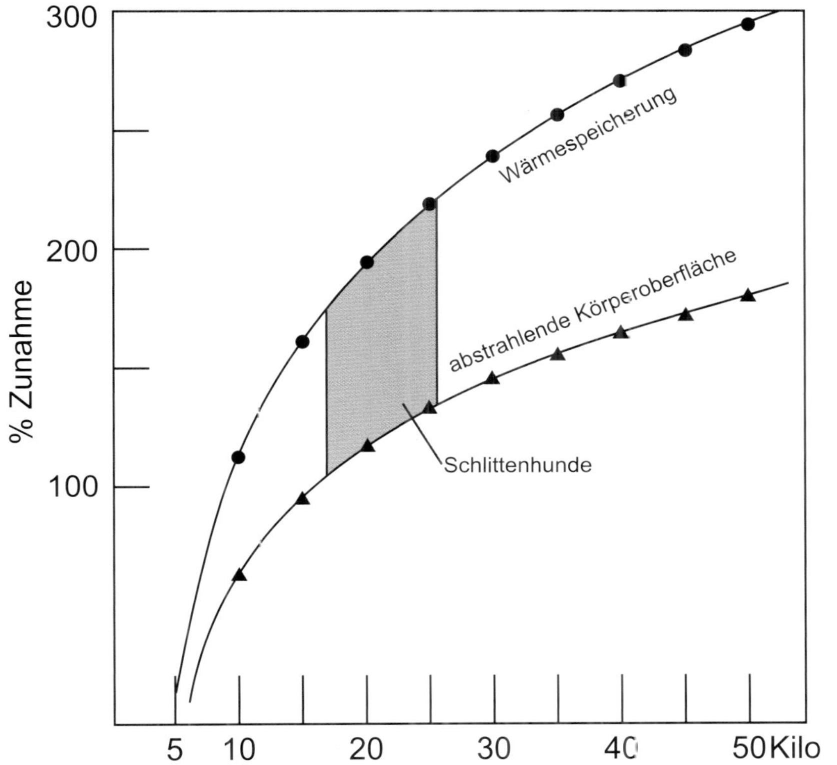

Wärmespeicherfähigkeit. Bei der Frage von Leben und Überleben geht es immer um Kompromisse. Große und eher rundliche Hunde können gar nicht verhindern, dass sie Körperwärme speichern. Große Hunde überstehen auch arktische Nächte leicht. Bei schwerer körperlicher Anstrengung entsteht aber so viel Körperwärme, dass sie gefährlich werden kann, wenn der Hund sie nicht rechtzeitig abbauen kann. Schlittenhunde sind kleinere Hunde und können Körperwärme, die bei Marathondistanzen entsteht, leichter abstrahlen. (Nach Phillips et al., 1981)

können bei 34,4 Grad nicht mehr ablaufen. Wenn die Temperatur der Gehirnzellen um zwei Grad über die 37 Grad steigt, fangen sie an, verrückte Bilder zu produzieren, und bei 41 Grad sterben sie langsam ab.

Bei Hunden liegt die Normaltemperatur bei 38,6 Grad Celsius. Bei 37 Grad würden ihre Zellen nicht richtig funktionieren. Um die Regulierung der Körpertemperatur bei Schlittenhunden beim Laufen besser zu erforschen, gaben einer meiner Studenten, Dave Schimel, und ich unseren Hunden einen kleinen Happen mit einem Thermistor zu fressen, das sind winzige kleine Temperaturmessgeräte, die Daten über die Temperatur im Magen an eine Messstelle draußen übermitteln. Wir spannten das Gespann vor unseren Pickup, damit wir die Laufgeschwindigkeit messen und überwachen konnten. Einmal war Dave gerade am Steuer und ich notierte die Temperaturmessungen. Plötzlich fiel Midnights Temperatur deutlich ab. „Stopp den Wagen!“, sagte ich. „Einer der Hunde hat ein Problem.“ Wir stiegen aus und untersuchten die Hunde, Midnight besonders genau. Sie war eine zufriedene kleine Hündin und es war ihr nichts Besonderes anzumerken. Wir fuhren wieder los, ihre Temperatur sank weiter und fiel schließlich unter 37 Grad. Wir hielten wieder an. Sie wirkte noch immer völlig normal. Sie schien nicht das geringste Problem zu haben. Vielleicht funktioniert der Thermistor nicht richtig, dachte ich. Wir fuhren weiter. Plötzlich grinste Dave am Steuer. „Schau mal Midnight zu“, sagte er. Ich beobachtete sie, wie sie mit den anderen die verschneite Strecke entlang lief. Und dann lehnte sie sich seitlich vor und schnappte sich ein Maul voll Schnee. Und mein Thermistor befand sich plötzlich in einem Sack voll kaltem Matsch!

Menschen können überschüssige Körperwärme vielleicht besser abbauen als jedes andere Säugetier, dafür haben sie mit der Wärmespeicherung ziemliche Probleme. Bei Hunden ist es genau umgekehrt – sie haben ziemliche Probleme mit dem Abbau von Körperwärme, sind aber Experten für die Wärmespeicherung. Der Ausgleichspunkt zwischen Speicherung und Abbau von Körperwärme liegt beim Menschen (natürlich je nach Größe und Gewicht) bei einer Umgebungstemperatur von 21 Grad Celsius. Und bei glatthaarigen Schlittenhunden bei ca. 15 Grad. Bei Umgebungstemperaturen über 15 Grad trainiere ich als Schlittenhundeführer mit den Hunden nicht mehr, weil ich sie keinem Risiko aussetzen will.

Ein Blick auf die Grafik zeigt, dass kleinere Hunde weniger Probleme mit der Körperwärme haben als große. Es ist vermutlich kein Zufall, dass Schlittenhunde, die Rennen gehen, um die 23 kg wiegen, also in genau jenem Bereich liegen, ab dem die Wärmespeicherung mit wachsender Größe rasant zunimmt.

Große Hunde haben ein vergleichsweise größeres Volumen an Körperzellen und vergleichsweise weniger Körperoberfläche, die Wärme abstrahlen könnte. Da Hunde keine nackte Haut haben und nicht schwitzen können, können sie sich auch keine Kühlung durch Schweißabsonderung verschaffen. Sie können sich durch Hecheln den Kopf- und Lungenbereich abkühlen, Schweißdrüsen besitzen sie aber nur an den Pfotenballen. Diese haben aber nicht genügend Oberfläche, um eine wirksame Abkühlung zu ermöglichen. Hunde geben überschüssige Körperwärme über die Körperoberfläche ab, ähnlich wie ein Radiator. Die außen an der Haut liegenden Adern und Venen werden erweitert. Auf diese Weise wird das zu warme Blut an die kühlere Oberfläche gebracht und die Wärme vom Körper abgestrahlt. Die Körperoberfläche ist allerdings in Fell gehüllt, was die Sache erschwert. Je größer der Hund ist, desto leichter kommt es zum Hitzestau. Man darf nicht vergessen, dass das Volumen ja im Kubik steigt, während die Oberfläche nur im Quadrat zunimmt. Große Hunde haben daher eine vergleichsweise kleine Körperoberfläche, über die sie Wärme abstrahlen könnten.

Ich kann das nicht oft genug betonen: Hunde tun sich mit der Abstrahlung von Körperwärme schwer. Jedes Mal, wenn ich einen zu dicken Hund sehe, zucke ich zusammen, wenn ich dran denke, wie er schon bei leichter Bewegung leiden muss.

Der Rassestandard für Sibirische Huskies sieht ein zulässiges Höchstgewicht von 27 kg vor. Warum das? Warum haben die Schlittenführer keine größeren und daher kräftigeren Huskies gezüchtet? Warum wäre es grausam, einem Malamute Wettlaufgeschwindigkeiten abzuverlangen? Warum bringt es nichts, einen 45 kg schweren Wolf mit einem Schlittenhund zu kreuzen? Die Antwort auf alle diese Fragen lautet natürlich: Weil sie mit der Regulation der Körperwärme nicht zurechtkommen.

Ich war überrascht, bei der genaueren Erforschung der Temperaturregelung bei Schlittenhunden immer wieder auf eine rektal gemessene Temperatur von 42,2 Grad zu stoßen. Wenn sie nicht eine derart erstaunliche Methode hätten, selbst eine solche Körpertemperatur auszugleichen, könnten sie nicht so rasch laufen. Hunde verschaffen sich nämlich über Nase und Zunge Kühlung fürs Gehirn. Anders formuliert könnte man auch sagen, sie halten selbst bei steigender Körpertemperatur die Temperatur im Gehirn konstant auf normalem Niveau. Die höchste Temperatur, die wir jemals rektal maßen, waren 42,7 Grad bei Dolly, die dabei aber immer noch auf den Beinen war und lief. Allerdings ist das schon gefährlich nahe am Zelltod. Wenn die Körperzellen eine Temperatur von 44,4 Grad erreichen, beginnen sie abzusterben.

Große, starke Malamutes leiden bei Wettlaufgeschwindigkeiten rasch an Hitzestau, der dazu führen kann, dass Blutgefäße im Gehirn platzen. Der Zungenquerschnitt ist bei ihnen kaum größer als bei meinen „mickrigen, kleinen Kötern", allerdings müssen sie über die Zunge ein viel größeres Zellvolumen kühlen. Aus diesem Grund würde ich mein Glück eher noch mit Dackeln versuchen. Die könnte ich vermutlich gar nicht dazu bringen, so schnell zu laufen, dass sie durch Hitzestau körperlichen Schaden nehmen würden.

Wie sich herausstellt, haben die *Sprung-Sprung, Sprung-Sprung*-Greyhounds das gleiche Problem – mit 30 bis 40 kg Gewicht haben sie eine zu hohe Wärmespeicherung. Ihr stromlinienförmiger Körperbau bringt eine größere Körperoberfläche mit sich als bei einem normal gebauten Hund. Vielleicht war diese als Radiator besser geeignete Form ursprünglich eine Anpassung an ein Leben in der Wüste. Vielleicht ist die Fähigkeit zum schnellen Laufen eine Folge der Anpassung an sehr heiße Klimazonen. Vielleicht sind ja die zehn, zwölf Kilogramm schweren Dorfhunde der Tropen eine Anpassung an die tropische Hitze und Luftfeuchtigkeit.

Woran liegt es, dass 27 kg schwere Greyhounds auf kurzen Rennstrecken so schnell sind und keine Probleme mit Hitzestau haben? Greyhounds sind Sprinter und Schlittenhunde Marathonläufer. Sprinter (Hunde wie Menschen) laufen das gesamte Rennen auf Leber-Glykogen, also Zucker, der von der Leber zur Verfügung gestellt wird. Der Trick beim Sprinten besteht darin, lange Beine und eine große Leber zu besitzen. Die Beine schnell bewegen und als Antriebsenergie die Verbrennung von Zucker, der von der Leber bereitgestellt wird. Eine große Leber kann mehr Zucker speichern als eine kleine. Wenn das Leber-Glykogen verbraucht ist, und das kann innerhalb von weniger als einer Minute der Fall sein, muss der Hund oder Mensch seine Energieversorgung auf Fettsäuren umstellen. Die Umstellung vom einen zum anderen braucht etwas Zeit.

In den zehn Sekunden, die ein Mensch für 100 m braucht, oder den 30 Sekunden, die ein Greyhound für die 5/16tel einer Meile benötigt, brauchen Sprinter kaum Atem zu schöpfen. Bei diesen Geschwindigkeiten würde ein Mensch oder Hund, dem der Leberzucker vor Ende des Rennens ausgeht, einfach auf der Strecke zusammenbrechen.

Zwischen menschlichen und hundlichen Sprintern und menschlichen und hundlichen Marathonläufern gibt es eine nette Parallele. Menschliche (männliche) Sprinter wiegen im Schnitt um die 75 kg, das liegt um rund 30 % über den 55 kg, die ein guter Marathonläufer wiegt. Das Verhältnis zwischen dem Sprinter Greyhound und dem Langstreckenläufer Schlittenhund ist ganz ähnlich. Greyhounds haben ihre Energie rasch aufgebraucht. Sie haben daher keine Ausdauer.

Wie sieht es bei den größer gebauten Sprintertypen nun mit dem Hitzestau aus? Normalerweise gibt es damit kein Problem, weil das Rennen vorbei ist, bevor eine gefährliche Überhitzung eintreten kann. Bei Rennen, die nur ein paar Sekunden lang dauern, können die Sprinter es sich leisten, dass die Körperwärme eben steigt. Ein Marathon dauert allerdings mehr als zwei Stunden, und die Frage der Überhitzung wird für Menschen so problematisch wie für Hunde. Der Unterschied zwischen ihnen besteht allerdings darin, dass der fast nackte, heftig schwitzende Mensch überschüssige Körperwärme viel besser abbauen und daher solche Rennen auch bei höherer Umgebungstemperatur laufen kann. Vielleicht hätte ich in der Einleitung korrekterweise formulieren müssen, dass Schlittenhunde die schnellsten Lebewesen der Erde sind, wenn es um Distanzen von mehr als 42 km und Temperaturen unter 15 Grad Celsius geht. Mein Tipp wäre, dass bei Temperaturen um die 32 Grad der Mensch die

Nase vorne hat. Allerdings würde ich bei solchen Temperaturen keinen Hund laufen lassen, um das zu überprüfen.

Wenn große Hunde Marathonstrecken nicht laufen können, warum setzt man dann keine Chihuahuas ein? Bei ihnen sollte es keine Probleme mit Hitzestau geben (gibt es auch nicht). Chihuahuas sollen auch den vergleichsweise größten Knochen-Muskel-Durchmesser haben (haben sie auch). Aber niemand fragt je einen Schlittenführer, warum er keine Chihuahuas verwendet. Die Antwort ist klar. Chihuahuas sind zwar im Vergleich zu ihrer Körpergröße relativ stark, aber die Betonung liegt auf „im Vergleich zu ihrer Körpergröße“. Man stelle sich nur vor, wie sie sich ins Geschirr stemmen und ihr Gewicht einsetzen, um den Schlitten in Bewegung zu setzen. Man stelle sich nur vor, wie sie versuchen, mit ihren kurzen Beinen einen Schlitten durch Hebeln vorwärts zu ziehen.

Wenn es nicht die Probleme mit Überhitzung und der Gewichtsbelastung gäbe, wären große Hunde *(Schritt – Schritt – Schritt)* viel schneller als kleine. Je größer der Hund, desto schneller kann er laufen. Warum? Weil er mit jedem einzelnen Schritt eine vergleichsweise größere Strecke zurücklegt. Lässt man alles andere außer Acht, dann müsste das Tier mit dem längsten Rücken, den längsten Beinen oder schlicht dem größten Raumgriff gewinnen. Das länger gebaute Tier baut seinen Vorsprung mit jedem langen Schritt, mit dem es eine größere Strecke zurücklegt, aus. Ich bevorzugte für die Rennen im warmen Klima von New England kleinere Hunde (um die 18 kg). Ich verlor aber auch viele dieser Rennen, weil die kleinen Hunde keine ausreichende Schrittlänge hatten.

Die Schrittlänge ergibt sich natürlich nicht nur aus der allgemeinen Körpergröße. Wie weit ein Hund seine Beine vorschwingen kann, hängt auch von Winkelung und Form der Schultern ab. Bei manchen Hunden ist der Abstand zwischen den Oberkanten der Schulterblätter zu klein. Wenn sie die Vorderbeine nach vorne strecken, stoßen die Schulterblätter oben aneinander. Wenn sie anstoßen, können die Vorderbeine nicht weiter nach vorne gebracht werden. Wenn man so einen Hund zwingt, zu schnell zu laufen, greift er zu weit aus und die Schulterblätter reiben und stoßen dauernd aneinander, so dass eine schmerzende Stelle entsteht und der Hund zu „lahmen“ beginnt. Ein Hund mit Schmerzen hat beim Laufen Schwierigkeiten, falls er überhaupt noch laufen kann.

Einer meiner besten Leithunde war in den Schultern zu eng gebaut, kompensierte das aber dadurch, dass er aus den Fesselgelenken heraus schaufelte. Das bringt kein so hohes Tempo und verbraucht schon deswegen mehr Energie, weil dabei mehr Körperteile bewegt werden müssen. Körperteile, die viel bewegt werden, nutzen sich rascher ab. Perro konnte mit diesen zusätzlichen Bewegungen keine langen, schnellen Rennen gehen. Man muss bei einem solchen Hund darauf achten, dass er nicht Schaden nimmt, weil man ihn zu sehr antreibt, und dass es nicht zu Überdehnungen kommt oder er zu viele Bewegungen aus seinem Fesselgelenk heraus macht. (Er war ein super Hund. Er konnte seinen Körper auf die Erreichung von Höchstgeschwindigkeiten einstellen. Und zu einem guten Teil ist er wohl – wie man so schön sagt – mit dem „Herzen" gelaufen.)

Ähnliches gilt für den Beckengürtel. Wenn die Beckenknochen in einem steilen Winkel zur Wirbelsäule stehen, kann der Hund die Hinterbeine gut unter den Körper ziehen und sie gut und weit nach vorne strecken. Wenn der Beckengürtel allerdings flach an die Wirbelsäule anschließt, dann stehen die Hinterbeine wie bei einem Seehund nach hinten ab. Wenn ich sehe, dass Hunde mit aufgerichtetem Schwanz laufen, dann weiß ich, dass sie mit den Hinterbeinen nicht gut untertreten können.

Hunde und Kojoten schwitzen über die Ballen der Pfoten. Von sämtlichen Wölfen, die ich untersuchte, konnte das keiner. Ein erhitzter Hund sondert Schweiß über die kleinen Haare zwischen den Zehen ab, und wenn er dabei auf Schnee läuft, bildet der Schweiß kleine Eiskristalle. Eiskristalle zwischen den Zehen schneiden in die Ballen, und ein Hund mit wunden Pfoten läuft nicht mehr. Gute Schlittenhundeführer achten genau auf die Schneebedingungen und verpassen ihren Hunden gegebenenfalls speziell gefertigte Schuhe, damit sie sich keine eisigen und schmerzenden Pfoten zuziehen. Natürlich beeinträchtigen die Schuhe die Geschwindigkeit der Hunde, aber wunden Pfoten vorzubeugen ist wichtiger.

Die anatomischen Unterschiede zwischen den verschiedenen Hunden – Schultern, Beckengürtel, Beinlänge, Rückenlänge – bringen verschiedene Gangarten mit sich. Am auffälligsten sind die Unterschiede zwischen verschiedenen Hunderassen, zwischen einzelnen Hunden gibt es aber mindestens ebenso große Unterschiede.

Dabei geht es um Folgendes: Der Körperbau eines Tieres schränkt sein mögliches Verhalten (seine Bewegung in Zeit und Raum) ein. Der Körperbau des Dackels beschränkt seine Laufgeschwindigkeit, weil er keinen Raumgriff hat. Ein Malamute kann keine langen Strecken laufen, weil er an Überhitzung leidet. Andere Rassen besitzen zwar Eigenschaften, die einem Hund mehr Geschwindigkeit oder mehr Ausdauer verleihen, als ein Schlittenhund sie hat, aber nur beim Schlittenhund ist das Zusammenspiel der verschiedenen Merkmale so, dass sich daraus ein schneller, guter, für das Rennen geeigneter Hund ergibt.

Es sollte inzwischen klar geworden sein, dass es nicht um die Körperform im Stehen geht. Wie ein Sibirischer Husky im Showring steht, sagt wenig darüber aus, ob er ein guter Läufer ist. Charlie Bedford hatte einen guten Wheeler – das ist der Hund, der direkt vor dem Schlitten eingespannt geht – namens Sammy. Wenn man Sammy im Hof stehen sah, sah er gar nicht gut gebaut aus, aber im

Perro. Der beste Leithund, den es je gab. Perro war kein besonders hübscher Border Collie (obwohl er Papiere hatte), aber ein großartiger Schlittenhund und Vater vieler guter Schlittenhunde. Ich habe mit vielen tollen Hunden gearbeitet, aber er war einer, wie man ihn wohl nur einmal im Leben hat. Ich übernahm ihn von meinem Statistikprofessor Jim Denton, weil er dort den ganzen Tag lang nur Autos gejagt hatte.

vollem Lauf war er wunderschön. Seine Kuhhessigkeit und sein Katzenbuckel waren wie weggeblasen und verliehen ihm den weichsten, energiesparendsten Gang, den man sich nur vorstellen kann. Je schneller er lief, desto besser sah er aus. Er erinnerte mich immer an den Baseballspieler Mickey Rivers. Mir kam Rivers immer sehr ungeschickt vor, wenn er ging, aber er lief wunderbar und sehr schnell.

Das ist ein ganz wichtiger Punkt. Ich muss sehen, wie ein Hund bei 35 km/h aussieht. Mir ist egal, wie sein Körperbau im Stehen wirkt oder wie er aussieht, wenn er im freien Lauf mit 35 km/h einem Ball nachjagt. Ich will den Körperbau des Hundes sehen, wenn er bei vollem Tempo Druck auf die Zugleine seines Geschirrs bringt. Das ist bei einem Schlittenhund, der Rennen geht, die einzige Form, die zählt. Darum ist es schwer, den Körperbau eines Hundes bei einer Hundeschau zu beurteilen, und aus diesem Grund haben seriöse Schlittenführer wenig Interesse an Hundeschauen. Man sieht dort Hunde nicht so, wie man sie sehen will.

Harmonierende Gänge. Das Zusammenspiel dieses Gespanns in der Bewegung ist sehr, sehr gut. Man beachte, wie die Leithunde und viele andere Hunde im Gespann im Gleichschritt laufen. Sie hecheln und laufen mit heraushängender Zunge, weil sie die Körpertemperatur, vor allem die Gehirntemperatur, niedrig halten müssen, wenn sie lange Strecken bewältigen wollen.

Die Pointer von Wehle. Das Bild zeigt Bob Wehle und sein landesweit berühmtes Pointer-Gespann, wie sie außerhalb der Rennsaison zum Spaß laufen. Wenn eine Hunderasse nicht für eine bestimmte Aufgabe gezüchtet wurde, schauen sie dabei meist etwas komisch aus. Wir sehen hier jede Menge überflüssiger Bewegungen, bei einem wirklichen und langen Rennen hätten diese Hunde gegen ein Gespann moderner Schlittenhunde keine Chance. (Mit freundlicher Genehmigung von Lorna Demidoff)

Man könnte auch sagen: Stehen ist ein Verhalten. Laufen ist ein Verhalten. Wenn ich stehende Hunde haben will, dann selektiere ich auf Hunde, die gut und ökonomisch stehen. Ich selektiere auf Hunde, die gerne stehen und im Stehen einen schönen Körperbau haben. Als Schlittenhundeführer interessiert mich aber ein Körperbau für gutes Stehen nicht besonders.

DAS GESPANN UND SEINE FORM

Jeder Hund in einem Gespann hat eine bestimmte Körperform. Will man bei Rennen Erfolg haben, muss aber auch das Gespann als solches die perfekte Form haben. Die Hauptleine führt vom vorderen Ende des Schlittens nach vorne. Alle Hunde sind paarweise an die Hauptleine gespannt. Wenn alles perfekt läuft, ist die Hauptleine ganz gerade gespannt. Sie hat keinen Knick. Wenn die Hauptleine geknickt verläuft, geht Energie verloren. Um eine ganz gerade Hauptleine zu erreichen, die direkt auf das Ziel hin läuft, sollten alle Hunde exakt die gleiche Höhe und Größe haben und synchron zusammenarbeiten. Im Idealfall hätte die Strecke auch keine Kurven – allerdings ginge damit ein guter Teil des Abenteuers beim Rennen verloren.

Der Körper eines Schlittenhundes muss bei Siegergeschwindigkeiten ein gewisses Maß an Kraft auf die Zugleine übertragen. Um mich (90 kg) auf dem Schlitten (15 kg) auf ebenem Gelände bei 35 km/h an einem windstillen Tag und auf nicht klumpendem Schnee zu ziehen, ist eine Kraft von rund acht Kilogramm erforderlich. Wenn man das durch 16 Hunde dividiert, dann sollte theoretisch jeder Hund kontinuierlich 500 g Kraft auf die Zugleine bringen. Das klingt nach nicht viel.

Diese 500 g sind allerdings eine theoretische Zahl, die auf einem perfekten System beruht. Es gibt aber – wenig überraschend – kein perfektes System. Jede winzige Unvollkommenheit kostet jeden Hund mehr Energie. Die Menge Kraft, die ein Hund auf die Zugleine übertragen muss, muss von der Energie abgezogen werden, die er für Geschwindigkeit zur Verfügung hat. Wenn ein Hund so schnell läuft, wie er nur laufen kann, sollte er keinerlei Kraft mehr dafür übrig haben, etwas zu ziehen. Je schneller ein Hund läuft, desto weniger Kraft hat er für die Zugleine übrig, bis bei seiner Höchstgeschwindigkeit gar nichts mehr dafür übrig ist. Wenn der Hund von Null weg seine Geschwindigkeit erhöht, sinkt die Kraft, die er auf die Zugleine bringen kann, rapide.

Man beachte, dass das Verhältnis Kraft zu Geschwindigkeit in einer Kurve verläuft. In einer perfekten Schlittenhundewelt wäre die Kurve bei allen Hunden gleich. In Wirklichkeit sind allerdings die Höchstgeschwindigkeit und die

Mit der Zunahme der Geschwindigkeit sinkt die Kraft pro Hund

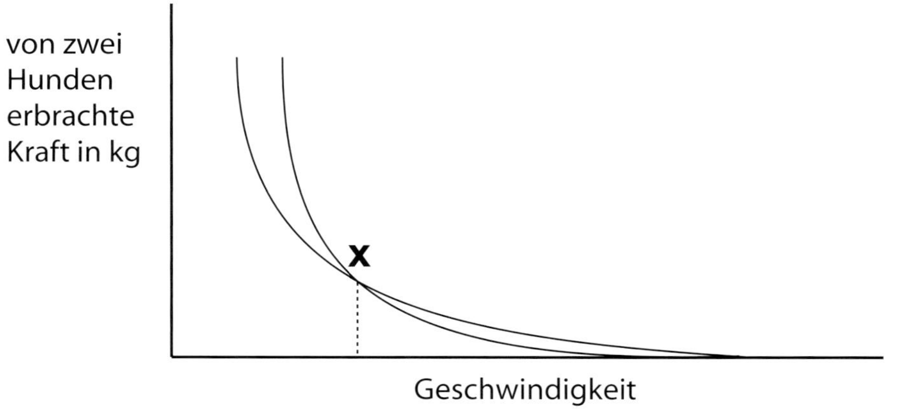

Hypothetische Kurve der Kraft im Verhältnis zu Geschwindigkeit bei zwei Hunden: Der Punkt X markiert jene Renngeschwindigkeit, bei der diese zwei Hunde in ihrer Laufbewegung gut miteinander harmonieren.

Kurvenform bei einem jeden Hund geringfügig anders. Wenn die Kurve bei jedem Hund ein wenig anders aussieht, heißt das, jeder Hund bringt beim Laufen im selben Tempo unterschiedlich viel Kraft auf die Zugleine. Das bedeutet, dass die Hauptleine geknickt verläuft und Energie verloren geht. Wie stark die Hauptleine abgeknickt wird, hängt von der äußeren Form des Gespanns ab.

Im Idealfall könnte ein Schlittenhundeführer jeweils jene zwei Hunde paarweise zusammenspannen, die bei Renngeschwindigkeiten die gleichen Laufeigenschaften im Körperbau aufweisen. Das ist jener Punkt **(x)** in der Grafik Kraft zu Geschwindigkeit, wo die beiden Kurven einander kreuzen. Ein Hundegespann, das hohe Geschwindigkeiten erreichen soll, muss natürlich aus Hunden bestehen, die von ihrem Körperbau her schnell laufen können. Ein Gespann besteht aber nicht aus nur einem Hund. Ein Gespann besteht auch nicht aus einer willkürlichen Zusammenstellung von einzelnen, gut gebauten Hunden. Wenn es ein erfolgreiches Gespann sein soll, muss es ein Zusammenspiel geben, aus dem sich eine eigene äußere Form des Gespanns ergibt. Dieses spezielle Zusammenspiel variiert von Gespann zu Gespann, und das Achten auf die Details dieses Zusammenspiels macht erst die wirklichen Spitzenleute unter den Schlittenhundeführern aus und unterscheidet sie von den Beinahe-Spitzenleuten.

So läuft ein Gespann: gutes Team, schlechtes Team. Das schlechte Team ist beim Laufen aufgrund der unterschiedlichen Größe und Gangarten der Hunde und mangels Ausbildung nicht effizient. (Nach Phillips et al., 1981)

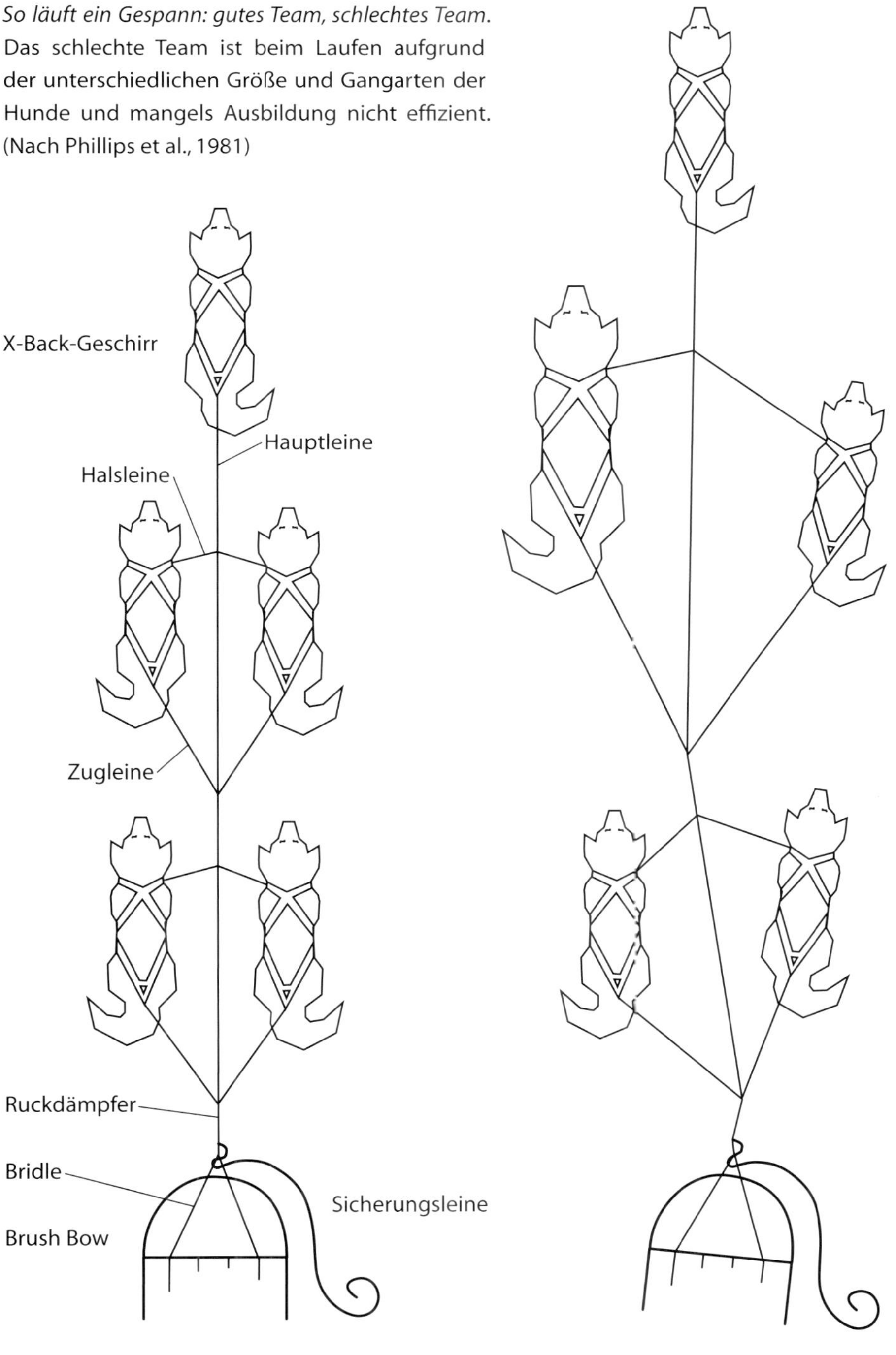

Harmonierende Leithunde. Hier sehen wir ein Paar wunderbar harmonierender Leithunde. Hunde mit identischem Körperbau haben auch den gleichen Gang; wenn sie einander mögen und lernen, gemeinsam zu ziehen, könnten die beiden ein perfektes Paar für Rennen bilden.

Zusammenspiel im Team (mit einem müden Hund). Wir sehen hier ein wunderbares Hundegespann, das allerdings bereits ermüdet ist und auf dieser Bergabstrecke etwas aus dem Tritt kommt. Sie sind im Augenblick nicht mehr in ihrem Arbeitsrhythmus. Der Hund im vergrößerten Ausschnitt zeigt Ermüdungserscheinungen der Lendenmuskulatur und kann die Hinterbeine nicht mehr schnell genug untersetzen. Daher schwingen sie nach oben und hinten.

Das funktioniert so, dass Hunde mit ähnlicher Gangart und ähnlicher Geschwindigkeit paarweise entlang der Hauptleine zusammengespannt werden. Wenn man ein Gespann zusammenstellt, versucht man, Hunde mit fast identischen Kraftkurven paarweise zusammenzufassen. Ich muss also wissen, welche Durchschnittsgeschwindigkeit ich auf einer Strecke fahren werde, und dazu muss ich wiederum wissen, wie hügelig die Strecke ist, wie viele Kurven sie hat, welche Temperatur der Schnee hat, und muss alle anderen Faktoren kennen, die entscheiden, wie schnell ein Wettkampf ist.

Wenn ich Schlittenhunde beim Laufen beobachte, nehme ich jedes Element ihres Bewegungsablaufes getrennt wahr. Es sind diese einzelnen Elemente, die bei den einzelnen Hunden zusammenpassen müssen. Wie schon erwähnt, ist das Laufen bei Schlittenhunden eigentlich ein schnelles Gehen, das Einwirken der Schwerkraft, die das Tier nach vorne und unten zieht. An diesem Punkt ist eine gute Vorstellungskraft sehr hilfreich. Stellen wir uns einen Hund vor, der auf den Hinterbeinen aufgerichtet wie ein Mensch steht und über die Zugleine mit dem Schlitten verbunden ist. Nun lehnt sich der Hund nach vorne und fällt vornüber, während gleichzeitig die Hinterbeine an Ort und Stelle bleiben. Wenn der Hund vornüber fällt, muss der Schlitten sich um jenes Stück, das dem Fallbogen entspricht, nach vorn bewegen. Der Hund setzt dabei nur sein Fallgewicht und keine zusätzliche Energie ein. Einfach perfekt. Eine simple Hebelwirkung, keine beweglichen Teile – effizient und stabil. Der Hund muss sich nur wieder zu voller Größe aufrichten und wieder vornüberfallen.

Wir haben also einen Hund, der vertikal aufgerichtet auf den Hinterbeinen steht und über die Zugleine mit dem Schlitten verbunden ist. Aber an welcher Stelle des Hundekörpers sitzt die Zugleine? Am Kopf? An den Schultern? An den Flanken? Knapp oberhalb der Sprunggelenke? Je tiefer am Körper die Verbindung zum Schlitten sitzt, desto mehr Kraft bringt der Hund auf den Schlitten und desto kürzer ist die Strecke, die der Schlitten nach vorn bewegt wird. Wenn der Hund völlig stillstehen würde und der Rückengurt an den Sprunggelenken befestigt wäre, könnte der Hund im Vornüberfallen unglaublich viel Kraft auf den Schlitten übertragen. Das ist die gute Nachricht. Die schlechte Nachricht ist die, dass sich der Schlitten dabei nur um ein paar Zentimeter bewegen würde. Die andere schlechte Nachricht ist die, dass sich der Hund dabei die Beine brechen würde, wenn er nicht außergewöhnlich kräftige und feste Knochen hat, weil dieselbe Kraft, die auf den Schlitten einwirkt, auch auf seine Sprunggelenke wirkt.

Wenn ich die Zugleine weiter oben befestige, kann der Hund nicht mehr gleich viel Kraft dafür aufwenden, den Schlitten zu bewegen, allerdings legt der Schlitten ein größeres Stück zurück. Die Gleichung ist nicht ganz so dumm, wie es vielleicht klingt. Schlittenführer versuchen die ganze Zeit, solchen Verhältnismäßigkeiten auf die Spur zu kommen. Ein wesentlicher Faktor in der Gleichung der Rennfahrer besteht darin, wo genau das Zuggeschirr sitzt. Ein Geschirr zum Lastenziehen setzt weiter hinten am Hundekörper an als ein Renngeschirr. Ein guter Renn-Schlittenhundeführer achtet peinlich genau darauf, wie das Geschirr sitzt. Es sollte von so weit vorn am Hundekörper wie möglich Zugwirkung entfalten und so gut sitzen, dass die Bewegung dadurch in keinem Moment eingeschränkt wird. Der Trick besteht darin, die Kraftübertragung im Bereich des Brustbeins des Hundes zu fokussieren – das sich in einer idealen Welt praktisch nicht bewegt und keinerlei Aktion entwickelt. Das Zuggeschirr eines Pferdes wäre für Hunde ungeeignet, weil es am Unterarm des Hundes sitzen würde, den der Hund aber weit nach vorn schwingen können muss. Wenn die Gurte am Bruststück des Geschirrs locker sind und über die Schultern des Hundes verlaufen, die bei jedem Schritt eine weite Bewegung vollziehen, dann muss der Hund mit den in Bewegung befindlichen Schultern ziehen, das Brustgeschirr schneidet in den Schultergürtel und der Hund ermüdet rasch. Ein erschöpfter Hund hat Schmerzen und läuft nicht mehr.

Noch einmal. Wir haben den Hund, der aufgerichtet auf den Hinterbeinen steht und vornüber fällt, die Zugleine liegt so, dass die Zugkraft direkt über das Brustbein übertragen wird. Aber nun ist der Schlitten zu schwer, und der Hund kann nicht mehr vorfallen. Was nun? Muss man einen größeren Hund nehmen? Nein – geht nicht wegen der Überhitzung. Nun gut, dann versuche ich eben zwei Hunde aneinander zu spannen, die sich aufrichten und vornüber fallen. Damit wird mehr Kraft ausgeübt. Aber die beiden Hunde müssen im gleichen Moment nach vorn fallen. Wenn einer nach vorn fällt, tut sich nichts, und wenn dann der zweite ebenfalls vorfällt, tut sich noch immer nichts.

Ich habe jetzt also zwei „ausgebildete“ Hunde, die im genau gleichen Moment nach vorn fallen. Der Schlitten bewegt sich immer noch nicht. Ich versuche es mit vier Hunden, dann mit sechs, dann mit acht, und irgendwann setzt sich der Schlitten in Bewegung. Nicht nur das, wenn ich genügend Hunde habe, die im genau selben Moment nach vorn fallen, dann bewegt sich der Schlitten mit 35 km/h. Die magische Zahl liegt für mich und bei meinem Gewicht bei zwölf Hunden.

Damit meine magische Zahl der zwölf Hunde aber wirklich funktioniert, muss jeder Hund ganz genau so sein wie alle anderen Hunde im Gespann. Und zwar aus folgendem Grund:

SOZIALVERHALTEN LAUFEN

Wenn ich ein Gespann aus nur einem Hund habe (der sich aufrichtet und nach vorn fällt), dann muss dieser Hund 100 % der Last ziehen. Wenn ich zwei Hunde auf ihren Hinterbeinen habe, die nach vorn fallen, dann könnte man meinen, dass jeder von beiden 50 % der Last zieht. Das ist allerdings physisch unmöglich. Die Hunde müssten dann exakt die gleiche Größe haben (unwahrscheinlich), in einem exakt gleichen Bogen (unwahrscheinlich) zum exakt selben Augenblick (noch unwahrscheinlicher) nach vorne fallen und sich an exakt derselben Stelle befinden (völlig unmöglich).

Mein ursprüngliches Modell sieht vor, dass jeder Hund vor dem Schlitten auf den Hinterbeinen steht und in genau demselben Moment und in genau dem gleichen Bogen nach vorn fällt. Wenn ein Hund dabei einen größeren Bogen beschreibt, dann bringt er weniger Kraft auf den Rückengurt – auch wenn er dabei den Schlitten weiter zieht.

Die Kunst, ein Gespann für Spitzenleistungen zusammenzustellen, besteht darin, all diese Faktoren zu berücksichtigen und die vorhandenen Hunde danach abzustimmen. Da es keine zwei Hunde geben kann, die genau gleich groß sind, wird nicht nur der Fallbogen unterschiedlich groß, sondern auch die dafür benötigte Zeit verschieden sein. Daher ist die pro einmal Vorfallen zurückgelegte Strecke unterschiedlich groß, es dauert unterschiedlich lange und es muss daher zu einer geknickten Hauptleine kommen.

Die beim Vorfallen entstehende Kraft zieht die Hauptleine nicht nur nach vorn, sondern auch in Richtung Hund. Da keine zwei Hunde denselben Platz einnehmen können, können auch keine zwei Hunde in die genau gleiche Richtung ziehen. Jeder Hund zieht den Schlitten in eine andere Richtung. Wenn der Winkel zwischen Zugleine und Hauptleine 45 Grad beträgt, dann gehen 50 % der von den Hunden erzeugten Vorwärtsbewegung durch diesen Winkel verloren. Das sind einfache Grundregeln der Physik.

Theoretisch könnte jeder Hund in einem Zweiergespann 50 % der Last ziehen. In Wirklichkeit aber zieht bei einem Sechsergespann jeder Hund 50 % der Last. Wenn ich mit einem Sechsergespann ein Rennen fahren würde, dann würde jeder meiner Hunde kontinuierlich eine Kraft von vier Kilogramm ins System einbringen – das sind 18 % ihres Körpergewichts.

Ich finde, dass es mit zwölf Hunden am besten funktioniert. Wenn ich mehr als zwölf nehme, dann bringt jeder neue Hund zwar alle Unzulänglichkeiten ins System ein, aber keine Verstärkung beim Schlittenziehen. Ab 16 Hunden wird das System so instabil, dass ein Schlittenführer schnell die Kontrolle verlieren kann. Viele der Spitzenleute fahren mit 16 Hunden, weil sie dann, falls notwendig, am ersten und zweiten Tag eines Drei-Tage-Rennens je ein Paar Hunde weglassen können und am dritten Tag noch immer mit zwölf Hunden an den Start gehen können. Wenn ein Rennen einmal gestartet ist, kann man zwar Hunde weglassen, aber keine neuen mehr ins Gespann nehmen.

Da es sich beim Gespann um ein Sozialgefüge handelt, bei dem jeder Hund mit jedem andern harmonieren muss, bemühen sich die Schlittenführer sehr darum, ein ausgewogenes Team zusammenzustellen. Jeder Hund sollte dabei genau so gebaut sein wie die anderen. Die Hunde auf der linken Seite der Hauptleine sollten ein Spiegelbild der Hunde auf der rechten Seite sein. Wenn die Hunde auf der linken Seite Linksgänger sind (also mit dem linken Fuß vorangehen), müssen die Hunde auf der rechten Seite Rechtsgänger sein. Alle Hunde sollten exakt den gleichen Gang haben; sie sollten alle den genau gleichen Raumgriff haben; und alle Hunde sollten gelernt haben, in synchronen Bewegungen zusammen zu laufen – und zusammen zu arbeiten. Jeder Hund kann lernen, mit seinem Partner so zu laufen, dass sie Unterschiede in ihrer Kraft/ Geschwindigkeits-Kurve durch veränderte Winkel an ihrem Rückengurt ausgleichen. Ein gutes Team kann trotz der verschiedenen Unzulänglichkeiten die Hauptleine gerade halten. Sie müssen spüren können, dass die Hauptleine gerade ist, weil sie dann beim gleichen Tempo weniger Energie verbrauchen. (Das gleiche Prinzip gilt auch für Jagdbegleithunde. Einheitliche Größe und einheitlicher Körperbau sind für eine gute Jagdmeute unabdingbar.)

Der Schlittenführer (wie der Jagdmeister) ist wie der Steuermann einer Rudermannschaft, der alle im *genau gleichen* Rhythmus halten muss. Wenn sie ihren Rhythmus verlieren, können die Hunde nicht mehr so gut arbeiten und verlieren das Rennen. Schlittenführer haben so ihre kleinen Tricks. Wenn man die Zugleine des Geschirrs ein wenig länger macht, verringert sich der 45-Grad-Winkel zur Hauptleine. Macht man die Zugleine aber zu lang, läuft man das Risiko, dass sich die Leinen verheddern. In Kurven, wenn die vorderen Hunde bereits um die Biegung gelaufen sind und buchstäblich keinen Vorwärtszug mehr auf die Hauptleine bringen können, müssen die Hunde hinten das ganze Gewicht übernehmen. Ein guter Schlittenführer läuft in den Kurven immer selbst mit. Damit entlastet er die Wheeler (die Hunde direkt vor dem Schlitten), die mehr Gewicht übernehmen und gleichzeitig den Schlitten in der Spur halten müssen, während sie von den Hunden vorn in die Wegbiegung gezogen werden. Auf einer engen, kurvigen Strecke ist ein langes Gespann ein großes Problem und muss verkürzt werden. Weniger Hunde, eine kürzere Hauptleine und die Zugleine sind dann entscheidend. Die Schlittenführer stimmen Gespann und Leinen, und damit die Teamkonfiguration, auf die jeweilige Strecke ab.

Das ist noch nicht alles. Es wäre idealistisch zu glauben, dass man jedem einzelnen Hund beibringen kann, in einem Winkel von exakt 23 Grad zur Hauptleine zu laufen. Ein Hund läuft vielleicht in einem Winkel von 23 Grad nahe bei der Hauptleine, ein Laufgenosse verträgt keine große Nähe zu einem anderen Hund und läuft daher vielleicht in einem Winkel von 45 Grad zur Hauptleine. Wenn nun beide Hunde im selben Maß ausgreifen und ziehen, dann verliert der eine Hund ein Viertel des Vorwärtsschwunges und der andere die Hälfte. Das heißt, dass die Hauptleine abknickt. Wenn die Hauptleine geknickt verläuft, wird der Schlitten von der Mittellinie weggezogen und gerät in eine Rotationsbewegung, womit wir beim nächsten Problem wären – dem Drehmoment.

Eine der großen Aufgaben bei der Ausbildung der Hunde ist die, den Hundepaaren beizubringen, sich gleich stark zu mögen, damit sie gleich stark an der Hauptleine ziehen. Aus diesem Grund ist es auch so schwierig, einen neuen Hund ins Gespann zu integrieren. Bis der neue Hund seinen Laufpartner und die anderen Gespannmitglieder gut genug kennen gelernt hat, verhält er sich reserviert, und das gibt einen Knick in der Hauptleine. Schlittenhundeführer wissen über die kritische Phase der Sozialentwicklung Bescheid. Sie lassen Welpen in Gruppen mit Spielgefährten aufwachsen, vielleicht werden sie getrennt gefüttert, damit es keine Streitereien wegen der Futterressourcen gibt. Sie hindern die Welpen am Raufen, weil damit die Wahrscheinlichkeit für Raufereien unter den erwachsenen Tieren reduziert wird. Welpen, die mit anderen Hunden spielen, wachsen zu Hunden heran, die mit anderen Hunden zusammensein wollen.

Es ist natürlich unmöglich, zwölf oder 16 identische Hunde zu finden, die sich alle gleich gern mögen. Körperlich zusammenpassende Paare sind meist das Maximum an Perfektion, das man erreichen kann. Ein guter Teil des Trainings vergeht damit, die richtigen Paarungen zusammenzustellen. Ich versuche, zwei Hunde mit der gleichen Gangart zu finden und ihnen dann beizubringen, im Team zu laufen. Ich hatte einmal diesen Superhund Pang. Er war der schnellste Hund, den ich je hatte. Aber jede Woche gab es das gleiche Dilemma: Mit wem konnte ich ihn zusammenspannen? Schließlich hat Charlie Belford ihn übernommen, aber auch er hatte das gleiche Problem. Der Hund war einfach zu schnell. Pang selbst war auch unglücklich, weil er wegen seiner größeren Schrittlänge schwerer arbeiten musste als sein Partner. Pang war immer voraus, sodass sein Partner und der Schlitten mit jedem Schritt zu ihm hingeruckt wurden. Der Schlitten folgte Pang nach rechts und wurde vom anderen Hund wieder nach links und gerade gezogen, und dann von Pang wieder nach rechts geruckt und so weiter die ganze Strecke lang. Der Schlitten fuhr völlig ineffizient und im Zickzack hin und her.

Wenn ich Pang als Leithund alleine vorne laufen ließ, dann mussten alle Hunde des Gespanns mit Pangs Tempo mithalten – und sich bei jedem Schritt überdehnen – oder Pang musste seine Geschwindigkeit drosseln. Er muss sich wie ein Erwachsener an der Hand eines Kleinkindes vorgekommen sein. Dabei muss nicht nur das Kleinkind übergroße Schritte machen, um mitzukommen, sondern auch der Erwachsene muss sein Tempo permanent drosseln. Beide fühlen sich dabei nicht wohl. Wenn Pang auf ein langsameres Tempo herabbremste, sah er aus wie Mickey Rivers beim Gehen. Er war einfach zu gut für mich. Wenn ich ein ganzes Gespann aus lauter Pangs gehabt hätte, dann wäre ich ein unbesiegbarer Champion geworden. So aber war es für mein Gespann das Beste, ihn zu verkaufen.

Der Schlittenhundeführer ist der Choreograph der verschiedenen Verhaltensweisen. Während des Rennens werden die Hunde in unterschiedlichem Grad müde und verlieren den Rhythmus. Ein müder Hund muss mehr Kraft aufwenden, um die Renngeschwindigkeit beizubehalten. Die anderen Hunde müssen sich an diese Anpassung wiederum selbst anpassen. Für den Schlittenführer ist es ein hartes Stück Arbeit, müde Hunde wieder „ins Laufen" zu bringen. Er feuert sie an oder hält einen Augenblick an, damit alle wieder im selben Rhythmus anlaufen können, oder spannt die Hunde vielleicht sogar so um, dass zwei müde Hunde ein Paar bilden und ausgewogen laufen können. Wenn die müden Hunde die Leistung nicht allzu sehr beeinträchtigen, wenn sie also einfach nicht ziehen, dann ist es vielleicht am besten, sie gar nicht besonders anzuspornen, weil das stimmliche Anfeuern zu viel Unruhe in den Rest des Gespannes bringen könnte, da dadurch die noch voll arbeitenden Hunde zu noch größerer Leistung angefeuert werden und erst recht keinen gemeinsamen Rhythmus mit ihren Kollegen mehr haben, und dann ist das Chaos perfekt. Wenn ein müdes Tier hinter der Halsleine herläuft und mitgezogen wird, ist es vermutlich Zeit, es auf den Schlitten zu laden.

DAS SOZIALGEFÜGE EINES HUNDEGESPANNS

Miteinander im Gespann laufen ist ein sozialer Akt, ein Gemeinschaftssystem. Wie gut dieses Sozialgefüge funktioniert, hängt zu einem Teil von der Ansammlung von Einzeltalenten ab, mehr noch aber davon, wie sehr Körpergröße und Laufeignung des Körperbaus der Tiere untereinander harmonieren. Ein Hund allein kann einen Menschen nicht mit Renngeschwindigkeit ziehen, auch zwei, drei oder vielleicht sogar sechs oder sieben nicht. Ein Hund kann nie so groß sein, dass er alleine einen Schlitten schnell und über eine längere Strecke ziehen kann, weil die Körpergröße, mit der ein Hund noch arbeiten kann, physiologischen Beschränkungen unterliegt. Die Arbeitsleistung muss daher auf mehrere Tiere aufgeteilt werden, um die Aufgabe zu bewältigen. Trotzdem hängt die Leistung eines Hundes nicht nur von seiner Bereitschaft und seiner Teamfähigkeit ab, sondern auch davon, ob es für ihn und seine körperliche Konfiguration im System den geeigneten Platz gibt. Jeder Hund muss die Fähigkeit besitzen, Hochgeschwindigkeiten zu laufen, aber das ist nicht alles; jeder Hund muss synchron mit einem anderen Hund laufen und gemeinsam mit diesem in einem Team. Talent heißt in diesem Fall, dass er die dafür erforderliche Körperkonformation hat. Perfektion entsteht nicht durch außergewöhnliches Talent, sondern durch das genau gleiche Talent der Hunde, egal um welche Fähigkeit es sich handelt.

Diese Beschreibung eines Sozialgefüges unterscheidet sich deutlich davon, wie Hundegespanne sonst gerne beschrieben werden. Ein weitverbreitetes Klischee ist, dass sie wie ein Wolfsrudel sind, in dem ein Leitwolf das Rudel beherrscht. In diesem Bild wird der Schlittenführer mit dem Rudelführer gleichgesetzt, dem sogenannten Alphatier, der dem Rudel seinen Willen aufdrückt und es unter Androhung physischer Gewalt zum Laufen zwingt. Der Schlittenführer, so will es dieses Klischee, zwingt die rangniedrigeren Tiere, sich zu unterwerfen, und knallt mit der Peitsche, um die Hunde zu schnellerem Lauf anzutreiben. Um das Bild der Legenden vollständig zu machen, erzählt man sich noch von nordischen Stämmen, bei denen die Hündinnen irgendwo draußen angepflockt werden, damit sich die Wölfe der Gegend mit ihnen paaren können. Der Sinn der Sache besteht darin, dass eine Verpaarung mit Wölfen den Schlittenhunden angeblich mehr Kraft und Ausdauer verleiht.

Nichts könnte falscher sein.

Vielleicht gab es tatsächlich Leute, die ihre Hunde mit Wölfen verpaarten und sie dann mit Peitschen schlagen mussten, damit sie sich nicht gegenseitig umbrachten, wenn sie im Geschirr standen. Es ist vielleicht nicht auf den ersten Blick ersichtlich, dass die Einzüchtung von 45 kg schweren Wölfen eine ganze Serie völlig kontraproduktiver Faktoren mit sich bringen würde. Aber in Wirklichkeit würden sich Ausdauer und Kraft verringern. Es würde zu Rangordnungs- und Dominanzverhalten kommen, das einer guten Zusammenarbeit im Wege steht. Der Rhythmus und das Synchronlaufen wären weg, weil Wölfe unabhängige Tiere sind, denen ihre Individualdistanz viel wichtiger ist als Hunden. Auf Kommandos reagieren Wölfe üblicherweise, indem sie entweder eine Unterwerfungshaltung einnehmen oder je nach Laune einfach aufhören und schmollen. Mir fällt keine einzige Eigenschaft ein, die Wölfe haben und die ich für ein Hundegespann brauchen könnte. Ken MacRury, der jahrelang nordische Hunde studierte und mit Inuit-Hunden zu Rennen ging, erzählt, dass die Eskimos, die er persönlich kennt, nur lachen, wenn jemand vorschlägt, Hunde mit Wölfen zu paaren. Auch sie glauben nicht an diese Geschichte. Einige Schlittenführer in Alaska versuchten, mit Wölfen in ihrem Gespann zu arbeiten, im Großen und Ganzen erfolglos. Jack Londons erfundener Leithund, Buck, träumte davon, ein richtiger Wolf zu sein, und verließ schließlich die Welt des Menschen und kehrte in die Wildnis zu einem Wolfsrudel zurück.

Diese Bilder sind für mich nicht nur reine Erfindung, sondern gleichzeitig schlimm. Ich glaube, dass Abenteuergeschichten immer auf einem Funken Wahrheit beruhen sollten. London tut mit seinen Geschichten weder den Hunden noch den Wölfen einen Gefallen. Die Vorstellung, dass ich losziehe, mir für 5000 Dollar einen Leithund kaufe, ihn mit nach Hause nehme und ihn dann mit dem restlichen Hunderudel kämpfen lasse, um zu sehen, ob er sich als Alphatier durchsetzt, ist zum Schreien komisch. Das Letzte, was ein Schlittenführer will, ist ein Hundekampf. Dabei könnten nicht nur wertvolle Tiere verletzt werden, Feindseligkeiten zwischen einzelnen Tieren wären eine dauernde Belastung für das Gespann. Ich will ganz sicher keinen Hund, der mit seinem Rang im Gespann nicht klarkommt oder dauernd versucht, die Rangordnung auszutesten. Ich will auch keine Hunde, die sich mir unterwerfen. Die bloße Vorstellung von Hunden, die sich auf den Rücken werfen und pinkeln, wenn sie mich kommen sehen, ist mir zuwider.

Bei einem 12- oder 16-köpfigen Gespann gibt es üblicherweise zwei Leithunde, die im Paar gehen. Es können Rüden oder Hündinnen als Leithunde im Paar gehen. Was bedeutet das für die Theorie vom Alphahund? Zwei weibliche Alphatiere? Ein starkes Hundegespann hat gleich mehrere Leithunde. Der Schlittenführer kann abwechselnd verschiedene Hunde vorne einsetzen und ermüdete Tiere austauschen, wenn sie keine Renngeschwindigkeit mehr vorgeben können.

Hunde sind keine Wölfe. Hunde laufen nicht als Rudel. Beim Rudel geht es darum, gemeinsam zu jagen. Schlittenhunde laufen, weil die anderen Hunde laufen. Sie werden durch den Mitmacheffekt dazu motiviert. Ihr Lauf hat einen Rhythmus, sie können diesen Rhythmus wahrnehmen und laufen danach. Wenn man hinten auf einem Schlitten steht, kann man diesen Rhythmus spüren. Er ist sehr mächtig.

Jeder einzelne Hund hat seinen Charakter. Manche sind fröhlich, andere eher mürrisch. Ich hatte mal eine ältere Hündin, Red Raino, die ich von Charlie Bedford übernommen hatte. Sie hasste das Training, liebte aber die Rennen. Beim jährlichen Rennen in Rangeley in Maine hatte ich einmal keinen Leithund mehr zur Verfügung und spannte daher sie an die Spitze. Ich hätte dieses Rennen gewonnen, wenn sie nicht fünf Meilen vor dem Ziel auf kein „haw“ mehr gehört und das Gespann statt Richtung Stadt eine andere Strecke entlanggeführt hätte. Als ich Belford das erzählte, sagte er nur: „Oh, das ist die Strecke, die wir früher immer gegangen sind.“

Von meiner Familie hatte ich Befehl, an den Rennwochenenden nur ja keinen Hund zu Hause zurückzulassen. Die zurückgebliebenen Hunde heulten, bellten und lärmten sonst die ganze Zeit, während ich weg war. Das erste Mal, als ich einen Hund zu Hause ließ, war es Rena, der ich mit ihren wunden Pfoten ein Wochenende Ruhepause zur Erholung geben wollte. Ich tat das nie wieder. Als ich Sonntagabend zurückkam, war sie heiser. Es kam nur mehr ein Krächzen aus ihrer Kehle, als sie weiter bellte – aber sie freute sich riesig, dass ich wieder da war.

Struktur und Verhalten von Hunden ähneln oberflächlich vielleicht den Wölfen, aber man leistet den Hunden einen Bärendienst, wenn man in erster Linie auf die Ähnlichkeiten achtet. Schlittenhunde sind verglichen mit Wölfen ein evolutionsgeschichtlicher Fortschritt. Schlittenhunde sind ein so perfektes Produkt der Evolution, wie man es sich nur vorstellen kann. Sie können diese eine Sache besser als alle anderen Lebewesen. Warum sollte man das verpfuschen, indem man Wölfe einkreuzt?

DER WERT EINES RASSESTANDARDS

Einen Hund aus guter Züchtung oder ein sorgfältig gemanagtes Gespann zu betrachten, ist wie ein großartiges Schiff anzuschauen. Vielleicht ist nicht jede Linie für sich schön, aber der Betrachter erkennt und würdigt, welche Leistung die vorhandene Form erbringen kann. Je mehr Erfahrung der Betrachter mitbringt, desto besser kann er die großartige Leistung, die mit dieser Form möglich ist, würdigen.

Laufen ist ein Verhalten. Ein Gespann beim Laufen zeigt ein sehr komplexes Verhalten. Die Hundegespanne haben eine besondere Konfiguration und Form, mit der sie ihre Aufgabe besser ausführen können als alle anderen Lebewesen. Schlittenhunde sind keine uralte Rasse oder direkte Abkömmlinge einer uralten Rasse. Das Laufen ist bei Hunden keine alte Kunst, der wir nacheifern und die wir bewahren wollen. Die Schlittenhunde und Schlittenführer von heute sind so ausgefeilt und so gut, wie es nie zuvor welche gab.

Ich erinnere mich an einen dunkelgrauen Hund namens Tony, den ich von Charlie Belford gekauft hatte. Nach einem Rennen waren die Hunde normalerweise müde. Einige legten sich hin, steckten ihre Nase in den kühlen Schnee oder leckten sich die Pfoten. Jeder kümmerte sich um seine eigenen Bedürfnisse. Nach einiger Zeit bahnte sich Tony dann immer seinen Weg durch den Schnee, pflanzte sich vor mir auf, schüttelte sich von Kopf bis Fuß und sagte mit dieser völlig arroganten Geste *„Nun, war's das schon?"*

Tony und ich hatten vielleicht keine wirklich symbiotische Lebensgemeinschaft, aber wir hatten eine gemeinsame Sprache. Eine, die alle Menschen verstehen, die Hunden nahe stehen.

KAPITEL 6

Verhaltenskonfigurationen

HÜTEHUNDE, APPORTIERHUNDE UND VORSTEHHUNDE

Mutualismus nennt man jene Form symbiotischer Beziehung, aus der beide Spezies einen Nutzen ziehen. Implizit ist damit aber häufig auch eine Evolution des Erscheinungsbildes beider Arten gemeint, die als Anpassung an das Zusammenleben entstanden ist. Kolibris entwickelten einen besonders langen Schnabel, der nur einen Zweck hat – den Nektar aus kelchförmigen Blüten ziehen zu können, die dabei gleichzeitig bestäubt werden Sowohl der Vogel als auch die Blume haben sich so aneinander angepasst, dass der eine den anderen zum Überleben braucht.

Ich werde mich nun mit Hunden beschäftigen, die besondere Leistungen für den Menschen erbringen. Es geht um Aufgaben, die – wie die Schlittenhunderennen – nur durch die Zusammenarbeit von Hund und Mensch bewältigt werden können. Keiner von beiden könnte die Sache alleine erledigen. Es handelt sich um den klassischen Fall, bei dem Hund und Mensch zu unzertrennlichen Gefährten werden.

Allerdings handelt es sich dabei nicht um echten Mutualismus im biologischen Sinn, weil die Aufgaben, um die es geht, für beide Arten nicht überlebensnotwendig sind. Es erleichtert höchstens den Menschen das Leben. Die meisten Schafhirten auf der Welt kommen ohne Hütehunde aus, und für viele Farmer lohnt sich der Aufwand für die Ausbildung und das Training eines Border Collies kaum. In Australien oder Neuseeland gibt es sicher Fälle, wo ein gut ausgebildeter Kelpie oder Treibhund nicht in Gold aufzuwiegen ist, aber das Überleben des Menschen hängt nicht von der Arbeitsleistung des Tieres ab. Es gibt jedes Jahr große Viehtriebe, wo die Hirten Millionen Schafe ohne die Hilfe von Hütehunden treiben.

Hütehunde, Vorstehhunde und Apportierhunde werden hauptsächlich aus Spaß an der Sache eingesetzt. Es gibt sportliche Wettkämpfe, bei denen Profis vor Publikum gegeneinander antreten, um ihre Fähigkeiten als Hundezüchter, Ausbilder und Hundeführer unter Beweis zu stellen. Wer bringt den besten Hund? Die Gewinner von Wettkämpfen erhalten Preisgeld und können von ihren Hunden mehr Welpen verkaufen. Vor allem aber geht es um das Vergnügen, die eigenen Hunde im Wettkampf zu sehen.

Im Unterschied zu ihren Herrchen passen sich die Hunde allerdings auch körperlich und in ihrem Wesen an die neuen Aufgaben an. So wurden in lang vergangenen Zeiten die Dorfhunde zu Jagdbegleithunden mit einem bestimmten Verhaltensmuster gezüchtet. Es handelt sich um Verhaltensweisen, die einem bestimmten Muster folgen, als wäre es stilisiertes Verhalten in übersteigerter Form. Taubenzüchter bemühen sich, Züchtungen wie Flugtauben oder Tümmlertauben mit ihrem jeweils eigenwillig ausgeprägten Flugmuster zu entwickeln. Pferdeleute entwickeln Zuchtlinien und Trainingsmethoden, wie zum Beispiel Dressur, die besonders schön anzuschauen sind. Und die Hundeleute überbieten alle, indem sie Hunderte verschiedener Rassen züchten, die sich alle durch eine besonders herausragende oder bizarre Eigenschaft auszeichnen: Irische Setter, Golden Retriever, englische Pointer, Pitbull Terrier, ungarische Pulis oder – meine Lieblinge – Border Collies. (Mir ist bewusst, dass mir nur wenige beipflichten werden, aber meiner Meinung nach haben Border Collies ein wunderbares und bizarres Verhalten wie keine andere Rasse.)

Das herausragende Talent eines Schlittenhundes liegt, wie in Kapitel 5 beschrieben, vor allem in seinem einzigartigen Körperbau und Laufstil. „Laufen ist ein komplexes Verhalten...“, schrieb ich. Wir sahen dabei, dass sich der Rennerfolg nicht nur aus der Summe einzelner Hunde mit korrektem Körperbau ergibt, sondern aus dem Zusammenspiel der richtigen *körperlichen* Verfas-

Zwei verschiedene Arten zu gehen. Ein italienischer Herdenschutzhund trottet vor sich hin, während der schottische Hütehund mit Fixieren/ Anpirschen die Schafe vor sich her treibt.

sung der Hunde und dem harmonischen Zusammenspiel des Gespanns auf der Strecke entsteht. In diesem Kapitel werfen wir nun einen Blick auf Hunde, bei denen die Verhaltenskonfiguration in eine bestimmte Richtung ausgeprägt ist.

Letztendlich sind natürlich körperliche Gestalt und Verhaltenskonfiguration ein und dasselbe. Wenn ich mich als Verhaltensforscher mit Genetik beschäftige, dann erkenne ich, dass es zwischen der Verhaltenskonfiguration und der körperlichen Konformation (Gestalt) eines Tieres keinen Unterschied gibt. Die Schlittenhunde erbringen bei einem bestimmten Verhalten, nämlich dem Laufen, deswegen solche Spitzenleistungen, weil dafür eine Reihe einzelner Faktoren der körperlichen Konformation stimmen muss. Wir werden uns nun mit Hunden beschäftigen, bei denen der Körperbau für ihre *Spezialisierung auf ein bestimmtes Verhaltensmuster* keine so große Rolle spielt. Die Ausführung rassespezifischer Aufgaben erfordert die genaue Abfolge ritualisierter Bewegungen. Es ist wie beim Ballett, wo die Tänzer eine Reihe bestimmter Bewegungen in einer bestimmten Reihenfolge absolvieren.

Unter Verhaltenskonfiguration ist hier die Beschreibung des Verhaltensmusters – welche Bewegungen der Hund macht – während der Arbeitsleistung gemeint. Ich möchte in diesem Kapitel zeigen, dass das Verhaltensmuster von Hütehunden, Apportierhunden und Vorstehhunden genauso erblich bedingt ist wie der Körperbau von Schlittenhunden. So wie der Schlittenhundeführer körperliches Zusammenspiel und Laufstil seines Hundegespanns choreographiert, um eine perfekte Leistung zu erreichen, genauso setzt der Hundeführer die Verhaltensmuster – das angeborene Verhaltensrepertoire – seiner Border Collies gezielt so ein, dass er die Schafe möglichst rasch in den Pferch treiben kann.

Als Erstes werfen wir einen Blick auf die Verhaltensgenetik, um besser zu verstehen, was der Begriff Verhaltenskonfiguration bedeutet.

Wenn ich bei einer Hundeausstellung einen Deutschen Schäferhund bewerten müsste, der kuhhessig ist, würde ich ihm eine schlechte Note geben. Als Richter einer Hundeausstellung würde ich sagen, dass der Körperbau des Hundes nicht richtig ist. Als Ethologe würde ich sagen, dass der Hund nicht richtig steht. Der Hund hat also eine schlechte Verhaltenskonfiguration.

Stehen ist ein Verhalten. Dieses Tier steht nicht richtig. Der kuhhessige Hund nimmt eine schlechte Haltung ein. Und man soll nicht glauben, dass das nur Haarspaltereien oder semantische Spielereien wären. Es handelt sich dabei um ein Thema in der Welt der Biologie, das immer schon Anlass zu Verwirrung gab und in dem die Begriffe in der Regel falsch verwendet werden. Ein Beispiel: Ich gehe zum Arzt und klage über meine Arthritis. Die Ärztin sagt: „Wissen Sie, dass Sie eine schlechte Körperhaltung haben?“ Und ich antworte ihr: „Ich habe keine schlechte Körperhaltung. Ich habe einen schlechten Körperbau.“ Angesichts meines Körperbaus habe ich eigentlich eine recht gute Körperhaltung. Sie aber meint, dass ich weniger gesundheitliche Probleme hätte, wenn ich das Verhalten des Gerade-Stehens besser pflegen würde. Ich empfinde es als unangenehm, wenn ich gerade stehe, und kann diese Haltung nur kurz einnehmen. Wenn wir sagen, ein Hund hat einen schlechten Körperbau, dann machen wir ihm ein sprachliches Zugeständnis, weil wir davon ausgehen, dass er nicht gerade stehen kann.

Wenn ich Richter bei einem Wettkampf für Border Collies bin und sehe, dass ein Hund beim Arbeiten nach den Fersen des Schafes schnappt, gibt es einen geringfügigen Punkteabzug, weil der Hund eine falsche Form zeigt. Der Hund legt eine für einen Hütehund falsche Verhaltenskonfiguration an den Tag. Als Richter nehme ich daher an, dass er nicht imstande ist, die richtige Haltung einzunehmen und vielleicht nicht zum Hütehund taugt. Wenn ich jedoch Richter für Queensland Blue Heelers wäre und einen Hund vor mir hätte, der nicht nach den Fersen der Rinder schnappt, gäbe es einen Punkteabzug für die einem Heeler nicht entsprechende Verhaltenskonfiguration. Würde ich zu dem Schluss kommen, dass der Hund die zum Schnappen nötige Körperhaltung nicht einnehmen kann, würde ich einen genetischen – also durch die Körperstruktur bedingten – Defekt annehmen und den Hund disqualifizieren.

Diese Sichtweise unterscheidet sich deutlich von der wesentlich weiter verbreiteten und leider anthropomorphen Betrachtung von Hundeverhalten, bei der davon ausgegangen wird, dass der Hund ein bestimmtes Verhalten erlernt hat. Ich kann hoffentlich zeigen, dass jeder Hund einer Rasse ein angeborenes Verhaltensmuster für die einzelnen Teile seiner speziellen Aufgabe aufweist. Ein Richter tut nichts anderes, als die Form einer jeden Körperhaltung zu beurteilen. Ein Border Collie wird danach beurteilt, wie sein Outrun, sein Fixieren, sein Treiben und so weiter aussehen. Der Richter hat eine Vorstellung davon, wie die Form der Verhaltensweise aussehen sollte, so wie ein Richter bei einer Hundeausstellung eine Idealvorstellung hat, wie ein perfekter Hund einer bestimmten Rasse aussehen sollte.

Im einen Fall beurteilt der Richter die körperliche Form des Hundes, im anderen Fall beurteilt er, wie sich die körperliche Form durch Zeit und Raum bewegt. Beide Richter tun eigentlich das Gleiche: Sie verwenden nur eine andere Terminologie dafür.

In Stanley Corens Buch *The Intelligence of Dogs* liegt in der Wertung „Obedience und Arbeitsintelligenz“ der Cavalier King Charles Spaniel auf Rang 44, der Sibirian Husky auf 45 und der Dackel auf Platz 49. Platz eins verleiht er dem Border Collie, dem Golden Retriever Platz Nummer vier, dem Chesapeake Bay Retriever den 27. und dem English Pointer den 43. Platz.

Kann man den Dackeln (Nr. 49) beibringen, einen Hundeschlitten zu ziehen? Sie liegen in der Intelligenzwertung etwa gleichauf mit dem Husky

(Nr. 45). Einer der besten Schlittenhunde, die ich je hatte, war ein reinrassiger Border Collie, die Nummer eins auf der Liste. Ich wette, dass ich ein funktionierendes Gespann aus lauter Afghanen zusammenstellen könnte, die mit Platz 133 an letzter Stelle liegen. Ich wette, ich könnte den Afghanen viel eher beibringen, einen Schlitten zu ziehen, als den Dackeln. Aber wie ist das möglich, wenn Dackel doch angeblich so viel „intelligenter" sind?

He, höre ich da, einen Hundeschlitten ziehen hat mit Intelligenz nichts zu tun...?! Jede Hunderasse hat eine bestimmte Gestalt, die sie von den anderen Rassen unterscheidet. Einige Rassen kann man aufgrund ihres Körperbaus leichter zu Schlittenhunden ausbilden als andere...

Genau!

Erinnern wir uns an die Geschichte von Brian Plummer in Schottland aus Kapitel vier, der als Hundetrainer damit Karriere machte, dass er jedem Hund gleich welcher Rasse jede beliebige Arbeit beibringen kann. Brian ist überzeugt, dass Entwicklung und Lernen für die Intelligenz wichtiger sind als Vererbung. Ich verbrachte mit ihm und seinen King Charles Spaniels (Nr. 44) einen großartigen Tag auf der Hasenjagd. „Warum diese Hunderasse?", fragte ich ihn.

„Weil sie seit Jahrhunderten als Paradebeispiel des verwöhnten, nicht arbeitenden Schoßhundes gelten", antwortete er. „Wenn ich denen beibringen kann, Hasen zu jagen, liefere ich den Beweis, dass ich jeder beliebigen Hunderasse alles beibringen kann." Und tatsächlich, nach einer wilden Jagd über Berg und Tal (also eigentlich mehr Nachbars Rasen), trieben die King Charles Spaniels ein Kaninchen erst in seinen Bau, jagten es mit einem Frettchen wieder heraus und töteten es.

Dann gingen wir runter zum Fluss und ließen seinen Golden Retriever (Nr. 4) korrekt in die Hand apportieren. Eine super Hündin! Am liebsten hätte sie den ganzen Tag gearbeitet und gar nicht mehr aufgehört. Ich fragte Brian, ob er ihr beibringen könnte, Schafe zu hüten, und er antwortete sofort: „Natürlich. Das wäre gar nicht schwer, einen Golden Retriever zum Schafehüten auszubilden."

„Könntest du mit ihr auch an einem Hütehundwettkampf teilnehmen und gewinnen?"

„Natürlich nicht!" antwortete er, ohne zu zögern. Da wusste ich, dass ich mit jemandem sprach, der sich mit Verhaltenskonfigurationen auskennt.

„Natürlich nicht!" Nichts weiter. Er kann einem Golden Retriever aus dem gleichen Grund nicht beibringen, einen Wettkampf zu gewinnen, aus dem ich mit dem Dackel kein Schlittenrennen gewinnen kann. Sie haben die falsche Form, die falsche Konfiguration. Der Dackel hat körperlich nicht die richtige Konfiguration und der Golden Retriever hat nicht die richtige Verhaltenskonfiguration zum Schafehüten.

Wie Plummer waren auch Darwin, Hal Black und Jeffrey Green (vgl. Kapitel 4) davon ausgegangen, dass man mit der richtigen Erziehung aus jedem Hund einen Herdenschutzhund machen kann. Man muss nur den Welpen in der kritischen Phase nach Rezept aufziehen (Entwicklung und Lernen). Wenn man alles getreu nach Rezept macht, dann müsste das Ergebnis jedes Mal das gleiche sein – allerdings nur, wenn man die richtigen Zutaten verwendet. Im Fall der Herdenschutzhunde geht es darum, dass sie mit Schafen aufwachsen und mit ihnen Sozialkontakt haben. Durch die richtige Umgebung während der Aufzucht wird ihre Gehirnentwicklung in einer bestimmten Weise geprägt. Das gleiche gilt für Schlittenhunde. Sie sollen im engen Kontakt mit anderen Schlittenhunden aufwachsen, sie werden daher in großen Zwingern gemeinsam mit anderen jungen Schlittenhunden gehalten, damit sie entsprechendes Spiel- und Sozialverhalten mit anderen Hunden lernen können.

Ich habe das Rezept jetzt allerdings erweitert – nämlich um die richtigen Zutaten. Wie weit Umwelteinflüsse einen Hund in seiner Entwicklung prägen können, unterliegt genetischen Beschränkungen. Wenn ich einen Pyrenäenberghund in einem Zwinger voller Schlittenhundwelpen aufziehe, wird er vielleicht entsprechendes Sozialverhalten anderen Hunden gegenüber zeigen, allerdings weder wie ein Schlittenhund aussehen, noch die Fähigkeiten eines Schlittenhundes haben. Wenn ich einen Border Collie in der Chesapeake Bay aufziehe, wird er trotzdem kein Talent als guter Apportierhund entfalten, auch wenn er angeblich der intelligenteste Hund der Welt ist.

Weltbewegende Neuigkeiten sind das keine. Ich habe zwar schon Border Collies beigebracht, Enten zu apportieren, aber das war nur zum Vergnügen, eine neue Spielerei. Der Border Collie ist nicht so groß wie ein Wasserhund, sein Maul hat die falsche Form, und er hat kein ausreichendes Körpervolumen. Er kühlt rasch aus. Ihm fehlt der entsprechende Körperbau. Wenn ich nun einen Deutschen Schäferhund oder eine andere, etwa gleich große Rasse nehme und es mir trotzdem nicht gelingt, einen guten Apportierhund aus ihm zu machen? Dann liegt es wohl nicht nur an der Größe. Es muss im Zusammenhang mit der körperlichen Form noch irgendetwas anderes geben, das eine perfekte Leistung erst möglich macht.

Welche Form hat eine perfekte Leistung? Entscheidend ist die rassespezifische Form des Gehirns, auf der ihre spezifische Intelligenz beruht. Es ist nicht eine Rasse intelligenter als die andere, sondern vielmehr ist eine jede Rasse auf unterschiedliche Art intelligent.

Könnte ich einem Border Collie beibringen, bei der Vogeljagd vorzustehen? Ja. Könnte ich damit an einem Wettbewerb teilnehmen und gewinnen? Sicher nicht. Warum nicht? Schließlich ist der Border Collie (Nr. 1) nach der Intelligenzliste viel klüger als ein Vorstehhund wie der Pointer (Nr. 43). Warum also kann man dem klügsten Hund der Welt nicht beibringen, besser Wachteln zu jagen und zu apportieren als ein durchschnittlich intelligenter English Pointer? Weil das Gehirn eines Apportierhundes anders programmiert ist und er dadurch eine besondere Veranlagung für die Wachteljagd mitbringt. Es ist ein interessanter Unterschied. Beim Border Collie ist das Vorstehen untrennbar mit dem Hetzen verknüpft. Wenn der Vogel auffliegt, hetzt der Collie hinterher. Bei einem Vorstehhund ist so ein Verhalten unzulässig. Ich kann noch so hart daran arbeiten, dem Border Collie das Hetzen abzugewöhnen, er wird den Fehler immer wieder begehen, weil er nur mit Mühe lernt, das Hetzen bleiben zu lassen. Der Jäger muss daher erst das Signal zum Aufscheuchen der Vögel geben und den Collie dann ablegen. Im Gegensatz dazu besitzt der Vorstehhund ein angeborenes Verhaltensmuster, das dazu führt, dass er nach dem Aufscheuchen des Vogels stocksteif stehen bleibt, bis der Schuss gefallen ist.

Ein Chesapeake Bay Retriever, ein Border Collie und ein English Pointer haben alle aufgrund ihrer rassespezifischen Verhaltenskonfiguration die besondere Veranlagung, ihre jeweilige Aufgabe leicht lernen und sie besser als jede andere Rasse ausführen zu können. Ihre Leistung ist keine Frage der „Intelligenz“, sondern des Verhaltensmusters. Als Hundeethologen müssen wir lernen, nicht mehr vom „ach so klugen Hund“ zu reden, sondern stattdessen die angeborenen Verhaltensunterschiede zu untersuchen.

Die Beschäftigung mit angeborenem Verhalten oder der Verhaltenskonfiguration ist genau das Gleiche wie die Beschäftigung mit dem Körperbau. Es sind die gleichen genetischen Prozesse am Werk. Dass Schlittenhunde einander in Größe und Körperbau möglichst weit ähneln müssen, damit das Gespann gewinnen kann, verstehen die meisten rasch. Aber wenn wir einem Hütehund bei der Arbeit mit Schafen zuschauen, schalten wir um und fangen an, von Intelligenz und Lernverhalten zu reden. Wir hören auf, wie Biologen zu argumentieren, und verwandeln uns in vergleichende Psychologen. Wie klug der Border Collie ist! Sieh nur, wie er die flinken Schafe austrickst und sie genau dort hinbekommt, wo er sie haben will!

Wenn ich einem Border Collie zusehe, wie er Schafe treibt, denke ich genau das Gleiche, wie bei einem Schlittenhund, dem ich beim Laufen zusehe. „Klug“ kommt dabei nicht vor. Ich nehme vielmehr an, dass der Border Collie ein anders ausgebildetes und geprägtes Gehirn hat als die anderen Rassen. Der Border Collie kann sein Hüteverhalten aus dem gleichen Grund an den Tag legen, aus dem der Schlittenhund sein Zugverhalten erbringt. Weil beide eine Veranlagung für die jeweilige Aufgabe haben und daher solche Leistungen bringen können, dass die Zuschauer nur noch staunen. Mir ist aber auch klar, dass der Border Collie vermutlich gar nicht „weiß“, dass die Schafe in den Pferch getrieben werden sollen. Ich könnte dem Hund nicht auftragen: „Hol die Schafe zusammen und treib sie in den Pferch." Im Hundegehirn läuft das nicht so ab.

Was im Hundegehirn abläuft, ist zu einem Teil Veranlagung, zum anderen Teil Entwicklung und erlerntes Verhalten. Und es ist ein sehr interessanter Prozess. Was genau ein Hund lernen kann, ist genetisch veranlagt. Es ist daher sehr wichtig, die Beziehung zwischen der Gestalt eines Organs und seinen Leistungsgrenzen zu verstehen. Intelligenz ergibt sich aus der Zahl der Zellen und der Art ihrer Verknüpfung. Die Verknüpfungen zwischen den Zellen hängen einerseits von der Entwicklung des Welpen ab und sind andererseits genetisch vorprogrammiert.

Von dieser Grundannahme geht die Verhaltensgenetik aus. Wir nehmen an, dass bei der Geburt alle Hunde gleich viele Zellen haben, und wir nehmen außerdem an, dass die rassespezifischen Unterschiede auf die unterschiedliche Verknüpfung dieser Zellen zurückzuführen sind. Wenn ich zwei Hunde in derselben Umgebung aufziehe und sie sich als erwachsene Tiere unterschiedlich verhalten, dann gehe ich davon aus, dass sie unterschiedliche Verknüpfungen gebildet haben, und solange es keine Gegenbeweise gibt, gehe ich auch davon aus, dass die Entstehung unterschiedlicher Verknüpfungen auf die unterschiedliche genetische Programmierung der verschiedenen Hunde zurückzuführen ist. Die Sache ist die, dass Border Collies zwar keine Gene für das Hüten der Schafe haben, aber auf Grund ihrer genetischen Programmierung letztlich ein anders geformtes Gehirn haben als die anderen Rassen.

Ich komme immer wieder auf die körperliche Gestalt als Vergleich für die unterschiedliche Form der Gehirnentwicklung zurück, weil das am anschaulichsten ist. Ziehen wir einen Vergleich zwischen „Laufen" und „Intelligenz". Vielleicht wird es klarer, wenn man das Wort „Laufen" jedes Mal durch das Wort „Intelligenz" ersetzt.

Laufen ist ein Verhalten. Verhalten ist das, worum es bei Selektion und Evolution geht. Das Ziel der Selektion ist das Laufen, nicht die Beine. Wichtig ist, welches Verhalten das Tier in seiner Umwelt zeigt.

Ist Laufen genetisch bedingt? Ja! Gibt es Gene fürs Laufen? Nein! Nun, nicht direkt. Die „Gene" für Laufen und die „Gene" für die körperliche Form (die physische Konfiguration) sind identisch.

Greyhounds zum Beispiel bewegen sich anders durch Zeit und Raum als Dackel. Ich kann einem Dackel nicht beibringen, so schnell wie ein Greyhound zu laufen, weil der Dackel nicht die richtige körperliche Form hat, um 57 km/h laufen zu können. Die Gene fürs Laufen sind also mit jenen für die Körperform des Tieres identisch.

Wenn ich Verhalten einfach als die Bewegung eines Tieres durch Zeit und Raum definiere, dann kann ich leicht erkennen, dass die Art und Weise, wie es sich durch Zeit und Raum bewegen kann, durch seine körperliche Form bestimmt wird. Wie schnell ein Dackel laufen kann, wird durch seine körperliche Form bestimmt, genau wie beim Schlittenhund. Die Form wird durch die Länge der Knochen, den Winkel zum Beckengürtel, den Querschnittdurchmesser der Muskeln und dem Verhältnis von Körperoberfläche zu Volumen bestimmt. Ein Hund kann Tausende verschiedene Formen annehmen, und ich glaube sogar, dass ein und derselbe Hund keine zweimal die ganz genau gleiche Form annehmen kann.

Obwohl es unendlich viele Haltungen gibt, die ein Hund einnehmen kann, gibt es dennoch auch bestimmte Körperformen, die nicht jedem Hund zugänglich sind. Welche Formen der Körper eines Hundes annehmen kann, hängt von seinem Körperbau ab. Ein Hund kann zum Beispiel nicht fliegen, weil Hunde keine Flügel haben. Ein Hund kann nicht wie ein Mensch denken, weil sein Gehirn eine andere Gestalt hat als das des Menschen. Ein Border Collie taugt nicht zum guten Apportierhund, weil sein Gehirn eine andere Gestalt hat als das des Apportierhundes.

Unter Verhaltenskonfiguration versteht man daher die genaue Beschreibung jener Körperformen, die ein Hund zur Ausführung bestimmter Aufgaben einnehmen kann. Als ich weiter oben die Unterschiede zwischen der *Sprung-Sprung*-Gangart des Greyhound und dem *Schritt-Schritt*-Gang des Schlittenhundes beschrieb, war das eine Beschreibung davon, wie sich eine körperliche Form im Verhalten ausdrückt. So wie Schlittenhunde eine bestimmte Größe haben müssen, um beim Schlittenziehen gut sein zu können, so muss auch ein Border Collie eine bestimmte Größe und Form haben, um beim Schafehüten gut sein zu können. Bei Hütewettkämpfen beurteilt der Richter die Form des Border Collies beim Arbeiten mit Schafen. Wenn der Hund eine falsche Form einnimmt und beispielsweise nach den Schafen schnappt, bringt das Punkteabzug oder Disqualifikation. Das ist genauso wie bei der Hundeausstellung, wo der Richter die Form des Hundes im Stehen beurteilt und bei einem kuhhessigen Hund Punkte abzieht oder ihn disqualifiziert.

Im Englischen ist das typische Verhaltensmuster beim English Pointer oder beim Chesapeake Bay Retriever sogar Teil des Namens geworden. Von Pointern oder Vorstehhunden erwartet man eine bestimmte, rassespezifische Körperhaltung: starrer Körper, Kopf zeigt nach vorne, eine Pfote wird Richtung Brust hochgezogen, was das typische Vorstehen als Anzeigeverhalten ausmacht. Von Retrievern oder Apportierhunden erwartet man, dass sie einen geschossenen Vogel umgehend in die Hand apportieren, ohne ihn zu beschädigen oder gar zu fressen.

Ich nehme an, dass ich (als Verhaltensgenetiker) angesichts der verschiedenen Verhaltensweisen dieser Hunde auch Unterschiede in ihrer Form feststellen kann, wenn ich sie nur genau genug untersuche. Unterschiede in Form und Gestalt verschiedener Rassen sind oft nur gering, sehr subtil und ohne Hilfsmittel nicht wahrnehmbar. Die Neurophysiologin Cindi Arons untersuchte verschiedene Rassen, nämlich Sibirian Huskies, Border Collies und Herdenschutzhunde, auf Unterschiede in der Ausformung ihres Gehirns. Sie fand eine ganze Reihe. Die drei Rassen unterscheiden sich in der Menge und der Art der Neurotransmitter in den verschiedenen Teilen des Gehirns. Das Gehirn besteht aus einer Reihe verschiedener Bereiche, von denen jeder eine bestimmte Aufgabe hat und seinen Teil zur Bewegung des Tieres durch Zeit und Raum beisteuert. Dass die verschiedenen Rassen unterschiedliche Neurotransmitter und unterschiedliche Mengen davon aufweisen, beweist, dass ihre Gehirne anders programmiert sind.

Ein Neurotransmitter ist ein chemischer Stoff, der zur Übermittlung oder Unterdrückung von Informationen im Nervensystem dient. Wenn die verschiedenen Hunderassen verschiedene Neurotransmitter aufweisen, kann ihr Gehirn nicht gleich funktionieren. Interessant ist auch, dass sich das Gehirn dieser Rassen auf eine Art und Weise voneinander unterscheidet, die man auf Grund ihres beobachteten Verhaltens genau prognostizieren kann. Dopamin ist zum Beispiel ein exzitatorischer Neurotransmitter und kommt erwartungsgemäß bei den nervösen und leicht erregbaren Border Collies und Schlittenhunden in höheren Konzentrationen vor als bei Herdenschutzhunden, die üblicherweise keine Energie mit Herumhüpfen verschwenden. Wo ein Collie oder Husky trabt oder rennt, werden sie eher im Schritt gehen.

Das spezifische Verhalten eines Border Collies, eines Vorstehhundes oder Apportierhundes hängt davon ab, wieviel Neurotransmitter sie wo im Gehirn haben, und das ist wiederum zu einem Teil ein genetisches Merkmal einer Rasse. Das bedeutet, dass ihr Verhalten auf gewisse Weise im Gehirn bereits genetisch verankert ist. Das gezeigte Verhalten eines Hundes ergibt sich aus der genetischen Konfiguration seines Gehirns. Und das heißt nichts anderes, als dass die Nervenverbindungen und die Neurotransmitter zwischen diesen Nervenverbindungen auf eine bestimmte Weise angeordnet sind. So wie ein Schlittenhund die richtige Größe und Gestalt haben muss, damit man ihn auf Renngeschwindigkeiten trainieren kann, so muss ein Vorstehhund die richtige, für das Vorstehen erforderliche Anordnung im Gehirn haben, damit er tatsächlich vorstehen kann. Wenn die fehlt, kann man dem Hund auch nicht mit noch so viel Training beibringen, vorzustehen. Die genetische Ausstattung entscheidet, was ein Hund lernen kann.

Wäre es nicht möglich, diese feste Verhaltensprogrammierung im Gehirn durch entsprechende Eingriffe während der kritischen Phase der Frühentwicklung und durch geschickte instrumentelle Konditionierung zu verändern? Ja und nein. Kann ich eine Entwicklungsumgebung oder eine Trainingsmethode entwickeln, mit der sich die Gestalt eines Greyhounds so verändern lässt, dass er das Aussehen und Verhalten eines Schlittenhundes annimmt? Keinesfalls. Das ist unmöglich. So wie die Gestalt des Greyhounds genetisch bedingt und daher nur schwer veränderbar ist, ist auch das Verhaltensmuster eines Border Collies genetisch bedingt und nur schwer veränderbar.

Züchter von Border Collies sind so überzeugt davon, dass das Verhaltensmuster ihrer sorgfältig gezüchteten Hunde genetisch bedingt und vererbt ist, dass sie beim Kauf sogar schriftliche Garantien dafür abgeben, dass der Welpe später einmal ein korrektes Aufnehmen der Schafe (das „Auge“) zeigen wird. Genauso wie man entweder sein Geld zurück oder einen Ersatzhund bekommt, wenn ein English Pointer nicht vorsteht oder ein Chesapeake Bay Retriever nicht eifrig sucht und apportiert.

Wenn ich einen Herdenschutzhundwelpen an einen Farmer abgebe, dann kann ich keine Garantie dafür übernehmen, dass er sich zu einem verlässlichen, aufmerksamen und guten Schutzhund für die Schafe entwickeln wird, weil das Verhalten des erwachsenen Tieres variabel und von der Umgebung, in der der Welpe aufgezogen wird, abhängig ist. Als Züchter kann ich nicht kontrollieren, wie der Käufer den künftigen Herdenschutzhund aufzieht, und kann daher nicht sicher sein, dass der erwachsene Hund später Schafen gegenüber das entsprechende Verhalten an den Tag legt. Allerdings bin ich gern bereit, eine Garantie zu übernehmen, dass der Herdenschutzhund nicht das „Auge“ des Border Collies zeigen wird. Anders formuliert, die Veranlagung für das Verhalten des Fixierens und Anpirschens gehört nicht zum angeborenen Verhalten der Herdenschutzhunde, daher können sie auch den Bewegungsablauf des Aufnehmens nicht erlernen.

Sich eine Verhaltenskonfiguration vorzustellen, sollte nicht schwieriger sein, als sich eine physische Konfiguration vorzustellen. „Fixieren“, „Vorstehen“ und „Apportieren“ sind genau genommen physische Merkmale. Ein Hund im Ausstellungsring wird nach seiner körperlichen Form beurteilt. Ein Border Collie bei einem Hütewettbewerb wird nach der Form des gezeigten Auges (Fixieren – Anpirschen) beurteilt. Vorstehen ist eine Körperhaltung des Pointers. Ein Hundeführer im Vorführring leitet den Hund in seiner Körperhaltung vor dem Richter genau so an, wie der Hirte das „Auge“ in Richtung der Schafe lenkt und ein Schlittenhundeführer die Gespannkonfiguration beim Laufen in Richtung Ziellinie.

Mit einem Border Collie, der die korrekte Körperhaltung für den Vorführring einnimmt, kann ich keine Schafe treiben. Schafe laufen vor der Showring-Haltung eines Hundes nicht weg, sondern nur vor der Körperhaltung des Fixierens und Anpirschens. Ich kann einem Chesapeake Bay Retriever nicht beibringen, die zum Apportieren nötigen Körperhaltungen einzunehmen; ich richte sie nur auf jene Objekte aus, die ich apportiert haben will.

Ich habe für dieses Kapitel die Beispiele Hütehunde, Vorstehhunde und Apportierhunde ausgewählt, weil jede dieser Rassen ein ungewöhnliches und typisches Verhaltensmuster aus dem Bereich des Jagdverhaltens zeigt. Die ursprüngliche Form des Jagdverhaltens wurde bei diesen Rassen übertrieben oder stark stilisiert ausgedrückt bzw. unterdrückt. Bei jeder der Rassen wurde ein jeweils anderer Teil des Bewegungsmusters in diesem Verhalten verändert. Rassetypisch ist, in welcher Form und in welcher Sequenz ein bestimmtes Verhalten abläuft. Wenn ich also einzelne Bewegungsmuster hervorhebe oder in die Sequenz eingreife, dann entwickelt sich dadurch ein rassetypisches Verhalten – die Rasse entwickelt eine eigene Verhaltenskonfiguration. Die Abfolge der Bewegungsmuster entsteht durch künstliche Selektion, also dadurch, dass Menschen diese Rasse dafür züchteten, eine bestimmte Aufgabe besser auszuführen als jede andere Rasse oder Art.

Die Begrifflichkeiten sind bei diesem Thema kompliziert und häufig missverständlich. Leider herrscht ganz allgemein auf dem Gebiet des Hundeverhaltens und der Verhaltensgenetik selbst unter Fachleuten große Unklarheit in der Terminologie, wenn nicht sogar missbräuchliche Verwendung bestimmter Begriffe. Es ist daher wichtig, dass ich nie davon rede, dass Border Collies Gene für das Schafehüten besitzen, oder behaupte, dass ich das Vorkommen solcher Gene untersuche. Genauso wie ich nie gesagt habe, dass Schlittenhunde Gene für das Schlittenziehen besitzen.

In Kapitel 1 wurde darauf hingewiesen, dass Wölfe bei der Problemlösung „intelligenter" vorgehen als Hunde. Sie lernten durch Beobachten ihrer Pfleger, wie man Türen öffnet. Einzelne Hunde können das gelegentlich auch schaffen, allerdings weit seltener als Wölfe. Wir haben hier also einen Unterschied im Verhalten, und so muss es auch einen strukturellen Unterschied geben. Wir wissen: Wölfe haben ein größeres Gehirn als Hunde. Man würde erwarten, dass ein Tier mit höher entwickelten kognitiven Fähigkeiten ein größeres Gehirn besitzt. Aber Größe ist nicht alles. Das Gehirn eines ausgewachsenen Schimpansen hat 550 cm^3. Als mein damals noch sehr kleiner Sohn in seiner Gehirnentwicklung das Stadium der 550 cm^3 erreicht hatte, konnte er die Durchschnittsleistung aller Baseballspieler der Red Sox aufzählen. Es muss also außer um Größe auch noch um etwas anderes gehen.

Es gibt keine Gene für Intelligenz. Ein Gehirn entwickelt sich aber aufgrund genetischer Veranlagung in eine bestimmte Richtung. Ebenso wenig gibt es Gene für das Vorstehen bei Vorstehhunden, Gene für das „Auge" beim Border Collie oder Gene für die große Wasserliebe der Neufundländer. Es gibt weder Gene für die Schnelligkeit der Greyhounds noch für die Langsamkeit der Bas-

Rassetypische Bewegungsmuster

Wildkanide	Orten »	Fixieren »	Anpirschen »	Hetzen »	Packen »	Töten
Hütehund	(Orten)	(Fixieren)	(Anpirschen)	(Hetzen)	(Packen)	(Töten)
Treibhund	**Orten»**	**FIXIEREN»**	**ANPIRSCHEN»**	**HETZEN**	(Packen)	(Töten)
Heeler	Orten »	Fixieren	Anpirschen	**HETZEN »**	**PACKEN**	(Töten)
Jagdhund	**Orten »**		**Anzeigen »**	**HETZEN »**	**PACKEN»**	**TÖTEN**
Pointer	**Orten»**	**FIXIEREN**	(Anpirschen)	(Hetzen)	**PACKEN**	(Töten)
Retriever	**Orten »**	Fixieren	Anpirschen	Hetzen	**PACKEN**	(Töten)

» = miteinander verbundene Bewegungsmuster
fett = hypertrophiertes Verhaltenselement
( ) = fehlendes Verhaltenselement

Bewegungsmuster bei den verschiedenen Rassen

sets. Ein Neufundländer könnte nur dann wirklich schnell werden, wenn er seine Größe und seine körperliche Gestalt verändern könnte.

Das klingt einfach, dennoch wird die Rolle der Gene häufig grob missverstanden. Selbst Leute, die es besser wissen müssten – Genetiker zum Beispiel – reden von Genen für bestimmte Merkmale: Welche Rasse die intelligenteste ist, welche ein Hüte-Gen besitzt oder was herauskommt, wenn man die Hüte-Gene des Border Collies mit den Neufundländer-Genen für die Vorliebe zum Wasser kreuzt. Diese Fragen sind unsinnig.

Die Aussage, dass sich die Rassen bei einem standardisierten Test in einer standardisierten Umgebung unterschiedlich verhalten, ist etwas ganz anders als die Behauptung, dass es genetische Unterschiede in der Intelligenz gibt. Dass Neufundländer lieber und mehr schwimmen als andere Rassen, heißt nicht, dass sie Gene für ihre Liebe zum Wasser besitzen. Wenn ich einen Greyhound und einen Basset Hound kreuze, werde ich wohl kaum herausfinden wollen, ob sich Gene für Schnelligkeit gegenüber Genen für Langsamkeit durchsetzen.

Ich glaube sehr wohl, dass es genetische Ursachen dafür gibt, dass Neufundländer gern in kaltem Wasser schwimmen, und ich glaube auch, dass die Chihuahuas genetische Gründe dafür haben, wenig rassespezifische Begeisterung für kaltes Wasser zu zeigen. Gäbe es tatsächlich Gene für diese Eigenschaften, könnte man theoretisch mittels Genmanipulation die Vorliebe für kaltes Wasser auf die Chihuahuas verpflanzen. Um dieses Verhalten aber bei Chihuahuas wirklich zu erreichen, müsste man aus ihnen große, schwere und zottelige Tiere wie Neufundländer machen. Was aussieht wie ein Eisbär, verhält sich wie ein Eisbär. Dann handelt es sich allerdings nicht mehr um Chihuahuas. Es ist die gleiche Geschichte wie die mit den genetisch zahmen Dingos von Laurie Corbett (Kapitel 1).

Die Liebe zum (kalten) Wasser bedeutet nichts anderes, als sich im kalten Wasser wohl zu fühlen. Oder sich in kaltem Wasser wohler zu fühlen als überall sonst. Wir wissen vom Kapitel über die Schlittenhunde, dass große Hunde verhältnismäßig weniger Körperoberfläche haben als kleine Hunde. Neufundländer sind derartig groß, dass sie mit dem Abbau von Körperwärme riesige Probleme haben. Eines der häufigsten medizinischen Probleme bei Neufundländern und Bernhardinern ist der Hitzeschlag bei einjährigen Tieren. Am ersten schönen Frühlingstag findet man seinen Bernhardiner nach dem Spaziergang häufig in einer Ecke, wo er versucht, seinen fürchterlichen Kopfschmerzen zu entkommen. Ich würde darauf tippen, dass jedes Tier, das solche Probleme mit Hitzestau und Gewichtsbelastung hat wie ein Neufundländer, sich viel lieber im kühlen Nass treiben lässt und jedenfalls lieber im Wasser ist, als dass es wie ein Chihuahua in der mexikanischen Wüste steht.

Beim Border Collie ist es mit dem Aufnehmen der Schafe wohl ähnlich. Border Collies pirschen sich deswegen an Schafe heran, weil es die Körperhaltung ist, in der sie sich am wohlsten fühlen – vielleicht löst das eine angenehme Reaktion im Körper aus. Es gibt viele Haltungen, die Tiere einnehmen, die ihnen vermutlich ein angenehmes oder behagliches Gefühl verschaffen. Der Wechsel aus der Kälte ins Warme gibt mir jedenfalls ein unendliches Gefühl von Behaglichkeit. Wir kennen auch die angenehmen Gefühle, die uns verschiedene Bewegungsmuster des Werbe- und Paarungsverhaltens bereiten. Ein brünstiges Tier nimmt Körperhaltungen ein, die seine angenehmen Empfindungen steigern. Es handelt sich um Verhaltensweisen, die durch innere Mechanismen ausgelöst und durch innere Reize verstärkt werden. Das Tier hat eine innere Motivation, Umweltreize zu suchen, die das Verhalten auslösen – diese Verhaltensweisen sind selbstbelohnend. Ein Hund, der der Pheromonspur eines läufigen Weibchens folgt, findet allein das Verfolgen der Spur bereits angenehm. Wenn ein Pointer vor einem Vogel vorsteht, kann er in dieser Position richtiggehend einrasten, und manchmal ist es kaum noch möglich, ihn aus dem Vorstehen in die nächste Bewegung des Verhaltensmusters zu bekommen.

Die typische geduckte Haltung eines Border Collies ist ein weiteres Beispiel für ein Bewegungsmuster. Wenn ein Hund sich auf den Rücken wirft und vor einem anderen Hund in die Luft uriniert, dann zeigt er ein Unterwerfungsverhalten. Vermutlich ist es außerdem eine für den Hund angenehme Körperhaltung. Es ist sehr verlockend, die Position des dominanten Tieres für angenehmer zu halten als die Unterwerfungshaltung, wir dürfen aber nicht vergessen,

Das Verhaltensmuster Fixieren – Anpirschen beim Border Collie. Ein Hundeführer bringt dem Hund keine Bewegungsmuster bei. Bewegungsmuster sind fest im Verhaltensrepertoire des Hundes verankert. Der Hundeführer choreographiert aus den einzelnen Bewegungsmustern ein Ballett, bei dem am Ende des letzten Aktes die Schafe im Pferch sind.

dass beide der jeweiligen Umweltsituation entsprechen und daher beide Haltungen gleich angenehm sind.

Theoretisch handelt es sich bei allen Bewegungsmustern um einen Fall von innerer Motivation und innerer Belohnung. Ein Tier hat einen inneren Antrieb, einen Partner für die Paarung zu suchen. Wenn es einen gefunden hat, ist ein innerer Zustand der Selbstbelohnung die Folge. Jedes einzelne Bewegungsmuster der Brunst oder Balz ist selbstbelohnend. Kopulation könnte man für ein funktionales Verhalten halten, bei dem die Welpen die Belohnung darstellen. Allerdings ist die Belohnung für die Kopulation nicht die Geburt der Welpen, sondern vielmehr eine angenehme innere Empfindung.

Es wäre völlig lächerlich, wenn man es für notwendig hielte, den Hund am Ende des Paarungsverhaltens mit einem Hundekeks oder einem Tätscheln am Kopf zu belohnen – „guter Hund“! Genauso wenig verteilt ein Führer von Border Collies beim Wettkampf Leckerchen oder ein Schlittenhundeführer Futter als Belohnung für die Arbeitsleistung. Der Hund hat seine Belohnung bereits dadurch erhalten, dass er ein instinktives Verhalten ausführen konnte.

Dieser Punkt fehlt in vielen Hundeausbildungsbüchern. Die meisten Bücher über Hundeausbildung bauen auf dem Behaviorismus und der Konditionierung nach Pawlow bzw. Skinner auf. Im Behaviorismus geht man davon aus, dass ein Hund Verhalten lernt, für das es eine externe Belohnung gibt oder aber mit aversiven Methoden so konditioniert wird, dass er unangenehme Situationen vermeidet. Bei den hier beschriebenen Arbeitshunden ist das Verhalten des Hundes selbstbelohnend, und die Aufgabe des Hundeführers besteht im Wesentlichen nur darin, den Hund in eine Ausgangssituation zu bringen, in der er eine Gelegenheit für das Ausführen der selbstbelohnenden Handlung findet.

Die Verhaltensweisen Fixieren, Anpirschen, Hetzen, Beißen und Töten sind bei jedem Fleischfresser selbstbelohnend. Das ist ein wichtiger Punkt. Jagt ein Tier, um Futter zu bekommen? Es könnte genauso gut deswegen jagen, weil das Jagen als angenehm und lohnend empfunden wird. (Vielleicht müssen Tiere aber hungrig sein, damit das Ausführen von Jagdverhalten angenehm empfunden wird.) Es wäre auch ein interessantes Gedankenmodell, darüber nachzudenken, ob es nicht sein könnte, dass die meisten Tiere nicht „wissen", dass auf das Jagen das Fressen folgt.

Die Selbstbelohnung durch das Ausführen bestimmter Bewegungsmuster ist derartig groß, dass der Hund nach Gelegenheiten sucht, das Verhalten zu wiederholen. Weil die Belohnung für ein Verhalten so intensiv ist, sucht das Tier nach Auslösern für dieses Verhaltensmuster. Ein guter Apportierhund sitzt da und bettelt darum, dass man ihm den Ball wirft. Ich habe übrigens schon oft genug gedacht, dass eigentlich mein Hund mich mit einem Keks dafür belohnen müsste, dass ich diesen Ball wieder und wieder und wieder werfe. Warum kann man manchen Hunden beim besten Willen nicht beibringen, keine Autos mehr zu jagen? Es liegt vermutlich nicht daran, dass sie dumm sind – also auf der Intelligenzskala keinen oberen Platz belegen –, sondern daran, dass die Selbstbelohnung für das Auto-Jagen viel größer ist als der Schmerz, den ein „Nein!"-Schrei irgendeines Menschen auslöst.

Hunde mit einem übersteigert ausgeprägten Bewegungsmuster können darin häufig so feststecken, dass man sie kaum mehr herausholen kann. Der typische Fall vom „hängen gebliebenen" Hund, wie bei einer Schallplatte. Ich hatte einmal eine Border Collie Hündin namens Judy, die immer zuerst dem Ball hinterherjagte, dann aber, wenn sie erst einmal nahe dran war, wieder zurück ins Fixieren – Anpirschen verfiel und ewig in dieser Haltung verharren konnte. Wenn ich sie irgendwo lassen musste, brauchte ich nur einen Ball in eine Ecke zu werfen und fand sie bei meiner Rückkehr noch immer genau dort vor... ein hängen gebliebener Hund. Ein anderer meiner Collies, Jack, hatte einen recht guten Outrun und ein gutes Auge, wenn er aber einmal im Auge war, blieb er das auch. Ich rief ihn: „Komm her, Jack, *komm schon*, Jack!", aber Jack war wie eingefroren und wollte seine Haltung nicht mehr aufgeben. Vielleicht war es aber auch so, dass einfach kein anderes Signal mehr durchkam. Er steckte neurologisch fest.

Bei Hunden dieser speziellen Rassen – den Hütehunden und Apportierhunden – ist stereotypes Verhalten ein häufiges medizinisches Symptom. Befreundete Tiertherapeuten in England, Robin Walker und Peter Neville, halten es für eine Art Epilepsie und behandeln die Hunde mit einigem Erfolg mit Barbituraten. Es passiert Hunden dieser Rassen nicht nur häufig, dass sie in einem bestimmten Bewegungsmuster einfrieren oder es immer wieder wiederholen, sie werden auch leicht ohnmächtig. Ein Border Collie, den ich in Schottland gekauft hatte, verlor bei Wettkämpfen einfach das Bewusstsein. Das Einfrieren in einer bestimmten Haltung ist ein typisches Problem bei Vorstehhunden. Sie stehen irgendwo draußen, wo man sie nicht findet, vor und frieren in der Haltung ein. Jedes Jahr gibt es im Pointer-Magazin eine Karikatur von einem Hundeskelett, das über einem Vogelskelett vorsteht.

Vielleicht müssen wir erkennen, dass den Collies gar nicht klar ist, dass es darum geht, die Schafe in den Pferch zu treiben. Es ist ihnen egal, ob die Schafe in den Pferch gehen oder nicht. Sie wissen nur, dass sie selig sind, wenn sie die Bewegungen von Schafen wahrnehmen. Bei Apportierhunden, Vorstehhunden oder Hütehunden erregt jeder Ball, jedes Auto und buchstäblich jedes Wesen oder Ding, das sich bewegen kann, ihre gesamte Aufmerksamkeit, weil das Tier dadurch in eine Lage versetzt wird, in der es sich gut fühlt.

Mit *Bewegungsmuster* bezeichnen Ethologen eine angeborene oder instinktiv eingenommene Haltung. Die *Schritt-Schritt*-Gangart des Schlittenhundes beim Laufen wird von niemandem außer mir als instinktives Bewegungsmuster bezeichnet (sollte es aber). Die fest vorprogrammierten Bewegungen eines Border Collies mit seinem typischen Auge und Aufnehmen der Schafe sind schon eher etwas, was man gemeinhin als Bewegungsmuster bezeichnet.

Einzelne Hunderassen können über alle oder keines der Elemente des Bewegungsmusters Jagd verfügen. Dass alle gezeigt werden, ist allerdings genauso selten, wie dass gar keines auftritt. Wie viele Elemente des Bewegungsablaufs Jagdverhalten auftreten, ist ein wichtiges Unterscheidungsmerkmal zwischen den verschiedenen Rassen. Ein anderes ist die Intensität, mit der die Elemente ausgeführt werden. Und ein weiteres ist der Zeitpunkt, wann dieses Verhaltensmuster einsetzt (in welchem Alter des Hundes) und wie sich das auf die Integration dieses Musters ins Verhaltensrepertoire des Hundes auswirkt.

Border Collies und Vorstehhunde zeigen zum Beispiel zwischen der zehnten und sechzehnten Woche das erste Mal die Bewegungsmuster Fixieren – Anpirschen. Wirklich gute Herdenschutzhunde zeigen dieses Bewegungsmuster gar nicht. Trotzdem kann selbst bei guten Herdenschutzhunden das Element Hetzen und Packen vorkommen, üblicherweise aber erst ab dem sechsten Monat und nie so stark wie beim Hütehund. Eine Untersuchung darüber, welche Elemente des Bewegungsablaufes der Jagd von einem Hund gezeigt werden und in welcher Phase der Hundeentwicklung sie einsetzen, ist eine gute Methode, Verhaltensunterschiede zwischen Hüte- und Herdenschutzhunden zu analysieren.

Bei Hüte- und Vorstehhunden fällt das Einsetzen des Jagdverhaltens mit der kritischen Phase der Sozialentwicklung zusammen. Dadurch können sie einen Teil des Jagdverhaltens in ihr Spielverhalten integrieren. Das führt auch zu einem völlig anderen Sozialprofil als bei Herdenschutzhunden, bei denen die ersten Anzeichen von Jagdverhalten erst auftreten, wenn die Sozialentwicklung längst abgeschlossen ist. Damit können Bewegungsmuster des Jagdverhaltens nicht ins Repertoire des Sozialverhaltens aufgenommen werden – was ja einer der Gründe dafür ist, dass sie Schafe nicht jagen können, wenn sie auf sie sozialisiert wurden.

Dass ich zwar Herdenschutzhunde so aufziehen kann, dass sie Schafe beschützen, nicht aber Hütehunde, liegt einfach daran, dass das Jagdverhalten zu einem anderen Zeitpunkt ihrer Entwicklung einsetzt. Ich kann zwar eine Bindung der Border Collies an Schafe aufbauen, aber da bei Border Collies die Elemente Fixieren – Anpirschen des Jagdverhaltens zum Sozial- und Bindeverhalten gehören, Schafe aber sehr sensibel auf diese Elemente reagieren und jagenden Hunden ausweichen, reduziert das die Wahrscheinlichkeit, dass eine Bindung auch auf Seiten der Schafe entsteht.

Wenn ich einen Herdenschutzhund in einer Unterwerfungsgeste oder einer Spielhaltung (Sozialverhalten) vor einem Schaf sehe, dann weiß ich, dass er keine Schafe jagt oder tötet. Der Hund zeigt den Schafen gegenüber hundliches Sozialverhalten – er behandelt Schafe so, als wären sie Hunde –, was bedeutet, dass eine soziale Bindung aufgebaut wurde. Wenn ich bei einem Herdenschutzhund Fixieren – Anpirschen gegenüber Schafen beobachte, habe ich selbst dann ein Problem, wenn es sich um spielerisches Verhalten handelt, weil Schafe so programmiert sind, dass sie Tieren mit solchem Verhalten ausweichen.

Man kann bei Bewegungsmustern nicht nur ihre Form und Qualität beschreiben, sondern sie auch messen. Die Häufigkeit eines gezeigten Verhaltens sagt etwas über das Wesen einer Rasse aus. Genauso der Kontext, in dem ein bestimmtes Verhaltensmuster gezeigt wird. Eine Rasse wird zum Beispiel dann als aggressiv eingestuft, wenn sie Knurren und Beißen nicht nur zeigt, sondern wenn Knurren und Beißen sehr häufig vorkommen oder Knurren und Beißen gegen Menschen gerichtet sind. Alle Rassen können aggressiv sein, aber manche zeigen aggressives Verhalten nur selten und nur unter ganz bestimmten Umständen. Andere wiederum sind jedes Mal, wenn jemand den Hof oder das Haus betritt, aggressiv.

Ein Retriever sitzt häufiger als andere Rassen mit einem Ball im Maul vor mir. Aber sitzt er auch dann mit einem Ball im Maul im Haus herum, wenn ich nicht zu Hause bin? Nein! Warum nicht? Einen Ball im Maul halten entspricht zwar dem Packen des Jagdverhaltens, das Verhalten tritt aber deswegen häufiger in der Anwesenheit von Menschen auf, weil es wie das Fixieren und Anpirschen des Hütehundes in der kritischen Phase der Sozialentwicklung einsetzt. Da es in der kritischen Phase das erste Mal auftritt, zeigt ein Apportierhund dieses Element des Jagdverhaltens als Teil seines Sozialverhaltens und daher seinem Sozialpartner, und das sind, wenn der Hund richtig aufgezogen wurde, die Menschen. Apportieren wird somit zu einem Spiel unter Sozialpartnern, das der Hund mit jenen Tieren, auf die er geprägt wurde, spielt. Das ist genauso wie bei den Jagdbegleithunden auf Pemba, wo ich ebenfalls darauf hingewiesen habe, dass es sich nicht um Beuteverhalten, sondern um ein „Den-Menschen-Folgen" handelt. Dabei erfolgt das Verhalten zwar aus innerem Antrieb, aber nur in Anwesenheit von Menschen.

Ein Vorstehhund zeigt das Vorstehen während einer Jagd sehr häufig, aber nur wenn Vögel (und Menschen) da sind. Das Vorstehen selbst ist vielleicht angeboren, aber worauf es gerichtet wird, ist erlernt; und in welchem Kontext es gezeigt wird, also in der Anwesenheit von Menschen, ist eine Frage der Frühentwicklung. Ein Vorstehhund jagt genauso wenig wie ein Hütehund oder ein Apportierhund (im Sinne eines zielgerichteten Verhaltens), sondern spielt mit seinen Sozialpartnern, also jenen Tieren, auf die er sozialisiert wurde.

Einer meiner Studenten, Gail Langeloh, zog Border Collies von frühestem Welpenalter wie Herdenschutzhunde mit Schafen auf und sozialisierte sie während der kritischen Phase auf Schafe. Ich brachte danach einen der Hunde als erwachsenes Tier gemeinsam mit einem normal aufgezogenen Wurfgeschwister zu einem Experten für die Ausbildung von Hütehunden nach Alabama. Ich selber wusste dabei nicht, welcher Hund welcher war. Ich erzählte auch dem Trainer nichts von dem Experiment. Man nennt das ein Doppelblind-Verfahren. Er machte einen sehr guten Arbeitshund aus Tick, der, wie sich herausstellte, der normal aufgezogene Welpe war. Aber Fly brachte ihn aus dem Konzept. „Es wirkt schon so, als möchte sie arbeiten, aber sie kann „das Auge" den Schafen gegenüber nicht halten", klagte er. Wir stellten fest, dass Fly zwar das Auge hatte und damit Hühner und Bälle und sogar Schafe fixieren konnte, aber irgendetwas stimmte bei der Fixierung der Schafe nicht. Es gelang ihr nicht, einen Bewegungsablauf aus dem Jagdverhalten einem Tier gegenüber durchzuhalten, auf das sie sozialisiert worden war.

Machen wir die Geschichte noch etwas komplizierter. Bei wild lebenden Tieren treten Bewegungsmuster üblicherweise in funktionalen Sequenzen auf. Eine funktionelle Sequenz ist eine Abfolge von Bewegungsmustern, die zur Befriedigung eines biologischen Bedürfnisses führt. Ein Beispiel für die Sequenz Jagen – Töten – Fressen für einen Fleischfresser im Allgemeinen wäre:

Orten › Fixieren – Anpirschen › Hetzen › Packen › Töten › Zerreißen › Fressen

Bei dieser funktionalen Sequenz durchläuft das Raubtier der Reihe nach verschiedene als Bewegungsmuster bezeichnete Formen, von denen jede ein Bestandteil der Funktion, nämlich des Fangens, Tötens und Fressens der Beute ist. Jede einzelne Form ist eine Anpassung (die Annahme hier ist, dass es sich um eine genetische Anpassung handelt, also um eine fest auf Neurotransmittern basierende Programmierung), um mit diesem Verhalten so ökonomisch wie möglich zu seinem Mittagessen zu kommen. Ein Tier kann es sich nicht leisten, in das Erlegen des Mittagessens mehr Energie zu investieren, als es beim Fressen wieder aufnimmt. 250 kg Löwe springen auf eine Maus, töten die Maus und fressen die Maus. Hatte die Maus genügend Kalorien, um die Kosten für die Bewegung des Löwen in dieser Jagdsequenz auszugleichen? Die Jagdsequenz stellt nicht nur die effizienteste Form des Jagdverhaltens dar, man kann dabei auch auf die Größe der Beute selektieren.

Das allgemeine Jagdmuster der Fleischfresser kann sich im Lauf der Jahrmillionen verändert haben, und jede Spezies hat eine geringfügig andere Abfolge entwickelt; es kann sich auch die Form der einzelnen Bewegungsmuster verändert und (genetisch) an eine bestimmte ökologische Nische angepasst haben. Manche Raubtierarten ersetzen ein Bewegungselement durch ein anderes. Wölfe, Kojoten und Füchse können zum Beispiel statt des Elements Hetzen im Sprung einen Schlag mit der Vorderpfote ausführen, den so genannten „Mäusesprung“:

Orten › Fixieren – Anpirschen › Vorderpfotenschlag › Packen › Töten › Zerreißen › Fressen

Bei einigen Katzenarten gibt es ein Zusammenschlagen der Vorderpfoten, sie springen dabei in die Luft und fangen ein Insekt zwischen den Vorderpfoten – statt des Packens mit dem Maul. Andere Katzenarten setzen dieses Zusammenschlagen der Vorderpfoten nie ein, weil sie nicht die entsprechenden Nervenverknüpfungen haben, um überhaupt auf die Idee zu kommen, dass man auf diese Weise Grashüpfer ganz leicht erwischen könnte.

Orten › Fixieren – Anpirschen › Hetzen › Vorderpfoten zusammenschlagen › Töten › Zerreißen › Fressen

Bei den Kaniden gibt es verschiedene Arten, wie sie ihre Beute töten. Eine Methode ist das Schütteln der Beute am Nackenfell:

Orten › Fixieren – Anpirschen › Hetzen › Packen › Totschütteln›
Zerreißen › Fressen

Jede wild lebende Katzen- oder Hundespezies besitzt die gleiche allgemeine Verhaltenssequenz, es können aber die einzelnen Bewegungsmuster, aus denen die Sequenz besteht, unterschiedlich ausgeprägt sein. Katzen haben sehr starke Kiefer, sie ersticken oder erwürgen die Beute beim Töten. Die Hundeartigen mit ihren schwachen Kiefern reißen ihrer Beute tiefe Wunden ins Fleisch, sodass sie verblutet. Sowohl die Kaniden als auch die Feliden können ihre Beute am Hals packen und töten, allerdings zerquetschen die Feliden dabei mit einem kraftvollen Biss den Hals und die Speiseröhre des Beutetieres, während die Kaniden ihrem Opfer den Hals aufreißen und es verbluten lassen. Die Verhaltenskonfiguration (die Form des Tötens) ist also bei Katzen anders als bei Hunden.

Manche Spezies sind so programmiert, dass ein bestimmtes Bewegungsmuster immer in Verbindung mit dem nächsten auftritt. Das erste Bewegungsmuster wird dabei zum automatischen Auslöser des zweiten, das zweite löst das dritte aus und so weiter. Manche Tiere können daher das Töten nicht ausführen, wenn sie davor nicht gehetzt haben, können nicht hetzen, wenn sie davor nicht angepirscht haben und so weiter. Als ich einmal namibische Rancher für die Verwendung von Herdenschutzhunden schulte, erfuhr ich, dass neugeborene Kälber von Geparden weniger oft gerissen wurden als andere Kälber. Der Grund? Weil neugeborene Kälber nicht weglaufen. Der Gepard pirscht sich an das Kälbchen an, das auf seinen wackeligen Beinen einfach stehen bleibt. Er kann aber den Pfotenschlag, mit dem er seine Beute tötet, nur ausführen, wenn er die Beute davor gehetzt hat. Wenn man einen Geparden von seiner frisch erlegten Beute vertreibt, ist das eine Katastrophe für ihn, weil er nur dann die Beute zerreißen und fressen kann, wenn er unmittelbar davor die Elemente Hetzen und Töten ausgeführt hat. Ein Verwandter des Geparden, der Puma, ist nur deshalb der Vernichtung entkommen, weil er nicht zu getöteten und von Wildhütern vergifteten Beutetieren zurückkehren „kann" – Pumas sind in ihrem Verhalten so programmiert, dass sie kein bereits totes Tier fressen, wenn sie es nicht selbst gejagt und getötet haben.

Pumas waren mir rätselhaft, weil sie ein Bewegungselement „Verstecken" besitzen, allerdings „nie“ zur versteckten Beute zurückkehren. Vielleicht lag es daran, dass ich da war und sie beobachtete, vielleicht aber auch daran, dass sie die ersten Schritte, mit denen das Fressen der Beute beginnt, nicht ausgeführt hatten. (In Gefangenschaft können diese Katzentiere zwar lernen, Dinge zu fressen, die nicht fliehen, in der Wildnis gelten aber andere Regeln.)

Im Unterschied zur Familie der Katzentiere hat die Familie der Hundeartigen üblicherweise eine Jagdsequenz, bei der die einzelnen Elemente nicht fest miteinander verbunden sind. Kaniden starten die Jagdsequenz mit einem beliebigen Element, deswegen sind sie auch derartig gute Beutestöberer. Dass eine wild lebende Katzenart eine Lebensweise als Beutestöberer führt, ist eher selten. Allerdings ist es auch für einen Wolf schwierig, sein Jagdverhalten wieder am Anfang aufzunehmen, wenn man den Bewegungsablauf Fixieren – Anpirschen – Hetzen unterbricht. Schließlich handelt es sich beim Anpirschen um eine Ausprägung von Anschleichverhalten und wenn man dabei entdeckt wird, funktioniert die Sache mit dem Anschleichen nicht mehr. Das ist ja auch einer der Gründe, warum ein Herdenschutzhund mit seinem Bellen die anpirschenden Wölfe so leicht vertreiben kann.

Bewegungsmuster laufen innerhalb einer Spezies stereotyp ab. Das heißt, dass jedes Bewegungsmuster bei einer Spezies eine artspezifische Form hat. Wildbiologen können durch eine einfache Untersuchung des erlegten Tieres ziemlich genau sagen, welches Raubtier das Tier gerissen hat. Pumas machen es auf die eine, Kojoten auf eine andere und Hunde auf eine dritte Art und so weiter. Der Rotluchs tötet das Wild sehr sauber, weil beim Erwürgen kein Blut fließt. Im Gegensatz dazu sehen Angriffe von Kaniden immer schlimm aus. Die genaue Stelle der Bissverletzung ist ebenfalls ein wichtiger Hinweis. Pumas packen ein Lamm an der Schnauze, nehmen sie ins Maul und ersticken es. Wenn ein großer Puma diese Bewegung ausführt, kann es leicht sein, dass er dem Lamm den halben Kopf abbeißt. Anders gesagt hat jedes Bewegungsmuster im Jagdverhalten eine genetische Grundlage, die von Spezies zu Spezies anders sein kann.

Was hat das alles mit Hunden zu tun? Jede Hunderasse hat einige oder alle Bewegungsmuster dieser Jagdsequenz. Bei manchen Rassen haben sie verschiedene Formen, während bei anderen Rassen vielleicht ein Bewegungsmuster durch ein neues ersetzt wurde oder ein altes einfach wegfällt.

Als ich mit der Erforschung der Schäferhunde begann, stieß ich auf ein aussagekräftiges Beispiel. Wir hatten Zwinger mit Border Collies und Zwinger mit Herdenschutzhunden. Wir verfütterten totgeborene Kälber von Farmen aus der Gegend an die Hunde. Bei den Border Collies reichte es, dass ich das totgeborene Kalb in den Zwinger warf, sie zerrissen es dann selbst und fraßen es. Wenn ich das bei den Herdenschutzhunden genauso machte, dann lag es tagelang unberührt herum. Keiner rührte es an. Erst wenn ich das tote Kalb mit einem Messer aufschnitt, fraßen die Hunde.

Herdenschutzhunde haben das Element Zerreißen nicht in ihrem Verhalten (und sollten es vermutlich auch nicht haben). Es riefen mich Farmer an, die mir Geschichten von Herdenschutzhunden erzählten, die tagelang ein krankes und dann totes Lamm bewachten. Diese Treue, dieses Pflichtbewusstsein der Hunde bei ihrer Schutzarbeit! Ich konnte ihnen schlecht sagen, dass der Hund das Lamm eigentlich fressen wollte, ihm aber das Bewegungselement Zerreißen der Beute fehlte. Dann wieder erzählte mir ein Farmer, dass ein Kojote ein Lamm angefallen und ihm den Bauch aufgerissen hatte (das Lamm aber entkommen konnte) und dass es dann vom Hund – bei lebendigem Leib – gefressen worden war. Entsetzlich, grausig! Man kann den Farmern schwer sagen, dass die Hunde zwar nicht über das Töten oder Zerreißen verfügen, wohl aber das Verhaltenselement Fressen haben. In beiden Fällen erklärte ich den Farmern daher nur, dass sie wirklich gute Hunde hatten und dass sie für einen Herdenschutzhund genau die richtige Konfiguration des Jagdverhaltensablaufs hatten.

Um eine spezialisierte Hunderasse zu bekommen, muss man die funktionale Sequenz der Bewegungsmuster abändern, indem einige Elemente unterdrückt und andere in ihrer Form verändert werden und indem zwischen einigen eine Verbindung entweder hergestellt oder unterbunden wird. Das ursprüngliche Muster ist einfach ein:

Orten › Fixieren – Anpirschen › Hetzen › Packen › Töten › Zerreißen › Fressen

Beim Schafe hütenden Border Collie sieht es folgendermaßen aus:

Orten › FIXIEREN › ANPIRSCHEN › HETZEN   Zerreißen › Fressen

FIXIEREN – ANPIRSCHEN – HETZEN sind groß geschrieben, weil es sich hierbei bei Hütehunden um ein hypertrophiertes, also ungewöhnlich stark ausgeprägtes Verhalten handelt. Es sind übertriebene Formen von Fixieren – Anpirschen – Hetzen. Jedes Mal, wenn ich sehe, wie ein Hütehund seine Beute anstarrt und sich in der Pirsch-Position anschleicht, muss ich lachen, weil es so komisch aussieht. Es sieht fast so aus, als würde der Hund einen Löwen nachmachen. Das Packen und Töten fehlt beim Hütehund (aus offensichtlichen Gründen). Es kommt zwar immer wieder vor, allerdings in schwacher und nicht funktionaler Form, und es ist selten, dass ein Hütehund wirklich ein Schaf tötet oder ernsthaft verletzt.

Beim Vorstehhund sieht die Jagdsequenz folgendermaßen aus:

Orten › FIXIEREN – Anpirschen › Packen › Fressen

Das Fixieren ist hypertrophiert. Vorstehhunde sollen nicht hetzen, sondern vielmehr in der Fixieren – Anpirschen-Position verharren, bis der Hundeführer das Kommando dazu gibt, den Vogel aufzuscheuchen (wobei es sich um ein abgewandeltes Packen handelt); der Vogel soll aber nicht gejagt werden. Der Hund wartet und fängt dann wieder mit dem Orientierungs- und Suchverhalten an, bis er den erlegten Vogel findet; dann packt er ihn und bringt ihn zum Hundeführer. Von Vorstehhunden, die vom Packen zum Töten weitergehen, heißt es, dass sie ein „hartes Maul" haben. Wenn der Hund dann weitermacht und den Vogel zerreißt, setzt es natürlich was. Dabei ist es nahezu unmöglich, einem Hund diese beiden Bewegungsmuster aus der funktionalen Sequenz abzutrainieren, weil sie aus innerem Antrieb erfolgen und selbstbelohnend sind. Wenn durch das Packen, also den Vogel im Maul halten, das Töten ausgelöst wird und durch das Töten das Zerreißen, dann hat der Hund ein unheilbares Problem.

Beim Chesapeake Bay Retriever finden wir folgende Sequenz:

ORTEN › Hetzen › PACKEN › Fressen

Apportierhunde haben ein hypertrophiertes Suchverhalten, das fast direkt in ein hypertrophiertes Packen übergeht. Die wenigsten Apportierhunde haben ein deutlich erkennbares Fixieren – Anpirschen. Das bringt nämlich nichts, wenn man in einem Kanu oder in einem Versteck auf Entenjagd sitzt. Ähnlich wie bei den Vorstehhunden heißt es auch bei den Chessies, dass sie ein „hartes Maul" haben, einen Fehler, wenn sie vom Packen zum Töten übergehen. Wenn sie auch die Bewegungsmuster Zerreißen und Fressen zeigen, ist das ein Grund für die Disqualifikation. Wir hatten einmal eine entzückende Chessie-Hündin namens Scoter, die eine eigene Variation der Chesapeake-Jagdsequenz entwickelt hatte: Sie ersetzte die Elemente hartes Maul und Zerreißen durch ein eigenes Element „Rupfen", aber nur bei Tauben. Einmal fragte der Richter, als sie eine sauber gerupfte, aber sonst unversehrte Taube in die Hand apportierte, meinen 13-jährigen Sohn Tim, ob die Hündin auch kochen könnte. Tim war verwirrt, weil er noch nie vom Bewegungsmuster „Kochen" bei Hunden gehört hatte.

Da ich schon dabei bin, die Liste der Hunderassen durchzuarbeiten, möchte ich noch einmal die Verhaltensabfolge beim einfachen Dorfhund, beim Herdenschutzhund und beim Jagdbegleithund festhalten. Beim Jagdbegleithund ist es:

Orten › Fixieren – Anpirschen › Hetzen › Packen › Tot-Beißen › Zerreißen › **Fressen**

Bei einem Herdenschutzhund ist die Sequenz im Idealfall:

………………………………………………………………………………………**Fressen**

Ein guter Herdenschutzhund zeigt nur selten Elemente des Jagdverhaltens. Allerdings muss ich bei dieser Aussage vorsichtig sein. Nur weil das Verhalten praktisch nie gezeigt wird – oder weil ich es nie gesehen habe –, heißt das noch lange nicht, dass man nicht doch eine Umgebung finden könnte, die das schlummernde Jagdverhalten abrufen könnte. Selbst wenn ein Herdenschutzhund einmal einzelne Elemente des Jagdverhaltens zeigt, dann sollte es – wenn er korrekt mit Schafen aufgezogen wurde – nicht von Schafen ausgelöst werden. Wenn Herdenschutzhunde Jagdverhalten zeigen, dann handelt es sich

Der Retriever hat zwar das Verhaltenselement Packen, es gilt aber als Mangel, wenn er auch das Totbeißen (hartes Maul) oder Zerreißen zeigt.

meiner Erfahrung nach meistens um Hetzen und Packen. Ich habe bei 1400 Herdenschutzhunden, die wir regelmäßig überwachten, nur einige wenige Male ein Fixieren – Anpirschen gesehen. Ich habe aber mehrere Berichte von sehr guten Herdenschutzhunden, die Wild jagten und töteten, auch wenn ich dabei nicht sicher weiß, was mit „Jagen" genau gemeint ist. Meiner Meinung nach kommt die vollständige Sequenz des Jagdverhaltens bei Herdenschutzhunden nur sehr selten vor.

Alle in der Übersicht über rassespezifische Bewegungsmuster abgebildeten Elemente des Jagdverhaltens können durch künstliche Selektion verändert werden, außer Fressen – schließlich müssen alle Hunde fressen. Bei den Jagdhunden und den Hütehunden (und vielleicht auch bei allen anderen Hunden) gibt es keine feste Verbindung zwischen Fressen und dem Rest der Jagdsequenz. Das ist deswegen so interessant, weil normalerweise davon ausgegangen wird, dass das Fressen der Beute der Antrieb für das Abspielen des Jagdverhaltens ist. Bei Hunden sind aber oft Elemente des Jagdverhaltens auf ungenießbare Gegenstände wie ein Bringsel aus Jute oder einen Ball, der geworfen wird, gerichtet. Manchmal ist es sogar schwierig, einen übertrainierten Hund von der Ausbildungshilfe auf frisch erlegtes Wild umzustellen. Es liegt daher der Schluss nahe, dass bei Hunden die Jagdsequenz kein funktionales Motiv hat, sondern eigentlich eine Form von Spielverhalten ist. Die Belohnung besteht darin, ein hypertrophiertes Bewegungsmuster ausführen zu können. Das erinnert uns wieder an die Schlittenhunde, die ebenfalls kein funktionales Motiv für das Laufen haben, sondern dies vermutlich ebenfalls als Teil des Sozial- und Spielverhaltens tun.

Ich habe weiter oben gezeigt, wie ein rassespezifisches Verhaltensprofil (die Verhaltenskonfiguration einer Rasse) durch die Abwandlung der ursprünglichen Verhaltenssequenz, durch das Weglassen oder Verstärken eines oder mehrerer Elemente verändert werden kann. Auch hier allerdings ist die Geschichte komplizierter. Die Verhaltenskonfiguration einer Rasse ist sehr komplex, und es geht dabei um mehr, als nur das schlichte Weglassen und/ oder Verstärken eines bestimmten Bewegungsmusters. So wie bei Wildtieren kann auch hier ein einzelnes Bewegungsmuster durch selektive Züchtung seine Form verändern. Nach dem Prozess der Hypertrophierung oder Unterdrückung einzelner Elemente kann man sich auch noch an den verbleibenden zu schaffen machen. Sehen wir uns den Border Collie genauer an.

VERHALTENSKONFIGURATION DES HÜTEHUNDES

ORTEN Orten ist ein Suchverhalten mit gleichzeitigem Annäherungsmuster. Beim Border Collie nennt man das Bewegungsmuster Orten auch den Outrun. Der Hundeführer schickt den Hund in Richtung Schafe. (So wie beim Retriever der Hundeführer den Hund in Richtung des erlegten Flugwilds schickt oder der Hundeführer einem Pointer folgt, der herumläuft und nach Vögeln sucht, auf die er vorstehen kann.) Der Border Collie läuft nicht direkt auf sein Ziel zu (oder sollte es zumindest nicht tun, der Retriever hingegen sollte genau das tun), sondern bewegt sich in einem Bogen, der ihn hinter die Schafe führt – in einem Winkel von 180 Grad zum Schafhüter. Die Form des Outrun ist eine der Verhaltenskonfigurationen, die bei Wettkämpfen beurteilt wird.

Manche Hunde laufen einen zu großen Bogen. Ich sah einmal bei einem Amateurwettbewerb in Schottland zu, wo einer der Hunde das Feld verließ und im richtigen Winkel zur Linie der Schafe im Wald verschwand. Der Hund muss einen Bogen um drei Grafschaften gelaufen sein. Die Zuschauer, die darauf warteten, dass der Hund zurückkehrte und seinen Dienst wieder aufnahm, lachten sich währenddessen halb zu Tode. Der Hund kehrte tatsächlich zurück, und zwar mehrere Minuten später auf der anderen Seite der Schafe. Andere Hunde schlagen wieder einen zu kleinen Bogen beim Outrun. Meine sehr nervige, hypertrophierte Hündin Jane rannte immer schnurstracks das Feld hinunter, mitten durch die Schafherde durch und kehrte dann wieder um. Die Schafe wurden dabei in alle Winde zerstreut.

Kann man gegen einen zu engen oder zu weiten Bogen beim Outrun etwas machen? Ja. Sich am besten einen anderen Hund zulegen. Die Bogenform beim Outrun ändern zu wollen ist höchst schwierig und frustrierend. Ja, natürlich, ich könnte mich an einen Zaun stellen oder noch besser: einen Zaun von mir hin zu den Schafen im korrekten Bogen bauen und den Hund entlangschicken. Es ist aber viel billiger, einen anderen Hund mit korrektem Outrun zu kaufen. Hundeführer von Border Collies kämen nicht auf die Idee, mit einem Hund, der einen schlechten Outrun aufweist, zu züchten, weil sie die Verhaltensform für ererbt halten.

Mir war es egal, dass Jane einen so schlechten Outrun hatte, weil ich sie in erster Linie als Treibhund oder als Raubtierdarstellerin für meine Tests bei Herdenschutzhunden verwendete. Bei dem, was ich von ihr brauchte, war der Outrun kein Problem. Ich positionierte sie einfach hinter ein paar tausend Schafen auf einer engen Bergstrecke, wo sie nicht an den Schafen vorbeilaufen konnte. Dann spielte ich mit den Hirten Karten, während Jane die Schafe auf die Mesa hinauftrieb und keines vom Weg abkommen ließ, weil sie jeden Nachzügler mit

Fixieren – Anpirschen – Hetzen bedachte (sie also ärgerte). Sie erledigte ihren Job wunderbar. Eine Herde zusammentreiben konnte ich mit ihr allerdings nicht, dafür setzte ich Flea ein. Wenn man eine bestimmte Sache gut erledigen will, braucht man das richtige Werkzeug. Jeder Hund hat seine ihm eigenen Verhaltenskonfigurationen und gute Hundeführer wählen einfach den für die anstehende Aufgabe am besten geeigneten Hund aus.

FIXIEREN – ANPIRSCHEN An den Outrun schließt das Aufnehmen der Schafe mittels Auge an (der Hund zeigt Fixieren – Anpirschen) Das Auge setzt in einer bestimmten Entfernung von den Schafen ein. Das ist fast wie eine Umkehrung der Fluchtdistanz. Jeder Hund hat seine eigene spezifische Entfernung, eine Reizschwelle bei der Annäherung an die Schafe, bei der mit dem Aufnehmen begonnen wird.

Das sogenannte „Auge“ beim Border Collie besteht aus verschiedenen Bewegungsmustern. Das Fixieren und Anpirschen kann aus verschiedenen Körperhaltungen heraus aufgenommen werden, z.B. aus dem Stehen oder dem Liegen. In welcher Entfernung zu den Schafen diese Verhaltensmuster einsetzen und wie intensiv sie gezeigt werden, bestimmt, ob ein Hund ein hartes oder weiches Auge hat. Anders gesagt, wie stark das Fixieren – Anpirschen hypertrophiert ist, ist von Hund zu Hund verschieden. Hundeführer haben je nach Situation eine bevorzugte Intensität des Auges. Auf die Intenstität des Auges kann auch selektiert werden.

Eine weitere Variable ist die Geschwindigkeit des Anpirschens. Manchmal haben Hunde ein derartig langsames Anpirschen, dass sie gar nicht mehr von der Stelle kommen. Man sagt dazu, der Hund friert ein. Er kann dabei aber auch zu schnell sein.

Während sich der Hund mit Fixieren – Anpirschen den Schafen nähert, erreicht er eine weitere Reizschwelle, die den Übergang vom Anpirschen zum Bewegungsmuster Hetzen darstellt. Auch hier ist der Abstand zu den Schafen, bei dem diese Reizschwelle erreicht wird, von Hund zu Hund verschieden. Auch die Stelle, an der die Hunde diesen Übergang vollziehen, ist individuell verschieden.

Diese Reizschwelle wird auch als Balancepunkt bezeichnet. Eigentlich gibt es zwischen allen Bewegungsmustern einen Balancepunkt, an dem der Hund mit einem Bewegungsmuster aufhört und das nächste beginnt. Hundeführer haben unterschiedliche Vorlieben, wo der Balancepunkt eines Hundes liegen soll. Während die einen in einer bestimmten Umgebung lieber einen Hund haben, bei dem das Hetzen sehr nahe an den Schafen einsetzt, bevorzugen andere eher größere Distanzen. Sie sind der Meinung, dass die Balancepunkte genetisch verankert sind, und versuchen, die herauszuzüchten, die ihnen am liebsten sind.

Die Balancepunkte sind genau das, was ich bereits in Kapitel 1 mit dem Beispiel von Belyaevs Füchsen beschrieb. Er war überzeugt, dass der Balancepunkt zwischen menschlicher Annäherung und Flucht des Fuchses ein genetisch fixiertes Merkmal ist und dass auch der Balancepunkt zwischen der vom Fuchs zurückgelegten Strecke und dem Moment, wo er ein Versteck aufsucht, ebenfalls genetisch bedingt ist. Belyaev selektierte nicht auf Zahmheit per se, sondern vielmehr auf eine Verschiebung der Reizschwellen zwischen den Bewegungsmustern.

Ein guter Hundeführer kennt die Reizschwellen seines Hundes genau. Er kann den Hund im erwünschten Bewegungsmuster halten, indem er ein Kommando für langsamer oder für Hinlegen gibt, und verhindert damit, dass der Hund zum nächsten Bewegungsmuster überwechselt. Wenn die Schafe gut auf das Fixieren – Anpirschen reagieren, dann lässt der Hundeführer den Hund den Balancepunkt, wo er mit dem Hetzen beginnen würde, nicht überschreiten. Ein Richter beurteilt, wie gut ein Hundeführer die Balancepunkte seines Hundes kennt.

Bei der Arbeit mit Hunden geht es im Wesentlichen darum, wie gut ein Hundeführer die Verhaltenskonfiguration seines Hundes kennt. Wenn ein Hund eines der Bewegungsmuster schlecht ausgeprägt hat, dann dirigiert der Hundeführer den Hund so, dass der Fehler nicht sichtbar wird. Das ist genau wie bei einem Vorführer im Ausstellungsring, der dem Richter den Hund in einer Haltung präsentiert, die mögliche Fehler wie Kuhhessigkeit überspielt.

HETZEN Hetzen ist ein Bewegungsmuster mit einer bestimmten Form. Beim Hütehund verläuft das Hetzen, genau wie das Orten, auf einer Bogenlinie. Der Hundeführer bestimmt die Kreisform über die Geschwindigkeit des Hundes. Wenn die Schafe fliehen und der Hund abgebremst wird, dann schaut es fast so aus, als wäre es kein Bogen – sondern eine gerade Linie und als würde der Hund den Schafen hinterherlaufen. Wenn der Hundeführer den Hund schneller werden lässt, läuft er in einem Bogen um die Schafe herum; wenn die Geschwindigkeit gehalten wird, dann umkreist der Hund die Schafe einfach. Normalerweise bleiben die Schafe stehen, wenn der Hund sie überholt hat und vorne ist, der Hund verfällt dann zurück ins Auge. Manche Hunde laufen von Natur aus einen großen Bogen und es ist schwierig, sie wieder ins Fixieren – Anpirschen zu bringen. Jane allerdings platzte mitten in die Schafherde hinein und wechselte unvermittelt vom Hetzen zum Packen, wenn es mir nicht gelang, sie auf Kommando in genau dem Moment, wo sie mit dem Packen anfangen wollte, abliegen zu lassen. Jeder Hund hat seine eigene Form des Hetzverhaltens, so wie Schlittenhunde alle ihre eigene Form des Laufens haben.

Der Hundeführer ist wie ein Choreograph, der durch das Laufenlassen und Abstoppen der Hunde vor und nach den Balancepunkten ein Muster von Bewegungen rund um die Schafherde entwirft und die Verhaltenskonfiguration des Hundes in vielfältigen Mustern durch die Landschaft dirigiert.

Wie gut man einen Border Collie ausbilden kann, hängt davon ab, wie leicht er am Rand einer Reizschwelle gehalten werden kann und wie leicht er von einem Bewegungsmuster zum andern wechselt. Auf ein „Mach Platz!“ sollte sich der Hund mitten aus einem Bewegungsmuster sofort hinlegen und bewegungslos verharren, bis das nächste Kommando kommt. Ich machte einmal eine Vorführung für ein Fernsehteam und war daher mit einem Mikro verkabelt. Ich verlor die Kontrolle über Jane, die gerade auf Hetzen unterwegs war – sie schoss mitten durch die Schafe, die in alle Richtungen davonstoben. Ich hatte ein extralautes „Platz“ geschrien und sie mit noch ein paar anderen Namen als nur Jane bezeichnet. Erst dann fiel mir das Mikrophon wieder ein. Ich sah zum Tontechniker hin, der seine Kopfhörer abgenommen hatte und ein ohrenreibendes Bewegungsmuster zeigte. Ich überlegte kurz, ob ich Jane nicht an Stanley Coren schickten sollte, damit sie ihn daran erinnerte, dass sie auf seiner Liste der Hundeintelligenz Nr. 1 war.

PACKEN Wenn sich die Schafe vom Auge des Hundes nicht wegtreiben lassen, überschreitet der Hund die Reizschwelle vom Hetzen und kann direkt zum Packen übergehen. Ja, stimmt, ich verliere ein paar Punkte, wenn mein Hund nach den Schafen schnappt. Bei Hütewettkämpfen gilt das Packen als Fehler. Aber im wirklichen Leben gibt es viele Schäfer, die froh sind, wenn sie das Verhalten abrufen können, falls die Schafe auf das Auge tatsächlich nicht reagieren sollten. Schafe gewönnen sich daran, getrieben zu werden, sie können einen schwachen Hund erkennen und reagieren dann auf das Pirschen nicht mehr. In einem solchen Fall muss der Hundeführer dafür sorgen, dass ihnen die Hunde buchstäblich ins Gesicht springen. Aber manche Hunde sind dazu nicht imstande. Die Form des Packens führt dazu, dass sie nach den Schafbeinen schnappen, aber wenn es Richtung Hals geht, sieht es schon ziemlich nach Tötungsabsicht aus.

Im spezifischen Verhaltensprofil anderer Rassen ist ein festes Packen eher erwünscht. Ein Queensland Blue Heeler zum Beispiel muss eine Kuh schon ordentlich in die Beine zwicken, um die großen Tiere in Bewegung zu versetzen. Rinderhirten, die einen weniger aggressiven Treibhund wollen, kreuzen die Blue Heeler mit Border Collies. Ich hatte einmal ein paar Jahre lang einen solche Kreuzung mit Namen Bandit. Für Kühe war sie nicht aggressiv genug, darum bekam ich den Hund. Bei Schafen allerdings war sie eine Katastrophe, wie sich herausstellte, weil sie so fest zupackte, dass die Schafe Verletzungen

Töten. Der Hund tötete das Schaf letztlich nicht. Aber er zeigt ein unglaublich präzise ausgeführtes Bewegungsmuster!

davontrugen. Ich degradierte sie zum Haushund und Jogginggefährten. Allerdings war auch das problematisch, weil sie dauernd dazwischenging und die anderen mitjoggenden Hunde in die Fersen zwickte.

TÖTEN Keiner will, dass ein Hütehund über die vollständige funktionale Sequenz des Jagdverhaltens verfügt. Das Fixieren – Anpirschen – Hetzen ist für einen Hütehund völlig ausreichend. Da das Hetzen auf einer bogenförmigen Linie ausgeführt wird, bleibt der Hund normalerweise unter der Reizschwelle, ab der er zum Packen oder Töten übergehen würde.

Nichtsdestotrotz haben mir einige Leute bei Wettbewerben erzählt, dass sie es ganz gern haben, wenn ihr Hund einen leichten Hang zum Verhaltensmuster Töten hat. Ich vermute, sie meinen damit die latenten Elemente Packen und Töten. Ich habe keinen Zweifel daran, dass die Bewegungsmuster für Beißen bei vielen Hunden latent und direkt unter der Oberfläche weiterhin präsent sind. Sie tauchen im Verhaltensprofil eines Wettkampfhundes nicht auf, weil gute Hundeführer die Balancepunkte sehr genau kennen und verhindern, dass der Hund auf Umweltsignale stößt, die diese Verhaltensweisen auslösen würden.

Die verschiedenen Kampfhunde, wie die Rat Terrier, Bulldoggen oder Pitbulls, haben ebenfalls bestimmte und messbare Verhaltensprofile, die in Wettbewerben bewertet werden. Meine Kenntnisse über diese Hunde beschränken sich zwar auf die Literatur, ich interviewte aber mehrere Führer von Pitbulls und die Gespräche über ihre Hunde ähnelten denen mit Besitzern von Border Collies stark. Sie hatten Lieblingshunde, die ein besonderes Verhaltensmuster, das sie für erblich hielten, besitzen und auf das gezüchtet wird. Es gibt Zuchtlinien, die für ihre Form oder ein bestimmtes Bewegungsmuster berühmt sind, das ihnen in der Kampfarena einen einzigartigen Vorteil verschafft. Diese Hunde und ihre Züchter erlangen auf ihrem Gebiet Berühmtheit und manchmal wird aus den Hunden eine Rasse, die häufig nach ihren Züchtern benannt wird: Jack Russel oder Bedlington Terrier fallen einem dazu gleich ein.

Der berühmte Pitbull Whitey Ford hatte so ein besonderes Bewegungsmuster. Er rammte, wenn er in den Kampfring kam, den anderen Hund wie ein Sumo-Ringer mit der Brust. Er zeigte ein „Brust-Stoßen“ als Verhalten. Er warf den anderen Hund damit um und stürzte sich dann auf ihn. Die Besitzer anderer Hunde verwendeten Whitey Ford gerne für die Zucht, weil er diese Bewegung an seine Nachkommen vererbte.

Ich vermute, dass Kampfhunde genau wie Collies, Pointer oder Retriever unterdrückte Verhaltenselemente, Ersatzverhalten und hypertrophierte Verhaltensmuster aufweisen. Der Unterschied liegt darin, dass diese Veränderungen nicht im Jagdverhalten, sondern im Bewegungsablauf des Sozialverhaltens und vielleicht aus dem Gefahrenvermeidungsverhalten auftreten.

Ich hatte mal ein paar Irish Wheaten Terrier, die offenbar keinerlei Unterwerfungsverhalten hatten. Ein paar Mal kämpften sie mit unseren rauflustigen Chesapeake Bay Retrievern, und obwohl sie jedes Mal fürchterlich unterlagen, unterwarfen sie sich nie. Ich wurde einmal durch ein gurgelndes Geräusch aus meinem Nickerchen aufgeweckt und kam gerade rechtzeitig, um einen der kleinen Racker zu retten. Und kaum hatte ich ihn losgelassen, stürzte er gleich wieder los und wollte weiter raufen. Zum Glück ließ sich unser Chessie von einer Hunderauferei abrufen. Was war bloß mit dem Unterwerfungsreflex des Terriers passiert? Wurde er durch künstliche Selektion weggezüchtet, damit die Tiere furchtlos (was bekanntlich dumm ist) wirken und daher bis ans bittere Ende kämpfen (grenzenlose Dummheit)? Andererseits hatte ich auch ein paar Staffordshire Terrier, die Unterwerfungsverhalten bei anderen Hunden entweder nicht einordnen konnten oder nicht darauf reagierten, sondern ihre Attacken fortsetzten, selbst dann noch, wenn der andere Hund bereits Unterwerfungsverhalten zeigte. Diese Beobachtungen habe ich aber eher zufällig gemacht und kann daher nicht sagen, dass es sich um rassespezifische Verhaltensprofile handelt.

Es gibt drei Faktoren, die wir integrieren müssen: das für eine bestimmte Handlung erforderliche Bewegungsmuster, ein System zur Belohnung für die Ausführung einer Handlung und die Fähigkeit, diese Handlung zu erlernen. Diese Faktoren sind so eng miteinander verbunden, dass man kaum den einen vom anderen trennen kann. Man riskiert sonst, eine bestimmte Leistung und die genetische Basis dieses Verhaltens zu vereinfacht darzustellen.

BEWEGUNGSMUSTER

Angeborene (genetische) Verhaltensweisen, die aus einem inneren Antrieb erfolgen, werden von Ethologen als Bewegungsmuster definiert. Für jedes Bewegungsmuster gibt es einen bestimmten Zeitpunkt im Hundeleben, zu dem es *einsetzt*. Bewegungsmuster treten mit einer bestimmten *Rate* oder Häufigkeit auf. Die Häufigkeit, mit der zum Beispiel Mutterverhalten gezeigt wird, beschränkt sich auf einzelne Phasen im Leben von Hündinnen. Für jedes Bewegungsmuster gibt es auch einen Zeitpunkt, zu dem es *erlischt* und nie wieder auftaucht.

Einsetzen, Rate und Erlöschen eines Verhaltens sind von Rasse zu Rasse und von Hund zu Hund verschieden. Das Timing und die Intensität eines Verhaltens können selektiert werden. Der Unterschied zwischen Hunden und Wölfen besteht im verschiedenen Einsetzen, der verschiedenen Häufigkeit und dem unterschiedlichen Erlöschen von physischen und Verhaltenskonfigurationen. Gefahrenmeideverhalten (Einsetzen der Angstreaktion) setzt zum Beispiel bei Wölfen viel früher ein als bei Hunden.

Das Welpentragen von Mutterhündinnen ist ein gutes Beispiel, wie angeborene Bewegungsmuster zu einem bestimmten Moment einsetzen, mit einer bestimmten Rate gezeigt werden und wieder erlöschen. Die Mutterhündin liegt in ihrem Korb. Sie hört den Ruf des Verlassenseins eines Welpen. Sie verlässt das Nest, geht zu der Stelle, nimmt den Welpen auf, trägt ihn zum Nest und legt ihn zu den anderen Welpen. (Ist doch wirklich clever!) Das Bewegungsmuster Welpentragen setzt ein, wenn der letzte Welpe des Wurfes geboren ist. Dreizehn Tage später erlischt es. Danach kann es zwar sein, dass ein Welpe den Ruf des Verlassenseins abgibt, die Mutterhündin darauf aber nicht mehr reagiert und ihn nicht holt.

Der Ruf des Verlassenseins des Welpen ist ein faszinierendes Bewegungsmuster. Jeder Schrei hat die genau gleiche Tonhöhe, Lautstärke und Dauer. Es handelt sich um einen artspezifischen Ruf, ähnlich wie beim Vogelgesang. Er wird nur von Welpen ausgestoßen und nur, wenn sie sich verlaufen haben. Er wird so lange ausgestoßen, bis der Welpe gerettet ist. Dieses angeborene Bewegungsmuster setzt mit der Geburt ein. Es erlischt etwa nach vier Wochen, am Ende der Säugephase, wieder.

Meine italienische Maremmano Abruzzese-Hündin Lina war so mit den Schafen beschäftigt, dass sie eines Tages von der Geburt überrascht wurde und den ersten Welpen draußen auf dem Feld zur Welt brachte. Sie ließ den Welpen samt Plazenta dort zurück und brachte den Rest des Wurfes in ihrem Korb im Schuppen zur Welt. Der erste Welpe rief und rief, damit sie ihn holen kam. Sie war aber noch nicht mit dem Werfen fertig. Die Sache wirft einige wichtige Fragen auf. Der Welpe war gerade erst geboren worden, er war blind und taub, woher wusste er, dass er nicht dort war, wo er sein sollte? Wieso kannte er das „Ich bin verlassen"-Signal? Brauchte er das Signal gar nicht zu üben und war keine Belohnung für das abgegebene Signal nötig? Nein – wann und wie das Signal verwendet wird und das Signal selbst bringt der Welpe schon mit; es kann sich gar nicht um ein erlerntes Verhalten handeln.

Da ich ein guter Hundeethologe bin, erkannte ich das dauernde Rufen von Linas verlassenem Welpen als das, was es war, und wusste, warum Lina nicht darauf reagierte, also ging ich und holte den Kleinen. Ich nahm meinen Kassettenrecorder und nahm den Ruf auf, weil ich hier einen verlassenen Welpen vor mir hatte, bei dem noch nicht einmal die Nabelschnur durchtrennt war, der aber bereits das richtige Signal von sich gab. Faszinierend.

Warum musste ich den Welpen retten? Nun, beim Welpen hatte das Verhalten, nämlich der Verlassenheitsruf, bereits eingesetzt, aber bei Lina hatte das Reaktionsmuster auf das Signal noch nicht eingesetzt, weil der letzte Welpe noch nicht geboren war. Sechs Stunden später war Lina fertig, da hatte ich ihren Welpen aber schon in Sicherheit gebracht. Wenn der kleine Kerl die Kraft gehabt hätte, sein Schreien sechs Stunden lang durchzuhalten, dann wäre Lina sicher zu ihm zurückgekehrt, nachdem erst mal das Bewegungsmuster Welpentragen eingesetzt hatte. Ich glaube aber, dass der kleine Kerl so geschwächt gewesen wäre, dass er lange bevor die sechs Stunden um gewesen wären, gestorben wäre. Der Ruf kostet ziemlich viel Energie, und ich kann mir nicht vorstellen, dass in dem 200 g schweren Welpen schon ausreichend Energie dafür vorhanden war.

Warum hat also Lina, wenn sie doch so klug ist, ihren Welpen nicht gleich nach der Geburt mitgenommen und in die Scheune getragen? Wenn Lina eine Ratte wäre, hätte sie das vielleicht getan, weil bei Ratten das Bewegungsmuster für das Tragen der Jungen bereits zwei Tage vor dem Werfen einsetzt. Lina ist aber eine Hündin, und ihr Welpentragereflex war bis zur Geburt des letzen Welpen noch nicht aktiv.

Als meine Studenten die Aufnahme von Linas verlassenem Welpen meiner Border Collie-Hündin Flea vorspielten, stand sie auf, verließ ihr Nest (von ihren Welpen fehlte aber keiner), suchte und fand den Kassettenrecorder, holte ihn

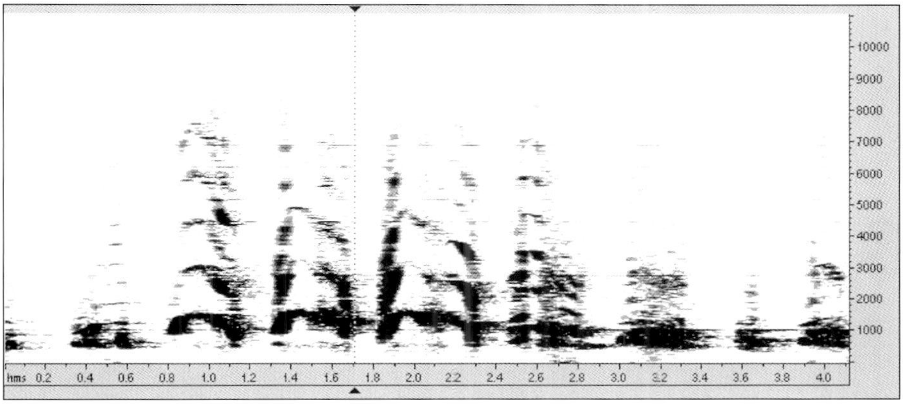

Sonogramm des Verlassenheitsrufes beim Welpen. Hier sehen wir das Sonogramm eines Rufes, mit dem Pflegeverhalten ausgelöst wird (Bewegungsmuster). Der neugeborene Welpe stößt instinktiv diesen Ruf aus, wenn er alleine oder verlassen ist. Der Welpe wiederholt den genau gleichen Ruf so lange, bis er entweder geholt und zu den anderen zurückgebracht wird oder zu schwach ist, um noch länger zu rufen. Man achte auf die große Zahl an Harmonien. Es kostet viel Energie, diesen Ruf auszustoßen. Das Verhalten wird nur von neugeborenen Welpen gezeigt. Der Verlassenheitsruf verschwindet kurz nach der neonatalen Phase aus dem Verhaltensrepertoire des Hundes und taucht nie mehr auf. (Mit freundlicher Genehmigung von Mark Feinstein)

und legte ihn zu ihren Welpen ins Nest. Es sind also nicht die verlassenen Welpen, die von der Hündin aufgelesen und ins Nest gebracht werden, sondern die Dinge, die das akustische Signal von sich geben.

Nach dreizehn Tagen wird dieses Verhalten, das Zurückholen der Welpen, bei der Mutterhündin inaktiv, auch wenn die Welpen das Signal noch mehrere Wochen einsetzen. Als ich eines Abends ausgehen wollte und bereits fertig gekleidet war für einen Abend in der Stadt, hörte ich im strömenden Regen einen schwachen Verlassenheitsruf aus dem Hundebereich des Hofs. Ich kämpfte mich durch Kälte und Nässe und fand einen Welpen, der aus der Box herausgefallen war und völlig erschöpft und buchstäblich halb tot war. Keine zwei Meter entfernt lag Tilly, die Mutterhündin, ein reinrassiger Sibirian Husky (mit Nr. 45 auf Corens Liste überdurchschnittlich intelligent), mit den anderen Welpen gemütlich in der Box. „Tilly", sagte ich, „was um Himmels willen ist denn mit dir los! Hast du nicht bemerkt, dass dein Welpe in Schwierigkeiten war? Hast du den Verlassenheitsruf nicht gehört? Kannst du den nicht erkennen, überlegen oder dir denken, dass der Welpe Hilfe braucht? Liebst du ihn denn nicht?" „Tja, leider, Chef", antwortete sie, „das Welpentrageverhalten hat sich letzte Woche weggeschaltet und ich habe nicht die nötigen kognitiven Fähigkeiten, um die drohende Gefahr zu erkennen oder sie aufgrund der Information, die ich wahrnehme, schlussfolgern zu können." Wärmelampen, eine Zuckerlösung und gute Pflege retteten dem Welpen das Leben und Tilly akzeptierte ihn, als ich ihn ihr zwei Stunden später zurückbrachte.

Wissenschaftlern wird manchmal vorgeworfen, dass sie den Tieren keine Gefühle und kein Denkvermögen zugestehen. Die Wissenschaftler erklären den Leuten, dass sie nicht in Anthropomorphismus verfallen und Tieren keine menschlichen Züge zuschreiben sollen. Nun, das Einsetzen und Erlöschen des Welpentrageverhaltens sollte ein gutes Beispiel dafür sein, warum bei diesen Dingen Vorsicht geboten ist. Meine Studenten haben während der Experimente mit dem Welpentrageverhalten nur allzu oft über die große Mutterliebe der Hündin zu ihren Welpen gestaunt. Wenn die Hündin ein simples Problem nicht mehr lösen kann, kaum dass das entsprechende Verhaltensmuster erloschen und nicht mehr Bestandteil des Verhaltensrepertoires ist, verwandelt sich die Bewunderung rasch in Fassungslosigkeit. Haben Hunde Gefühle? Ja! Aber nur während der kritischen Phase, in der sie dafür empfänglich sind.

Es gibt bei den Bewegungsmustern noch ein weiteres Phänomen, das von Rasse zu Rasse unterschiedlich sein kann. Wie beständig angeborene Bewegungsmuster im Verhaltensprofil eines Hundes sind, ist verschieden. Manche Bewegungsmuster, wie der „Ich bin verlassen"-Hilferuf des Welpen oder das Welpentrageverhalten, können über Generationen hinweg nicht auftreten, wenn kein Welpe verloren geht. Eine Mutterhündin verfügt über alle für den Geburtsprozess nötigen Verhaltensmuster, bevor noch der erste Welpe kommt, sie muss sie weder lernen noch üben. Es kommt zum Beispiel selten vor, dass eine Hündin nicht weiß, wie sie den Welpen von der Plazenta befreien und die Nabelschnur durchkauen muss. (Ich hatte nur einmal eine Hündin, bei der das Signal falsch ankam und die statt der Nabelschnur dem Welpen ein Ohr abkaute. Sie korrigierte sich aber gleich und alle Welpen, inklusive dem kleinen Van Gogh, waren wohlauf.) Bei angeborenen, genetisch fest einprogrammierten Bewegungsmustern sind keine Lernprozesse notwendig. Die Hunde „wissen" von Anfang an genau, wie etwas zu machen ist.

Einige instinktive Verhaltensweisen müssen allerdings, wenn sie einsetzen, verstärkt oder geübt werden. Bereits im Kapitel über Herdenschutzhunde wurde auf diese nötige Bestärkung hingewiesen, aber auch im jetzt behandelten Kontext ist Bestärkung wichtig. Ein wunderbares Beispiel dafür ist das Saugverhalten. Es unterscheidet sich interessanterweise vom „Ich bin verlassen"-Hilferuf der Welpen. Zwar sind beide bereits bei der Geburt vorhanden, aber das Saugen muss der Welpe nach der Geburt buchstäblich innerhalb weniger

Minuten „lernen" und „üben". Wenn man einen Welpen in diesen entscheidenden Minuten am Saugen hindert, verliert er die Fähigkeit für immer. Das Säugeverhalten muss durch Saugen verstärkt werden oder es erlischt kurz nach dem Einsetzen. Das trifft auf fast alle Säugetiere zu; wenn man das Saugen beim Einsetzen des Verhaltens verhindert, sind die Folgen tragisch. Wenn Menschenbabys mit einer Mundinfektion geboren werden oder wegen eines Gaumendefekts operiert werden müssen, können sie so lange nicht saugen, solange das Problem nicht behoben ist, was manchmal mehrere Tage dauern kann. Sie verlieren die Fähigkeit, das Saugen zu „lernen" und müssen künstlich ernährt werden, bis im Alter von sechs Monaten die Bewegungsmuster für die Aufnahme fester Nahrung und für das Schlucken ausgebildet sind.

Das Saugen ist nur eines von mehreren auftretenden Bewegungsmustern, die beim Einsetzen verstärkt werden müssen, wenn sie nicht aus der Verhaltenskonfiguration verschwinden sollen. Das gilt auch für einige Elemente des Jagdverhaltens, allerdings nur bei manchen Hunderassen. Herdenschutzhunde zeigen manchmal ab dem Alter von sechs Monaten erstes Hetzen und/oder Packen als beginnendes Verhalten. Wenn die Farmer die Entwicklung ihrer Hunde aufmerksam verfolgen und die Hunde in dieser Phase von Auslösern dieses Verhaltens (Schafen) fernhalten, können die Hunde das Bewegungsmuster nicht ausführen, es verschwindet wieder und bleibt für den Rest ihres Lebens verschwunden. Ob das Fixieren – Anpirschen und Hetzen so aus dem Verhaltensrepertoire eines Hütehundes eliminiert werden könnte, lässt sich schwer sagen, weil es dazu keiner externen Reize bedarf und das Verhalten selbst-belohnend ist. Wenn Jane nichts hatte, was ihr als Objekt für Fixieren – Anpirschen dienen konnte, dann wirbelte sie Blätter hoch und fixierte und pirschte sie nieder. Wenn die Blätter nicht hoch wirbelten, stellte sie sich einfach vor, dass sie es doch taten und fixierte und pirschte trotzdem. Und dauernd erlegte sie mit dem Vorderpfotenschlag (Mäusesprung) unsichtbare Mäuse.

Rassespezifische Unterschiede in der Verhaltenskonfiguration bestehen also nicht nur aus unterdrückten, hypertrophierten oder ersatzweise angenommenen Verhaltenselementen sowie dem Alter des Tieres beim Einsetzen bzw. Erlöschen eines angeborenen Verhaltensmusters, sondern auch daraus, wie lange ausgeübte und ungeübte Verhaltensmuster bis ins Erwachsenenalter eines Hundes bestehen bleiben. Mein als Herdenschutzhund aufgezogener Border Collie Fly konnte das Auge Schafen gegenüber zeigen. Das Auge war aus seinem Verhaltensrepertoire nicht zur Gänze verschwunden, aber doch so modifiziert, dass er unsicher war, ob es Schafen gegenüber angebracht war. Man könnte auch sagen, dass er gelernt hatte, es Schafen gegenüber nicht zu benutzen.

Was ein Hundeführer von Wettkampfhunden macht, ist nichts anderes, als gezielt den geeigneten Hund zu entwickeln. Der Hund muss als erstes die richtigen Erbanlagen besitzen, sodass er die entsprechenden rassetypischen Bewegungsmuster mitbringt. Während der Entwicklungsphase des Hundes muss der Trainer die Ausprägung dieser Bewegungsmuster durch eine geeignete Umweltsituation fördern. Später dann leitet der Trainer die Bewegungsmuster durch instrumentelle Konditionierung in die richtigen Bahnen. Ein Arbeitshundeführer dirigiert das Verhalten des Hundes, indem er ihn in jene Umgebung und Situation bringt, in der er die für eine bestimmte Aufgabe erforderlichen spezifischen Bewegungsmuster zeigen soll. Im Wesentlichen ist es das, woraus der gemeinsame Tanz von Schafen, Hund und Hundeführer besteht.

Im Unterschied zum menschlichen Tanz kann ich dem Hund aber die richtigen Bewegungsmuster nicht beibringen. Wenn der Border Collie bei Fixieren, Anpirschen oder Hetzen nicht die richtige Verhaltenskonfiguration hat oder wenn eine der Verhaltensweisen falsch ausgebildet ist, dann ist es praktisch unmöglich, das zu korrigieren. Ein falsches Bewegungsmuster lässt sich kaum verändern, Versuche in diese Richtung bleiben unbefriedigend oder erfolglos. In den meisten Büchern über die Ausbildung von Jagdhunden gibt es beispielsweise Tipps, was man gegen ein hartes Maul tun kann. Versuchen Sie dies, versuchen Sie das, und dann ..... schaffen Sie sich einen neuen Hund an! Wettkampfexperten wissen aus Erfahrung, dass Hunde, bei denen ein fehlerhaftes Verhalten wegtrainiert wurde, häufig beim Wettbewerb schon unter geringem Druck in das fehlerhafte Verhalten zurückfallen.

Als Menschen haben wir eine äußerst hoch entwickelte Lernfähigkeit und es fällt uns daher schwer, die Grenzen zu sehen, die anderen Spezies beim Lernen gesetzt sind. Warum halten wir Wölfe für klüger als Hunde? Warum kann ich einem Wolf nicht beibringen, Schafe zu hüten, wenn er doch so klug ist? Woran liegt es, dass ein Border Collie beim Schafehüten zwar Spitzenleistungen bringt, aber Probleme nicht so klug wie der Wolf durch einsichtiges Handeln lösen kann? Warum kann ich einem Collie nicht beibringen, so gut vorzustehen wie ein Pointer? Was hat der Begriff klug mit Lernen zu tun?

Stanley Coren erklärt sehr gut, worum es beim Messen von Intelligenz geht. Ich bewundere seinen Mut, denn ich hätte nie gewagt, eine Reihung der Hunderassen nach Intelligenz (in ihrer Arbeitsleistung) zu versuchen. Gleichzeitig glaube ich allerdings auch, dass er den Hunden damit einen schlechten Dienst erweist. Seine Beschreibung wird nicht genau genug gelesen und Dutzende Autoren haben seine Reihung bereits falsch wiedergegeben.

Das ist vermutlich der Punkt, wo sich die Wege des vergleichenden Psychologen und des Ethologen trennen. Ich glaube, dass nur ein vergleichender Psychologe eine Reihung von Hunderassen nach Intelligenz vornehmen würde, nicht aber ein Ethologe. Die vergleichende Psychologie studiert Hunde nicht in jener Umwelt, in der sie sich entwickelt haben und an die sie optimal angepasst sind, sondern in einer künstlichen Umgebung. Wie schneidet diese Rasse im Vergleich zu einer anderen in der „falschen“ Umgebung ab?

Der Versuch, Rassen nach Intelligenz bzw. Wesen zu reihen, impliziert auch, dass Intelligenz und Wesen genetisch bedingte Merkmale sind, also rassespezifisch und messbar. Er beruht auch auf der Annahme, dass Intelligenz ein Kontinuum ist und sich linear verteilt. Wenn man sagt, dass Border Collies klüger sind als Afghanen, so heißt das, dass die genetische Konfiguration des Gehirns dem Collie die Fähigkeit verleiht, schneller oder mehr zu lernen oder vielleicht mehr Probleme lösen zu können als ein Afghane. Und das stimmt einfach nicht. Bei einem klassischen Experiment wurden Ratten nach ihrer Fähigkeit selektiert, sich in einem einfachen Labyrinth gut (kluge Ratten) oder schlecht (dumme Ratten) zurechtzufinden. Die Ergebnisse zeigten, dass innerhalb einiger Generationen Zuchtlinien mit unterschiedlichem Intelligenzquotienten gezüchtet worden waren. Spätere Überprüfungen des Experiments ergaben allerdings, dass die Ratten in Wirklichkeit danach selektiert worden waren, wie scheu sie auf ein Labyrinth reagierten („dumme“ Ratten) bzw. wie bereitwillig sie es betraten („kluge“ Ratten). Die Ergebnisse des Experiments sagten also nichts über die Intelligenz aus.

Afghanen werden ganz eindeutig in einem anderen Umfeld großgezogen als Border Collies. Und wir haben bereits anhand mehrerer Beispiele gesehen, wie sehr die Entwicklungsumwelt die Ausprägung des Verhaltens beeinflusst. Sind bei den Dorfhunden die klüger, die neben dem Abfallhaufen aufwachsen, oder die, die unter einem Haus großgezogen werden, oder die, die als Welpen angebunden und von einem Jäger mit Futter versorgt werden, der sie auf lange Spaziergänge in den Wald mitnimmt?

Wie sieht die Sache bei einem Dorfhund aus, der mit Schafen auf den Viehtrieben einer transhumanten Gesellschaft aufwächst? Unterscheiden sich diese Dorfhunde in ihrem Wesen, wenn sie erwachsen geworden sind, oder sind sie gleich? Warum können selbst hochprofessionelle Hundetrainer dem wirklich „intelligenten“ Deutschen Schäferhund nicht beibringen, über ein Gitter zu laufen oder keine Angst vor Treppen zu haben?

Unterschiede in der Entwicklung beeinflussen die Fähigkeiten eines einzelnen Hundes und wie aufmerksam und lernfähig er als erwachsenes Tier ist deutlich und manchmal dramatisch. Meine Border Collies, die wie Herdenschutzhunde mit Schafen aufgewachsen waren, konnten später nicht mehr lernen, Schafe zu treiben. Liegt es daran, dass sie weniger Arbeitsintelligenz mitbringen als ihre Wurfgeschwister, die in einem für Border Collies normalen Umfeld aufwuchsen? Als ich Herdenschutzhundwelpen mit Border Collies aufzog, ruinierte ich sie für die Arbeit als Herdenschutzhund. Wenn sie in der falschen Umgebung großgezogen wurden, konnten sie nicht mehr lernen, auf die Schafe Acht zu geben und sie zuverlässig zu schützen. Muss ich daher sagen, dass ihre Arbeitsintelligenz gesunken ist, weil sie im Haus aufwuchsen? Ist ihre Arbeitsintelligenz genetisch bedingt?

Mich hat immer beeindruckt – und sogar erschreckt – dass John Paul Scott und Mary Vesta Marston die Theorie von den kritischen Phasen der Hundeentwicklung bereits 1950 vorstellten und dass man heute, 50 Jahre später, die Bedeutung von Dingen wie Wesen und Lernverhalten in der Hundebranche noch so wenig versteht. In der Hundewelt beschäftigt man sich dauernd mit großem Elan mit Fragen wie: welche Rasse ist die beste, welche ist die intelligenteste, welche hat das freundlichste Wesen usw. Meiner Meinung nach lautet die Antwort auf diese Fragen: Der beste Hund ist der, der sich in der Umgebung, die ihm sein Besitzer bieten kann und will, normal entwickelt. Wenn ich einen Hund kaufe, fängt meine Arbeit, sein Verhalten so zu formen, wie ich es will, an. Ich will eine gute Grundausstattung an Genen, aber das Verhalten, das ich will, wird nicht ausschließlich von den Genen vorherbestimmt.

Ich meine, dass man am Wesen des Hundes vorbeigeht, wenn man seine Lernfähigkeit unter dem Blickwinkel Intelligenz betrachtet. Keine Rasse ist intelligenter oder weniger intelligent als eine andere, wenn man Intelligenz allgemein definiert. Sie unterscheiden sich nur darin, was sie lernen können. Die angeborenen Bewegungsmuster sind bei einem jeden Hund jene Eigenschaften, mit denen ein Trainer arbeitet. Und der Hund fühlt sich dann gut, wenn er angeborene Bewegungsmuster ausleben kann.

Angeborene Bewegungsmuster mit ihrem System von innerem Antrieb und Selbstbelohnung machen einen wichtigen Teil des Hundelebens aus. Erst wenn man die Bewegungsmuster versteht, kann man das Verhalten eines Hundes wirklich schätzen. Für mich sind diese kleinen Puzzleteile des Gesamtverhaltens wie Fenster in den Hund hinein. Ich finde die Verhaltenskonfiguration eines Hundes viel, viel schöner als seine physische Konfiguration. Wenn jemand bei einer Party zu mir sagt, „Ich habe einen wunderschönen Hund und er ist so klug“, dann muss ich das Thema wechseln. Denn so jemand spricht eine mir fremde Sprache.

Ich habe in diesem Kapitel darzustellen versucht, dass das Verhaltensprofil von spezialisierten Arbeitshunderassen genauso komplex und genauso spezifisch ausgeprägt ist wie das Profil von Körperbau und -funktion beim Schlittenhund. Gemeinsam sollen die beiden Kapitel zu einer Synergie von Verhalten und Morphologie führen und in einer dreidimensionalen Sichtweise beschreiben, was einen Hund ausmacht.

TEIL III

SIND MENSCHEN DER BESTE FREUND DES HUNDES?

PARASITISMUS, AMENSALISMUS UND DULOSIS

KAPITEL 7

Haushunde

Arbeitshunde leben vielleicht in einer mutualistischen Beziehung mit dem Menschen. Sie werden aber auch samt ihrer Entwicklung als Arbeitsform und mit ihrem Arbeitsverhalten als Haustier adoptiert. Und hier stoßen wir auf die Schattenseiten der Beziehung zwischen Hunden und Menschen. In welche ökologische Rubrik fällt die Beziehung von Menschen und Haushunden genau? Haushunden – die auch als Familien- oder Begleithunde bezeichnet werden – wird üblicherweise ein positiver Einfluss auf den Menschen zugeschrieben, dem sie bedingungslose Liebe, ewige Loyalität, begeisterte Freundschaft und eine ganze Reihe weitere Dinge im Leben bieten, die als Bereicherung wahrgenommen werden. Im großen Plan der Natur, des Überlebens und der Arterhaltung zählt aber bei jeder Spezies nicht das, was wir für vorteilhaft halten, sondern nur das, was wirklich einen biologischen Vorteil darstellt. Das Überleben aller Lebewesen hängt von einem Trio absoluter Grundbedürfnisse ab: Nahrung, Sicherheit und Fortpflanzung. Wenn Hunde nicht wesentlich zu einer Deckung wenigstens eines dieser Grundbedürfnisse beitragen, bringen sie dem Menschen streng genommen keinen Vorteil.

Gemeinhin gilt umgekehrt auch, dass die Menschen für den Hund vorteilhaft sind und ihn mit Nahrung, Sicherheit, Gesundheitsversorgung, Aufgaben und sorgfältig ausgewählten Gelegenheiten zur Fortpflanzung versorgen. Als Biologe, der Hunde erforscht, werde ich bei dieser Aufzählung aber immer unruhiger. Ich glaube, dass das Wesen der symbiotischen Beziehung zwischen Familienhunden und ihren Menschen zumindest im höchsten Maße unklar ist. Das liegt vielleicht daran, dass es verschiedene Beziehungen sind und nicht nur eine. Ein Teil der Mensch-Hund-Beziehungen ist mutualistisch, vor allem jene zwischen Arbeitshunden und ihren Besitzern. Manchmal habe ich aber auch Populationen von Familienhunden vor mir, die sich eher wie Parasiten verhalten. Und dann wieder sehe ich Menschen, die ihre Hunde wirklich schlimm behandeln.

Vielleicht machen die Menschen das nicht absichtlich. Es könnte einfach so sein, dass Tierbesitzer für ihre Tiere biologisch gesehen schlicht nicht gut sind und zwischen ihnen eine Beziehung besteht, die Ökologen als Amensalismus bezeichnen.

Amensalismus beschreibt eine Form des biologischen Zusammenlebens, bei der eine Spezies von der Beziehung unberührt bleibt, während die andere Spezies dadurch Schaden erleidet. In einem Ökologielehrbuch wird die Beziehung zwischen Bisons und Präriehühnern als Amensalismus beschrieben. Präriehühner leben dort, wo Bisons vorkommen, haben auf sie aber keine Auswirkungen; die Bisons allerdings zertreten beim Grasen die Eier der Präriehühner. Sie machen das nicht absichtlich, aber trotzdem sind sie biologisch gesehen schlecht für die Vögel. Vom Amensalismus unterscheidet sich der Parasitismus, bei dem ein Parasit absichtlich von seinem Wirt lebt und seine Energie anzapft.

Ob ich ein Beispiel für Amensalismus nennen kann? Das ist leicht. Nehmen wir nur den Fall der Bulldoggen. Sie hatten früher eine wichtige Aufgabe und aktive Rolle als Helfer der Schlachter, wurden dann zu Sporthunden und schließlich zu einer Rasse von Familien- und Showhunden. Die Züchter hatten vor allem das Ziel, das ungewöhnliche und bullige Aussehen der Bulldogge zu betonen, und züchteten daher auf die Merkmale, die das Wesen der Bulldogge prägen – ein dicker, massiver Schädel mit kurzer, mopsartiger Schnauze. Das – vermutlich versehentlich produzierte – Ergebnis sind Hunde, die oft kaum noch atmen oder kauen können, deren Welpen nur unter größten Schwierigkeiten geboren werden können und deren Hündinnen künstlich besamt werden müssen. Solche Tiere können einfach kein gutes Leben führen. Ihr „verbessertes", abnormal ausgeprägtes Aussehen hat sie in eine genetische Sackgasse gebracht, die wie eine Falle wirkt. Für ihr langfristiges Überleben als Art ist das Schicksal, als Begleithund gekapert und gezüchtet worden zu sein, von Nachteil.

Genauso kann ich leicht ein Beispiel nennen, bei dem der Hund ein Parasit des Menschen ist. Parasiten töten ihre Wirte üblicherweise nicht, führen aber zu einer verringerten Überlebensfähigkeit des Wirtes, weil sie ihm für das eigene Überleben zur Verfügung stehende Energie rauben. Die beiden Arten leben gemeinschaftlich, wobei sich die eine auf Kosten der anderen ernährt. Die simpelste Form davon besteht darin, dass ich arbeiten gehe, mein Gehalt verdiene und einen Teil davon für Hundefutter ausgebe. Im schlimmsten Fall hat mein Hund eine Krankheit oder Verletzung, die mich Hunderte von Dollar für Tierarztrechnungen kostet. Oder der Hund beißt jemanden und ich habe eine Klage am Hals. Oder der Hund hat ein Verhaltensproblem und zerstört meine Einrichtung. Der Hund zapft meine Ressourcen und meine Energie an. Der Hund kostet Zeit und Geld, die ich eigentlich in meine Kinder investieren sollte. Meine Überlebenskraft wird dadurch reduziert.

Die 52 Millionen Hunde, die in amerikanischen Privathaushalten leben, haben ihren Platz dort in Folge einer bewussten Entscheidung der Menschen erhalten. Oft werde ich gefragt: „Welchen Hund sollen wir denn anschaffen?" Im Wesentlichen ist damit gemeint: „Welche Hundeart wäre für uns am besten?" Häufig denken die Leute dabei an reinrassige Hunde. Vielleicht ist es das erste

Mal, dass sie einen Hund kaufen; viele Menschen suchen dann bei Freunden, Verwandten, Büchern oder dem gelegentlich anzutreffenden Hundeexperten Rat.

Meist beginnt meine Antwort mit: „Egal, wie Sie sich entscheiden, nehmen Sie jedenfalls einen Welpen, der noch keine acht Wochen alt ist, und verbringen Sie in den nächsten acht Wochen sehr viel Zeit mit ihm." Das liegt vermutlich daran, dass ich hinter der Frage „welcher Hund denn" den Glauben daran vermute, dass eine Rasse ein fix und fertiges Paket von Verhaltensweisen ist. Üblicherweise ist den Leuten nicht klar, dass jeder Welpe einen sachkundigen und umsichtigen Besitzer braucht, der den Welpen anleitet und zu einem wohlerzogenen Hund heranzieht. Sie glauben vielmehr, dass man für eine perfekte Mensch-Hund-Beziehung nur die richtige Rasse auswählen muss.

Nur selten werde ich gefragt: „Wenn Sie einen Hund anschaffen würden, welchen würden Sie nehmen?" Wenn ich dann die Rasse X vorschlage, heißt es gleich: „Ah, wir wollten aber eigentlich einen großen Hund." Und dann frage ich: „Was hat ein großer Hund, was die anderen nicht haben?" Suchen Sie einen Hund, der sie bewacht oder beschützt? Aus dem Gespräch ergibt sich, dass ästhetische Gründe für den großen Hund sprechen. Ein großer Hund steigert das Selbstwertgefühl. Sobald sie vom großen Hund reden, sage ich nur: „Dazu kann ich leider nichts sagen." Einen großen Hund kann ich mir als Begleiter kaum vorstellen. Ich will einen Hund, den ich im Auto überallhin mitnehmen kann. Ich hätte also lieber einen kleineren Hund mit glattem, kurzem Fell und keinem zu langen Schwanz, der versehentlich in der Tür eingeklemmt werden könnte.

Auf einem Anwesen in Mittelengland interviewte ich einmal Lady Richards, deren Hunde ein Leben auf riesigen Grünflächen mit malerischen Wäldchen und einem idyllischen Teich genießen. Sie hatte einen eleganten, langbeinigen Lurcher (ihrer war ein Greyhound-Border Collie-Mischling), den sie sehr liebte. Sie sagte: „Wir haben das Privileg, einem solchen Hund ein geeignetes Leben bieten zu können." Das ist die richtige Einstellung: Was kann ich als Hundehalter dem Hund bieten, um sein Leben angenehm zu gestalten.

Es sollte sich nicht um eine Einbahn-Beziehung handeln, in der ich mir einen Hund nehme, der meinen Wünschen entspricht, und den ich im Tierheim abgebe, wenn er meinen Wünschen nicht mehr gerecht wird.

Mein Dilemma, unter welcher symbiotischen Lebensgemeinschaft die Beziehung zwischen Menschen und Haushunden einzuordnen ist, löst sich langsam auf. Vor allem, wenn ich mir ausmale, wie jemand einen zehn Wochen alten Welpen kauft, in die Wohnung sperrt, während er arbeiten geht, beim Nachhausekommen eine verwüstete Wohnung vorfindet, einen teuren Hundepsychologen konsultiert, der den Fall nach vielen Monaten für hoffnungslos erklärt, und schließlich den Hund ins Tierheim bringt, wo er eingeschläfert wird. Eine schwierige Situation für den Menschen, eine völlige Katastrophe für den Hund.

Ich verstehe unter Haushunden eigentlich Familienhunde. Allerdings gibt es dazu verschiedenste Auffassungen. Es wird sogar darüber diskutiert, ob Haushunde nicht eher als Begleithunde bezeichnet werden müssen und nicht als Heimtiere. Unter Heimtieren, heißt es, hat man eher Tiere wie Goldfische, in Käfigen gehaltene Vögel oder Schlangen zu verstehen. Heimtiere können exotisch sein, müssen es aber nicht. Joshua Slocum hatte auf seiner Weltumsegelung im Alleingang eine Hausziege als Gesellschaft. „Als Gesellschaft" ist allerdings nicht unbedingt mit Begleittier gleichzusetzen. Für mich ist ein Begleittier etwas anderes als ein Heimtier. Ein Begleithund verbringt einen guten Teil des Tages unterwegs mit mir, oder er hilft mir bei bestimmten Aufgaben, zum Beispiel indem er einen Kojoten mimt, damit ich die Reaktion der Herdenschutzhunde darauf testen kann.

Meine Border Collie-Hündin war ein Begleithund, kein Heimtier. Ich kaufte sie und ihren Bruder 1977 von Will Wilson in Schottland. Jane war bei allen unseren Hütehund-Experimenten mit dabei, sie lebte in Studentenwohnheimen und reiste mit mir überall hin. Sie war etwa so groß wie ein Kojote und sah mit ihren Stehohren und der spitzen Schnauze auch wie ein Kojote aus. Ich verwendete sie häufig als Raubtier-Darstellerin. Ich schickte sie zu einer Schafherde, um zu sehen, wie gut meine Herdenschutzhunde arbeiteten. Sie musste nicht nur einmal ihren Outrun abbrechen und auf ihrer Flucht vor den Herdenschutzhunden zu mir rennen und mir in letzter Minute auf den Arm springen, wo sie dann tüchtig gelobt und geknuddelt wurde. Sie war auch bei Vorträgen und Vorführungen großartig. Man konnte die Bewegungsmuster des Jagdverhaltens an ihr wunderbar demonstrieren. Es war ihr schlicht unmöglich, die Augen von einem Ball in meiner Hand abzuwenden, den ich hin und her bewegte, und das Publikum konnte sich dabei vor Lachen oft kaum mehr halten. Wenn ich den Ball auf den Boden legte, führte Jane Fixieren – Anpirschen aus, und wenn sich der Ball nicht rührte, machte sie einen perfekten Mäusesprung, um ihn in Bewegung zu versetzen. Sie begleitete mich zu zahlreichen Fernsehaufnahmen, um Hüte- und Treibverhalten vorzuführen und die unterschiedlichen Bewegungsmuster von Hütehunden und Herdenschutzhunden vorzuführen. Einmal setzte ich sie in einer Schulklasse ein, wo wir die unterschiedlichen kognitiven Fähigkeiten von Kindern und Hunden demonstrierten. Schon sehr kleine Kinder verstehen das Fingerzeigen sehr gut, was Hunde – selbst Jane – nicht können.

Jane lebte in meinem Wohnwagen, und ich verbrachte daher täglich einen guten Teil meiner Zeit mit ihr. Wenn ich während der Jahre, die ich am Herdenschutzhund-Projekt arbeitete, unterwegs war, verbrachten wir 24 Stunden am Tag zusammen und schliefen sogar gemeinsam im Wohnwagen, der auf irgendwelchen abgelegenen Weiden parkte. Wir waren zwar dauernd zusammen, aber eigentlich mochte ich Jane nicht besonders. Sie war eine lästige, völlig überspannte Hündin und ganz versessen darauf – eigentlich völlig besessen davon – die einem inneren Antrieb folgenden Bewegungsmuster des typischen Verhaltens von Hütehunden auszuführen. Sie stand da und presste ihre Nase an das Seitenfenster des Wohnwagens und wandte ihr Fixieren – Anpirschen an den vorbeifahrenden Autos an. Ich rief dauernd „Runter da! Runter von meinem Bett!“, und ein paar Millisekunden später war sie schon wieder dort. Ich baute ihr eine gepolsterte Box, aber sie winselte schon nach kurzer Zeit und wollte raus. Sie war dauernd in Bewegung. Die ganze Zeit hatte ich sie im Gesicht oder um die Ohren. Es war wirklich schlimm. Würde ich mir einen Border Collie als Heimtier nehmen? Um Himmels willen, nein! Es war schlimm genug, einen als Begleithund zu haben.

Wenn ein frisch gebackener Hundebesitzer Jane als Familienhund bekommen hätte, wäre er mit ihr in Nick Dodman's *(Hunde, die zuviel bellen)* Praxis in die veterinärmedizinische Fakultät der Tufts University gegangen und hätte sich eine Riesenpackung Tranquilizer besorgt. Ich hätte meinen Ruf darauf verwettet, dass jeder Experte für operante Konditionierung nach einer Woche mit Jane selbst ein Fall für die Therapie gewesen wäre. Der Kurs in Obedience endete damit, dass ein Profitrainer Jane am ausgestreckten Arm hielt (während sie daran kaute) und schrie: „Lassen Sie mir den Hund da und bis Montag habe ich ihn ausgebildet!“ Ich war sehr versucht, das zu tun, aber ich mochte den Typen und hätte nicht zulassen können, dass er sich bei dem Versuch, aus Jane einen unterwürfigen und gehorsamen Hund zu machen, fertig machte.

Jane ist ein Beweis dafür, dass Begleithunde etwas anderes sind als Heimtiere. Ich bezeichne sie aber alle als Haushunde, weil das am ehesten als ökologische Definition angesehen werden kann. Ich glaube, die Rolle als Familienhund und Heimtier ist die unklarste Form der Lebensgemeinschaft von Hund und Mensch. Und es ist gleichzeitig die, die wir hinsichtlich der Vorteile, die diese Lebensgemeinschaft beiden Seiten bringen könnte, am wenigsten verstehen. Am schwersten wiegt aber, dass meiner Meinung nach die schlimmsten Misshandlungen bei der Population dieser als Heimtier in Familien lebenden Hunde vorkommen.

Bereits in der Einleitung erwähnte ich, dass der domestizierte Hund ökologisch gesehen eine unglaublich erfolgreiche Spezies ist. Tierpopulationen sind anfangs klein, sie besiedeln die vorhandene ökologische Nische und der Bestand vergrößert sich, bis an einem bestimmten Punkt ein Gleichgewicht zwischen der Populationsgröße und der Umgebung erreicht ist. Hunde entwickeln sich prächtig, solange ihr Lebensraum ausreichend Nahrungsquellen enthält und ihnen die Möglichkeit zur Gefahrenvermeidung und zur Fortpflanzung bietet.

Derzeit scheint die Population der Haushunde in den USA auf einem gleichbleibenden Niveau angelangt zu sein. Vielleicht nimmt ihre Zahl deswegen nicht weiter zu, weil auch die menschliche Population nicht weiter wächst. Vielleicht liegt es aber auch daran, dass die Menschen klüger werden und allmählich herausfinden, dass sich Haushunde angesichts der Kosten nicht lohnen.

Heute, im beginnenden 21. Jahrhundert, leben in den Vereinigten Staaten mehr als 50 Millionen Haushunde. In Europa sind es schätzungsweise 35 Millionen. In Europa dürfen Hunde in Restaurants, öffentliche Gebäude, Züge oder Busse mitgenommen werden und man trifft sie dort auch häufig an. Vielleicht sind meine Erfahrungen mit europäischen Freunden nicht repräsentativ, weil ich meine Zeit mit Menschen verbringe, die Hunde haben. Ich weiß nur, dass ich im Restaurant immer Probleme habe, meine Beine unter dem Tisch unterzubringen, weil da schon die Hunde liegen. Aus diesem Grund halte ich die

Für 2,4 Millionen Hunde ist das Tierheim die letzte Station, bevor sie eingeschläfert werden. Welcher angebliche Charakterfehler auch immer sie ins Gefängnis gebracht hat, das Leben in der Zelle macht es nicht besser und verwandelt sie in zähnefletschende, bellende, unvermittelbare Hunde. (Foto von Jaime Pagana)

Zahl 35 Millionen für eher niedrig geschätzt. Wenn ich nun noch die Hunde in Kanada dazurechne, so macht das bereits 100 Millionen Haushunde in den industrialisierten Ländern des Westens aus.

In den USA allein gibt es 3,7 Millionen Welpen in Privathaushalten. Hobbyzüchter produzieren zwei Millionen und kommerzielle Züchter eine weitere halbe Million für den Verkauf im Tierhandel. Das ergibt einen Umsatz von 6,2 Millionen Hunden pro Jahr. Wenn die Population nicht größer und auch nicht kleiner wird, dann heißt das, dass jährlich 6,2 Millionen Hunde sterben. Das entspricht einer jährlichen Sterblichkeitsrate von 12 %, was bei einer Tierart mit einer Lebenserwartung von etwas mehr als zehn Jahren in der Wildnis eine niedrige Sterblichkeitsrate wäre.

Jährlich verbringen vier Millionen Hunde in den USA einige Zeit in einem Tierheim. Für 2,4 Millionen von ihnen ist es die Endstation. Fast 5 % unserer Begleithunde sind Tiere, die niemand mehr will und die daher „eingeschläfert" werden. Dezimiert. Auch hier wieder eine Katastrophe für den jeweiligen Hund. Einen Teil der Hunde ereilt dieses Schicksal vielleicht deswegen, weil Hund und Mensch in Futterkonkurrenz zueinander stehen. Die Menschen stellen nach kurzer Zeit fest, dass sie sich den Hund nicht leisten können und geben ihn an Tierschutzorganisationen ab.

Welchen Charakter hat nun die biologische Beziehung zwischen Hund und Mensch, die zu einer symbiotischen Lebensgemeinschaft führt? Ich möchte zuerst die Kategorie Parasitismus näher beleuchten. Wenn Hunde Parasiten sein sollten und in den USA in einer Dichte von 1,5 Hunde pro Haushalt vorkommen, muss ich mir als Mensch wegen dieser Lebensgemeinschaft ziemliche Sorgen machen. Hunde kosten den Menschen einiges, darunter direkte Ausgaben für Futter, Tierarztrechnungen, Hundemanagement (Halsung, Leine, Hundesteuern, Zäune). Hunde wirken sich auch auf öffentliche Budgets im Bereich Gesundheitsversorgung, Hygiene- und Sanitärwesen, Versicherungen, Gesetzgebung und Gesetzesvollzug aus. Sie sind Überträger von Krankheitserregern und wegen ihres unaufhörlichen Bellens und der Zerstörung verschiedenster Dinge eine echte Plage.

Verhaltensökologen beginnen ihre Forschungsarbeit fast immer mit der Frage nach der Nahrungsquelle einer Spezies. Hundefutter wird von Firmen hergestellt, die die Zutaten dafür von Getreide- und Fleischgroßhändlern kaufen und Lebensmittel erzeugen, die auch in der menschlichen Ernährung verwendet werden. Sie kaufen bei denselben Auktionen, bei denen auch die Großhändler einkaufen, die menschliche Nahrungsmittel herstellen. Die Zutaten für das Futter von Haushunden sind keine Reste oder Abfallprodukte. Die Futterhersteller behaupten zwar, Hundefutter habe nicht die gleiche Qualität wie menschliche Nahrungsmittel und die dafür verwendeten Getreideprodukte seien qualitativ nicht hochwertig genug, um zu menschlicher Nahrung verarbeitet zu werden. Einige Firmen geben an, das Tierfutter enthalte Abfälle und für den Menschen ungenießbare Nebenprodukte. Und manchmal handelt es sich ihren Angaben nach um überschüssige menschliche Nahrungsmittel.

Hundefutterhersteller haben ein großes Problem, das ihnen enge Grenzen auferlegt: Sie können die Zusammensetzung des Futters nicht oft und nicht wesentlich ändern. Selbst geringfügig veränderte Zutaten oder Verarbeitungsmethoden können Verdauungsprobleme beim Hund verursachen. Ein Hund, der tagein, tagaus das gleiche Futter frisst, gewöhnt sich an die Zusammensetzung. Die vielen kleinen Mikroorganismen im Verdauungstrakt des Hundes befinden sich in einem ökologischen Gleichgewicht mit der aufgenommenen Portion Futter. Wenn man die Zusammensetzung des Futters auch nur in einer Komponente verändert, dann fangen die Mikroben an, sich gegenseitig zu bekriegen, was sich als Durchfall manifestiert. Aus diesem Grund muss die Umstellung von einer Futtermittelmarke auf eine andere in der Regel auch langsam und schrittweise erfolgen – damit der Hund sich an das neue Futter anpassen kann.

Viele Menschen wechseln daher die Futtermittelmarke, wenn ihr Hund Verdauungsprobleme hat. Die Hersteller von Hundefutter achten sehr sorgfältig darauf, nur ja keinem treuen Kunden seine Lieblingsfuttermarke zu vergällen. Sie müssen daher Tag für Tag, Woche für Woche, Monat für Monat und Jahr für Jahr nicht nur die gleichen Zutaten kaufen, sondern die Zutaten auch in der gleichen Qualität erhalten. Sie suchen nicht die minderwertigsten Abfallprodukte. Sie sind gezwungen, jederzeit lieferbare Zutaten von gleichbleibender Qualität zu finden. Die erhöhten Kosten für den Ankauf von hochwertigen Rohstoffen sind gering im Vergleich zu den Gesamtkosten, die die Beschaffung von tonnenweise genießbarem Rohmaterial, seine Verarbeitung und der Vertrieb verursachen. Die Werbung allein kostet vermutlich mehr als die Inhaltsstoffe.

Hundefutter ist für Menschen genießbar und nahrhaft und eine ganze Menge Menschen verlässt sich darauf, dass der Konsum von Hundefutter absolut sicher ist. (Nicht, dass ich das empfehlen würde.) Berichten zufolge wird in manchen städtischen Bezirken mehr Hundefutter verkauft, als die geschätzte Hundepopulation überhaupt fressen könnte. Man nimmt daher an, dass arme Familien es auf den eigenen Speiseplan setzen. Die Frage, ob man dem Hundefutter Antibiotika oder Antihelminthica zusetzen soll, muss daher auch vor dem Hintergrund beantwortet werden, ob es für den Menschen gesundheitlich unbedenklich ist, weil früher oder später ein Teil des Hundefutters im Magen des Menschen landet.

So wie ich das sehe, produzieren Farmer Lebensmittel nicht für den Menschen, sondern um Geld zu verdienen. Sie bauen Weizen an oder produzieren Rindfleisch, weil es dafür einen Markt gibt, und nicht unbedingt als menschliches Nahrungsmittel. Landwirtschaft ist jener Prozess, bei dem Menschen das Sonnenlicht auf Agrarland in Nahrung umwandeln. Allerdings muss dabei beachtet werden, dass wir im Westen eine fortgeschrittene Form des steinzeitlichen Ackerbaus entwickelt haben und die Landwirtschaft mit technisch hoch entwickelten Hilfsmitteln betreiben. Bis auf einen Bruchteil wird unsere gesamte Nahrung von kommerziellen Farmern hergestellt. Die Grundlage unserer Nahrungsversorgung ist die gleiche wie die Grundlage der Nahrungsversorgung von Hunden. Hundefutter ist kein Abfallprodukt. Die Herstellung von Hundefutter hat daher ökologische Folgen.

Man bedenke etwa, dass die normale Körpertemperatur eines Hundes bei 38,5 Grad Celsius liegt, die eines Menschen bei 37 Grad. Diese eineinhalb Grad mehr bedeuten auch, dass man pro Kilogramm Hund mehr Energie aufwenden muss als pro Kilogramm Mensch. Unter bestimmten Bedingungen, je nach Größe, Aktivität und Umgebungstemperatur, brauchen Hundezellen sogar doppelt so viele Kalorien wie menschliche Zellen – wenn alle anderen Faktoren stabil bleiben, was sie natürlich nie sind. Ein Anstieg der Körpertemperatur geschieht nie linear. Für ein Ansteigen der Körpertemperatur von 38,3 auf 38,8 Grad ist deutlich mehr Energie notwendig als für das Ansteigen von 35,5 auf 36 Grad. Laut Berichten vom Rennen in Iditarod braucht ein 23 kg schwerer Hund an einem Renntag bis zu 10 000 Kalorien. Viele Iditarod-Champions fütterten ihre Hunde an Renntagen sehr oft, um nicht 10 000 Kalorien auf einmal verfüttern zu müssen und Probleme wegen eines übervollen Magens oder Verdauungsschwierigkeiten zu bekommen.

Wenn man die Hundepopulation mit den Menschen vergleicht, dann zeigt sich, wie teuer Hunde sind. Nehmen wir ein Durchschnittsgewicht von ca. 12 kg pro Haushund an, also etwa die Größe eines kleine Beagle oder Pemba Hundes (dem Prototyp eines Hundes). Da die beliebtesten Rassen der Deutsche Schäferhund, der Labrador und der Golden Retriever sind, die alle um die 30 kg wiegen, sind 12 kg Durchschnittsgewicht eher niedrig angenommen. Allerdings sind unter den sechs Millionen Hunden auch Welpen und Junghunde unter einem Jahr. Die angenommenen 12 kg könnten also auch zu hoch gegriffen sein.

Ich nehme des weiteren ein Durchschnittsgewicht von 50 kg für die Amerikaner an. Wenn ein Hund pro Kilo doppelt so viel Futter braucht wie ein Mensch, dann frisst ein 25 kg schwerer Hund genau so viel wie ein 50 kg schwerer Mensch, das heißt, zwei Hunde brauchen so viel Nahrung wie ein Amerikaner. Die 52 Millionen Hunde verbrauchen also so viel Nahrung wie

26 Millionen Menschen. Die Hunde in Amerika fressen täglich so viel landwirtschaftliche Erzeugnisse, wie die Gesamtbevölkerung von New York, Chicago und Los Angeles gemeinsam verbraucht.

Alle, denen ich das erzähle – meine Freunde, Tierärzte, Biologen und Kollegen – halten das im ersten Moment für eine unglaubliche Übertreibung. „Das kann nicht stimmen!“, sagen sie. Ich halte das allerdings nicht unbedingt für übertrieben. Die Berechnung ist nicht ganz einfach. Der Kalorienbedarf pro Kilogramm Hund nimmt ab, je höher das Körpergewicht des Hundes ist. Große, starke, nicht besonders aktive Hunde brauchen pro Kilogramm nicht so viel mehr Kalorien als ein 50 kg schwerer, nicht sehr aktiver Mensch. Aber ein 12 kg schwerer, nicht sehr aktiver Hund braucht 1,5 Mal so viel. Bewegung kostet zusätzliche Kalorien. Wenn ich dazu noch den erhöhten Kalorienbedarf von Welpen oder Kindern im Wachstum rechne, dann liegt die Zahl beim Zwei- oder Dreifachen des Ruhezustands. Wird der Hund im Winter draußen gehalten, steigt der Kalorienbedarf wieder sprunghaft an. Selbst wenn man die zusätzlichen eineinhalb Grad Körpertemperatur außer Acht lässt und den Energiebedarf von Hunden mit dem von Menschen gleichsetzt, brauchen sie pro Tag noch immer so viel Nahrung wie die Gesamtbevölkerung von New York, Boston und San Francisco. Eine astronomisch hohe Zahl, meiner Meinung nach.

Stellen Sie sich vor, dass Sie dafür verantwortlich sind, ausreichend Land bereitzustellen und ausreichend Nahrung für die Bevölkerung von drei amerikanischen Großstädten anzubauen. Kein Wunder, dass das Geschäft mit dem Hundefutter so gut läuft. Auf der Rückseite der Packung meiner Lieblingsmarke Hundefutter wird empfohlen, dass ich an meinen 12 kg schweren Hund jährlich rund 100 kg Futter verfüttere. Bei 90 Cents pro Kilo ergibt das für die Gesamtmenge der Hunde in den USA Milliarden Dollar Beträge.

Man kann die Kosten für die Ernährung der 52 Millionen Hunde auch anders berechnen. Ich besuchte einmal eine Gemeinschaftsfarm in China, die angeblich mit 60 Hektar landwirtschaftlicher Fläche 400 Menschen ernähren konnte. (Sie wurden später wegen grober Übertreibung sehr kritisiert.) Das sind pro Person rund 1500 m², mit denen ihr gesamter Nahrungsbedarf abgedeckt wird. (In den USA wird pro Person eine Fläche von rund 1,4 Hektar bewirtschaftet, allerdings exportieren wir riesige Mengen Agrarprodukte und lagern Überschüsse, daher kann ich nicht angeben, wie viel tatsächlich für unsere Ernährung erforderlich ist.) Die chinesische Brigade produzierte genug Nahrung, um 800 amerikanische Hunde zu füttern, das sind rund 13 Hunde pro Hektar. Wenn man auf dieser Grundlage den Nahrungsbedarf der amerikanischen Hunde berechnet, dann sind das rund 390 000 km² Agrarfläche für unsere 52 Millionen Hunde. (Das wiederum ist übrigens „nur“ ein Prozent unserer landwirtschaftlichen Fläche.) Das entspricht der gemeinsamen Fläche von Massachusetts, Connecticut und Rhode Island beziehungsweise der Fläche von Dänemark oder der Schweiz oder Taiwan.

Es ist viermal die Fläche des Yellowstone National Parks. Natürlich besteht der Yellowstone Park nicht aus erstklassigem Agrarland. Wenn wir aus den 390 000 km² landwirtschaftlicher Fläche einen Nationalpark machen würden, dann wäre dieser das größte Wildtierreservat der Welt. Man stelle sich nur vor, wie viele Wildtiere und Lebensräume für Wildarten für den Anbau von Nahrungsmitteln für Hunde verloren gehen.

Bisher haben wir bei unseren Überlegungen nur die Ernährung der Haushunde berücksichtigt. Wir sind auf die Umweltverschmutzung durch den Hundekot noch gar nicht eingegangen, der dem entsprechen muss oder mehr ist als das, was 26 Millionen Menschen al fresco ausscheiden würden. Ich habe auch die Kosten für Hundebisse noch nicht berechnet, die laut Meinung mancher Experten inzwischen fast epidemisch auftreten. In meinem Heimatstaat Massachusetts werden 21 000 Hundebisse jährlich verzeichnet, für die medizinische Behandlung erforderlich wird. Im Postamt werden Kurse darüber abgehalten, was man tun muss, um nicht gebissen zu werden. Häufig wird in der öffentlichen Diskussion verlangt, dass gefährliche Hunde eliminiert werden. In England und Deutschland gibt es zum Thema gefährliche Hunde eigene Gesetze, die wie ein fast schon verzweifelter Versuch wirken, die Menschen vor Hundebissen zu schützen. Und natürlich gibt es auch immer wieder Einzelfälle, wo ein Mensch von einem Hund getötet wird, der mit Tötungsabsicht auf ihn losgeht. Ich sprach einmal mit einem Mann, der einen Hass auf Hunde hatte, weil ein Hund seine Tochter vom Fahrrad gezerrt und sie bei dem Sturz ein Auge verloren hatte.

Manche Dinge lassen sich nicht als Kosten erfassen. Wie teuer kommt einen die Schlaflosigkeit zu stehen, die das Gebell des Nachbarhundes verursacht, oder wie berechnet man die Kosten für den Betrieb eines Tierheims oder die Kosten, die entstehen, wenn die Polizei verloren gegangene Hunde aufspürt und zurückbringt? In den meisten Städten gibt es einen eigenen Verwaltungsbeamten, der einen Teil oder auch die gesamte Arbeitszeit mit Hundeproblemen beschäftigt ist. Tierschutzorganisationen laden Experten zu Konferenzen ein, wo sie versuchen, kluge Politik und Gesetzgebung für den Umgang mit Hunden und zu unserem Schutz vor ihnen zu entwickeln.

Wie passt das alles in ein Muster einer symbiotischen Lebensgemeinschaft und zu welcher? Handelt es sich um Kommensalismus oder Amensalismus? Die kommensalistisch lebenden Dorfhunde suchen nach Resten und Abfällen menschlicher Nahrung. Wie Ratten ernähren sie sich von dem, was Menschen nicht verwerten. Sie sind aber auch Krankheitsüberträger und bellen in der

Nacht. Den Menschen ist es ziemlich egal, dass sie da sind, weil sie weder einen nennenswerten Nutzen noch nennenswerten Schaden bringen. Der mutualistisch lebende Arbeitshund erbringt im Tausch für Nahrung eine Arbeitsleistung. Haushunde fressen aber nicht nur vom selben Tisch wie Menschen, sondern sogar vom selben Teller.

Haushunde stehen mit dem Menschen in Futter- und Ressourcenkonkurrenz. Sie sind vielleicht noch nicht so zahlreich, dass sie unsere Fähigkeit, uns selbst zu ernähren, ernsthaft gefährden würden, aber das ist kein Grund, den Tatsachen nicht ins Auge zu schauen. Hunde werden in der Regel nicht nur gut ernährt, sondern auch in vielen anderen Aspekten wie Familienmitglieder behandelt. Gleichzeitig können sie aber mit Kindern in direkte Konkurrenz um die Zeit und Ressourcen der Eltern treten. Sie können beträchtlichen Schaden verursachen. Wenn ich ein mutiger Ethologe wäre, würde ich sagen, dass sich diese Beschreibung eines Haushundes sehr nach einem Parasiten anhört.

Das einzige Argument, das einen Ökologen davon überzeugen kann, dass Haushunde keine Parasiten sind, ist der Nachweis, dass die Menschen einen Nutzen daraus ziehen, derartige hohe Ressourcen in die Hundepopulation zu investieren. Der Nutzen müsste höher sein als die Kosten. Und ich bezweifle, dass dieser Nachweis möglich ist.

WIE MISST MAN DEN NUTZEN DES HAUSHUNDES FÜR DEN MENSCHEN?

Der angebliche Nutzen der Hunde für den Menschen wird üblicherweise mit zwei Argumenten begründet: 1) Hunde arbeiten für den Menschen und erbringen eine konkrete Dienstleistung und 2) tragen sie wesentlich zum Wohlbefinden der Menschen bei. Wir beschäftigen uns hier mit der Kategorie Haushund, also mit Heimtieren und Begleithunden, nicht mit Arbeitshunden. Die Tatsache, dass bestimmte Rassen vor vielen Generationen als Schäferhunde, Jagdhunde oder Polizeihunde eingesetzt wurden, besagt noch lange nicht, dass ein bestimmter Haushund dieser Rasse die gleichen Aufgaben übernehmen könnte, selbst wenn er die nötige Ausbildung hätte. Genauso wenig kann man daraus schließen, irgendeine von diesen Aufgaben im oder um das Haus wäre besonders nützlich. Ganz im Gegenteil, von den vielen Telefonanrufen, die ich bekomme, handelt es sich bei sehr vielen um Beschwerden über einen übereifrigen Arbeitshund. Das stimmt im wahrsten Sinne: Während ich diesen Absatz schreibe, erhalte ich einen Anruf und bekomme einen Queensland Blue Heeler aus guter Zucht angeboten, der die rassetypischen Bewegungsmuster eifrig und überaktiv zeigt und durch sein Fersenschnappen absolut unerträglich geworden ist. Er treibt seinen Besitzer damit in den Wahnsinn.

Als konkreter Nutzen der Haushunde wird häufig angeführt, dass sie den Menschen beschützen – sie fungieren als Wachhunde. Solche Hunde reagieren angeblich auf Gefahren angemessen und erhöhen dadurch die Fähigkeiten ihrer Besitzer, Gefahren zu meiden. Soweit mir bekannt ist, gibt es allerdings keine Daten darüber, dass Hundebesitzer einen Brand häufiger überleben, weniger Einbrüche oder Überfälle erleiden oder öfter vor anderen Gefahren im Haus gewarnt werden als Menschen ohne Hunde. Die Einzelberichte, die als Beweis erzählt werden, fallen immer zugunsten der Hunde aus. Geschichten über Heldentaten von Hunden interessieren Menschen immer. Unter Zynikern heißen sie „Lassie-Geschichten". Gemeint sind damit die Geschichten von Hunden, die sich Hunderte Kilometer nach Hause durchkämpfen oder mit großer Klugheit Dinge erledigen, die eigentlich kognitive Fähigkeiten auf dem Niveau der menschlichen Intelligenz erfordern. Wenn man solche wundersamen Geschichten in Frage stellt, macht man sich sehr unbeliebt. Schließlich haben wir alle den Drang, unsere Beziehung zu Hunden zu überhöhen.

Meiner Erfahrung nach schafft es der Durchschnittshund kaum, vom Nachbarn nebenan wieder nach Hause zu finden. Rosie, die Retrieverhündin meines Cousins Barry, verlief sich jeden Tag beim Autojagen. Sie lag vor dem Haus auf der Lauer, hetzte ein Auto um die Ecke und hatte schon die Orientierung verloren. Ich habe in meinem Leben schon so viele Hunde gesucht, die sich verlaufen hatten, dass ich mir jedes einzelne Mal schwöre, dass ich das nie wieder mache. In Polizeidienstbüchern gibt es eine Spalte für Hunde, die sich verlaufen haben, und eine für Hunde, die gefunden wurden, und nur selten findet sich dabei eine Übereinstimmung. Unser lokaler Radiosender bringt täglich Vermisstenanzeigen von Hunden als Service für die Bevölkerung.

Hunde laufen nicht in brennende Gebäude hinein und sind auch nicht in der Lage, bewusstlose Menschen aus brennenden Gebäuden herauszuholen. Es könnte sogar sein, dass es der Hund war, der eine brennende Kerze umgeworfen und damit den Brand verursacht hat. Die einzige eigene Erfahrung mit einem „heldenhaften" Hund machte ich vor einigen Monaten, als ein befreundeter Fischer und ich einen Typen retteten, dessen Boot in einem Fluss, der dem Wechsel der Gezeiten unterworfen war und eine starke Strömung hatte, gekentert war. Er hielt sich am Boot fest und hätte keine großen Probleme gehabt, wenn nicht seine Hündin panisch versucht hätte, auf das umgekippte Boot zu kriechen, indem sie über den Rücken ihres Herrchens kletterte und ihn dabei immer wieder untertauchte. Als wir zu ihm hinkamen, war er bereits so erschöpft, dass er nahe dran war, unterzugehen und von seinem eigenen Hund ertränkt zu werden. Der „heldenhafte" Teil der Geschichte ist der, dass seine Hilferufe schon so schwach waren, dass wir ihn im schwachen Licht nicht gefunden hätten, wenn ich nicht gesehen hätte, wie der Kopf des Hundes immer wieder hoch aus dem Wasser ragte und ich nicht nachschauen gegangen wäre, was da los war. Der Hund, den wir ebenfalls retteten, entpuppte sich als eine in New England sehr seltene Rasse, ein Louisiana Catahoula Leopard Dog.

Für mich wäre es allerdings widersinnig, Hunde zynisch zu kommentieren. Natürlich gibt es wahre Geschichten ohne Übertreibungen, wie ein Haushund jemandem das Leben rettete. Wer jemals erlebt hat, wie Hunde eine Gefahr abwenden können, hat keinerlei Zweifel daran, dass Hunde für die Gesellschaft einen hohen Wert darstellen. Und mir sind natürlich die vielen Leistungen, die Servicehunde im Alltagsleben von Blinden oder von Menschen mit besonderen körperlichen Bedürfnissen erbringen und ihre Verdienste als Polizei- oder Such- und Rettungshunde bewusst. Wenn man sieht, wie ein gut ausgebildeter Hund eine Aufgabe ausführt, die ein Mensch ohne den Hund nur schwer oder gar nicht erledigen könnte, ist das schon etwas ganz Besonderes im Tierreich.

In den letzten zwei Jahrzehnten des 20. Jahrhunderts erregte die Beziehung zwischen Menschen und Hunden auch das Interesse der Wissenschaft, in Studien wurden bestimmte positive Auswirkungen von Hunden auf das psychische Wohlbefinden und die körperliche Gesundheit von Menschen nachgewiesen. Es geht dabei um wesentlich mehr als nur darum, seinem Kind einen Hund zu kaufen, damit es Mitgefühl und Verantwortung für andere Lebewesen lernt. Ich muss allerdings zugeben, dass ich ein anderes Motiv dafür hatte, meinem elfjährigen Sohn einen Chesapeake Bay Retriever zu schenken. Ich wollte seine Karriere fördern. Tim wollte Baseball-Spieler werden, wenn er einmal groß war, da aber keines seiner Geschwister an Baseball interessiert war und er auch keine Freunde hatte, mit denen er außerhalb der Saison hätte spielen können, brauchte er die Hunde, um seinen Schlag verbessern zu können. Scoter und meine Begleithündin Jane apportierten den ganzen Nachmittag Flugbälle für ihn. Den Nutzen daraus hatte weniger Tim und mehr ich, denn ohne die Hunde hätte wohl ich diese Aufgabe übernehmen müssen. Ein weiterer Nutzen aus der Sache war der, dass Jane danach so müde war, dass sie eine Zeitlang Ruhe gab und nicht mehr lästig fiel.

Der Nutzen, den Hunde für das psychische Wohlbefinden von Menschen haben können, wird einerseits genau gemessen und andererseits sehr ungenau angegeben. Psychologen, Biologen und Ärzte haben Lebensfunktionen wie den Blutdruck gemessen, Langlebigkeit dokumentiert und persönliche Wahrnehmungen von Menschen in Krisensituationen aufgezeichnet – und jeweils Hundebesitzer mit Nicht-Hundebesitzern verglichen. In vielen Fällen sind eindeutige positive Auswirkungen von Hunden nachweisbar. Der Blutdruck ist bei

Kindern wie Erwachsenen in einer Fülle verschiedenster Situationen niedriger, wenn ein Hund dabei ist. Kinder haben in Anwesenheit eines Hundes weniger Angst vor dem Arzt. Menschen, die nach ihrem ersten Herzinfarkt zu ihrem Hund nach Hause zurückkehren können, haben eine höhere Lebenserwartung als jene in der Kontrollgruppe, die keinen Hund haben. Menschen mit Hunden haben mehr Sozialkontakt und machen leichter neue Bekanntschaften. Es ist leichter, einen Fremden anzusprechen, der einen Hund hat. Man wird häufiger von Fremden angesprochen, wenn man selbst einen Hund hat. Mit dem Hund spazieren gehen ist eine gute Art, andere Menschen zu treffen, die ebenfalls mit dem Hund spazieren gehen. Menschen, die an den Rollstuhl gebunden sind, haben festgestellt, dass sie mit einem Hund als Begleitung positivere Reaktionen ihrer Umwelt und mehr Aufmerksamkeit von den Menschen, die nicht im Rollstuhl sind, erhalten, was sich positiv auf ihre Sozialkontakte auswirkt.

Die Tatsache, dass Menschen im Rollstuhl sich mit einem ausgebildeten Hund an ihrer Seite lieber in die Öffentlichkeit begeben, ist mit gutem Datenmaterial unterlegt. Der Hund gibt ihnen die Möglichkeit, Dinge zu tun, die sie sonst nicht machen würden. Blinde Menschen verlangen oft als Blindenhund einen Deutschen Schäferhund, weil sie das Gefühl haben, dass er ihnen nicht nur hilft, sich zurechtzufinden, sondern sie auch beschützt. Selbst wenn nicht der Funken einer Chance besteht, dass der Hund mit einem Übeltäter zurechtkäme, gibt ihnen der „Polizei"hund an ihrer Seite doch die Möglichkeit, sich mit einem guten Gefühl auf den Weg zu machen. Viele Menschen schaffen sich einen Hund einer bestimmten Rasse für zu Hause oder zum Joggen an, von dem sie glauben, er werde sie beschützen. Und wenn sie besser schlafen, weil sie überzeugt sind, dass der Hund „Wache schiebt", dann muss der Hund als wirklicher Nutzen gesehen werden.

Das Problem für den Verhaltensökologen ist allerdings, welchen Faktor man dafür in die Gleichung einsetzt. Wie misst man, welchen Wert die verschiedenen Nutzfunktionen für die Überlebensfähigkeit der menschlichen Population haben? Wenn alte Menschen im Pflegeheim länger leben, treten sie vielleicht mit ihren Enkeln um finanzielle Ressourcen und die Zeit, die ihre Kinder aufbringen können, in Konkurrenz. Wenn Zeit mit der Pflege der alten Eltern, die das reproduktionsfähige Alter bereits überschritten haben, verbracht wird und dies zu Lasten der Kinder, die am Beginn ihres reproduktionsfähigen Alters stehen, dann ist das vielleicht kein biologischer Vorteil für das Überleben der Spezies.

Dann muss allerdings auch, egal wie der Nutzen für den Einzelnen berechnet wird, das Ergebnis gegen die Kosten für die Öffentlichkeit abgewogen werden. Die Tatsache, dass weniger als ein Prozent aller Blinden einen Führhund besitzt, wiegt das Faktum nicht auf, dass jedes Jahr Tausende Menschen von Haushunden gebissen werden.

Ist diese Form der Beziehung zum Menschen für die Hunde gut?

Meiner Meinung nach handelt es sich beim Hund nicht um einen ökologischen Parasiten im strengen Sinn, selbst wenn die Rechnung nicht aufgeht. Ein Parasit entwickelt sich so, dass er sich an die ökologische Nische anpasst. Ein Parasit profitiert von der Lebensgemeinschaft mit seinem Wirt. Wie eine Kuh an das Fressen von Gras angepasst ist, ist ein Parasit daran angepasst, seinen Wirt zu fressen. Der Hund verursacht der menschlichen Population vielleicht einiges an Kosten, aber er zieht aus seiner Lebensgemeinschaft mit den Menschen in ihrem Haushalt keinen wirklichen biologischen Nutzen. Das System, mit dem Menschen die Fortpflanzung der Hunde regeln, könnte sogar für jene Hunde, die in diesem System gefangen sind, den Untergang bedeuten.

Ich halte daher die symbiotische Beziehung zwischen Haushunden und Menschen für einen Fall von Amensalismus. Hunde werden ähnlich wie die Präriehühner, denen die Bisons versehentlich die Eier zertrampeln, von den Menschen versehentlich niedergetrampelt und geschädigt. Die Menschen sind zwar der Meinung, dass sie ihre Hunde gut versorgen und sie „verbessern", ich möchte mich der Sache aber aus dem Blickwinkel der Hunde annähern.

Hunde wirken auf manche Menschen vielleicht wie kleine Kinder und lösen Pflegeverhalten aus. Es wurde sogar schon die Behauptung aufgestellt, dass Hunde deswegen einen runderen Kopf mit kürzerer Schnauze haben als Wölfe, weil Menschen Hunde selektierten, die ein möglichst welpenähnliches Aussehen behalten und dem niedlichen Kindchenschema entsprechen. Babymerkmale reduzieren auch aggressive Interaktionen. Wenn eine runde, kurze, welpenähnliche Kopfform des Hundes dem Menschen lieber ist, weil dadurch Aufzucht- und Pflegeverhalten aktiviert werden, dann wird den Hunden eine menschliche Vorliebe aufgezwungen. Menschen züchten Haushunde mit kurzer Schnauze, weil sie davon einen Nutzen haben und ohne Rücksicht auf die Auswirkungen, die das für den Hund hat. Nur weil es einem Menschen großen Spaß macht, einen Hund mit Zuneigung und Fürsorge zu überschütten, heißt das noch lange nicht, dass der auf ewig juvenile Hund etwas von seiner kurzen Schnauze hat.

All das Material, das ich über Mensch-Tier-Beziehungen studierte, betrachtet die Nutzenanalyse fast ausschließlich aus dem menschlichen Blickwinkel. Hunde machen Menschen glücklich, verlangsamen ihren Herzschlag, helfen ihnen, Herzanfälle zu überleben, führen zu einer höheren Lebensqualität in Pflegeheimen und verhelfen behinderten oder bettlägerigen Menschen zu besserer Lebensqualität. Dass Hunde gut sind für Menschen heißt allerdings noch lange nicht, dass Menschen gut sind für Hunde!

Die Tatsache, dass Hunde „ideale" Heimtiere abgeben, bedeutet nicht, dass wir sie zu Heimtieren machen sollen. Die Tatsache, dass sie ein angenehmes, soziales und anpassungsfähiges Wesen haben, bedeutet nicht, dass wir sie straflos ausbeuten dürfen. Und die Tatsache, dass sie unglaublich vielfältig und formbar sind, heißt noch lange nicht, dass wir das Recht haben, aus der Grundform jede beliebige Deformation herauszuzüchten, nur weil sie uns gefällt.

Ich glaube, dass der Punkt erreicht ist, wo die Menschen den gutwilligen Hunden etwas zu viel aufgebürdet haben. Meiner Meinung nach hatten die Tierschützer zwar Recht damit, sich auf das elende Schicksal der Hunde in der biomedizinischen Forschung, also auf die sogenannten Laborhunde, zu konzentrieren und sich in gewissem Maße auch mit den Arbeitshunden zu beschäftigen, sie übersehen dabei aber eine viel größere und heimtückischere Gefahr. Ich glaube, dass man die reinrassigen Hunde, die in großer Zahl in das Reich der Heimtiere aufgenommen wurden, viel grausamer behandelt.

Meiner Meinung nach übernimmt man beim Geschäft mit den Haushunden viel zu wenig Verantwortung für die Folgen der heutigen Zuchtmethoden und der privaten Hundehaltung.

Produktion und Vertrieb von Haushunden gehorchen recht allgemeinen Methoden. Heimtiere sind in erster Linie gefangen gesetzte Tiere. Die Frage „Welchen Hund soll ich mir zulegen?", sagt schon alles. Das sind keine Tiere, die uns adoptieren, wie die Hunde auf Pemba das tun. Fische im Wohnzimmer-Aquarium werden in offenen Gewässern gefangen. Der Bestand der Elterntiere pflanzt sich wild lebend fort. Wenn das System gut funktioniert, werden immer nur die „überzähligen" Tiere für den Tierhandel gesammelt und der wild lebende Bestand pflanzt sich weiter fort. Die schönen Farben und interessanten Formen, an denen wir uns in den Aquarien erfreuen, sind das Ergebnis natürlicher Selektion, die allen Regeln von Darwins Überleben des Stärksten folgt. Der Wildbestand bleibt genetisch überlebensfähig und fit.

Allerdings darf man nicht übersehen, dass die einzelnen Fische, die in unseren Aquarien landen, weil wir sie gerne betrachten, dafür ihr Recht auf Fortpflanzung und ihr genetisches Potential verlieren. Sie werden de facto um ihre Fortpflanzung und die Möglichkeit, je Nachkommen zu hinterlassen, gebracht – sie sind genetisch tot.

Haushunde werden auf ähnliche Weise gefangen. Sie kommen allerdings aus drei verschiedenen Quellen. Ursprünglich griffen im Lauf der Jahrtausende Menschen Welpen von (wilden) Dorfhunden als Haustiere auf. Wie bei den Fischen im Aquarium lebte der Bestand der Elterntiere als Dorfhunde weiter und pflanzte sich in der ursprünglichen Form fort. Der Hofhund eines Bauern oder die Mutter meines Hundes Smoky hatten für die Fortpflanzung noch freien Zugang zu einer großen Hundepopulation und traten, wie die Fische am

Riff, nur die überzähligen Tiere zum Nutzen der Menschen ab. Wenn man einen Herdenschutzhund aus der „wilden" Population auf den großen Viehtrieben der Transhumanz herausholt, dann bleibt die Wildpopulation ebenfalls intakt und hat weiterhin Zugang zu einer großen Hundepopulation. Durch diese Situation bleiben die einzelnen Tiere genetisch gesund. Die Hunde bleiben in jedem der genannten Fälle selbst für ihre Fortpflanzung verantwortlich, und die üblichen Fortpflanzungsgewohnheiten und die Konkurrenz um begrenzte Ressourcen garantieren gesunde Nachkommenschaft.

Die zweite Quelle für Haushunde sind pensionierte Arbeitshunde. Jane war als Arbeitshündin bei mir. Sie wurde alt und wir fürchteten, dass sie nachts im Wohnwagen frieren könnte, und nahmen sie daher ins Haus. Auf ihre alten Tage wurde sie so zum Haushund. Es gibt Hunderte verschiedener Szenarien, wie ein wirklich guter Arbeitshund in einem Haushalt enden kann. Es könnte sogar ganz einfach der bequemste Platz sein, den Hund unterzubringen, wenn er nicht arbeitet. Viele Jäger halten ihre Vogelhunde im Haus, und gelegentlich nahm ich einen Schlittenhund mit hinein. Es kann Vorteile haben, wenn man die Hunde im Haus hat. Jedenfalls geben sie immer Wärme ab: Ich habe gelesen, dass Eskimos und Aborigines in Australien die Temperatur danach messen, wie viele Hunde man braucht, um sich in der Nacht warm zu halten.

Die Fortpflanzung erfolgt aber nun mittels künstlicher Selektion, und vielleicht fangen die Probleme damit an. Die Arbeitshundezüchter von heute züchten Hunde auf gute Leistung. Ich züchtete einmal mit Jane. Sie war eine hoffnungslose Mutter, die ihre Welpen kaum von Ratten unterscheiden konnte. Sie zeigte das Verhaltensmuster Fixieren – Anpirschen gegenüber ihren Welpen und hätte sie mit ihrem Mäusesprung, kaum dass sie sich bewegten, fast umgebracht. Die Selektion auf das Fixieren – Anpirschen hatte ein biologisches Monster geschaffen. Ich fürchte, dieses Risiko laufen wir jedes Mal, wenn wir uns in Kaniden-Eugenik üben.

Die dritte Quelle von Haushunden ist gleichzeitig der Punkt, an dem die Probleme beginnen, uns über den Kopf zu wachsen, wenn nämlich Arbeitshunde(rassen) als Heimtiere ausgesucht werden. Und im schlimmsten Fall werden Arbeitshunde für den Heimtiermarkt gezüchtet. Arbeitshunde taugen nicht als Heimtiere. Arbeitshunde sollten nicht als Heimtiere gekauft oder verkauft werden. Und Arbeitshunde sollten auch nicht für den Heimtiermarkt gezüchtet werden.

Wenn ein Hund auf eine übertrieben ausgeprägte Verhaltenskonfiguration gezüchtet wird, die er in einer bestimmten Arbeitsumgebung ausführen soll, ist nur schwer vorstellbar, wie die Umgebung eines Privathaushaltes die richtige Stimulation für diese Verhaltensweisen bieten kann. Die Person, die den Hund aufzieht, hat oft keine Ahnung von den kritischen Entwicklungsphasen oder den spezifischen Reizen, die notwendig sind, damit sich das Verhalten richtig entfalten kann. Das führt dazu, dass Hunde nicht nur ihre Bewegungsmuster in der völlig ungeeigneten Umgebung im Haus zeigen, sondern kann auch in zwanghaft stereotypem Verhalten enden. Ein hoch gezüchteter Arbeitshund, der in einem Haushalt und nicht in seiner üblichen Arbeitsumwelt großgezogen wird, zeigt trotzdem das Verhalten, auf das er gezüchtet wurde, allerdings in abnormaler Ausprägung. Schlimmer noch, er wird dieses Verhalten in bizarrer und unerträglicher Art zeigen. Mein Queensland Blue Hiller schnappte nach den Fersen von Joggern. Mein bester Leithund war ein Border Collie, der den ganzen Tag Autos die Vorortstraße hinaufgejagt hatte – deshalb hatte schließlich ich ihn bekommen.

Wenn man Arbeitshunde als Heimtiere hält, dann werden sie für die Aufgabe als Arbeitshund unbrauchbar, wenn nicht völlig verdorben. Wie soll ein Herdenschutzhund Herden beschützen, wenn er im Haus gehalten wird? Viele Arbeitshunde übertragen ihr in der Sozialentwicklung erworbenes Schutzverhalten so, dass es für Menschen gefährlich werden kann. Ich weigerte mich meist, meine Hirtenhunde an Menschen abzugeben, die keine Herden hatten und sie bloß als Familienhund wollten. Einige Male gab ich nach, aber ich fand, dass es immer schlimm ausging, vor allem für den Hund.

Was ist anders, wenn man einen Dorfhund oder einen Arbeitshund als Heimtier aufnimmt? Der Dorfhund benimmt sich aufgrund seiner Selektion in der Nähe von Menschen eher unauffällig. Er hält Kontakt zum Menschen, weil der seine Futterquelle ist. Der Dorfhund hat sich durch die Selektion so entwickelt, dass er menschliche Fürsorge fordert und den Menschen nicht bedroht. Der Unterschied zwischen einem normal aufgewachsenen Dorfhund, der in der menschlichen Umgebung nach Nahrungsresten stöbert, und einem, der als Welpe gefangen genommen und als Heimtier im Haushalt aufgezogen wird, ist also nicht besonders groß. Manchmal, wie auf Pemba, konnte ich nicht sagen, welcher Hund ein Haustier war und welcher nicht, und war völlig überrascht, als ich herausfand, dass die überwältigende Mehrheit der Hunde keine Haustiere waren. „Ist das dein Hund?“, fragte ich ein Mädchen auf Pemba, aber welche Beziehung sie nun zu dem Hund in ihrem Hinterhof hatte, ließ sich aus ihrer Antwort nur schwer heraushören. Handelte es sich um ein Haustier oder nur um einen niedlichen Dorfhund, der ihren Hof gegen andere Dorfhunde verteidigte? In solchen Gesellschaften besteht der Unterschied zwischen Abfall wegwerfen und Hund füttern nur im Kopf, in der Absicht, mit der etwas getan wird, das Verhalten selbst ist gleich.

Wenn hin und wieder ein Dorfhund als Haushund adoptiert wird, dann ändert das an der Evolutionsdynamik der Wildpopulation nicht sehr viel. Der einzelne Hund verliert natürlich seinen Platz in der wild lebenden Population und damit einen Teil seiner Möglichkeiten zur Reproduktion. Bei einem Arbeitshund, der aus seiner Arbeitsumgebung herausgerissen wird, ist die Sache aber wesentlich komplizierter. Der Dorfhund eignet sich von seiner Verhaltensentwicklung relativ gut als Heimtier. Der rein gezogene Arbeitshund wird aber auf eine Reihe von Bewegungsmustern gezüchtet, die im Haus zur Plage werden können. Jane, die die Nase ans Wohnwagenfenster presste und auf die vorbeifahrenden Autos mit Fixieren – Anpirschen reagierte, ist das beste Beispiel dafür. Ihre Verhaltensweisen, die einem inneren Antrieb gehorchen (zwanghaftes Verhalten), sind selbstbelohnend und können daher praktisch nicht gelöscht werden.

Die Frage ist vielmehr, warum jemand einen Arbeitshund als Haustier will. Hunde wie Jane haben aufgrund ihres angeborenen Verhaltens nur sehr begrenzte Möglichkeiten, sich zum perfekten Haustier zu entwickeln, und werden daher vielleicht wegen ihres Aussehens dazu erwählt. Irgendetwas am Aussehen des Hundes hat eine positive Wirkung auf den Menschen. Vielleicht verleiht ein Schlittenhund, selbst wenn er in seinem ganzen Leben keinen Schlitten zieht, seinem Besitzer die Aura der großen Geschichte und des Ruhmes von Schlittenhunden. Vielleicht steigt das Ansehen des Besitzers durch das Image, das ein Arbeitshund mitbringt, oder er bekommt leichter Kontakt zu Menschen, die sich mit der Geschichte dieser Hunde beschäftigen. Wer einen Jagdhund hat, ist vielleicht selbst Jäger oder kennt sich mit der Jagd aus oder ist ein Mensch, der sich gern in der Natur aufhält und dort gut zurechtkommt. Ich habe mich oft gefragt, ob ich mir auch dann Schlittenhunde angeschafft hätte, wenn ich in einem städtischen Vorort gelebt hätte. Ich glaube nicht, dass sie dort sehr lange gern gesehen gewesen wären, angesichts des Lärms und Heulens und der Kakophonie, die jedes Mal ausbrach, wenn ich mit den Zuggeschirren für einen Trainingslauf auftauchte.

Für die Hunde bedeutet es eine riesige Veränderung: Sie werden nun nicht mehr nach ihrem Verhalten ausgesucht, sondern nach ihrem Aussehen. Die Selektion im Sinne Darwins erfolgt jetzt nach ihren äußeren Merkmalen. Der Nutzen für den Menschen besteht nicht mehr in den angeborenen Verhaltensweisen der Hunde, sondern aus der Fellfarbe, der Ohrenform und der Größe. Das aber sind oberflächliche Merkmale, die mit dem Überleben nur in einem kosmetischen Zusammenhang stehen. Es ist eine Ironie, dass die so gut an die Überlebenserfordernisse angepassten Dorfhunde als „bloß ein Köter" ausgerechnet wegen solcher Merkmale abgelehnt werden.

Bei der Frage „Welchen Hund soll ich mir anschaffen?" (ein Statussymbol... einen fürs Image... einen zur Unterhaltung...) zählen die Bedürfnisse des Hundes nicht. Sie beruht auf der fälschlichen Annahme, dass jede Hunderasse für die Haltung im Haushalt geeignet ist.

In den letzten hundert Jahren haben Hobbyzüchter Arbeits- und Sporthunderassen verwendet und extra für den Heimtiermarkt gezüchtet. Mir ist klar, dass im Lauf der Geschichte Züchter Zwergenformen und Riesenhunde nur für Ausstellungszwecke gezüchtet haben: eine Art Bonsai-Züchtung. Aber nur wenige unserer heutigen Haushundrassen sind viel älter als 100 Jahre. Die „Perfektion" der Rassen steht im Zusammenhang mit dem Interesse an Ausstellungen, bei denen Besitzer oder Trainer ihre Hunde Richtern vorführen, die dann entscheiden, welche Hunde das korrektere Aussehen haben. Während der vergangenen 100 Jahre ist es den Hobbyzuchtprogrammen recht gut gelungen, aus den größeren Populationen von Arbeitshunden kleine Subpopulationen für Ausstellungszwecke und für den Verkauf auf dem Heimtiermarkt zu isolieren.

Es ist wichtig, dass dieses Konzept klar ist. Die modernen Hobbyzüchter spezialisieren sich auf eine Rasse. Eine Rasse ist eine Hundepopulation, die mechanisch von allen anderen Hunden isoliert wird. Nur jene Hunde, die im Zuchtbuch eingetragen sind, können offiziell der Rasse angehören.

Wenn ich diese Strategie und diesen Prozess mit dem der Arbeitshundezüchter vergleiche, die die Rasse ja ursprünglich schufen, sehe ich mit Schrecken, was die Hobbyzüchter daraus gemacht haben. Arbeitshundezüchter nahmen nicht an Hundeausstellungen teil, bei denen Richter das Aussehen der Hunde beurteilten. Sie selektierten vielmehr die Hunde, die eine gute Leistung brachten, und züchteten sie mit guten Arbeitshunden weiter. Die wenigsten von ihnen verfolgten das Ziel, eine Rasse zu „perfektionieren". Als Schlittenhundefahrer hatte ich das Ziel, Rennen zu gewinnen. Wie die Hunde aussahen, war nur so weit relevant, wie es mit ihren Laufeigenschaften zusammenhing. Ein Stammbaum war nur insofern interessant, als er etwas über das Laufpotential eines Hundes aussagte.

Ganz egal war mir aber doch nicht, wie sie aussahen. Ich wollte, dass sie nach einem Coppinger-Hund aussahen. Es ist für jeden Züchter eine besondere Auszeichnung, wenn seine Arbeitshunde auch ein bestimmtes Aussehen annehmen (und zwar zusammen mit herausragenden Arbeitseigenschaften), das sie als Mitglied eines bestimmten Zuchtzwingers ausweist. Rassen werden oft nach ihrem Züchter benannt, zum Beispiel nach Reverend Jack Russell oder Ludwig Dobermann. Das Ziel, eindeutig identifizierbare Hunde zu züchten, verfolgen vor allem die Züchter von Jagdhundmeuten. Gelegentlich, und meist durch einen Zufall, taucht ein Welpe mit einem neuen Merkmal auf. Vielleicht gefällt dieses Merkmal dem Züchter besonders, dann wird er versuchen, es zu erhalten. Die Geschichte des Golden Retriever, die in Kapitel 3 kurz geschildert wurde, ist ein gutes Beispiel dafür.

Sie zeigt auch auf, dass es sich dabei um einen ganz anderen Prozess handelt als bei der Produktion von Heimtier- oder Ausstellungshunden. Ein Hund aus

Inzucht (geschlossenes Zuchtbuch), der über Generationen nicht mehr auf Arbeitseignung getestet wurde, ist (vielleicht) das Ergebnis eines Zuchtprogramms, bei dem auf das Arbeitsverhalten kein großer Wert gelegt wird. Der neue Besitzer aber erwartet einen guten Hund, weil er ja einen reinrassigen Golden Retriever gekauft hat. „Welchen Hund soll ich mir anschaffen?" „Einen Golden Retriever, die haben ein freundliches Wesen, sind sportlich, lieben das Wasser und haben eine natürliche Veranlagung zum Jagen und Apportieren."

Wie bitte?! Für einen Arbeitshundemenschen oder einen Populationsgenetiker klingt das nur lächerlich. Ein freundliches Wesen soll genetisch bedingt sein? Die Vorliebe für Wasser soll genetisch veranlagt sein? Sportlichkeit soll etwas mit der gelben Fellfarbe zu tun haben? Geht man hier etwa davon aus, dass alle Golden Retriever die gleiche genetische Ausstattung und daher alle diese Eigenschaften haben? Gibt es bei den Golden Retrievern keine Variabilität? Lord Tweedmouth erzielte gute Hunde, weil er ein gutes Zuchtprogramm hatte, das auch einen vergleichsweise hohen Anteil an Einkreuzungen vorsah, und weil er Leute beschäftigte, die mit den Hunden von klein auf arbeiteten und ihre Entwicklung zu Spitzenhunden förderten. Er ging gern auf die Jagd, es machte ihm Spaß, die besten Jagdhunde zu besitzen, und er war immer stolz darauf, dass er so ein gutes Auge für Hunde hatte. Und die schlechten Exemplare eliminierte er. Jeder, der je eine Rasse entwickelte, tat das durch Eliminierung der ungeeigneten Hunde. Der Golden Retriever von heute, der als Haushund lebt, ist nur noch ein Zerrbild des Hundes von Lord Tweedmouth.

Die Vorstellung, dass die Hunde einer bestimmten Rasse aus sich heraus etwas besitzen, was sie besonders attraktiv macht, ist falsch. Es ist genauso falsch, wie der Glaube, dass „königliches" Blut höherwertig sei. Es ist nicht nur falsch, es ist ein Fall von mangelhaften Genetikkenntnissen und bedeutet für jede Rasse, die in der Falle der physischen Isolation landet, den Untergang.

Für den Heimtierbesitzer besteht der Vorteil der Sache darin, dass im Lauf weniger Generationen, bei denen auf Größe, Farbe oder ein sonstiges äußeres Merkmal der ursprünglichen Arbeitshunderasse gezüchtet wird, alle angeborenen Veranlagungen für die ursprüngliche Arbeitsweise an Qualität verlieren. Den Regeln der Genetik nach beginnen sich alle Merkmale zu verschieben, auf die nicht kontinuierlich selektiert wird. Ein Beispiel wäre das Arbeitsverhalten, das sich aufgrund zufälliger Ereignisse wie Krankheit, Gründerprinzip oder auch nicht genetisch bedingter Probleme verändert. Bei der Zucht auf Haushunde dauert es meist nicht lange, bis die Besitzer gezielt gegen die angeborenen Eigenschaften einer Arbeitshunderasse selektieren, weil sie ziemlich unerträglich werden können. Die angeborenen Verhaltensweisen werden schon bald als zwanghafte Verhaltensstörungen bezeichnet. Es könnte daher sein, dass

Hunde, die auf äußere Merkmale gezüchtet wurden, sogar bessere Haushunde abgeben, weil sie ihre Arbeitseignung allmählich verlieren.

Wie auch immer, es gibt jedenfalls noch einen weiteren genetischen Prozess, der am Werk ist. Mit dem Schließen des Zuchtbuchs, mit dem bestimmte Merkmale bewahrt und gefördert werden sollen, wird unabsichtlich auch ein gefährlicher Prozess der Inzucht in Gang gesetzt. Inzucht reduziert die genetische Vielfalt. Genetische Vielfalt ist der Ursprung von genetischer Vitalität. Die genetische (phänotypische) Vitalität ist gleichbedeutend mit genetischer Gesundheit, die ein Tier aufgrund des normalen Ausdrucks von Genen und der Interaktion von Genen hat, die nicht durch negative Effekte aufgrund des Aufeinandertreffens von mutierten Genprodukten beeinflusst ist. Die Wahrscheinlichkeit, dass schadhafte mutierte Gene aufeinander treffen, ist bei Inzucht deutlich höher.

Für alle Arbeitshunde gilt als oberste Regel, dass sie eine ordentliche Portion Ausdauer und Elan haben. Ausdauer und Elan sind die Folge von genetischer Vitalität, ergeben aber in Kombination mit Arbeitsverhalten unerträgliche Haushunde. Es kommt nicht oft vor, dass man einen zwanghaften Hund mit Ausdauer und Elan in einem Haushalt lange erträgt. So ein Hund ist normalerweise viel zu aktiv, um sich im Haus wohl fühlen zu können. Ich will das nun keinesfalls als Methode für die Selektion von geeigneten Heimtieren empfehlen, aber darauf hinweisen, dass sexuelle Isolation und Inzucht der Hunderassen im Lauf der Zeit ziemlich sicher zu lethargischen, also auch ruhigen, Hunden führt. Ihr Wesen kommt den Bedürfnissen der Hundebesitzer entgegen, allerdings ist dann der Genotyp bereits in Schwierigkeiten.

Es gibt ein noch schwerwiegenderes Problem mit der genetischen Ausstattung der Haushunde. Der Arbeitshund wurde auf ein bestimmtes Verhalten hin selektiert. Der Schlittenhund zum Beispiel wurde darauf selektiert, gemeinsam mit anderen Hunden in einem Zuggeschirr möglichst schnell zu laufen. Die Selektion auf dieses Verhalten führte dazu, dass sich ihr Körperbau und ihre Form entsprechend veränderten. Die Hunde können nun aufgrund ihrer Körperform ein schnelles Verhalten zeigen, und das mit Ausdauer und Elan. Diesen Zusammenhang zwischen Form und Verhalten finden wir überall vor.

Wenn wir also das Verhalten eines Hundes ändern wollen – damit er ruhiger und weniger lebhaft ist –, müssen wir auch seine Form verändern. Für den Züchter bedeutet das ein Dilemma. Das Publikum will Haushunde, die genauso aussehen wie die traditionellen Arbeitshunde, es ist aber gleichzeitig unerwünscht, dass sie das Verhalten der Arbeitshunderassen an den Tag legen. Es ist unmöglich, auf ein Verhalten zu selektieren, das einen geeigneten Haushund ergibt, dabei aber gleichzeitig die Form des Arbeitshundes beizubehalten. Dabei fällt der Hund auseinander. Er leidet an angeborenen Krankheiten. Seine Hüften passen nicht mehr recht zueinander. Die Gelenke sind nicht mehr so stark, der Hund hat Zuckungen und Blutungen und ist von Generation zu Generation schlimmer dran.

Belyaev selektierte seine Füchse auf Zahmheit (Kapitel 1), also auf ein zahmes, für das Leben im Haus geeignetes Wesen. Aber die Füchse fielen auseinander. Er konnte nicht gleichzeitig Zahmheit herauszüchten und Körperform und Aussehen der wild lebenden Füchse beibehalten.

Genau das Gleiche passiert zur Zeit mit unseren Haushunden.

Die modernen Haushunde sind in wachsendem Ausmaß genetisch Gefangene, die in der Falle sexueller Isolation feststecken. Mit jeder weiteren Generation werden die verhaltensauffälligen oder physisch ungeeigneten Hunde aus dem Genpool eliminiert, während die Züchter gleichzeitig versuchen, die alte Form der Hunde zu bewahren. Wir stellen aber in jeder neuen Generation eine Reihe neuer genetischer Probleme fest. Die Listen mit rassespezifischen Erbkrankheiten sind inzwischen fester Bestandteil der Fach- und Populärliteratur.

Es kommt noch schlimmer. Züchter und Hundebesitzer vergessen, wie der Hund ursprünglich aussah. Sie selektieren daher auf übertriebene körperliche Merkmale. Sie selektieren auf besondere Größe, auf besonders kurze oder besonders lange Schnauzen, bis die Rassen ein wirklich bizarres Aussehen annehmen. Jede Rasse bekommt so eine unnatürliche Körperform und wird zu einer Laune der Natur. Man liebt sie so, wie man den buckligen Glöckner von Notre Dame liebt – als Verschnitt zwischen einem grotesken Körper und einem ehrlichen Charakter.

Im Lauf der Jahrzehnte wurde und wird jedes Element im Leben eines Haushundes immer weiter im Interesse des menschlichen Wirtes manipuliert. Der Hund wird nach den Launen und Vorlieben der Menschen manipuliert. Je übertriebener und merkwürdiger ein Hund aussieht, desto mehr Nutzen bringt er offenkundig dem Menschen. Eine noch gar nicht so lange bestehende Mode, dass es unbedingt reinrassige Hunde sein müssen, ist völlig außer Kontrolle geraten. Das Selektionsziel ist anscheinend exotisches Aussehen, vermutlich um das Interesse an einem Hund und die Verkaufszahlen in die Höhe zu treiben. Wir produzieren ungesunde Missgeburten, um die Launen der Menschen zufrieden zu stellen. Das ist eine unglaubliche Ungerechtigkeit den Hunden gegenüber.

Das Paradebeispiel für die meiner Meinung nach unethischen und alarmierenden Zustände sind die Bulldoggen. Aus dem gedrungenen Arbeitshund der Schlachter des 17. und 18. Jahrhunderts wurde zuerst ein Sporthund. Im frühen 18. Jahrhundert kam man dann zu der Auffassung, dass das Bullenbeißen als Sport, bei dem der Hund sein Leben riskiert, unethisch ist. Der Hund wechselte in die Kategorie Heimtier. Im Laufe der Zeit wurde jedes einzelne Merkmal, das den Hund für die Arbeit mit den Rindern auf dem Schlachthof qualifiziert hatte, so übertrieben herausgezüchtet, dass der Hund heute wie ein Monster aussieht.

Das Gesicht der Bulldoggen ist derart deformiert, dass die Zähne kaum Platz im Kiefer haben und sie deshalb nur mit Mühe kauen können. Bei den Zwergformen haben die Zähne schließlich gar keinen Platz mehr und sie fallen aus, kaum dass sie durchgebrochen sind. Die Schnauze ist so eingedrückt, dass die Knochen der Nasenmuschel nur noch winzig sind. Diese Knochen sind aber mit Atemgewebe überzogen, das für die Atmung und für die Gehirnkühlung des Hundes wichtig ist. Die winzige Nasenmuschel bei der Bulldogge und anderen Hunden mit flachgedrückter Schnauze führt dazu, dass sie Probleme bei der Kühlung ihres Gehirns und beim Atmen haben und der Sauerstoffgehalt im Blut daher niedrig ist. Bei einem Test der Orthopedic Foundation of America wurde bei 70 % der Bulldoggen Hüftgelenksdysplasie festgestellt. Kein einziger (0 %) hatte in puncto Hüftgelenk ein ausgezeichnetes Testergebnis. Bulldoggen, die die Standards für Hundeausstellungen erfüllen, können ihre Welpen meist nicht mehr auf natürlichem Weg zur Welt bringen. Viele können

Wolfbiologe Erich Klinghammer und sein „Taschenwolf".

sich nicht einmal mehr selbst fortpflanzen, sondern müssen künstlich besamt werden. Alle diese Faktoren verursachen dem Hund Schmerzen.

Ich fragte einmal eine Frau bei einer Hundeausstellung, wozu ihr Boston Terrier gut sei. Ohne zu zögern antwortete sie: „Er kann sehr gut schnarchen."

Die ursprünglichen Bullenbeißer hatten sicher keines dieser körperlichen Merkmale. Trotzdem findet sich immer wieder jemand, der als Begründung für die kurze Nase des heutigen Bulldoggen die Geschichte erzählt, dass er so den Bullen am Hals packen konnte, ohne selbst zu ersticken. Das ist frei erfunden. Die Geschichte ist eine Rechtfertigung dafür, dass absichtlich eine bizarre Körperform gezüchtet wurde. Gleichzeitig höre ich nämlich auch, wie Züchter damit angeben, dass sich ihre Bulldoggen nicht mehr selbst paaren können. Die Kuriositäten ihrer Hunde amüsieren sie.

Womit die Züchtung von Monstern begründet wird, ist fast ebenso skurril wie das Aussehen der Hunde. Züchter führen an den Haaren herbeigezogene, scheinbare Fakten an: Der Komondor habe deshalb Haare, die ihm bis über die Augen hängen, damit er vor dem Ultraviolettlicht, das im Winter vom Schnee auf den verschneiten Weiden reflektiert wird, besser geschützt sei; die Hirten wollten Komondore mit rund 18 kg zottigem Schnürenhaar, weil die Hunde dadurch besser gegen Wolfsangriffe geschützt waren; der Shar Pei habe deshalb so viele Falten, weil dadurch die darunter liegenden Muskeln bei einem Kampf weniger leicht verletzt werden könnten; die Kurzbeinigkeit der Dackel hilft ihnen angeblich, einem Otter oder Nerz leichter in seinen Bau folgen zu können; die Körpermasse des Bernhardiners sei eine notwendige Anpassung, damit sie verletzte oder verirrte Menschen in den Alpen leichter aufspüren können.

Mit der Wahrheit hat das alles natürlich nicht das Geringste zu tun. Es handelt sich um erfundene Geschichten. Komondore und andere Herdenschutzhunde müssen kaum jemals mit Wölfen kämpfen und Barsois und schottische Collies haben so schwache Kieferknochen und einen so schlecht ausgebildeten Fang, dass sie nach der Geburt kaum saugen können. Es gibt verschiedenste Methoden, Hunde in Erdlöcher zu bekommen, man muss dafür keine kurzbeinigen Zwerge aus ihnen machen.

Diese verschiedenen Merkmale sind allesamt genetische Deformationen, die in allen Populationen gelegentlich vorkommen. Die gleichen Gene, die beim Dackel oder Basset die Kurzbeinigkeit verursachen, kommen auch beim Menschen vor. Wenn diese Deformation beim Menschen auftritt, käme niemand auf die Idee zu behaupten, dass diese Menschen darauf selektiert wurden, in Dachsbauten zu kriechen und Dachse zu töten.

Menschen, die ihr Leben damit verbringen, mit Hunden zu arbeiten oder zu jagen, wünschen sich Hunde, die auch wie solche aussehen. Für Hunde gibt es eine Art grundlegenden Bauplan, und mit einem Hund, der diesem Plan nicht entspricht, sollte nicht gezüchtet werden. Das Wichtigste, was sich jeder Arbeitshunde-Mensch von seinem Tier wünscht, ist Ausdauer und Elan. Ein Hund mit einem niedrigen Sauerstoffgehalt im Blut oder mit 20 kg schweren langen Zotteln wird nicht besonders viel Ausdauer oder Elan haben. Ich jedenfalls will keinen Herdenschutzhund, dem die Haare so ins Gesicht hängen, dass er nichts mehr sieht. Und genauso wenig brauchen meine Schlittenhunde für ihre Schnelligkeit blaue Augen.

Es ist ein schlechter Scherz. Die Menschen kontrollieren jeden Aspekt im Leben eines Haushundes. Sie werden nach Lust und Laune in jeder Form, Größe oder Farbe gezüchtet, die den Menschen interessant oder ästhetisch erscheint. Ihr Aussehen ist ein Genrebild. Eine seltene Art ist teuer, weil sie eine Rarität ist. Hobbyzüchter selektieren ihre Hunde für eine möglichst gute Leistung im Ausstellungsring. Das führt dazu, dass ein bestimmtes Merkmal verstärkt oder noch schöner herausgezüchtet wird. Man betont die Größe, das Fell, die Schnauze. Man achtet darauf, die Afterklaue intakt zu halten, weil der Pyrenäenberghund damit angeblich nicht so leicht im tiefen Schnee in den Bergen versinkt, während ich sie immer schon bei meinen einen Tag alten Huskywelpen abknipste, damit sie sich nicht als ausgewachsene Hunde die Haut aufreißen, wenn sie auf der Schneekruste einbrechen. Ich schrieb einmal ein Buch, in dem ich skurrile Hundetypen entwarf, wie den Flunderhund, eine Rasse mit beiden Augen auf der einen Seite des Kopfes, und dann eine Aufgabe erfand, die dieses Monster ausführt, zum Beispiel, dass der Flunderhund den Fischern helfen würde, Fische unter Wasser aufzuspüren. Wenn ich eine solche Rasse mittels Genmanipulation herstellen könnte, könnte ich damit vermutlich viel Geld verdienen.

Ein Hundechampion bei Ausstellungen muss nichts Besonderes tun, er darf nur den Richter nicht beißen. Hundeausstellungen sind Wettbewerben von Schönheitsköniginnen sehr ähnlich. Man vergleicht ein Individuum mit den anderen und stellt fest, welches einem willkürlich entworfenen, idealtypischen „perfekten“ Standard am ehesten entspricht. Bei der menschlichen Version der Schönheitswettbewerbe müssen die Teilnehmerinnen in der derzeitigen Austragungsform zumindest ein paar Worte von sich geben, die Klarinette spielen oder ein Gedicht aufsagen – also eine bestimmte Fertigkeit nachweisen.

Der Unterschied ist nur der, dass die menschlichen Schönheitswettbewerbe sich nur minimal auf die Populationsgenetik auswirken. Bei der Hundeausstellung allerdings wird der Sieger zum gefragten Zuchthund, die winzige Population, die nach dem Zuchtbuch der Rasse überhaupt zur Züchtung zugelassen ist, wird nun noch durch diese wenigen „besten“ Hunde geschleust. Wenn sehr intensiv mit Champions gedeckt wird, kommt das praktisch einer klaren Reduktion der effektiven Populationsgröße gleich. Die verfügbaren Gene werden wie durch einen Trichter durch einige wenige Individuen gelenkt. Wenn jeder Besitzer einer Hündin sie nur vom Champion des Jahres decken ließe, hätten alle Hunde der nächsten Generation denselben Vater. Die übernächste Generation bestünde nur noch aus Paarungen von Geschwistern. Der Inzucht-Koeffizient steigt durch die Zucht mit Championrüden rapide an. Oberflächlich betrachtet mag man meinen, die Populationen von beliebten Hunderassen seien recht groß, aber ihre Abstammung – ihr Stammbaum – verrät, dass viele von ihnen gemeinsame Vorfahren und daher auch gemeinsame genetische Allele haben.

Schuld daran trägt nicht nur die Haushund-Branche. Wir stoßen inzwischen auch in der Welt der Arbeitshunde auf ähnliche Probleme. In den 1970er Jahren kaufte ich Border Collies in Schottland und suchte weit und breit nach einem, der nicht den Champion Wiston Cap in seinem Stammbaum hatte. (Übrigens waren mein Pseudobegleithund Jane und ihr Bruder Will die Hunde, die ich dann kaufte.) Wettkämpfe mit Border Collies sind in Schottland ein weit verbreiteter Sport, samt Fernsehübertragungen der wichtigsten Wettbewerbe im Hauptabendprogramm, einer Übertragung in die Staaten und mit hochdotierten Preisgeldern für die Sieger. Weil die Wettkämpfer gewinnen wollen, nehmen sie gerne Wettbewerbssieger zum Decken. Bei Hunden von berühmten Hundeführern und solchen, die Wettbewerbe gewinnen, gibt es Spitzenpreise für das Decken oder für die Welpen. Aber die genetischen Probleme nehmen zu.

Die gleiche Reduktion der genetischen Vielfalt findet aber auch dann statt, wenn ein Zuchtverein versucht, durch gezielte Selektion Hüftgelenksdysplasie, Retinaatrophie oder eine der anderen sogenannten Erbkrankheiten auszumerzen. Jedes Mal, wenn ein Tier wegen eines genetischen Fehlers eliminiert wird, wird die genetische Vielfalt der abgeschlossenen Population weiter verringert. Schließlich löscht man nicht nur die fehlerhaften Gene, sondern alle Gene eines Tieres. Jedes Mal, wenn auf oder gegen ein bestimmtes Merkmal selektiert wird, zum Beispiel auf besondere Sanftheit im Wesen oder gegen Hüftgelenksdysplasie, muss man wegen der von Darwin so genannten „mysteriösen Gesetze der Korrelation“ auch mit dem Auftreten neuer oder veränderter Merkmale rechnen. Heute wird dieses Phänomen als Pleiotropie oder Gensprung bezeichnet – gemeint ist die Tatsache, dass ein einzelnes Gen mehr als nur ein Merkmal beeinflussen und die Selektion zu unbeabsichtigten und unvorhersehbaren Veränderungen führen kann.

Die Suche nach dem Nutzen, den Hunde aus ihrer symbiotischen Lebensgemeinschaft mit dem Menschen ziehen, scheint fast aussichtslos. Viele Rassen zahlen einen fürchterlichen Preis für einen vorübergehenden Anstieg ihrer Population oder den Luxus kostspieliger Nahrungs- und Gesundheitsversorgung. Es liegt nicht nur einfach daran, dass die Hunde Zugang zu der gleichen Gesundheitsversorgung haben wie die Menschen, sondern dass sie so gezüchtet wurden, dass sie ohne eine derartige Versorgung nicht überleben können. Rassen wie die Bulldoggen befinden sich in einer ausweglosen Falle. Die Rasse hat vermutlich nicht mehr genügend genetische Vielfalt, um sich aus der genetischen Patsche befreien zu können. Wenn die Zuchtvereine nicht die Zuchtbücher wieder öffnen und die Einkreuzung anderer Arten zulassen, sind Bulldoggen und andere Rassen, die Opfer dieser eugenischen Zuchtpraktiken sind, zum Aussterben verurteilt. Im Unterschied zu ihren wild lebenden Gegenstücken, die wegen der Zerstörung ihres Lebensraumes aussterben, leiden die reinrassigen Hunde bis dahin allerdings unter immer größeren Gesundheitsproblemen.

Das Schlimme daran ist, dass der modernen Gesellschaft gar nicht klar ist, was sie den Hunden antut. Die Hundebesitzer stören sich offenbar nicht daran, dass ihre Hunde unter Deformationen leiden, noch nicht einmal daran, dass sie übergewichtig sind. Es gefällt ihnen, dass sie schon die dritte Deutsche Dogge in zehn Jahren haben, und sie sind anscheinend stolz darauf, dass sie mit der Kurzlebigkeit der Doggen, ihrer Riesengröße und den Problemen mit ihrem Körperbau zurechtkommen. Sehr, sehr viele Menschen füttern ihre Hunde aus Liebe fett, ohne eine Vorstellung davon zu haben, wie sie unter dem Hitzestau infolge ihres Übergewichts leiden.

Ich glaube, dass die heutigen Haushunde dazu gezüchtet wurden, die psychischen Bedürfnisse der Menschen zu erfüllen, ohne dabei auf die Folgen, die das für die Hunde hat, besonders Rücksicht zu nehmen. Diese Hunde sind so etwas wie die Hofnarren der Heimtierhaltung.

Ich weiß nicht, wie ich diese symbiotische Lebensgemeinschaft aus Sicht der Verhaltensökologie genau einordnen soll. Vielleicht handelt es sich um eine neue Kategorie, die man als wechselseitigen Amensalismus bezeichnen könnte. Sie ist schlecht für den Menschen, weil durch die großen Hundepopulationen ökonomische und gesundheitliche Probleme entstehen, sie ist gleichzeitig aber auch schlecht für den Hund. Einzelne Menschen profitieren vielleicht in psychischer Hinsicht und ich nehme an, es ist durchaus möglich, dass der eine oder andere Hund ein Leben in wirklichem Luxus führt. Für das Leben reinrassiger Hunde allerdings gilt, dass sie nach den Prinzipien der Eugenik – und zwar der schlimmsten Art – ausgewählt werden (oder nicht). Die Zuchtprogramme verfolgen nicht das Ziel, den Hund optimal an das häusliche Leben anzupassen. Stattdessen werden Hunde nach ihrem Wert im Ausstellungsring gezüchtet, wo das Aussehen nicht bloß eine Nebensache ist. Wie es im Hund aussieht, kümmert dabei wenig, und genauso wenig, ob der Hund, der in dem schönen Äußeren steckt, leidet.

Es ist eine bestialische Art, seinen besten Freund zu behandeln.

KAPITEL 8

Servicehunde

Vor einigen Jahren begann ich, mich genauer mit Servicehunden zu beschäftigen. Servicehunde werden üblicherweise von einer einschlägigen Organisation gezüchtet und ausgebildet, um bestimmte Aufgaben für Menschen zu übernehmen. Dazu zählen Blindenführhunde, Behindertenbegleithunde, Therapiehunde für Besuche in Krankenhäusern oder Altersheimen, Signalhunde für Gehörlose oder Hunde, die Epileptiker vor dem nächsten Anfall warnen. Zu nennen sind in dieser Rubrik auch Polizeihunde und Spürhunde, die Landminen oder Drogen aufspüren oder von Lawinen oder Erdbeben verschüttete Menschen suchen.

Es ist überhaupt keine Frage, dass einzelne Hunde wichtige Dienstleistungen für Menschen erbringen. In manchen Fällen kann überhaupt nur ein Hund eine bestimmte Aufgabe erfüllen. Landminen und vor allem ihre Auslöser sind zum Beispiel inzwischen völlig aus Plastik, und es gibt bislang keine Methode, wie sie elektronisch aufgespürt werden könnten. Speziell ausgebildete Hunde sind dabei aber sehr gut. Die Hunde beim Zoll, die Drogen oder Sprengstoff in riesigen Mengen Frachtgut aufspüren, sparen den Beamten eine Menge mühsamer Sucharbeit. Ich bin immer wieder versucht, etwas am Bostoner Beagle Corps vorbeizuschmuggeln, nur um zu sehen, wie gut die kleinen geschäftigen Hunde wirklich arbeiten. Ich war einmal Zeuge, wie einer von ihnen sehr höflich eine Dame stellte, die den Apfel von ihrem Imbiss im Flugzeug mitgenommen und nicht gewusst hatte, dass sie ihn nicht in die Staaten einführen durfte. Es ist auch äußerst schwierig, unter Schnee oder Schutt begrabene Menschen elektronisch aufzuspüren, aber die dafür ausgebildeten Hunde haben auf diesem Gebiet oft Fähigkeiten, die selbst erfahrene Trainer immer wieder überraschen.

Viele Aufgaben, die Behindertenbegleithunde, Signalhunde oder Wachhunde übernehmen, können von Gerätschaften besser und verlässlicher ausgeführt werden. Führhunde bieten aber auch Unterstützung, die sonst kaum möglich wäre. Aber selbst dort, wo Alternativen zum Hund gefunden werden könnten, hat sich der ausgebildete Hundegefährte zusätzlich als psychologisch wertvoll und als Bereicherung für die Menschen erwiesen. Häufig ermöglicht erst der Hund einem Menschen, mit einem Maß an Selbstvertrauen und Unabhängigkeit am öffentlichen Leben teilzunehmen, das zu einem guten Teil auf den Hund zurückzuführen ist. Da die Hunde als wertvolle Helfer wahrgenommen werden, bekommen auch ihre Besitzer mehr Beachtung von jenen Leuten, die Menschen mit Behinderungen sonst eher ignorieren. Die Hunde verhelfen ihnen also zu einem normaleren sozialen Umfeld.

Viele Geschichten über Servicehunde sind wahre Heldensagen und klingen wie direkt aus einer „Unglaublich, aber wahr“-Kolumne. Aber für einen Menschen, der schon einmal lebend begraben war und sein Leben einem Hund verdankt, kommt Kritik nicht in Frage. Bei jemandem, der in einer Phase starker Stressbelastung den positiven Einfluss durch den Einsatz eines ausgebildeten Therapiehundes erlebte, ist Kritik an den Ausbildungsmethoden des Hundes nicht willkommen. Als ich mich aber ein wenig hinter den Kulissen der Zucht- und Ausbildungsmethoden, der Verteilung und Verwendung dieser Hunde umsah, fing ich an, mir um das Wohl dieser Hunde Sorgen zu machen.

Gute Servicehunde sind selten. Die Zahl der Servicehunde, die in den USA im Einsatz sind, macht weniger als 2 % der gesamten Population an Haushunden aus. Vermutlich haben nur 1 oder 2 % der Blinden einen Führhund oder hätten gerne einen. Die Zahlen für die anderen Servicehunde bewegen sich etwa in der gleichen Größenordnung. Die Anzahl der Hunde im Zoll-, Polizei- oder Militärdienst liegt im unteren Tausenderbereich. Rettungshunde gibt es ganz wenige und die meisten gehören Hobbyvereinigungen und Freiwilligen, die in Notfällen Hilfe leisten. In einigen Ländern gibt es ein paar Hunde bei der Polizei oder beim Militär, die bei Katastropheneinsätzen auf der ganzen Welt zum Einsatz kommen. Alle Organisationen, mit denen ich sprach, hätten lieber mehr Hunde. Alle klagten sie über einen Mangel an für die Ausbildung geeigneten Hunden. Warum bloß finden die Organisationen, wenn Hunde so anpassungsfähig und so leicht auszubilden sind, nicht genug gute Hunde?

Wenn das Angebot mit der Nachfrage mithalten könnte, wäre es gut möglich, dass die Servicehunde im 21. Jahrhundert den größten Anteil an Arbeitshunden stellen. Damit das geschehen kann, müsste allerdings die Servicehunde-Branche deutlich mehr von Hunden verstehen als derzeit!

Servicehunde unterscheiden sich von jedem anderen in unserem Buch behandelten Hundetyp auf interessante Art und Weise. Hauptsächlich dadurch, dass Servicehunde von einschlägigen Organisationen wie Massenware am Fließband produziert werden. Mehr als die Hälfte aller Hunde im Ausbildungsprozess schaffen es nicht. Die Rate der Dropouts ist zum Teil auf ungewöhnlich häufig auftretende „genetische“ Defekte, auf das schlechte Ansprechen vieler Hunde auf die Ausbildung mittels klassischer oder operanter Konditionierung und auf den durch Aufzucht und Ausbildung bedingt hohen Stresspegel der Hunde zurückzuführen.

Meine Aufgabe in diesem Buch ist es, die Verhaltensevolution von Arbeitshunden genauer zu untersuchen. Ich habe bei jedem Hundetyp die Anpassungsprozesse beschrieben, die zu einer symbiotischen Beziehung zwischen

Hund und Mensch führten, und gleichzeitig auch, um welche Art symbiotischer Lebensgemeinschaft es sich jeweils handelt. Dieser Frage muss ich auch im vorliegenden Kapitel nachgehen: Bringt die angeblich wundervolle Beziehung sowohl Menschen als auch Hunden einen biologischen Vorteil?

Wenn man versucht, bei Haushunden genau zu analysieren, in welche Kategorie von symbiotischer Lebensgemeinschaft ihre Beziehung zu Menschen fällt, führt das zu endlosen Debatten, was zu einem guten Teil damit zusammenhängt, dass es sowohl bei der Hundepopulation als auch bei der Menschenpopulation große Unterschiede gibt. Ich glaube aber, dass es keine Schwierigkeiten machen sollte, die symbiotische Lebensgemeinschaft von Servicehunden und Menschen genau zu bestimmen.

Oberflächlich betrachtet sieht diese Beziehung nach Mutualismus aus. Die Menschen sind der Auffassung, dass sie dem Hund eine sinnvolle Aufgabe geben und ihn gut versorgen, während der Hund offenkundig das Leben von Menschen mit besonderen Bedürfnissen bereichert. Diese Form von Lebensgemeinschaft wird allerdings von manchen Verhaltensökologen als „Dulosis" oder Versklavung bezeichnet. Üblicherweise verwendet man diese Bezeichnung bei Ameisenarten, die andere Organismen gefangen nehmen und zwingen, für sie zu arbeiten, was zu einem Verlust an biologischem Vorteil bei den gefangen gesetzten Organismen führt.

Die Sache hat allerdings einen Haken. Einige Anthropologen vertreten die Auffassung, dass jede Form von Domestikation ein Fall von Dulosis ist. Sie argumentieren, dass alle domestizierten Arten „gefangen" genommen und genetisch und in ihrem Verhalten verändert wurden. Der Mensch verfährt mit domestizierten Tieren so, dass es ihm nützt. Der Streit zwischen Tierschutzorganisationen und jenen Gruppen, deren Existenz von Tieren abhängt, wie zum Beispiel den Bauern, dreht sich um die Frage, ob Tiere nur einen Nutzwert besitzen oder jenseits ihrer Nützlichkeit für den Menschen auch einen Eigenwert. Ich habe bereits Veranstaltungen und Diskussionen verfolgt, in denen argumentiert wurde, dass alle domestizierten Tiere Sklaven sind (Nutzwert), zu Nahrungszwecken hergestellt werden (Eugenik), zu Schuhen oder Sportjacken verarbeitet werden, zu Kriegsdiensten gezwungen werden, wie zum Beispiel Pferde oder Hunde, oder als Lasttiere arbeiten müssen – ganz wie es den Menschen, die sie gefangen genommen haben, gefällt.

Bei der Argumentation zugunsten der Haltung von domestizierten Tieren wird in erster Linie angeführt, dass der Mensch sie durch künstliche Selektion für seine Zwecke geschaffen hat. Sie sind eine Erfindung des Menschen zum Nutzen des Menschen. Die Begründung für die Hundehaltung ist also die, dass die Menschen den Wolf zähmten, damit er Schlitten zieht, mit ihnen auf die Jagd geht oder einen guten Begleithund für den Menschen abgibt.

Unser Buch schildert die Sache aber anders. Hunde sind durch natürliche Selektion als Beutestöberer im Umfeld der Menschen entstanden. Aufgrund von Umwelteinflüssen haben sich einige von ihnen ohne großes Zutun des Menschen vom ursprünglichen kommensalistisch lebenden Dorfhund zum Jagdhund oder Herdenschutzhund entwickelt. Im Lauf der Jahrhunderte werden die Arbeitshunde immer mehr unter direkte Kontrolle gebracht und für die Arbeit verwendet, wobei die besten von ihnen genetisch überleben. Dann werden aus den Arbeitshunde-Populationen die Haushunde herausgeholt und ins Haus gesperrt, wo ihr Überleben davon abhängt, wie sehr sie der willkürlich festgesetzten Norm eines historisch definierten Standards entsprechen. Von diesen neuen Rassen geraten einige in die Falle genetischer Isolation, eine Sackgasse, die eine natürliche Anpassung an die Umwelt in Gefangenschaft unmöglich macht. Die Familien- und Begleithunde, die auf exotisches Aussehen gezüchtet werden, sind fast der Höhepunkt einer Entwicklung, bei der die symbiotische Lebensgemeinschaft für den Hund ein böses Ende nimmt. Aber nur fast!

Die übertriebenste Form der Versklavung und Manipulation eines Organismus stellen wahrscheinlich die Servicehunde dar. Es besteht kein Zweifel daran, dass Servicehunde einigen wenigen Menschen ausgezeichnete Dienste leisten. Für die, die in dieses System geraten, kommt das aber einem biologischen Desaster gleich.

Warum gelten nicht auch Schlittenhunde, Hütehunde oder Jagdhunde als versklavt? Ich glaube, man könnte darüber durchaus diskutieren. Allerdings müsste man dann zwei Arten von Dulosis unterscheiden.

Erstens: Der Zwangsarbeiter bekommt bei herausragender Leistung die Möglichkeit zur Fortpflanzung. In diesem Fall ahmt die künstliche Selektion die natürliche Selektion nach, bei der ebenfalls das Tier mit der besten Leistung seine Gene an die nächste Generation vererbt. Tiere, die gute Leistungen erbringen, werden vom Menschen gut versorgt und gut ernährt. Der Mensch kümmert sich auf eine Art und Weise um das Tier, die es ihm ermöglichen soll, Spitzenleistungen zu erbringen. Durch Spitzenleistungen erlangt ein Tier seinen Wert als potentielles Zuchtmaterial für den Menschen. Tiere können diesen Wert auch dann behalten, wenn ihre Zeit als Leistungshund abgelaufen ist. Im Lauf der Zeit entstehen durch Selektion Tiere, die eine besondere Veranlagung für eine Aufgabe mitbringen und anscheinend Spaß daran haben. Es ist sogar ziemlich schwer, solche Tiere davon abzuhalten, ihre Arbeit spontan aufzunehmen. Die Anpassung an ihre Aufgabe lässt sich aus ihren angeborenen Fähigkeiten und ihrer Begeisterung für eine Aufgabe ablesen.

Zweitens: Bei Servicehunden für karitative Aufgaben handelt es sich um Tiere, die von einer für die Ausbildung von Hunden auf eine bestimmte Aufgabe spezialisierten Organisation entweder aus Arbeitshunderassen oder im häufigeren Fall aus Haushunderassen bezogen, gefangen gesetzt und auf ihre Aufgabe vorbereitet werden. Damit ihr Nutzen für den Menschen noch steigt, werden sie kastriert. Die gesunden Sexualorgane eines Tieres werden amputiert, damit sie wie menschliche Kastraten oder Eunuchen in einem Harem ein sicheres Leben in Wohlstand führen können, solange sie ihrer edlen Aufgabe nachkommen.

Die Beziehung zum Menschen ist beim größten Teil der 400 Millionen Hunde weltweit für ihr biologisches Überleben vorteilhaft. Für Haushunderassen und Servicehunde, die weggesperrt werden, ist das genetische Überleben aber nicht mehr gesichert. Manchmal können sich Haushunde aus der genetischen Falle, in der sie sich wiederfinden, befreien, indem sie weglaufen, sich der allgemeinen Hundepopulation anschließen und als Bastarde wieder zum Vorschein kommen. Ihre Gene wandern zurück in die wild lebende Population von Dorfhunden. Dorfhunde können wieder und wieder entstehen und passen sich rasch an lokale oder veränderte Bedingungen an.

Für einen Hund, der in die Mühlen der Servicehunde-Branche gerät, gibt es aber keine Hoffnung auf Entkommen mehr. Der Samen der wenigen für Zuchtzwecke vorgesehenen Hunde bringt den Regeln der Organisationen entsprechend nur noch sterile Arbeitstiere hervor. Spitzenleistungen werden nicht mehr biologisch belohnt.

Fundraising und Marketing bringen die notwendige Unterstützung für diese Hunde. Die Besitzer/ Produzenten sind Management- und Marketingspezialisten, wissen aber nur wenig über Hunde. Sie beschäftigen Hundetrainer und Tierärzte, die die Welpen zu Servicehunden verarbeiten. Die Broschüren enthalten Abbildungen von einzelnen außergewöhnlichen Hunden und Bilder von der erfolgreich bestandenen Abschlussprüfung der neuen Mensch-Hund-Teams. Es ist ein ganz normales Geschäft mit den üblichen Verkaufsmethoden. Man verkauft Spendern eine gute Idee. In Kalendern, Rundbriefen und Werbemitteln wird die wunderbare Bindung zwischen dem Menschen und dem von der Organisation ausgebildeten Hund abgefeiert.

Alles dreht sich nur um die Menschen. Darum, wie Hunde Menschen helfen. Wie Hunde dem Menschen ermöglichen, wieder am öffentlichen Leben teilzuhaben. Wie sich das Leben eines Menschen durch einen Hund wunderbar verändert hat.

Ich nehme an Konferenzen teil, die für mich allerdings langweilig sind. Ich möchte damit niemandem zu nahe treten, aber mich interessiert die Erforschung der Hunde, und bei diesen Konferenzen werden Hunde oder Hundeverhalten kaum jemals erwähnt. Alles dreht sich nur darum, wie gut es Menschen mit einem professionell ausgebildeten Hund geht. Wie man erreicht, dass die Sozialversicherung die Kosten für einen professionell ausgebildeten Hund übernimmt. Und wer dafür verantwortlich gemacht werden soll, die Tätigkeit der Organisationen zu kontrollieren, Standards zu entwickeln und Fördergelder aufzutreiben. Manchmal nehmen einige Servicehunde an den nationalen Konferenzen teil. Oft genug machen die Hunde den Eindruck, als wüssten sie gar nicht, wo sie sind und mit wem sie da sind. Sie sehen genauso gelangweilt aus wie ich, wenn sie in Versammlungen sitzen, bei denen Hunde letztendlich kein Thema sind.

Ich habe nicht den Eindruck, dass Servicehunde ein sicheres, bequemes, edles oder gar herrliches Leben führen. Viele Behindertenbegleithunde oder Blindenführhunde, denen ich begegne, sehen alles andere als glücklich aus. Sie sehen aus wie Tiere, die das Ergebnis einer Konditionierung mit aversiven Methoden sind. Es sind Tiere, denen man beigebracht hat, Schwierigkeiten aus dem Weg zu gehen. Sie laufen die Straße entlang, als würden sie darauf warten, dass gleich etwas Schlimmes passiert. Kein Rennen, kein Jagen, keine plötzlichen Bewegungen. Sie werden für die Aufgabe ausgesucht, weil sie keine angeborene Veranlagung zum Jagen von Katzen oder Eichhörnchen oder zum Raufen mit anderen Hunden haben. Es sind Nieten, die bloß keine Schwierigkeiten bekommen wollen. Sie haben keine Ahnung, warum sie einen Rollstuhl ziehen oder was passiert, wenn sie einen Lichtschalter betätigen. Sie lassen keinen inneren Antrieb für irgendeine dieser Handlungen erkennen. Sie sind Tiere, die ihre eigene Arbeit und Leistung nicht wirklich verstehen. Und sie sitzen in der Falle, ohne eine Chance auf Entkommen, es sei denn sie knallen durch. Es ist ein sehr stressiges Leben.

Die größeren Blindenführhunde-Organisationen züchten ihre Hunde selbst. Die größten Agenturen für Behindertenbegleithunde ziehen ihre Hunde selbst auf, allerdings werden die Weibchen zum Werfen auf privaten Plätzen untergebracht. Viele Organisationen für Servicehunde, vor allem jene für Signalhunde, verwenden Tiere aus dem Tierheim. Die Zollbehörden verwenden fast ausschließlich Tierheimhunde, einige wenige sind entweder Geschenke oder werden gekauft. Die Therapiehunde stammen fast alle aus dem Tierheim und manche Organisationen setzen überwiegend gerettete Greyhounds ein. Die Rettungs- und Suchhunde, die Polizei- und die Bombenspürhunde werden meist von Züchtern gekauft. Darunter finden sich viele Deutsche Schäferhunde, die extra für oder von der Organisation gezüchtet werden, die sie aufzieht und ausbildet. Natürlich gibt es in allen Gruppen auch Ausnahmen, und einzelne Organisationen ändern ihre Vorgehensweise im Laufe der Zeit.

Nach welchem System auch immer die Organisationen die Hunde erwerben – selbst gezüchtete Welpen, gekaufte oder geschenkte Hunde oder Hunde aus dem Tierheim – die meisten Hunde schaffen es nicht. Eine Dropout-Rate von

50 % ist das, was die meisten Organisationen selbst zugeben. Genaue Angaben zu bekommen ist fast nicht möglich. Die Rate der durchgefallenen Hunde zu veröffentlichen ist keine gute Werbung, und selbst ehrliche Antworten können die Sachlage beschönigen. Auf diesbezügliche Fragen erhält man oft die Antwort: „Es kommt darauf an, wie man das berechnet." Das ist wohl richtig und auch o.k. so. Tatsache ist aber, dass – egal wie man es berechnet – der Prozentsatz jener Hunde, die die Ausbildung erfolgreich abschließen, nicht sehr hoch ist.

Die Dropout-Raten sind unterschiedlich. Auch die Konsequenzen, die das Versagen für den Hund hat, sind unterschiedlich. Ein Therapiehund muss nicht viel mehr können, als verlässlich und freundlich zu sein. Ein Signalhund, der es nicht schafft, das Telefonläuten richtig anzuzeigen, oder ein Behindertenbegleithund, der den Liftknopf nicht betätigen kann, kann immer noch ein guter und verlässlicher Begleithund sein. Wenn aber ein Blindenführhund am Bordstein nicht anhält, sondern den Behinderten auf die belebte Straße führt, oder wenn ein Minensuchhund sich nicht konzentriert, kann das schlimme Folgen haben.

Warum fallen die Hunde bei der Ausbildung in den Institutionen durch? Ein Fachbetrieb teilte uns mit, dass 65 % der Dropouts aus gesundheitlichen Gründen nicht abschließen. Man stelle sich nur vor, dass man gezielt einen Hundebestand züchtet, bei dem 30 % (50 % gesamte Dropout-Rate mal 65 % gesundheitliche Probleme) krank sind. Andere Einrichtungen geben die Rate der Hunde mit gesundheitlichen Problemen mit niedrigen 14 % an, führen aber bei 96 % der Dropouts Verhaltensprobleme an.

Das Hauptdiskussionsthema bei Servicehunden ist seit Jahren und immer wieder ihre genetische Gesundheit. (Da sitze ich, der ich mich vor allem für Verhalten interessiere, bei Konferenzen, bei denen es zweieinhalb Tage um genetische Gesundheit geht, um dann einen halben Tag über Verhalten zu diskutieren). Hautkrankheiten sind zunehmend ein Problem. Hüftgelenksdysplasie ist seit 40 Jahren ein Problem. Ellbogenprobleme und generelle Arthritis machen der Branche seit langem sehr zu schaffen. Progressive Retinaatrophie tritt bei bestimmten Rassen besonders häufig auf und ist, Ironie der Geschichte, gerade bei Blindenführhundrassen ein Problem. Forschungsprojekte in Millionen-Dollar-Höhe versuchen, die Gene für Retinaatrophie zu identifizieren. Argumentiert wird das so: Wenn man herausfindet, welche Gene Retinaatrophie verursachen, kann man bei den Zuchttieren ein Gen-Screening vornehmen und die betroffenen Tiere bereits als Welpen ausfindig machen und aus den Aufzucht- und Trainingsprogrammen entfernen. In einigen Organisationen beginnt man mit der Ausbildung der Hunde erst im Alter von eineinhalb Jahren, weil manche Erbkrankheiten erst ab diesem Alter feststellbar sind. Ob eineinhalb Jahre das richtige Alter ist, um mit der Ausbildung anzufangen, ist kein Thema.

Es wird nur deswegen als Anfangsalter festgesetzt, weil es keinen Sinn machen würde, Ausbildungsarbeit in ein Tier zu investieren, das dann wegen eines körperlichen Defekts aussortiert werden muss.

Entspricht diese Methode auch nur irgendwie den Erkenntnissen über die Entwicklungsbiologie des Hundes?

Man nehme irgendein Organsystem – Blut, Knochen, Muskel, Leber, Nebenniere, Niere, Haut, Augen, Ohren, Fortpflanzungsorgane – und bei jedem finden sich gleich mehrere Organisationen, deren Hunde an Problemen mit mindestens einem dieser Organe leiden. Trotzdem aber züchten die Organisationen von Jahr zu Jahr mehr Hunde. Ich fragte den Vorsitzenden einer dieser Organisationen einmal, wie sie es angesichts der steigenden Dropout-Rate schaffen wollten, mehr gute Tiere zu bekommen, und er antwortete ohne langes Nachdenken: „Wir produzieren einfach mehr Hunde."

Manche Menschen halten es vielleicht für unethisch, Hunde mit genetischen Defekten zu vermehren. Wenn die Rate der Hunde mit genetischen Defekten bei 10 % läge, würden sie angesichts der schlechten Aussichten für den Hund davor zurückschrecken. Jedenfalls würden menschliche Eltern, wenn sie wüssten, dass ihr Kind mit einer Wahrscheinlichkeit von 10 % einen genetischen Fehler hätte, eine Beratung in Anspruch nehmen und erst dann entscheiden, ob sie dieses Risiko eingehen wollen. In der Hundebranche erklärt man mir aber, eine 15 %-Rate bei Hüftgelenksdysplasie sei niedrig, ja eigentlich sogar recht gut. Diese Einschätzung ist wohl darauf zurückzuführen, dass bei einigen Servicehunde-Organisationen Quoten bis zu 35 % bei Erberkrankungen gang und gäbe sind.

Tierschutzorganisationen, die ja sicherstellen sollen, dass Haustiere gut behandelt werden, sind bei diesem Thema ein wenig schizophren. Kürzlich geriet das Iditarod-Rennen in das Kreuzfeuer der Kritik von Tierschützern. In der Geschichte des Rennens, das seit 1973 durchgeführt wird, starben von 20 000 Hunden, die daran teilnahmen, 145 während des Rennens – das sind sieben Zehntel eines Prozents. Schlecht? Ich halte das für den Beweis, dass es sich um eine wirklich gesunde Hundepopulation handelt. Das Rennen schneidet damit im Vergleich zu den 35 % der Population der Servicehunde, die ein durch genetische Defekte beeinträchtigtes Leben führen, ausgezeichnet ab.

Viele Servicehunde fallen wegen Verhaltensproblemen bei der Ausbildung durch. Manche Organisationen verzeichnen allein aufgrund von Verhaltensproblemen eine Dropout-Rate von 40 %. Ganz oben auf der Liste stehen Aggression gegen Menschen oder andere Tiere, Ängstlichkeit und Scheu. Ein Servicehund darf außerdem vom Wesen her nicht so selbstbewusst sein, dass ein behinderter Mensch ihn nicht mehr unter Kontrolle halten kann. Gleichzeitig darf der Hund aber auch nicht zu ängstlich sein, damit er nicht dazu gebracht werden kann, einen Menschen unabsichtlich in eine gefährliche Situation zu bringen. Der Hund muss ein so festes Wesen haben, dass er einen Befehl verweigert, wenn dieser seinen Klienten ihn Gefahr bringen würde. Hunde, die Hilfsdienste für Menschen erbringen, dürfen sich nicht dazu hinreißen lassen, Katzen oder Eichhörnchen zu jagen, Sozialkontakte mit anderen Hunden aufzunehmen oder mit ihnen zu raufen. Sie sollten anderen Menschen gegenüber nicht zu freundlich sein und kein aufmerksamkeitsheischendes Verhalten an den Tag legen. Anders gesagt, sie müssen eine ganz besondere, fast hundeuntypische Veranlagung mitbringen.

Ein Servicehund muss auch die richtige Größe haben. Labrador und Golden Retriever werden deswegen bevorzugt als Behindertenbegleithunde am Rollstuhl eingesetzt, weil sie die richtige Größe und das ideale Verhalten haben. Ein Blindenführhund muss so groß sein, dass das Führgeschirr richtig passt, darf aber auch nicht zu groß sein, weil sonst der Mensch mit seinem Schritttempo nicht mehr mitkommt. Man sieht auch einen Chihuahua oder Dackel eher selten als Blindenführhund. So wie beim Schlittenhund hat auch hier jeder Hund einen Raumgriff, von dem sein Tempo (beim Gehen) abhängt, und auch jeder Mensch hat seinen eigenen Raumgriff, der je nach Größe, Alter und physischen Fähigkeiten unterschiedlich ausfällt. Servicehunde müssen daher in Größe und Gangart sorgfältig auf ihren neuen Besitzer abgestimmt werden. Eine Organisation hat sogar vergleichsweise kleine Deutsche Schäferhunde gezüchtet, weil Menschen, die ihren zweiten oder dritten Hund bekommen, wieder einen Schäferhund wollen („genau so einen, wie den ersten"), inzwischen aber älter geworden sind und weniger schnell gehen bzw. einen großen Hund weniger leicht unter Kontrolle behalten können. Signalhunde sind oft eher kleine, lebhafte Hunde, die als Signal am Menschen hochspringen. Sie dürfen nicht so groß sein, dass sie den Menschen beim Signalgeben umwerfen würden.

Jeder Hund muss perfekt zu dem Menschen passen, zu dem er kommt. Bei der Auswahl des geeigneten Hundes muss man oft sorgfältig auf Details achten. So muss beispielsweise ein Hund, der ein wenig Angst davor hat, über ein Lüftungsgitter zu gehen, zu einem Menschen kommen, in dessen Umgebung es keine Gitter gibt.

Ich glaube, dass die Ursachen für die Verhaltensprobleme, die dazu führen, dass ein Hund die Ausbildung nicht schafft, in der Art und Weise zu suchen sind, wie viele der Servicehunde aufgezogen werden und weil man sich vor allem an Kosten und Bequemlichkeit orientiert. Dabei haben wir am Beispiel der Herdenschutzhunde oder der Jagdbegleithunde und eigentlich auch aller anderen Hunde in diesem Buch bereits gesehen, wie wichtig die richtige Umgebung für die Frühentwicklung des Hundes ist. Die gesamte Servicehunde-Branche legt allerdings große Unkenntnis über die Frühentwicklung und ihre Folgen für die Aufzucht guter Hunde an den Tag. Es herrscht auch der Glaube, dass man jeden beliebigen Hund nehmen kann. Jeder Hund aus guter Zucht sollte auf die Methoden der klassischen oder instrumentellen Konditionierung gut ansprechen. Wenn der Hund auf die üblichen Trainingsmethoden nicht gut anspricht, heißt es oft, er stamme aus schlechter Zucht oder er habe schlechte Gene. Wenn das Tier Aggression gegen Menschen zeigt oder ein scheues oder ängstliches Wesen hat, dann neigt man dazu, das dem Wesen des Hundes zuzuschreiben und ein ererbtes Verhalten anzunehmen. Und man zieht den Schluss daraus, dass man durch noch strengere Selektion dieses Verhalten verhindern muss.

Gleichzeitig wissen die Hundetrainer aber offenbar, dass nicht jeder Hund auf Konditionierung nach Pawlow und Skinner gleich reagiert. Verschiedene Hunderassen reagieren unterschiedlich. Labrador Retriever zeigen sich eher ängstlich und Schäferhunde eher aggressiv. Und dabei handelt es sich doch wohl um genetische Unterschiede – oder etwa nicht?

Es gibt – großteils aus Australien stammende – Fachliteratur darüber, wie man ängstliche oder aggressive Verhaltensmerkmale bei Blindenführhunden wegzüchtet. Wenn man die Ängstlichkeit aus einer Zuchtlinie wegzüchten kann, muss es sich doch wohl um ein genetisches Merkmal handeln, oder?

Der wichtige Punkt, den offenbar nur wenige Organisationen verstanden haben, ist aber, dass Phänotypen in Reaktion auf die Umwelteinflüsse in ihrer Entwicklungsphase entstehen. Wenn man den gleichen Gensatz in drei unterschiedlichen Umgebungen großzieht, bekommt man drei verschiedene Ergebnisse. Wenn ich einen Hund während der kritischen Phase seiner Sozialentwicklung vom Menschen isoliert aufziehe, dann erhalte ich einen Hund, der „genetisch bedingt“ (und auf Lebenszeit) menschenscheu ist. Kann ich dieses Merkmal aus der Zuchtlinie wegzüchten? Das ist nicht nötig.

Wenn ein Teil des Verhaltens genetisch veranlagt ist, muss man dann davon ausgehen, dass die Hunderassen verschieden sind? Unbedingt! Man lese nur Kapitel 6 über die Hütehunde. Die verschiedenen Rassen wurden auf unterschiedliches Einsetzen und unterschiedliche Häufigkeit von angeborenen (genetisch bedingten) Verhaltensweisen selektiert. Wenn ich zwei Rassen habe (zwei verschiedene Sätze von Allelen) und möchte, dass beide gute Führhunde werden, ziehe ich dann beide Rassen in der gleichen Umgebung auf? Auf keinen Fall. Ich halte es für sinnlos, einen Retriever und einen Border Collie in der gleichen Umgebung aufzuziehen, wenn ich sie zu Führhunden ausbilden will. Ich halte es sogar für sinnlos, einen Border Collie mit Wettkampf-Eignung oder einen Retriever überhaupt als Führhund ausbilden zu wollen. Keiner von beiden kann angesichts der jeweiligen Verhaltenskonfiguration der Rasse so weit auf ein Programm zur Verhaltensmodifikation ansprechen, dass er einen guten Führhund abgeben würde.

Dass ein Hund versagt, und zwar nicht aus eigener Schuld, kann auch an weniger offensichtlichen Ursachen liegen. Zum Beispiel eilt manchen Hunderassen ein bestimmter Ruf voraus, der auch einen Einfluss darauf hat, wie die Menschen diese Rasse behandeln. Deutsche Schäferhunde scheitern oft deswegen, weil man bei ihnen eine vermeintliche Neigung zur Aggression gegenüber Menschen diagnostiziert; das gleiche gilt für Pitbull, Rottweiler und Dobermann. Labrador und Golden Retriever gelten als freundlich. Ich habe noch nie einen Film gesehen, in dem ein sadistischer Krimineller einen Golden Retriever als Kampfhund auf seine weggelaufene Freundin gehetzt hätte oder jemand mit einem Goldie Gefangene in Schach gehalten hätte. Ich habe solche Szenen aber schon mit Dobermännern und Schäferhunden gesehen. Es ist sogar so, dass manche Organisationen mir erklären, sie verwendeten deswegen weiterhin Deutsche Schäferhunde, weil ihre Kunden sich mit einem solchen Hund an ihrer Seite sicherer fühlen, also den Hund nicht nur als Führhund, sondern auch zu ihrem Schutz wollten. Dass Schäferhunde sich gegen potentielle Übeltäter aggressiver verhalten, ist ein in unserer Kultur wurzelnder Aberglaube.

Die furchtsame Reaktion von Menschen auf eine Rasse, die sie als aggressiv einstufen, „lehrt" die Schäferhunde oder Pitbulls, sich Menschen gegenüber aggressiv zu verhalten. Wenn der Hund eine Straße entlang geht, gehen manche Menschen, fast unmerklich, auf Distanz oder weichen aus. Innerhalb von zwei Wochen kann ein Hund auf diese Art gegen Menschen gerichtete Aggression entwickeln. Wenn Menschen einem Golden Retriever auf die gleiche Weise begegnen würden, würde das theoretisch zum gleichen Ergebnis führen.

Sind Deutsche Schäferhunde genetisch bedingt aggressiv? Ja! Wo sitzen die Gene für die Aggression? In der Fellfarbe und im Aussehen. Es handelt sich um ein Feedback-System, bei dem jedes Mal, wenn ein Mensch dem Schäferhund wegen seiner Farbe und seines Aussehens ausweicht, der Hund stärker auf diese Bewegung reagiert, woraufhin die Menschen einen noch größeren Bogen um den Hund machen, und so weiter. Kann man einem Hund, der bereits gelernt hat, sich aggressiv zu verhalten, das wieder abtrainieren? Vermutlich nicht völlig.

Nun gut, aber kann man den Schäferhunden die Aggression gegen Menschen weg*züchten*? Natürlich! Ich würde das so angehen, dass ich Schäferhunde mit gelbem Fell und Schlappohren züchte. Besteht der einzige genetische Unterschied zwischen Schäferhunden und gelben Labrador Retrievern nur darin, dass sie wie Schäferhunde beziehungsweise gelbe Labradors aussehen? Das weiß ich nicht. Ich würde aber keine Zeit damit verschwenden, den Schäferhunden die

Aggression wegzuzüchten, wenn ich nicht genau weiß, woher diese Aggression stammt.

Der springende Punkt bei all dem ist, dass es keine genaue ethologische Definition von Verhaltensweisen wie Aggression gibt. Ist Aggression ein einheitliches Verhalten, das in einem bestimmten Bereich des Gehirns beginnt? Oder sind aggressive Verhaltensweisen im Kontext mit der Situation, in der sie auftreten, zu sehen, zum Beispiel beim Beutemachen, bei der Verteidigung des Futters oder des Sexualpartners, bei Rangordnungsauseinandersetzungen, bei Angst und so weiter, und gibt es daher unterschiedliche Entstehungsmöglichkeiten? Solange wir nicht genau wissen, mit welcher Art von Aggression wir es zu tun haben, können wir das Verhalten auch nicht unter Kontrolle bringen. Ein Schlittenhundeführer will keine Raufereien im Gespann, er vermeidet daher das Entstehen von Futterhierarchien, indem alle heranwachsenden Hunde getrennt gefüttert werden.

Ich glaube, Verhaltensprobleme werden durch die Servicehunde-Branche gefördert, weil die kommerziell produzierten Hunde ein Leben in ständig wechselnden Umgebungen führen und das Ergebnis eine Reihe von miteinander in keinerlei Zusammenhang stehender Ereignisse ist. Jede Phase ihrer Entwicklung verläuft in gewissem Maße traumatisch und trägt wenig dazu bei, den Hund darauf vorzubereiten, was als Nächstes kommt. Von den Dingen, die sie in der kritischen Phase ihrer Entwicklung erleben, dienen nur wenige dazu, sie auf ihre Aufgabe als erwachsener Hund vorzubereiten. Dahinter steckt der Glaube, dass ein paar Monate Ausbildung, die erst beginnt, wenn der Hund bereits eineinhalb Jahre alt ist, ausreichen, um aus dem Hund einen guten Servicehund zu machen.

Die Welpen werden oft in sterilen Zwingern geboren, wo sie häufig auch ihre ersten zehn Lebenswochen verbringen, also mehr als die Hälfte der kritischen Phase der Sozialentwicklung. Selbst bei den besten Organisationen sind Zwinger eine reizarme Umgebung. Die Organisationen sehen ihre Aufgabe hauptsächlich darin, die Welpen am Leben zu erhalten und vor Krankheiten zu schützen. Es ist ein weitverbreiteter Glaube, dass die Welpenphase nur dazu dient, die Immunabwehr zu entwickeln und genügend zu wachsen, damit das für die Ausbildung geeignete Alter erreicht wird. Die Aufgabe der in den Zwingern Beschäftigten und des Pflegepersonals besteht darin, die Welpen sauber, gut genährt und gesund zu erhalten. Das Pflegepersonal trägt Labormäntel und Uniformen, manchmal sogar die medizinische Variante der Raumfahrtanzüge. Für den Welpen ist das etwa so, als wäre er in ein gut geführtes Waisenheim hineingeboren worden. Die Tiere werden physisch gut versorgt, aber für ihre emotionalen Bedürfnisse wird wenig getan. Werden sie darauf vorbereitet, dass sie eines Tages Treppen steigen oder Lüftungsgitter überqueren müssen?

Denkt irgendjemand an ihre olfaktorische Prägung? Macht irgendwer sie mit Verkehrslärm vertraut? Wer sich mit Jagdhunden gut auskennt, weiß genau, dass Welpen während der kritischen Phase Gewehrschüsse gehört haben müssen, damit sie als erwachsene Tiere möglichst schussfest sind. Wie kommt es, dass so viele Servicehunde durchfallen, weil sie Angst vor Straßenverkehr, Autos oder Hupen haben? Es liegt daran, weil sie das alles erst kennen gelernt haben, als sie bereits zehn Wochen oder älter waren. Vielleicht liegt es aber auch daran, dass sie erst mit der Außenwelt in Berührung kamen, als sie auf einer traumatischen Autofahrt aus dem reizarmen Zwinger weggebracht wurden.

Diese Welpen sehen während der kritischen Phase ihrer Sozialisation, also von der Geburt bis zur zwölften Woche, nur aufrecht stehende Menschen, die sich normal bewegen und normal sprechen. Sie spielen mit anderen Welpen. Aber ihr Leben als erwachsener Hund werden sie vielleicht mit einem an den Rollstuhl gebundenen Menschen und ohne andere Hunde verbringen müssen. Blinde und behinderte Menschen bewegen sich anders und sprechen häufig auch anders als andere Menschen. Der Welpe muss während der Sozialisationsphase Kontakt zu jenen Menschen haben, für die er eines Tages arbeiten wird. Der Welpe, der mit allen fünf Sinnen lernt, was in seiner Umgebung alles normal ist, muss lernen, dass Menschenansammlungen, Autobahnen oder Menschen in Rollstühlen zu seiner normalen Umgebung gehören.

Meiner Erfahrung nach mögen die Leute, die Zwinger managen, Hunde wirklich und lieben die Welpen aufrichtig. Allerdings gilt ihre Zuwendung und Fürsorge den Welpen, solange sie Welpen sind. Die Arbeitsmethoden der Organisationen werden aber von knappen Zeitbudgets, mageren Finanzressourcen und beengten Verhältnissen bestimmt, was üblicherweise bedeutet, dass die Umwelt, in der ein Hund als Welpe und Junghund aufwächst, mit der Umwelt seines erwachsenen Lebens wenig zu tun hat. Viele Leiter solcher Organisationen haben ihr ganzes Leben lang noch keinen Hund ausgebildet. In den USA haben nur wenige Menschen des Betreuungspersonals die vorhandene Literatur über die Welpensozialisation gelesen und noch weniger wenden diese Erkenntnisse in ihren Welpenaufzuchtsprogrammen an.

Bei den meisten Verbänden für Arbeits- oder Sporthunde werden an jeden Welpen hohe Erwartungen gestellt und die Frühentwicklungsphase und Ausbildungsprogramme sorgfältig auf die spätere Aufgabe des Hundes abgestimmt. Die Branche für Servicehunde dagegen versucht, allgemeine Programme für Wesenstests beim Welpen zu entwickeln. Das Ziel ist dabei, Tests zu entwickeln, mit denen man sie, vielleicht in unterschiedlichen Altersstufen, darauf abtestet, wie sie als erwachsener Hund sein werden. Für mich ist das ein skurriles Konzept. Man geht dabei unter anderem von der Vorstellung aus, das Verhalten des erwachsenen Hundes sei schon im 8, 12 oder 24 Wochen alten Welpen angelegt.

Der Hund enthält aber bei der Geburt noch nicht sein Verhalten als erwachsenes Tier. Verhalten ist immer eine Reaktion der genetischen Anlagen auf die Umwelteinflüsse. Trotzdem ist die Idee der Welpentests nicht auszurotten, als ob ein ängstlicher Welpe automatisch zu einem ängstlichen erwachsenen Tier heranwachsen müsste und dieser Welpe daher im ersten Jahr ausgeschieden werden muss, bevor man Zeit und Geld in ihn investiert. Bei dieser Methode werden sämtliche Erkenntnisse über Entwicklung und Verhalten der Hunde außer Acht gelassen.

Man ist sich in diesen Organisationen offenbar nicht darüber klar, dass in jedem anderen Bereich, in dem man Arbeitshunde einsetzt, die guten Hunde vom jüngsten Welpenalter an sorgfältig und unter Beachtung ihrer Entwicklungsbedürfnisse aufgezogen werden. Wenn man mir einen Schlittenhund, Jagdbegleithund oder Herdenschutzhund aus bester Zucht anbieten würde, der die ersten acht Lebenswochen in einem Zwinger verbrachte, würde ich ablehnen. Die Chance, dass sich ein solcher Hund positiv entwickelt, wird mit jedem Tag, der vergeht, geringer. Ich habe Beschäftigte verschiedener Organisationen gefragt, ob sie die klassischen Arbeiten über die kritische Phase der Sozialentwicklung von Scott und Fuller gelesen hatten. Ein Genetiker hatte „davon gehört". Das ist etwa so, als würde jemand sagen: „Oh, ja, von Darwin habe ich schon gehört." Ende des Gesprächs.

In den Jahrzehnten nach dem Zweiten Weltkrieg machte das Verständnis vom Verhalten der Hunde und den Methoden ihrer Sozialisation große Fortschritte. Die theoretischen Arbeiten von Scott und Fuller am Jackson Laboratory in Maine wurden in Kalifornien von Clarence Pfaffenberger und seinen Kollegen bei *Guide Dogs for the Blind* auf die Arbeit mit Hunden übertragen. Sie entdeckten eher zufällig, dass jene Welpen, die ab dem Alter von zwölf Wochen in Privathäusern aufwuchsen, bessere Blindenführhunde wurden als jene, die bis zum Alter von neun Monaten in den Zwingern blieben. Nach weiterer Forschungsarbeit in Kalifornien fand Pfaffenberger heraus, dass man sowohl beim Wesen als auch in der körperlichen Entwicklung der Hunde große Verbesserungen erreichen konnte, wenn man – wie er es nannte – „intelligente" Zuchtprogramme anwandte. Gegen Ende seines 1963 veröffentlichten Buches *The New Knowledge of Dog Behavior* berichtete er, es seien in den letzten zwei Jahren keine Fälle von Skeletterkrankungen mit Lahmheit als Folge aufgetreten, und er zeichnete ein dank der Forschung rosiges Bild der Zukunft von Blindenführhunden. Heute, vier Jahrzehnte später, gibt es bei dieser Blindenführhund-Organisation genauso viele Hunde, die wegen körperlicher Probleme oder Verhaltensstörungen ausgeschieden werden, wie bei jeder anderen.

Wo liegt das Problem? Warum ignoriert man die Arbeit von Scott und Fuller? Mehrere Unternehmen beschäftigen inzwischen moderne Genetiker, die mathematische Formeln auf biologische Fragestellungen anwenden und versuchen, gegen bestimmte Krankheiten und auf gutes Verhalten zu selektieren, allerdings ohne dem Hund als solchen oder den Welpen und ihrer Entwicklung Beachtung zu schenken. Sie behandeln Hunde, als wären es genetische Roboter, bei denen alle Eigenschaften genetisch kontrolliert werden. Es gibt keine Gene für Hüftgelenksdysplasie oder Verhalten. Beides ist epigenetisch bedingt.

Nach der Anfangsphase im Zwinger kommen die Welpen für eine Phase von bis zu eineinhalb Jahren in ein nettes Zuhause. Dieses Zuhause kann wieder mehr oder weniger nur eine Wartezeit sein, bevor die wirkliche Arbeit beginnt. Manche Organisationen ersuchen ihre Welpenbetreuer, den Hunden erste Aufgaben beizubringen und auf ihre grundlegende Verhaltensentwicklung zu achten. Andere wieder versuchen, Probleme dadurch zu vermeiden, dass sie die Hunde ein oder zweimal pro Monat an Ort und Stelle begutachten oder sie zur Kontrolle und Ausbildung in die Zentrale zurückbringen lassen.

Die meisten Organisationen tun das nicht. Oft sind die größten Organisationen die schlimmsten. Eine Organisation, die pro Jahr 600 Welpen und mehr aufzieht, beschäftigt vielleicht Welpenbetreuer im gesamten Nordosten oder Südwesten der USA. Allein die Entfernungen zu den einzelnen Betreuern macht eine Begutachtung bei den meisten Hunden des Jahresbestands unmöglich. Die Welpenbetreuer ziehen die Hunde im Wesentlichen alleine auf, und die Organisation wartet ab, ob sie an einer „genetischen“ Krankheit oder an Verhaltensproblemen leiden. Die Wartezeit kann eineinhalb Jahre betragen.

Wenn die Hunde diese Phase bestanden haben, kommen sie wieder zurück in die Zwinger der Organisation. Sie werden untersucht und in Zwinger gesperrt. Sie müssen lernen, auf den Fußboden zu machen, außerdem lernen sie, sich an wüstem Gebell zu beteiligen. Sie bekommen eine Woche Zeit zur Eingewöhnung, danach kommen sie in eine Hundegruppe, die von einem Trainer, den sie noch nie zuvor gesehen haben, gemanagt wird; der Trainer hat es mit acht Hunden zu tun, die er noch nie zuvor gesehen hat. Bei manchen Organisationen verlassen die Hunde ihre Käfige nur für die 20 Minuten lange tägliche Trainingseinheit. Keiner bekommt mehr als eine Stunde. Bei anderen Organisationen werden die Hunde von Anfang an in der Stadt ausgebildet und verbringen daher mehr Zeit als die reine Ausbildungseinheit außerhalb des Zwingers. Wieder andere erhalten ihre Ausbildung im Korridor vor dem Zwinger. Für manche Hunde, die in einem Privathaushalt aufgezogen wurden, ist der Schock, plötzlich im Alter von eineinhalb Jahren für vier Monate Ausbildung in einen Zwinger gesteckt zu werden, zu viel. Auf ihren Berichtskärtchen steht dann „wegen Zwingerstress ausgeschieden“.

Die Hundetrainer sind ein bunter Haufen. Manche haben jahrelange Erfahrung und sind sehr, sehr gut. Sie mögen Hunde und mögen auch die Arbeit mit ihnen. Die Kombination aus Erfahrung und Hundeliebe ergibt einen echten „Hundemenschen". Einen, der sich in die Bedürfnisse eines Hundes einfühlen kann und der Hunde so gut versteht, dass er die Ausbildung auf das Wesen eines bestimmten Tieres zuschneiden kann. Ich habe Trainern zugeschaut, die sich mit der Präzision von Balletttänzern bewegen. Ich habe ihr Gespür für Timing und dafür, was der Hund als Nächstes tun wird, bewundert.

Andererseits gibt es auch viele neue, schlecht ausgebildete Trainer, die das erste Mal die Ausbildung eines Hundes übernehmen. Viele sind völlig überarbeitet. Sie holen den Hund aus dem Zwinger, lassen ihn das Programm abspulen und stecken ihn wieder hinein. Acht Hunde pro Tag, fünf Tage die Woche, nur zwei Wochen Urlaub pro Jahr. Sie haben noch nie von „instrumenteller Konditionierung" gehört, noch kein Buch über Hundeausbildung von Anfang bis Ende gelesen und eine völlig vermenschlichte Auffassung davon, worum es beim Lernen geht.

Die meisten Organisationen bemühen sich, dass jeder Hund wenigstens 60 Stunden Ausbildung bekommt, bevor er abgegeben wird. Wenn der Trainer aber acht Hunde pro Tag und einen Achtstundentag hat, dann kann aufgrund der nötigen Pausen für die Trainer kein Hund auf eine Stunde Ausbildung pro Tag kommen. Mit einer Stunde pro Tag, an fünf Tagen pro Woche, zwölf Wochen lang hat man aber bereits einen Hund, der den Mindeststandards genügt.

Am Ende der Ausbildung werden der Hund und sein neuer Besitzer so ausgesucht, dass sie möglichst gut zusammen passen. Der neue Besitzer ist wieder ein eigenes Kapitel. Häufig haben die Besitzer keine Erfahrung im Umgang mit Hunden und/ oder kein Talent dazu. Vielleicht hat er oder sie noch nie einen Hund gehabt, noch nie einen Hund ausgebildet und noch nie ein Buch über Hundeausbildung gelesen. Die wenigsten bewegen sich mit der Präzision eines Balletttänzers oder wissen, dass es bei Kommandos oder Bewegungen vor allem auf Konsequenz und die immer gleiche Form ankommt.

Wieder landet der Hund in einer neuen Umgebung und bei einem Menschen, der ihn nicht ausgebildet hat. Vielleicht wurde der Hund ja noch nie von einem Menschen im Rollstuhl angeleitet. Ob man es glaubt oder nicht, aber Hunde und andere Tiere werden in der kritischen Phase auf Signale auf horizontaler Ebene und solche auf vertikaler Ebene geprägt. Wenn Katzen mit vertikal gestreiften Brillen aufwachsen, können sie später horizontal angeordnete Hindernisse nicht erkennen. Löwen erkennen einen Menschen im Auto nicht als solchen. Schafe lernen während ihrer kritischen Phase aufrecht stehende oder gehende Menschen kennen. Hunde achten sehr genau auf Körpersprache und Gesichtsausdruck und erkennen Bekanntes leicht. An eine fremde Situation muss sich der Hund aber erst gewöhnen. Mir ist es schon passiert, dass mich meine eigenen Hunde wie einen völlig Fremden verbellen, weil ich im Auto sitze. Wenn ich sie dann anrede, schauen sie ein wenig betreten, so als möchten sie sagen: „Sorry, Chef, durch das Autofenster konnte ich dich nicht erkennen, weil mein Gehirn leider anders funktioniert." Der Hund muss also wieder alles von der Pike auf lernen. Der Rollstuhlbegleithund muss lernen, auf ein Kommando von einer sitzenden Person zu reagieren und unklare Signale richtig zu interpretieren.

Ich habe solchen Hunden bei der Arbeit zugesehen und war beeindruckt davon, was man einem Hund alles beibringen kann. Hunde sind vielleicht die einzige Spezies auf der ganzen Welt, der man diese vielen verschiedenen Aufgaben beibringen kann. Man stelle sich nur eine Blindenführkatze oder ein Bombenspürschwein vor. Abgesehen von Therapietieren kann man sich andere Tiere für die Aufgaben, die Servicehunde übernehmen, nicht einmal vorstellen.

Die Tatsache, dass man Hunden beibringen kann, die verschiedensten Dinge auszuführen, heißt allerdings nicht, dass sie davon profitieren. Die Aufgaben, die die Hunde wahrnehmen, sind kompliziert, schwierig und stressig. Als ich Rollstuhlbegleithunde in der Ausbildung beobachtete, war ich eigentlich der Meinung, dass manche der von ihnen geforderten Dinge so schwierig sind, dass die Hunde sie nicht wirklich bewältigen können. Viele Servicehunde sind fürchterlich übergewichtig. Schon leichte körperliche Arbeit treibt die Körpertemperatur hoch. Wir hatten es hier aber nicht mit 23 kg schweren Schlittenhunden in Rennkondition, die an einem kalten Tag auf weichem Schnee laufen, zu tun, sondern mit um die 35 kg schweren Golden oder Labrador Retrievern auf schwarzem Asphalt an einem sonnigen, heißen Tag in Kalifornien. Diese Hunde trugen kein sorgfältig angepasstes Zuggeschirr, das ihnen Bewegungsfreiheit und Schutz vor Schmerzen beim Ziehen des Rollstuhls garantiert hätte. Sie trugen ein schlecht geschnittenes Brustgeschirr, bei dem man anscheinend Anleihen an das Zuggeschirr eines Pferdes gemacht hatte, mit Gurten, die mit Kunstpelz gepolstert waren (noch mehr Wärme) und das schlecht saß. Jedes Geschirr hing an den Schultern so weit nach unten, dass es bei jedem Schritt über den Vorderbeinen spannte.

Noch schlimmer wurde das Ganze dadurch, dass die Hunde seitlich an den Rollstuhl gespannt waren und daher ihr Körper in eine völlig schiefe Haltung gezwungen wurde. Sie mussten ihren Rücken entsetzlich aufwölben, um den Rollstuhl daran zu hindern, aus der Zugrichtung wegzurotieren, und gleichzeitig darauf achten, dass er ihnen nicht über die Zehen rollte.

Schlittenhunde können müde sein oder gar erschöpft. Sie sollten aber keine Schmerzen haben, außer die angenehme Ermattung aller Muskeln, die ein jeder Spitzensportler kennt. Die Rollstuhlbegleithunde sahen aber aus, als würde ihnen einfach alles weh tun.

Einen Rollstuhl ziehen sieht nicht nach harter Arbeit aus. Es ist jedenfalls nicht schwer, einen zu schieben (in ebenem Gelände). Aber versuchen Sie mal, einen Rollstuhl aus seitlicher Position einen leichten Hang hinaufzuziehen. In einem schrägen Winkel zu ziehen, macht die Sache sehr viel schwerer. Es tut nicht nur weh, sondern richtet Schaden an. Dabei werden Knochen verzogen, Haut wund gescheuert und die Pfoten ungleichmäßig abgenutzt.

Warum sollte ein Hund das tun wollen? Schlittenhunde rennen fast bis zur Erschöpfung, weil das Laufen und das Zusammensein mit anderen laufenden Hunden eine soziale Belohnung darstellen. Sie wachsen auf andere Hunde sozialisiert auf. Sie sehen Hundegespanne kommen und gehen. Sie schlagen Lärm, weil sie unbedingt mit wollen. Sie wollen nur ja nicht von den anderen Hunden getrennt und allein zurückgelassen werden. Aus dieser Motivation heraus laufen und ziehen sie im Gespann.

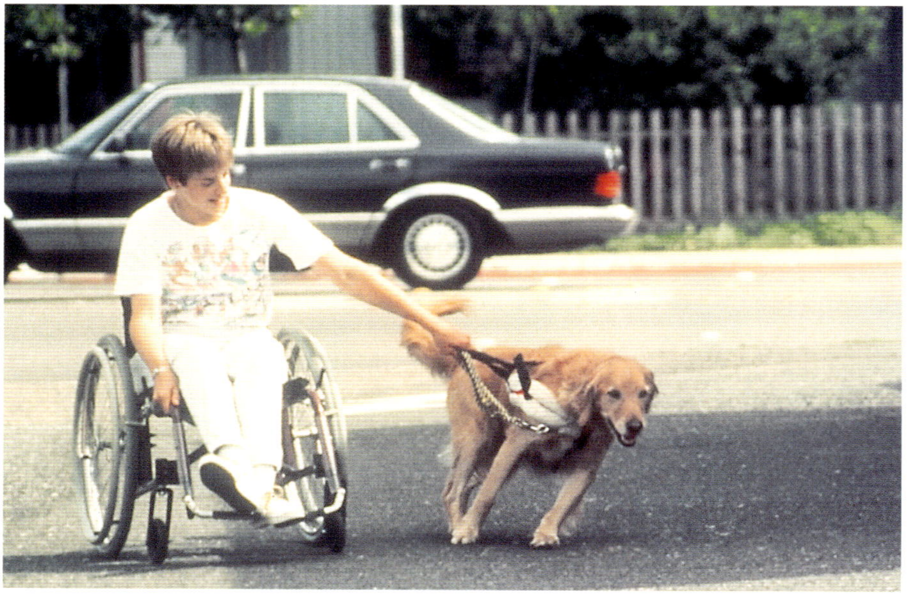

Servicehund beim Ziehen des Rollstuhls. Eine für den Hund schwierige Aufgabe und es ist unwahrscheinlich, dass der Hund oder der Mensch das lange durchhalten kann. Der Hund könnte so, mit schiefem Rücken und einseitiger Belastung der Pfoten, jedenfalls nicht täglich Marathonstrecken laufen. Der Hund wird sich früher oder später Verletzungen zuziehen. Das Brustgeschirr sitzt nicht einmal richtig, sondern rutscht über die Vorderbeine. Das ist in etwa so, als müsste man mit einem schweren Rucksack vorne vor dem Brustkorb getragen auf einen Berg klettern.

Erkennen Rollstuhlbegleithunde überhaupt, wozu das Ziehen eines Rollstuhls oder das Öffnen einer Tür gut ist? Was bringt das dem Hund? Die Besitzer glauben normalerweise, dass der Hund versteht, dass der Mensch nur durch die Tür kann, wenn der Hund sie aufgemacht hat, oder dass das Licht angeht, weil sie den Schalter betätigt haben. Allerdings gibt es keinerlei Beweise, dass den Hunden bewusst ist, was sie leisten. Wenn der Hund einen Rollstuhl zieht, sagt jemand dauernd: „Guter Hund, ja, guter Hund, guter Hund". Wenn der Mensch mit „guter Hund" aufhört, kann der Hund aufhören. Welche Belohnung bringt ihm seine Leistung? Dass jemand aufhört, „guter Hund" zu sagen. Die Belohnung ist Stille.

Leute aus der Servicehunde-Branche erzählen mir immer wieder, dass sie bessere Hunde brauchen. Sie sagen: „Wir brauchen klügere, intelligentere Hunde." Sie haben auch schon verlangt: „Entwerfen Sie uns einen besseren Hund." Und da haben wir es wieder, das Konzept vom Roboterhund, der sich aus guten Genen zusammensetzt. Ich weiß, dass manche Menschen glauben, Wissenschaftler würden den Hunden keine Gefühle oder Gedanken zugestehen, und es stimmt, dass wir jede Vermenschlichung vermeiden. Als Wissenschaftler glaube ich aber auch, dass man einen tollen Begleithund nicht durch Eugenik herstellen kann. Ich glaube nicht, dass man tolle Hunde mittels instrumenteller Konditionierung erzielt. Ich bezweifle, dass man einen tollen Hund wie eine Taube in einer Skinner-Box formen kann.

Wenn ich mir die potentiellen Servicehunde so ansehe, dann glaube ich nicht, dass die Organisationen klügere Hunde brauchen. Sie brauchen keine besseren Hunde. Was sie brauchen, ist ein Schwerpunkt auf Hundeentwicklung in all ihren Aspekten. Sie sollten sich nicht so sehr auf die Genetik und mehr auf biologische Studien über Verhaltensentwicklung stützen, insbesondere über die Entwicklung im ersten Lebensjahr des Hundes. Sie brauchen Trainer, die langfristig mit den Hunden arbeiten und die Hunde von der Geburt bis zur Abgabe an ihren neuen Besitzer begleiten und die auch die erwachsenen Hunde immer wieder nachbetreuen. Wenn Charlie Belford, ein Champion bei Schlittenhunderennen, einen neugeborenen Wurf Welpen begutachtete, dann griff er auf seine Erfahrung mit anderen Hunden und vorangegangenen Erfolgen zurück und stellte sich die einzelnen Welpen zwei Jahre später und bereit für das Rennen vor den Schlitten gespannt vor.

„Siehst du den grauen da?", sagte er etwa. „Der wird mein Leithund." Ob es dann so kam oder nicht, der Hund erhielt jedenfalls andauernde Zuwendung, die seine Chancen, ein guter Arbeitshund zu werden, deutlich erhöhte. Die Situation ruft uns den goldfarbigen Welpen Nous in Erinnerung, der zu einem höchst talentierten Arbeitshund und dem Gründungsvater der Golden Retriever heranwuchs.

Schlittenhundeführer oder Jagdhundezüchter haben den Vorteil, über zwei Jahre hinweg verfolgen zu können, wie sich ein Welpe entwickelt. Sie sammeln Wissen an, mit dem sie die Entwicklung des Welpen in der Phase seiner Frühentwicklung und während der Ausbildung fördern können. Wenn sie einen Fehler machen, sehen sie die daraus resultierenden Folgen. Was immer Belford mit seinen Welpen machte, er verfolgte dabei zielstrebig und bis ins kleinste Detail das Ziel, sie so zu fördern, dass sie später im Hundegespann Erfolge feiern konnten.

Vielleicht kannte Belford das biologische Konzept der kritischen Phasen nicht, aber er verstand jedenfalls, welche Auswirkungen die allerersten Erfahrungen und Entwicklungsschritte seiner Hunde hatten. Er begann damit, Hunde zu nehmen, die vom Körperbau her für schnelles Laufen über lange Strecken geeignet waren und stellte sicher, dass sie nie über ihre jeweilige Leistungsgrenze hinaus gefordert wurden. Er hielt sie von den ersten Welpentagen an in jener Umgebung, in der sie auch als erwachsene Hunde lebten, das Laufen war damit etwas Vertrautes, das aus innerem Antrieb heraus gemacht wurde und in sich selbst die Belohnung darstellte.

Die Servicehunde-Branche muss erkennen, welchen Unterschied es macht, die Dinge so anzugehen wie Belford oder so wie das Personal der Organisationen derzeit. Sie müssen begreifen, wie wichtig es ist, Herdenschutzhunde mit Herden aufwachsen zu lassen und Jagdbegleithunde in einer Jagdhundemeute. Sie müssen dann diese Erkenntnisse auf ihre eigene Branche übertragen. Die Servicehunde haben die schwerste Aufgabe von allen Arbeitshunden und dabei am wenigsten Spaß. Sie haben einen stressigen Beruf, der wenig einbringt. Viele sind nichts anderes als kastrierte Arbeiter, Sklaven, die durch gute Leistungen – falls überhaupt – nur einen geringen biologischen Vorteil erlangen. Ihr Beruf ist eine Sackgasse. Die symbiotische Lebensgemeinschaft, die sie mit dem Menschen haben, ist daher ein Fall von Dulosis – Sklaverei.

Ich glaube, diese Beziehung könnte und sollte verändert werden. Die Hund-Mensch-Beziehung auf diesem Gebiet zu verbessern, ist eine aufregende Aufgabe. Das Werkzeug und das Wissen dafür sind vorhanden, sie müssen nur erstens verstanden und übernommen und zweitens laufend weiterentwickelt und verbessert werden. Das nützt den Hunden und den Menschen.

TEIL IV

WENN DER SCHWANZ MIT DEM HUND WEDELT

In Teil IV werde ich noch einmal den Inhalt der ersten drei Teile kurz durchgehen und zusammenfassen, warum die Hundebiologie so wichtig ist, wenn wir verstehen wollen, was ein Hund wirklich ist. Dieses Buch soll klar machen, warum Aussehen und Verhalten der Hunde etwas anderes sind als gemeinhin angenommen wird. Zu den neuen, hier vorgestellten Erkenntnissen zählt, dass nicht die Menschen den wilden Wolf zähmten und den Hund domestizierten und dass in den meisten Fällen weder der Hund der beste Freund des Menschen noch der Mensch der beste Freund des Hundes ist. Menschen und Hunde leben in einer symbiotischen Beziehung, die für den Hund zwingend notwendig ist. Es herrscht zwar die weit verbreitete Annahme, es handele sich dabei um eine ideale Symbiose, eine mutualistische Lebensgemeinschaft, allerdings profitieren Hund und Mensch nur in den wenigsten Fällen so voneinander, wie das erforderlich wäre, damit die Beziehung wirklich als Mutualismus bezeichnet werden kann.

Um die Eigenständigkeit der Hunde als Art noch stärker zu betonen, führte ich ein kleines Streitgespräch mit Darwin und debattierte mit ihm über seine Darstellung der Hundeevolution. Darwin neigte dazu, mit seiner Argumentation mitten im Ablauf der evolutionären Ereignisse anzusetzen und von dort aus vorwärts und rückwärts zu springen. Da die Menschen in seiner Umgebung gezielt Hunde züchteten, nahm er genauso wie viele von uns an, es müsse auch in der Vergangenheit so gewesen sein und daher seien alle Hunde das Produkt menschlichen Eingreifens. Aufgrund dieser Annahme halten viele Menschen die Hundebastarde, die man weltweit freilaufend antrifft, für Hunde, die aus gezielten Zuchtprogrammen entkommen sind. Die Tatsache, dass ein guter Teil der Hundebastarde, die in den Ländern des Westens frei herumlaufen, tatsächlich dadurch entstanden, dass sie sich unseren Bemühungen, reinrassige Hunde zu züchten, entzogen, verstellt uns den Blick auf den Beginn der Hundeevolution erst recht. Es ist aber gut möglich, dass diese Dorf- und Straßenhunde das Resultat natürlicher Selektion (und nicht künstlicher Selektion) sind. Die Dorfhunde von heute leben in astronomisch hohen Zahlen auf der ganzen Welt. Ihre bloße Existenz verrät uns, dass es da irgendwo eine ökologische Nische geben muss, in der sich die Hunde erfolgreich entwickeln können. Mit ihrem

Aussehen und ihrem Verhalten geben sie uns Hinweise darauf, wie und wann die Hunde entstanden und wie sie sich weiter entwickelten.

Warum dieses neue Verständnis von Hunden so wichtig ist, wird ersichtlich, wenn man sich die Notwendigkeit für ein weltweites Management von wild lebenden und domestizierten Spezies vor Augen hält. Auf diesen Punkt werde ich noch etwas näher eingehen. Ich glaube, dass ich gleichzeitig auch Zusammenhänge zwischen dem echten Hund und einigen heute kontrovers diskutierten Annahmen über Hunde aufzeigen kann. Einige Wissenschaftler meinen zum Beispiel, der wissenschaftliche Name des Hundes, *Canis familiaris,* sollte in *Canis lupus familiaris* geändert werden, damit seine Abstammung vom Wolf ersichtlich ist. Diskutiert wird auch über die Frage, wann der Hund als solcher das erste Mal auftrat, wobei das Alter des Hundes in einer Studie zehnmal höher angegeben wird als bisher angenommen. Und dann gibt es da noch die Frage, wie ein seit langem existierendes und biologisch gesehen konservatives wolfsähnliches Tier in einer evolutionsgeschichtlich so kurzen Zeit so viele verschiedene Größen, Formen und Farben ausbilden konnte. Bei der Frage, wie der Hund mit seiner großen Wandlungsfähigkeit entstand, geht es nicht nur darum, wer dafür verantwortlich ist, sondern auch darum, wie es biologisch möglich war, dass der Hund so rasch so viele verschiedene Formen entfalten konnte. Wie ist es möglich, dass zwischen der Kopfform (der Form, nicht der Größe) von Wölfen und den ursprünglichen Hunden weniger Unterschiede zu finden sind, als zwischen dem Kopf eines Barsoi und dem einer Bulldogge?

Diese Fragen sind für viele Hundeliebhaber verwirrend. Wie können Chihuahuas und Mastiffs, die sich vermutlich nicht paaren und fortpflanzen können, der selben Spezies angehören, während gleichzeitig Hunde, Kojoten und Wölfe, die untereinander sehr wohl fortpflanzungsfähig sind, zu verschiedenen Spezies gehören? Warum sollten wir uns den Hund nicht als Wolf vorstellen, wenn doch Wölfe und Hunde sich paaren können und das auch immer wieder tun?

Ich möchte daher in den letzten Kapiteln einige geläufige Vorstellungen über Hunde entrümpeln. Nicht, dass ich alle Fragen über die Hundeevolution abschließend beantworten könnte, aber ich kann zumindest die Diskussion in einen biologischen Bezugsrahmen stellen und die Fragen aus diesem Blickwinkel angehen.

KAPITEL 9

Was besagt der Name Canis familiaris?

Wenn ein Biologe einen wissenschaftlichen Artikel für eine Fachpublikation schreibt, gibt er üblicherweise bei der ersten Erwähnung seines tierischen Untersuchungsobjektes die lateinische Bezeichnung von Gattung und Spezies an. Ich schreibe zum Beispiel in der Einleitung zu diesem Buch gleich am Anfang vom Haushund, *Canis familiaris*. Der Haushund trägt diesen lateinischen Doppelnamen seit Carl von Linne Mitte des 18. Jahrhunderts sein System der Benennungen entwickelte.

Irgendwann in der Vergangenheit (wann ist nicht genau bekannt) änderten die Hunde ihr wolfsähnliches Aussehen und Verhalten und erlangten ein hundeähnliches Aussehen und Verhalten. Wir wissen, dass Hunde von wolfsähnlichen Tieren abstammen, weil die wesentlichen Merkmale mit denen wolfsähnlicher Tiere identisch sind. Anzahl und Form der Zähne sind identisch mit denen von Wölfen, Kojoten und Schakalen. Hunde und Wölfe haben gleich viele Chromosomen, die gleiche Chromosomenform und die gleiche Annordnung der Gene in den Chromosomen. Das Genmaterial von Hunden, Wölfen, Kojoten und Schakalen unterscheidet sich nicht merklich.

Dennoch entwickelten sich die Hunde aus den wolfsähnlichen Vorfahren weiter, veränderten sich und transmutierten. Hunde unterscheiden sich nachweisbar von anderen Kanidenarten, genauso wie sich die Kojoten nachweisbar von den Wölfen unterscheiden. Aber kein anderer Kanide unterscheidet sich so deutlich von den anderen Mitgliedern der Gattung und kein anderer ist so eindeutig eine eigenständige Spezies.

Ich verwende die ganze Zeit die Formulierung, Hunde hätten sich aus einem wolfsähnlichen Vorfahren entwickelt. Warum sage ich nicht einfach, Hunde stammen von den Wölfen ab? (Im größten Teil des Buches habe ich ja bislang durchaus geschrieben, dass die Hunde von den Wölfen abstammen. Allerdings zuckte ich dabei jedes Mal leicht zusammen, weil es eigentlich nicht ganz richtig ist.) Die heutigen Wölfe und die Hunde hatten einen gemeinsamen Vorfahren. Viele Biologen betrachten diesen gemeinsamen Vorfahren notwendigerweise als ausgestorben. Die heute lebenden Wölfe sind diesem wolfsähnlichen Vorfahren in Aussehen und Verhalten vielleicht recht ähnlich, aber die heutigen

Wölfe haben sich ebenso aus diesem wolfsähnlichen Vorfahren entwickelt wie die Hunde. Das Beispiel Wölfe und Kojoten kann das vielleicht besser illustrieren. Wölfe und Kojoten hatten den gleichen Vorfahren. Die Wölfe entwickelten sich aber in Eurasien, die Kojoten in Nordamerika. Sie stammen vom gleichen Vorfahren ab, entwickelten sich aber nicht zur selben Zeit. Später dann wanderten Wölfe nach Nordamerika ein. Stammen die heute lebenden Tiere nun vom Wolf oder vom Kojoten ab? Weder, noch – der Vorfahre ist ausgestorben.

Die Gattung *Canis* ist biologisch gesehen ein Phänomen. Man stelle sich nur vor, dass der selbe Gensatz für die vielen verschiedenen Formen, Größen und Farben verantwortlich ist, vom afrikanischen Goldschakal über den arktischen Grauwolf bis zum tibetischen Lhasa Apso. Wie in diesem Gensatz die verschiedenen Formen kodiert sind, werden wir in Kapitel 11 behandeln. Im vorliegenden Kapitel beschränken wir uns darauf, uns darüber zu wundern, dass es zwischen dem Goldschakal und dem kleinen tibetischen Schoßhund keine wahrnehmbaren genetischen Unterschiede gibt. Der Barsoi mit seiner langen, schmalen Schnauze hat die gleichen Gene wie die kurznasige Bulldogge.

Bei jedem Mitglied der Spezies *Canis* und bei jeder Hunderasse beträgt die Phase der Trächtigkeit 63 Tage, und alle – vom größten Wolf bis zum 15 kg schweren Border Collie – haben gleich große Welpen mit dem gleichen Körperbau. Gleichgültig ob Bernhardiner oder Kojote, die Welpen sind im Schnitt etwa 150 Gramm schwer. (Ausnahmen gibt es natürlich immer, und die Welpen der Schoßhunderassen sind kleiner. Der Größenunterschied ist bei den Welpen aber nicht so ausgeprägt wie bei den erwachsenen Tieren.) Größenunterschiede bei den Welpen sind auch häufig gar nicht genetisch bedingt, sondern hängen davon ab, wie viel Energie die Mutterhündin in den Wurf investieren konnte.

Nicht nur die Größe der Welpen ist bei allen Angehörigen der Gattung ähnlich, die Welpen haben auch praktisch die gleiche Form. (Auf einige Ausnahmen werde ich in Kapitel 11 noch eingehen.) Das wird mit der These erklärt, die „Standardgröße“ der Kanidenwelpen sei durch Anpassung an das Saugen entstanden. Wölfe, Kojoten und Schakale haben sich zwar im Lauf ihrer Evolution an unterschiedliche ökologische Nischen angepasst, aber die Welpen haben bei jeder Spezies die gleiche Nische – und die Selektion sorgt dafür, dass die kleinen Köpfe der Welpen an die Nische Mutterbrust höchst optimal angepasst bleiben.

Dass die verschiedenen Arten der Kaniden sich untereinander nicht fortpflanzen, hat neben den Größenunterschieden schlicht geographische und kulturelle Ursachen. Kojoten und Schakale paaren sich deswegen sehr selten, weil ganze Kontinente und Ozeane sie trennen. Wölfe leben im Wald, Hunde in der Stadt, auch das erschwert amouröse Begegnungen nicht unerheblich. Allerdings treffen Wölfe und Hunde an den Übergängen von Wildnis und Zivilisation aufeinander (zum Beispiel in der Nähe der Müllhalden) und können sich dort paaren (was sie gelegentlich auch tun).

Selbst dort, wo sich ihre Gebiete überschneiden, kommt es nicht immer zu artübergreifenden Paarungen. Denn das unterschiedliche Sozialverhalten beider Spezies isoliert sie tendenziell sexuell voneinander. Wenn es um die Aufnahme neuer Mitglieder geht, sind Wolfsrudel sehr konservativ – selbst wenn es sich dabei um Wölfe handelt. Die Weibchen werden fast immer von Mitgliedern ihrer eigenen Gruppe gedeckt. Es ist fast das gleiche wie bei den Herdenschutzhunden, wo ebenfalls die fünf oder sechs Hunde, die auf irgendeiner abgelegenen Weide bei der Schafherde leben, eifersüchtig über die Hündinnen wachen und keinen Fremden, egal ob Wolf, Kojote oder fremden Hund, heranlassen. Da also jedes einzelne Tier in ein Sozialgefüge hineingeboren wird, das sich gegenüber Fremden abschottet, gehen ihre Gene eher selten fremd. Das führt bei einem normalen Verlauf der Dinge dazu, dass die jeweiligen Gruppen unvermischt bleiben. Kommt es aber in Gebieten, wo sich die Territorien der Arten überschneiden, zu Verwerfungen im Sozialgefüge, dann sind auch Paarungen außerhalb der eigenen Gruppe möglich, wenn dem kein anderes Problem (wie zum Beispiel der Größenunterschied) entgegensteht.

Ein einsamer Wolf, Schakal, Kojote oder Hund wird aber mit dem nächstbesten einsamen Wesen welcher Artzugehörigkeit auch immer ein neues Sozialgefüge begründen und sich fortpflanzen. In Folge der vielen Wolfsabschussprogramme auf der ganzen Welt gibt es immer mehr Geschichten von einsamen Wölfen, die sich mit Hunden zusammentun. Bei einigen dieser neuen Beziehungen gibt es auch Nachwuchs. Auch auf den Viehtrieben kann die normalerweise stabile Ordnung von Herde-Hirte-Hund zusammenbrechen. Hirtenhunde verlaufen sich und verschwinden und die Hunde der Umgebung können dann in das instabile Sozialgefüge eindringen.

Einige Wildtierbiologen glauben, das Verschwinden der Wölfe in den Vereinigten Staaten südlich der kanadischen Grenze habe dazu geführt, dass Grauwölfe im Grenzgebiet mit Kojoten hybridisieren. Und Mitarbeiter der Programme zur Wiedereinführung von Rotwölfen machen sich bereits Sorgen, weil es kaum noch einen reinen Rotwolf gibt, da es bereits zu so vielen Paarungen mit Kojoten gekommen ist.

Die Tatsache, dass die Arten untereinander alle fortpflanzungsfähig sind, bringt uns zu unserer Eingangsfrage zurück: Wie sollen die wissenschaftlichen Bezeichnungen für die Tiere jeweils lauten?

Handelt es sich bei den Rotwölfen *(Canis rufus)*, den Grauwölfen *(C. lupus)*, den Kojoten *(C. latrans)*, den Hunden *(C. familiaris)* und Schakalen *(C. mesomelus, C. adustus, C. aureus, C. simensis)* um lauter verschiedene Spezies? Die Tatsache ihrer genetisch so engen Verwandtschaft bereitet den Wissenschaftlern endlose Probleme bei der Bestimmung der Arten. In New England trat 1960 ein neuer Wildkanide auf. Die meisten dieser Tiere sind kleiner als der typische Wolf und haben eher die Größe von Kojoten, sie sind aber auch keine typischen Kojoten, sondern haben einige Wolfsmerkmale. Sie können zum Beispiel nicht über die Pfoten schwitzen (Wölfe auch nicht, Kojoten aber schon). Es gibt inzwischen mehrere Dutzend Theorien darüber, um welche Tiere es sich handelt und woher sie kommen. Einige sind der Meinung, es handele sich um Kojoten-Hunde-Mischlinge, andere halten sie für eine Kreuzung von Kojoten und Wölfen.

Vielleicht haben wir bei der Bestimmung der Arten deswegen solche Schwierigkeiten, weil sie von Anfang an falsch bestimmt wurden. Vielleicht hat es sich ja nie um eigenständige Spezies gehandelt, sondern nur um Unterarten, Schläge oder Rassen. Für Darwin war eine Subspezies eine Spezies im Anfangsstadium, die bereits dabei war, sich zu einer eigenständigen Spezies zu entwickeln, aber die imaginäre Grenze zwischen Subspezies und echter Spezies noch nicht überschritten hatte. Vielleicht ist es aber auch so, dass die Tiere sich in der Vergangenheit, als Klimazonen und Lebensräume noch unterschiedlich waren, in Anpassung an verschiedene ökologische Nischen zu verschiedenen Spezies entwickelten. Jetzt aber haben sich die Dinge geändert und der Prozess kehrt sich um, und bei der Anpassung an die Welt von heute verschmelzen die Arten wieder miteinander.

Die klassische Definition von Spezies, die wir alle in der Schule lernten, stammt vom Evolutionsexperten Ernst Mayr, der 1942 das Buch zum Thema schrieb. In seinem Werk *Systematics and the Origin of Species* definiert er die Spezies als „eine Gruppe von Populationen, die sich tatsächlich oder potentiell untereinander fortpflanzen und sexuell von anderen, ähnlichen Gruppen isoliert sind." Wölfe, Hunde, Kojoten und Schakale sind alle untereinander fortpflanzungsfähig, die Nachkommenschaft aus solchen Paarungen ist ebenfalls nicht steril, sondern kann sich weiter fortpflanzen. Es handelt sich daher bei ihnen (nach der Definition von Mayr) nicht um „gute" Arten.

Wie kam es überhaupt dazu, dass Wölfe und Kojoten ursprünglich als eigene Spezies bestimmt wurden, wenn sie doch untereinander fortpflanzungsfähig sind? Wie sich herausstellt, hat auch der Begriff Spezies eine eigene Evolutionsgeschichte.

In den 1730er Jahren entwarf der schwedische Botaniker und Taxonom Carl von Linne, der üblicherweise weltweit unter seinem lateinischen Namen Linnaeus bekannt ist, ein Bestimmungssystem aus lateinischen Doppelnamen, in das er „alle" Pflanzen und Tiere einordnete. Er war der Auffassung, Gott habe die verschiedenen Arten als Teil seiner Schöpfung erschaffen. Er glaubte auch, es sei nach dem Willen Gottes seine Aufgabe, allen diesen Arten einen lateinischen Namen zu geben. Warum Latein? Das war die Sprache jener Religion, der Linnaeus angehörte. Gebildete Menschen zur Zeit von Linnaeus lernten alle bereits in der Schule Latein, egal welche Muttersprache sie hatten. Latein war eine universelle Sprache.

Dem Haushund gab Linnaeus den Namen *Canis familiaris*. Sein System von Doppelnamen besteht also aus dem Hauptwort *Canis* (Gattung), das daher mit großem Anfangsbuchstaben geschrieben wird, und dem auf das Hauptwort bezogenen Adjektiv *familiaris* (Spezies), das daher immer klein geschrieben wird, selbst dann, wenn es sich um einen Eigennamen handelt. Wenn Linnaeus selbst den Namen vergab, wird danach der Buchstabe L. angefügt. Der Hund heißt also *Canis familiaris L.* So einfach ist das.

Nun, nicht ganz. Zur Zeit von Linnaeus erforschten Europäer fremde Erdteile und schickten neu entdeckte Spezies an die Museen nach Hause, sie brauchten daher ein System, nach dem sie diese neuen Arten benennen und einordnen konnten. Linnaeus entwickelte ein solches System zur Benennung von Organismen und einen eigenen Bestimmungsschlüssel für bis dahin unbekannte Arten. Wenn ich mich zum Beispiel irgendwo in der Äußeren Mongolei befinde und den Schädel eines Tieres finde, von dem ich nicht weiß, wie es mit dem lateinischen Namen heißt und ob es überhaupt einen hat, dann kann ich im Bestimmungsschlüssel nachschlagen. Linnaeus baute sein System so auf, dass Tiere mit ähnlichen Merkmalen auch ähnliche Namen bekamen. Er fasste alle Säugetiere mit 30 Zähnen unter der Bezeichnung Feliden zusammen, und alle jene mit 42 Zähnen unter Kaniden. Da sowohl der Wolf als auch der Hund 42 Zähne haben, gab er beiden einen Namen mit *Canis* am Anfang und listete sie in seinem Buch hintereinander auf.

Es lag nicht daran, dass er Hunde und Wölfe für verwandte Tierarten hielt, sondern vielmehr daran, dass Gott den Hunden und den Wölfen gleich viele Zähne gegeben hatte. Hunde und Wölfe wiesen aber nicht nur Ähnlichkeiten auf, sondern auch Unterschiede. Eine von Linnaeus bestimmte Spezies wird heute als *morphologische* Spezies bezeichnet. Das besagt, dass sich die Spezies messbar von einer anderen unterscheidet. Ich kann einen Schädel nehmen, Gehirnvolumen, Kopf- und Zahngröße vermessen und im Bestimmungsschlüssel nachschlagen, wo ich vielleicht feststellen werde, dass es sich bei dem Schädel um einen Hundeschädel handelt. Einen anderen Schädel kann ich vielleicht auf Grund der Unterschiede bei den selben Merkmalen als Wolfsschädel bestimmen. Nach diesem System sind Hunde, Wölfe, Kojoten und Schakale deswegen eine jeweils eigenständige Spezies, weil ihre Schädel, Knochen und ihre Haut unterschiedliche Abmessungen haben.

Wie diese Vorgehensweise angewandt wird, sehen wir am Beispiel von Fossilfunden, bei denen die Möglichkeit bestand, dass sie von Hunden stammen. Die Archäologen Simon Davis und François Valla fanden in einem alten Natufer-Dorf den Zahn eines Kaniden und vermaßen ihn. Sie hielten fest, dass der Zahn eine durchschnittliche Größe aufwies, wie sie einem Hundezahn entspricht, und vermutlich für einen Wolfszahn zu klein war. Sie erklärten daher, der Zahn könnte ein Beweis dafür sein, dass bereits vor 12 000 Jahren Hunde in Dörfern gelebt hatten. Die Tatsache, dass der Zahn im Gebiet des Dorfes gefunden worden war, wo es eher ungewöhnlich wäre, einen Wolf anzutreffen, liefert einen Indizienbeweis dafür, dass es sich um einen Hund gehandelt haben muss. Sie fanden auch das Skelett einer Frau, die gemeinsam mit einem Kanidenwelpen begraben worden war. Da sich aber Wolfswelpen und Hundewelpen nicht messbar voneinander unterscheiden, kann man nicht sagen, ob die Frau mit einem ausgesuchten Festtagsbraten als Begleitung in die ewigen Jagdgründe geschickt worden war oder ob sie ihren Lieblingswelpen mit in den Himmel nehmen wollte. Zur damaligen Zeit waren die Wölfe und auch andere Wildtiere eher kleiner als heute. Man kann daher nur festhalten, dass allem Anschein nach menschliche Aktivität in einem bestimmten Gebiet zeitgleich mit dem Auftreten einer Kanidenspezies vorkam und dass es sich bei diesem Kaniden um einen Hund gehandelt haben könnte und wahrscheinlich handelt. Die Spuren legen diesen Schluss nahe, sind aber kein schlüssiger Beweis. Deutet wirklich alles darauf hin, dass es sich um die ersten Hunde handelte? Mehr dazu im Kapitel 10.

Das System von Linnaeus zur morphologischen Bestimmung (Benennung) hat, seit er es entwickelte, immer gut funktioniert. Als ich am College war, brachten mir meine Professoren die Anwendung des Systems bei und erklärten mir, ich würde damit alle Lebewesen bestimmen können.

Die Geschichte ist damit aber noch nicht zu Ende. 50 Jahre, nachdem Linnaeus sein Werk veröffentlicht hatte, und im selben Jahr, in dem Darwin geboren wurde (1809), veröffentlichte Jean Lamarck seine *Zoologische Philosophie*, jenes Buch, in dem zum ersten Mal ganz deutlich von der Möglichkeit die Rede ist, dass die Arten durch Entwicklung entstanden. Die Arten, schrieb Lamarck, können sich verändern und eine neue Form annehmen.

Linnaeus glaubte (wie die meisten Wissenschaftler zu seiner Zeit), die Arten seien von Gott geschaffen und hätten eine unveränderliche Form. Auch in unserer Kultur neigen viele immer noch zur Annahme, Arten seien unveränderlich. Menschen treten für die Erhaltung der Arten ein. Hundezüchter glauben, dass ihre Rasse der Form antiker Hunde entspricht und Veränderungen nicht zulässig sind. Eine Frau sagte einmal zu mir, Anatolische Hirtenhunde seien 7000 Jahre alt und ich hätte daher kein Recht, sie mit anderen Rassen zu kreuzen. Die Züchter haben ihre Hundeausstellungen, bei denen die Hunde vermessen werden, um zu sehen, welcher dem Rassestandard am meisten entspricht. Der Rassestandard beschreibt ihrer Behauptung zufolge, wie eine Rasse sein *sollte*! Die Züchter haben also ihren eigenen Bestimmungsschlüssel, ganz wie Linnaeus. Auch für die Züchter gilt, dass sie ihre Rassen als morphologische Rassen betrachten.

Die Vorstellung von morphologischen Rassen oder Spezies geht auf Zeiten vor Plato zurück. Wir reden von Hunderassen und Spezies so, als hätten sie eine platonische Form. Der perfekte Rottweiler sitzt zur rechten Hand Gottes und unser Werk auf Erden ist es, alle Rottweiler so zu züchten, dass sie aussehen, wie jener Rottweiler, den Gott erschuf. Wir haben ein fertiges Bild, wie ein perfekter Hund aussehen soll, das Bild einer platonischen Form. (Ich glaube auch, dass es uns deswegen so schwer fällt, den Dorfhund als die ursprüngliche Form des Hundes zu akzeptieren, weil man ihn sich nur schwer als platonische Form eines Hunde-Prototypen vorstellen kann). Der allererste Hund muss natürlich, wird gemeinhin angenommen, wie ein Wolf ausgesehen haben.

Unsere Geschichte, wie der Hund zu seinem lateinischen Namen kam, nimmt im Jahr 1858 eine schlimme Wendung. 100 Jahre nach Linnaeus' Systema naturae legten Alfred Russel Wallace und Charles Robert Darwin (ausgerechnet) der Linnaean Society ein gemeinsames Papier vor, in dem sie einen Prozess darstellten, wie die von Lamarck beschriebene Transmutation der Form (Evolution) entstanden sein könnte. Sie waren der Meinung, Arten veränderten sich so, dass eine neue Art schrittweise und durch natürliche Selektion der stärksten Individuen aus der vorangegangenen entsteht. Da eine bestimmte Gestalt und Ausprägung dem Überleben förderlicher ist als andere, werden Individuen mit dieser Gestalt mehr Nachkommen hinterlassen. Daher ist dann jede neue Generation etwas effizienter als die letzte. Und jede Generation ähnelt den Überlebenden der Vorläufergeneration. Anpassung und die Entstehung der Arten sind für Darwin ein und derselbe Prozess.

Die Entdeckung der Transformation der Arten durch natürliche Selektion stellte interessanterweise für das Bestimmungssystem von Linnaeus mit seinen Doppelnamen kaum ein Problem dar. Die Evolutionstheoretiker nach Darwin kamen zu der Erkenntnis, dass Hunde, Wölfe, Schakale und Kojoten alle von einem gemeinsamen Vorfahren abstammten, der 42 Zähne hatte. Sie hatten nicht deswegen alle 42 Zähne, weil Gott sie mit 42 Zähnen erschaffen hatte, sondern weil sie alle vom selben Vorfahren mit 42 Zähnen abstammten. Da Linnaeus alle Tiere mit 42 Zähnen in einer Kategorie zusammengefasst hatte, funktionierte sein Bestimmungsschlüssel sowohl für die Kreationisten, also jene, die die Natur als fertige Schöpfung Gottes sahen, als auch für die, die sie für das Werk der Evolution hielten. Daher sind die meisten Bezeichnungen so geblieben, wie Linnaeus sie 1758 vergab.

1982 schlugen J.H. Honacki und seine Kollegen vor, dass die Linnesche Bezeichnung für den Hund in *Canis lupus familiaris* abgeändert werden sollte, damit daraus die evolutionsgeschichtliche Abstammung ersichtlich würde. Sie waren nicht nur der Meinung, der Hund stamme vom Wolf ab, sondern sahen im Hund aufgrund der großen Ähnlichkeit mit dem Wolf keine eigenständige Spezies, sondern nur eine Subspezies des Wolfes. Laut der Theorie von Darwin sind Subspezies Rassen oder Varietäten einer Spezies im Anfangsstadium, also eine Gruppe, die sich auf dem Entwicklungsweg zu einer eigenständigen Spezies befindet. Da alle Kaniden untereinander fortpflanzungsfähig sind, haben sie sich vom Abzweigungspunkt hin zu einer „richtigen" Spezies vermutlich noch nicht sehr weit wegentwickelt.

Honacki und seine Kollegen behaupten nun de facto, dass der Hund sich auf diesem Weg noch nicht ausreichend weit entwickelt hat, um eine eigene Spezies darzustellen. Sie halten mit der neuen Bezeichnung auch fest, dass der Hund vom Wolf abstammt. Damit würden die Anhänger der Wolf-wird-zu-Hund-Theorie mit einem eleganten Streich gleichzeitig den langjährigen Streit darüber, von welchem Tier der Hund denn nun wirklich abstammt, gewinnen.

Ich persönlich habe mit der These, dass Hunde und Wölfe einen gemeinsamen Vorfahren hatten, kein Problem. Der Versuch, das aber auch über den Weg der Namensbezeichnung und des Benennungssystems festzuhalten, hat allerdings zu einem unglaublichen Durcheinander und einer verzerrten Interpretation der Taxonomie der Kaniden geführt. Vor einigen Jahren arbeitete ich gemeinsam mit dem Zoologen Lehr Brisbin über den Neu Guinea Hund, auch als Neu Guinea Dingo bekannt. Es handelt sich dabei um einen „wilden", „wild lebenden" oder vielleicht auch „frei laufenden" Hund auf der Insel Neu Guinea. Die Hunde leben in den Wäldern und stehlen sich nachts in die Dörfer, wo sie die menschlichen Abfälle nach Futter durchstöbern. Wir schrieben gerade an einem Artikel über unsere Forschungsergebnisse und mussten unserem Forschungsobjekt den korrekten lateinischen Doppelnamen zuordnen, damit auch andere Wissenschaftler klar erkennen konnten, um welches Tier es sich in unserer Arbeit handelte.

Brisbin rief mich eines Tages an und breitete folgendes Namenschaos vor mir aus: 1957 hatte der australische Säugetierexperte Ellis Troughton die „Entdeckung" des Neu Guinea Hundes verzeichnet. Er hatte angenommen, es handele sich dabei um eine eigenständige Spezies und gab ihm die lateinische Bezeichnung *Canis hallstromi*. Das ist zwar ein völlig korrekter Name, allerdings war man mancherorts der Auffassung, er spiegele die Abstammung dieses Hundes nicht ausreichend wieder. Daher setzte man einen sehr umständlichen Prozess in Gang, der wohl noch immer nicht beendet ist, um dem Hund einen neuen Namen zu geben. Einige Experten hielten ihn einfach für einen Hund

und bezeichneten ihn daher als *Canis familiaris hallstromi*, eine Unterart des Hundes. Die Dingo-Expertin Lauri Corbett hielt ihn aber für eine Variante des Dingo (der damals als *Canis dingo* bezeichnet und inzwischen in *Canis familiaris dingo* umbenannt wurde). Demnach wäre der Neu Guinea Hund ein *Canis familiaris dingo hallstromi.* Dann aber kamen 1982 J.H. Honacki und seine Kollegen mit ihrem taxonomischen und geographischen Vorstoß, den Haushund nicht als *Canis familiaris*, sondern als *Canis lupus familiaris* zu bezeichnen, also als Subspezies des Grauwolfs. Die korrekte Bezeichnung des Neu Guinea Hundes müsste somit *Canis lupus familiaris dingo hallstromi* lauten, Subspezies des Hundes und Sub-sub-sub-Spezies des Wolfes.

Welchen Unterschied macht das schon? Wen interessiert das? Das ist deswegen nicht gleichgültig, weil die Bezeichnung einer Spezies auch rechtlich relevant ist. In dem von uns gemeinsam verfassten Artikel über den Neu Guinea Hund argumentiert Brisbin, dass diese Hunde sehr selten sind und daher unter Schutz gestellt werden sollten. Wenn wir sie als *Canis hallstromi* bezeichnen, dann ist leicht zu argumentieren, weil sie dadurch als eigenständige Tierform bezeichnet sind, die man vermessen, beschreiben und unter Schutz stellen kann. Wenn sie aber nur eine Subspezies eines australischen Ernteschädlings (des Dingo) sind, die wiederum nur eine Subspezies des am weitesten verbreiteten Kaniden der Welt (des Hundes) sind, die man derzeit als Subspezies einer regional bedrohten Spezies (des Wolfes) ansieht, wird die Sache schon schwieriger und wir werden unserem jeweiligen Abgeordneten kaum erklären können, warum wir die Neu Guinea Hunde für eine seltene und bedrohte Spezies halten. Aus genau diesem Grund schlägt Brisbin als korrekte Bezeichnung für den Neu Guinea Hund *Canis lupus hallstromi* vor. Das wäre zwar in Ordnung, ich glaube aber, dass er eigentlich *Canis hallstromi* heißen sollte. *C. lupus hallstromi* bringt uns nur wieder zu der Frage des pseudogenealogischen Status zurück, die ich nicht für wesentlich halte. Wesentlich ist, welche Tierpopulation wir damit beschreiben wollen. Von welchem Tier diese Population abstammt, ist für ihre Unterschutzstellung unwesentlich. Warum sollten wir politische Entscheidungen (Schutz einer Tierart) mit Lieblingstheorien über die Abstammung dieser Spezies vermischen?

Ökologen haben ein sehr brauchbares Konzept für die Definition einer Spezies. Für sie bezeichnet Spezies eine Tierpopulation, die sich an eine bestimmte ökologische Nische angepasst hat: eine Nische, eine Spezies. Es ist ein Grundgesetz der Ökologie, dass keine Nische gleichzeitig von zwei Spezies besetzt werden kann. Hunde, Wölfe, Kojoten und Schakale sind alle an unterschiedliche geographische Zonen, unterschiedliche Umweltbedingungen und unterschiedliche Lebensräume, und damit insgesamt an unterschiedliche ökologische Nischen angepasst. Jede der Arten hat eine andere Methode, das eigene Überleben zu sichern. Wölfe erlegen große Beutetiere, und man nimmt an, dass sie deswegen selber so groß sind, damit sie es mit großen Tieren aufnehmen können. Kojoten haben genau die richtige Körpergröße und den richtigen Körperbau, um Hasen zu jagen. Schakale sind vielseitig und fressen auch häufig Reste der Beutetiere, die andere Räuber erlegt haben. Und wie schon in Kapitel 1 ausgeführt, haben Hunde kleine Schädel, ein kleines Gehirn und kleine Zähne, die eine sehr ökonomische Anpassung an das Leben als Beutestöberer darstellen. Hunde sind als Einzige dieser Gattung dazu gezwungen, in der einen oder anderen symbiotischen Beziehung zum Menschen zu leben. Daher handelt es sich beim Hund um eine eigenständige Spezies.

Die verschiedenen Kanidenarten pflanzen sich gelegentlich in jenen Gebieten, in denen sich ihre ökologischen Nischen überschneiden, untereinander fort. Die ökologische Theorie geht davon aus, dass das nur selten vorkommt, weil die Nachkommen bzw. Hybriden aus zwei verschiedenen Ökotypen, das sind an eine bestimmte Umweltsituation angepasste Individuen, die an keine der ökologischen Nischen ihrer Elterntiere wirklich gut angepasst sind, bestehen. Hybriden aus Wolf und Schakal zum Beispiel können weder große noch kleine Beutetiere so gut erlegen wie die „reinrassigen“ Tiere. Wolfs-Kojoten-Hybriden hätten also eine geringere Überlebenschance als ihre nicht vermischten Cousins, weil sie an keine ökologische Nische gut angepasst sind. Ein Hybride ist keine auf Dauer lebensfähige Form.

Ökologen klassifizieren Hunde, Wölfe, Kojoten und Schakale daher als eigenständige Arten, weil sie an jeweils unterschiedliche ökologische Nischen angepasst sind. Dieser Zugang deckt sich mit dem von Mayr, der in seiner Definition auf sexuelle Isolation abstellt. Ein Hund-Wolf-Hybride wäre weder in der Wildnis überlebens- und fortpflanzungsfähig noch in einer symbiotischen Beziehung mit dem Menschen.

Der englische Dichter John Donne zeigte Verständnis für die Probleme, die ein Hybride haben könnte, als er das Schicksal eines Welpen beschrieb, der einen Hund zur Mutter und einen Wolf zum Vater hatte.

> Being of two kinds thus made,
> He, as his dam, from sheep drove wolves away,
> And, as his sire, he made them his own prey.
> Five years he liv'd, and cozen'd with his trade;
> Then, hopeless that his faults were hid, betray'd
> Himself by flight, and by all followed,
> From dogs, a wolf, from wolves, a dog, he fled,
> And, like a spy to both sides false, he perished.
>
> *Metempsychosis*, Vers 45

Als Verhaltensökologe halte ich den Hund, Canis familiaris, für eine eigenständige Spezies, die das Ergebnis einer eigenen Evolutionsgeschichte ist. Der Hund ist in Morphologie und Verhalten wunderbar daran angepasst, seine Ernährung und Fortpflanzung in Gesellschaft des Menschen sicherzustellen. Wölfe fühlen sich in der Welt des Menschen sehr unwohl. In meinen Augen haben sich Wolf und Hund an unterschiedliche ökologische Nischen angepasst, und daher handelt es sich bei ihnen meiner Einschätzung nach um getrennte Arten.

Sollte sich tatsächlich in der Welt der Wissenschaft die Bestrebung durchsetzen, den Hund in *Canis lupus familiaris* umzubenennen, dürfen wir eines nicht vergessen: Die Tatsache der Umbenennung in eine Unterart des Wolfes macht aus Hunden noch lange keine Wölfe. Genauso wenig wie die Aussage, der Hund stamme vom Wolf ab heißt, dass Hunde Wölfe sind.

Wenn es heißt, wir Menschen stammen vom Affen ab, macht uns das nicht zu Affen. Wenn es heißt, dass wir genetisch zu 99 % mit den Schimpansen identisch sind, bedeutet das nicht, dass wir unsere Kinder wie kleine Schimpansen aufziehen sollen. Wenn es heißt, Hunde seien genetisch zu 100 % mit den Wölfen identisch, bedeutet das nicht, dass wir sie wie Wölfe behandeln können.

Hunde sind keine Wölfe, ganz egal wie sie heißen.

KAPITEL 10

Seit wann gibt es Hunde?

In Teil I behandelte ich Hunde als eine in Entstehung begriffene Spezies, die vielleicht 12 000 oder 15 000 Jahre alt ist. Ich glaube, biologische und paläontologische Beweise stützen die Behauptung, der Hund sei durch natürliche Selektion entstanden. Die üblichen anatomischen Merkmale des Hundes stellen meines Erachtens eine spezielle Anpassung an das Stöbern nach Nahrung in menschlichen Abfallhaufen dar, die durch eine neue Sozialorganisation des Menschen mit Beginn der mesolithischen Dorfansiedlungen als neue ökologische Nische entstanden. Den Hund kann es daher nicht schon vor dem Entstehen relativ fester menschlicher Siedlungen gegeben haben.

Ich glaube sogar, der Hund tritt in seiner angepassten Form erst viel später, nämlich im Neolithikum, auf. Für mich zählen die Hunde so wie die anderen domestizierten Tiere zu den Begleiterscheinungen einer einigermaßen ernsthaft betriebenen Landwirtschaft. Für das Vorkommen von Hunden vor 12 000 Jahren gibt es nur dürftige Beweise, und auch während der nächsten 3000 bis 4000 Jahre kaum mehr. Zu einem Zeitpunkt, zu dem sich die Kulturform Landwirtschaft bereits fest etabliert hatte, finden wir aber gesicherte Hinweise auf Herdenschutz- und Jagdbegleithunde. Da ich diese landwirtschaftlich genutzten Hunde allerdings für ein evolutionäres Nebenprodukt der in den Dörfern nach Beute stöbernden Kaniden halte, kann ich auch eine Entstehung der Hunde vor dem Neolithikum nicht ausschließen.

So weit meine Arbeitshypothese. Andere Forscher halten andere Hypothesen für plausibel und berufen sich dabei auf unterschiedliches Datenmaterial. Das ist in Ordnung so. Das Geschäft der Wissenschaft besteht darin, Datenmaterial zu sammeln, mit dem man eine Hypothese erhärten (oder widerlegen) kann. Wenn jemandem der Nachweis gelingt, dass es Hunde schon gab, bevor es feste Siedlungen gab, oder dass sie durch Adoption als Heimtiere entstanden oder dass sie aus Generationen über Generationen von gezähmten und ausgebildeten Wölfen entstanden, dann wäre ich gezwungen, meine Hypothese abzuändern, anzupassen oder aufzugeben.

Bei all dem stellt sich aber eine biologische Frage, die wesentlich ernster zu nehmen ist, als die, wann der Hund nun wirklich das erste Mal auftrat. Denn gleichgültig, wann das war, es geschah jedenfalls allem Anschein nach sehr plötzlich. Wie rasch die Entwicklung der Hunde vor sich ging, ist auch deswegen so wichtig, weil sich daraus bedeutende Schlussfolgerungen für Darwins

Theorie der Evolution ergeben. Selbst wenn die Hunde sich tatsächlich, wie kürzlich in einem Artikel behauptet wurde, bereits vor 135 000 Jahren von den Wölfen abgespaltet hätten, wäre das aus Sicht der Darwinschen Theorie der künstlichen und natürlichen Selektion noch immer erst vor relativ kurzer Zeit gewesen. Es ist daher erforderlich, jetzt der Frage, in welchem Zeitraum sich der domestizierte Hund entwickelt haben kann, genauer nachzugehen und dann ein Modell zu entwerfen, wie die Evolution des Hundes innerhalb dieser Zeitspanne stattfinden konnte.

So etwas wie den ersten Hund gibt es nicht, man könnte ein solches Tier auch gar nicht identifizieren. Es ist wahrscheinlich nicht einmal möglich, die erste feste Ansiedlung des Menschen zu finden. Ich kann mir gut vorstellen, dass diese ersten Siedlungen vielleicht nur aus Laubhütten bestanden, die während der Eiszeit auf einer Klippe am Meer errichtet wurden. Diese Dörfer könnten dort Abertausende von Jahren gestanden haben, bis das Schmelzwasser der Gletscher und der steigende Meeresspiegel jede Spur davon auslöschten.

Wenn wir von festen Siedlungen sprechen, haben wir meistens Steinhäuser vor Augen. „Fest" ist ein archäologischer Terminus, der die Vorstellung von Gebäuden nahe legt, die so fest gebaut sind, dass ihre Überreste auf ewig erhalten bleiben. Was die ersten Wolf-Hund-Zwischenstadien von Beutestöberern anbelangt, reicht allerdings auch eine simple Menschenansiedlung in der Nähe von guten Fischgründen, einer Lagune oder irgendeiner anderen beständigen, natürlichen Tieransammlung. Das Modell Beutestöberer funktioniert nur dann, wenn es irgendeine Form regelmäßig vom Menschen weggeworfener Reste gibt. Man müsste daher weniger von „festen" Siedlungen, sondern eher von „ständigen" Siedlungen sprechen und sie als einen Ort definieren, an dem Menschen über viele Generationen hinweg Abfälle an einer bestimmten Stelle ablagerten.

Die paläontologische Forschung hat bisher die ersten, etwa 12 000 Jahre alten Steinhäuser im fruchtbaren Landstreifen des Mittleren Ostens zu Tage gefördert. Die ältesten bekannten Dörfer waren Ansiedlungen des Volkes der Natufer, die zu einem Kulturkreis gehörten, der sich über das heutige Nordisrael und seine Umgebung erstreckt. Die Dörfer werden als mesolithische Siedlungen beschrieben, was heißt, dass sie von Jägern und Sammlern bewohnt waren, nicht von Ackerbauern. Jäger und Sammler sind Menschengruppen, die auf der Suche nach Nahrung herumziehen, allerdings können sie die Nahrungssuche und Jagd auch von einer festen Stelle aus betreiben. Die Pembaner haben seit Generationen am Korallenriff gejagt und gesammelt und ihre Erträge in die beständigen Siedlungen mit ihren nicht besonders fest gebauten Häusern mitgebracht.

Es deutet einiges darauf hin, dass Menschen bereits vor etwa 20 000 bis 35 000 Jahren in beständigen Siedlungen lebten. Diese Menschen lebten oder verbrachten viel Zeit in Höhlen, wie man sie in Frankreich und Spanien findet. Das wissen wir deswegen, weil sie die Höhlenwände mit wunderbaren Malereien bedeckten. Der Eingang zu einer dieser Höhlen liegt unter dem Meeresspiegel, was eindeutig beweist, dass die Menschen Küstenstriche bewohnten, die später durch das Ansteigen des Meeresspiegels nach der Gletscherschmelze überflutet wurden.

Die Höhlenmalereien von Chauvet und Lascaux sind für die Hundeforschung in mehrfacher Hinsicht wichtig. Am auffälligsten ist, dass keine Haustiere, auch keine Hunde, abgebildet sind. Ich glaube, diese begabten Maler hätten auch Hunde gemalt, wenn die Menschen damals welche gehabt und für die Jagd verwendet oder auch nur als hoch geschätzte Haustiere gehalten hätten. Andererseits hätten die Menschen vielleicht keine Bilder von ihnen gemalt, wenn sie sie für eine von den Abfallhaufen angelockte, diebische, lästige Bande hielten.

Die Höhlen beweisen, dass es damals Menschen gab, die über lange Zeiträume hinweg an einem bestimmten Ort lebten. Könnte es sein, dass sich zu dieser Zeit die Hunde aus wolfsähnlichen Wesen entwickelten? Ich sehe keinen Grund, warum das biologisch gesehen nicht so hätte sein können. Wenn die Beobachtungen von Belyaev über die Transformation von Füchsen zu zahmen Tieren auch auf Hunde zutreffen, dann braucht es nur einen Ort mit einem über ein halbes Jahrhundert hinweg hohen Selektionsdruck und – voilà! Da wäre der erste Prototyp Hund.

Wie wahrscheinlich ist es, dass Menschen bereits vor 40 000 Jahren in beständigen Siedlungen lebten? Wenn wir 40 000 Jahre zurückgehen, stoßen wir auf die heikle Frage, ob wir den *Homo neanderthalensis* bereits als Menschen bezeichnen wollen und ob er in festen Siedlungen lebte. Hier bewegen wir uns im Reich der Vermutungen und der begründeten Annahmen. Bevor man aber schlüssige Aussagen machen kann, müssen wir einfach auf die Entdeckung weiterer Informationen warten.

Ein kürzlich im Wissenschaftsmagazin *Science* veröffentlichter Artikel vertritt die Auffassung, dass die Hunde bereits vor rund 135 000 Jahren von der gemeinsamen Entwicklung mit den Wölfen abzweigten. Wenn die Menschen bei der Domestikation irgendeine Rolle spielten, dann befinden wir uns mit der Schätzung 135 000 Jahre vor unserer Zeit praktisch in der Phase der Neandertaler. Damit stößt diese Theorie an die Grenzen unseres Wissens über die Entwicklung der Menschheit. Konnten die Menschen damals sprechen? Hatten sie kognitive Fähigkeiten, die ihnen abstraktes Denken ermöglichten? Konnten sie ihre abstrakten Vorstellungen auf Höhlenwände malen? Manche Fachleute sind der Meinung, dass jede dieser Fragen verneint werden muss.

Wäre es aber möglich, dass ein Prototyp des Neandertalers sich an einem Küstenstrich irgendwo hinhockte und blieb, Abfälle produzierte, die beutestöbernde Wölfe anlockten und mit ihnen im Lauf von 50 oder 100 oder 1000 Jahren eine symbiotische Lebensgemeinschaft entwickelte? Warum nicht? Erfinden Sie Ihre eigene Version der Geschehnisse, denn eindeutige Beweise für ein derart frühes Auftreten der Hunde gibt es nicht. Der in *Science* veröffentlichte Artikel schien einen Durchbruch bei der Frage nach dem entwicklungsgeschichtlichen Alter der Hunde zu bringen und wurde in den Medien auch als solcher dargestellt. Aber seit der Veröffentlichung des Artikels sind ernsthafte Zweifel daran aufgetaucht, wie verlässlich die mitochondriale DNA als evolutionsgeschichtliche Uhr tatsächlich ist, auf der ja die Schätzung mit den 135 000 Jahren zu einem wesentlichen Teil beruht hatte. Ich halte (genauso wie viele andere) nicht nur die verwendete Methodologie und damit die Ergebnisse für reichlich fragwürdig, ich glaube, dass die Medien die veröffentlichten Ergebnisse zusätzlich falsch interpretierten.

Selbst für die Zeitspanne vor 12 000 Jahren sind die Fossilienfunde, die die Existenz von Hunden beweisen könnten, sehr rar und eher zufällig. Im Wesentlichen werden einige wenige Funde, die eine enge Verbindung von Menschen und Kaniden nahe zu legen scheinen, als Beweis für die Domestikation angeführt. Meiner Meinung nach ist dies zum gegenwärtigen Zeitpunkt durchaus zulässig, allerdings sollten wir nicht den Fehler machen, die dürftige Indizienlage für einen schlüssigen Beweis zu halten. Wenn es in den Dörfern der Natufer Hunde gab, dann waren es ganz sicher nicht besonders viele.

Vor 4000 Jahren gab es dann bereits Hunde in großer Zahl, aber noch wenig Hinweise auf unterscheidbare Rassen. Zur Zeit der Römer, vor rund 2000 und mehr Jahren, beschreiben Autoren sowohl Hirtenhunde als auch Jagdhunde, und den Dorfkötern ähnliche Hunde werden mehrfach in der Bibel und anderen Schriften, die weniger als 1000 Jahre vor der Zeit der Römer entstanden waren, erwähnt.

Bis jetzt gibt es aber keinerlei archäologische Beweise dafür, dass in der Zeit von vor 12 000 Jahren und vor 135 000 Jahren Hunde lebten. Für die Phase 12 000 Jahre vor unserer Zeit gibt es zwei winzige Fundstücke, die vielleicht ein Beweis dafür sein könnten (vielleicht aber auch nicht): ein menschliches Skelett, das gemeinsam mit einem Kanidenwelpen (bei dem es sich auch um einen Wolfswelpen gehandelt haben könnte) begraben worden war, und einen kleinen Zahn eines ausgewachsenen Kaniden, den man bei der Ausgrabung eines nahe gelegenen Hauses fand. Wie in Kapitel 9 beschrieben, hatte der Zahn die Größe eines klein geratenen Wolfzahns. Der mit dem Menschen begrabene Welpe wurde als Beweis einer kulturell bedingten Beziehung zwischen den beiden oder als Zeichen der Zuneigung interpretiert. Was hat es aber nun mit dem

Zahn wirklich auf sich? Was machte ein eher klein geratener Wolf in einem Haus? In meinem Haus gibt es zwar viele Wolfszähne, ein lebendiger Wolf war hier aber noch nie. Wäre es möglich, dass in diesem Haus vielleicht ein Kind lebte, das einen Wolfszahn als Glücksbringer hatte?

Gibt es noch weitere Beweise dafür, dass es bereits vor 12 000 Jahren Hunde gab? Ja, aber jedes Mal wird die Beweisführung dadurch erschwert, dass man nicht genau sagen kann, zu welcher Spezies der Schädel des Welpen zählt und ob es sich um einen Hund oder einen Wolf handelt. Wolfswelpen und Hundewelpen sind bis zum fünften Monat gleich groß und praktisch identisch.

Bislang gibt es genau null Beweise dafür, dass es Hunde bereits vor dem Jahr 12 000 vor unserer Zeit gegeben hätte, und dabei schließe ich die kürzlich veröffentlichte Studie über mtDNA mit ein, die den Ursprung der Hunde mit 135 000 vor unserer Zeit angibt. In dem genannten Artikel wird die These aufgestellt, es könnte Hunde bereits seit 135 000 Jahren geben. Ich könnte aber genauso gut sagen, jener Wolfsbestand, von dem die Hunde abstammen, hat sich vor 135 000 Jahren evolutionsgeschichtlich von den anderen Wölfen abgespaltet. Wenn letzteres zutrifft, dann könnten diese wölfischen Hundevorläufer 123 000 Jahre mit dem Aussehen und Verhalten normaler Wölfe gelebt und sich erst zum Hund weiterentwickelt haben, als die Menschen ihnen ein neues Domizil für ihre Selbstdomestikation boten – vor 12 000 Jahren. Welches dieser Szenarien eher zutrifft, kann durch die Analyse mitochondrialer DNA nicht geklärt werden. Da sich die zweite These auf archäologische Funde stützen kann, müsste man zur vorsichtigen Schlussfolgerung kommen, dass angesichts der vorhandenen Beweislage der Hund vermutlich 12 000 Jahre alt ist.

Wie gut sind nun jene mtDNA-Analysen, die den Schluss nahe legen, dass der wölfische Ahnherr der Hunde vor 135 000 Jahren von den anderen Wölfen isoliert wurde? Seit dem Zeitpunkt der Veröffentlichung dieses Artikels sind viele Fachleute von der Methode, die Mitochondrien-Uhr zur seriösen Schätzung evolutionsgeschichtlicher Zeitspannen zu verwenden, wieder abgekommen. Sie haben nach anderen Möglichkeiten der Zeitmessung gesucht, zum Beispiel unter Verwendung der Y-Chromosomen, die vom Vater an den Sohn weitergegeben werden. Die Y-Chromosomen-Uhr ergibt andere Ergebnisse als die mtDNA-Uhr. Die molekularen Zeitmessungsmechanismen sind entweder ziemlich ungenau oder aber wir wissen noch nicht, wie man an ihnen die Zeit richtig abliest. Meiner Meinung nach ist die mtDNA-Analyse im Fall der Kaniden zum gegenwärtigen Zeitpunkt für die Bestimmung von genealogischen Beziehungen nur sehr schlecht geeignet, als evolutionsgeschichtliche Uhr noch schlechter.

Als ich die Hunde auf Pemba erforschte, wo es durch die Insellage nur sehr eingeschränkte Ein- und Auswanderung gibt, fand ich die Auswirkungen von

Krankheiten auf die Hundepopulation sehr beeindruckend. Zuerst wuchs die Population stark, dann brach sie in sich zusammen. Tödliche Krankheiten sind bei jeder Spezies, auch den Hunden und den Wölfen, ein häufiges Phänomen. Wenn es zu einem Zusammenbruch der Population kommt, dann geht mtDNA-Information, als die Grundlage der Zeitmessung, verloren. Nach einem Zusammenbruch gibt es bei den Hunden auf Pemba vielleicht nur noch einen oder zwei Haplotypen. (Haplotypen sind die mutierte Form der theoretisch ursprünglichen mtDNA.) Wenn wir annehmen, dass es sich bei den Hunden auf Pemba um die „ursprünglichen" Hunde handelt und dass sie vor 12 000 Jahren entstanden, dann entstehen mit dem Ablaufen der mtDNA-Uhr immer mehr mutierte Haplotypen. Nach 12 000 Jahren müsste es daher sehr viele Mutationen geben. Die mtDNA der ursprünglichen Stammmutter der Hunde wäre in jeder nachfolgenden Generation mit einer bestimmten Häufigkeit mutiert. Es wäre daher zu erwarten, dass man bei Untersuchungen nun die größte in der Population vorkommende Zahl an Mutationen findet. Die Mutationen werden aber durch Krankheiten und andere Mortalitätsursachen herausgefiltert und nach einem oder zwei Zusammenbrüchen der Population wären nur noch wenige Mutationen anzutreffen. Wenn alle Hunde auf Pemba bis auf ein trächtiges Weibchen sterben, dann wäre sie die Stammmutter aller künftigen Hunde. Die Zeitmessung oder Ursprungsbestimmung mittels mtDNA wäre dann aufgrund der fehlenden Variabilität der Haplotypen sehr ungenau.

Bei den derzeitigen Untersuchungen wird eine Mutationsrate aufgrund der Variabilität der überlebenden Haplotypen statistisch berechnet und zugrunde gelegt. Die Resultate sind daher *statistische* Wahrscheinlichkeiten.

Als ich den *Science*-Artikel meinem Kollegen, dem Genetiker Lynn Miller, das erste Mal zeigte, war seine spontane Reaktion: „Wo sind die ganzen Haplotypen der Wölfe? Warum gibt es von denen so wenige?" Ja, wo und warum? Liegt es daran, dass wir schon so lange dabei sind, Wölfe auf der ganzen Welt auszurotten? Liegt es daran, dass sie mit Räude, Tollwut, Staupe und Verfolgung durch den Menschen zu kämpfen haben und die zu erwartende Variabilität bei den Haplotypen der Population bereits eliminiert wurde? Die gleiche geringe Zahl an Haplotypen finden wir übrigens auch bei den Menschen in Europa, die nicht jenes Ausmaß an Variabilität aufweisen, wie man es erwarten würde, wenn die mtDNA-Uhr in gleichmäßigem Tempo gehen würde. Wurde die Variabilität durch die Kriege, Hungersnöte und Pestepidemien reduziert? Oder – geht vielleicht die mtDNA-Uhr nicht bei jeder Population gleich? Oder taugt die mtDNA vielleicht gar nicht als Uhr?

Ich überredete Lynn, mich in den *Science*-Artikel genauer einzuweihen. Er ließ mich an seiner Kritik teilhaben und ging den Artikel Satz für Satz mit mir durch. Es war eine gute Lektion in Sachen kritischer Analyse. Warum hatte man Hunde aus anerkannten Rassen genommen und mit Wölfen aus den verschiedensten geographischen Regionen der Welt verglichen? Bei dieser Methode werden Hunderassen so behandelt, als wären sie für ihr Herkunftsland typische Populationen, obwohl die meisten Hunde in der Studie aus den USA und Europa stammen. Ich hielte es zum Beispiel für nahe liegend, bei einer Untersuchung über Wölfe in Rumänien und Westrussland frei lebende Hunde aus Rumänien und Westrussland für Vergleichszwecke heranzuziehen. Es hätte natürlich, wie in dem Bericht in *Science* vermerkt, keinen Unterschied gemacht, weil diese Wölfe Hunde-mtDNA aufwiesen. Diese Wölfe hatten die gleiche mtDNA wie meine italienischen Maremmano Abruzzesen, wie der Mexikanische Nackthund, wie Irish Water Spaniels und neun andere Rassen. Ich greife diese drei Beispiele heraus, weil der Maremmano Abruzzese ein Hund der transhumanten Viehtriebe ist, der Nackthund mehrere Kontinente von Russland entfernt lebt und der Irish Water Spaniel zu den Begründern des Golden Retriever zählt, dessen Verwandte in einer ganzen Reihe weiterer Hunde-Haplotypen weltweit auftauchen. „Anerkannte“ Rassen sind für Untersuchungen über die genetische Verwandtschaft von Hunden und Wölfen nicht wirklich geeignet.

Warum verwendeten die Autoren nicht, wie in der Wissenschaft üblich, die lateinische Bezeichnung, um Gattung und Spezies der Wölfe bzw. Hunde anzugeben? Bei den Kojoten und Schakalen machen sie es schon. War das ein Versehen oder eine absichtliche Auslassung, um der schwierigen Frage auszuweichen, ob Hunde nun eine Subspezies der Wölfe sind? Denn schließlich wären, zumindest technisch gesehen, die Abweichungen nicht so weitgehend, wie bei einer tatsächlich eigenständigen Spezies wenn es sich bei den Hunden um eine Subspezies der Wölfe handelt (man denke an *Canis lupus familiaris*). Eine Subspezies ist qua definitionem keine sexuell isolierte Population. Eine Subspezies besteht aus einer nicht zufälligen Verteilung von Allelen in einem geographisch beschränkten Gebiet. Und Hunderassen sind keine Spezies, sie sind von der Gesamthundepopulation nicht geographisch getrennt, sie sind auch keine Subspezies im technischen Sinn, weil die Gründertiere eines Zuchtverbands keine zufällige Paarung willkürlich ausgewählter Tiere aus dem ursprünglichen und geographisch eingegrenzten Elternbestand sind (sozusagen dem Wildbestand).

Die Tatsache, dass einige Hunde und Wölfe die gleichen Haplotypen haben, beweist, dass es sich bei ihnen nicht um eigenständige Spezies im Sinne der klassischen Definition handelt. Die Autoren des *Science*-Artikels gingen aber davon aus, es seien sehr wohl eigenständige Spezies. Sie nahmen an, Linnaeus hatte Recht, wenn er Hunde, Wölfe, Kojoten und Schakale als jeweils eigenständige Art klassifizierte, obwohl sie alle untereinander fortpflanzungsfähig sind. Als sie dann feststellten, dass diese Spezies aber Träger der gleichen Haplotypen sind, schlossen sie daraus, dies müsse auf einen Hybridisierungsprozess jüngeren

Datums zurückzuführen sein. Wenn die gemeinsamen Haplotypen aber durch Hybridisierung erklärt werden, dann müssen aufgrund der Datenlage einige Wölfe ihre Haplotypen von Hunden erhalten haben. Die russischen Wölfe sind also offensichtlich Träger von Hunde-Haplotypen. Das heißt, einige Wolfsrudel hatten eine Hündin zur Mutter. Welche weiteren Wolfs-Haplotypen stammen von Hunden? Und welche Hunde-Haplotypen stammen von Wölfen? Das lässt sich nicht sagen. Wenn es in jüngster Zeit einen Prozess der Hybridisierung gab, dann ist es mehr als nur wahrscheinlich, dass Hybridisierung auch früher schon stattfand. Praktisch seit es Hunde gibt, wann immer das nun gewesen sein mag. Und das heißt auch, dass man Hunde-Haplotypen und Wolfs-Haplotypen eigentlich nicht voneinander unterscheiden kann.

Von dem gleichen Problem mit gemeinsamen Haplotypen bei verschiedenen Spezies wurde davor auch schon in einer anderen Untersuchung desselben mtDNA-Labors berichtet, als sie entdeckten, dass es im Nordosten der USA zu einer Hybridisierung zwischen dem Grauwolf und dem Kojoten gekommen war, und in einer weiteren Untersuchung, die feststellte, dass sich Grauwölfe und Kojoten mit den Rotwölfen paarten.

Es gibt für dieses Phänomen aber anstatt der These von der Hybridisierung auch eine andere Erklärung, nämlich die, dass es mit Hilfe der derzeitigen mtDNA-Methoden schlicht nicht möglich ist, festzustellen, ob ein Tier ein Hund, ein Rotwolf, ein Grauwolf oder ein Kojote ist.

Die Frage könnte auch anders gestellt werden. Wenn ich eine anonyme Probe an ein Labor schicke, können mir die Wissenschaftler dann sagen, von welcher Spezies die Probe stammt? Die Antwort lautet – vermutlich nicht. Ich halte es für ein Riesenproblem dieser Methode, dass eine Gewebeprobe offenbar bereits mit der Artbezeichnung versehen sein muss, damit eine korrekte Bestimmung möglich ist. Es darf nicht schon vorher eine Artangabe für die Bestimmung erforderlich sein, wenn doch eine Bestimmung, um welche Art es sich handelt, durch die Untersuchung erfolgen soll. Woher weiß man, dass eine Probe von einem Wolf stammt? Nun – weil die Person, die die Probe entnommen hat, sagt, sie sei von einem Wolf. Wie kann aber jemand mit Gewissheit sagen, dass es sich um einen Wolf handelte? Der Wolfsexperte schickt eine Probe vom angeblichen Wolf ins mtDNA-Labor, das dann herausfindet, dass die mtDNA von einem Kojoten stammt (also ein Fall von Hybridisierung). Was heißt das? War die Gewebeprobe irrtümlich falsch beschriftet worden oder hatte es sich um einen ungewöhnlich großen Kojoten gehandelt oder doch um einen Hybriden oder liegt es daran, dass niemand den Unterschied zwischen den Tieren feststellen kann? Es ist doch merkwürdig, dass bei einer jeden mtDNA-Studie das Problem der Hybridisierung auftaucht. Rotwölfe sind eine Kreuzung von Grauwolf und Kojoten, trotzdem sind in Kanada die Grauwölfe Träger von

Kojoten-mtDNA und 20 % der Hunde besitzen Wolf-mtDNA. Und in Afrika hat der Abessinenschakal, bei dem es sich eventuell um einen Wolf handeln könnte, mtDNA von Hunden. Tragen diese Ergebnisse wirklich dazu bei, die Frage der Abstammung der Hunde zu klären?

Lynn Miller begann, die in der Fachliteratur einsetzende Diskussion um die Abstammungsfrage zu verfolgen. Es wurden weitere Artikel und Daten veröffentlicht. Dann tat Lynn etwas Interessantes. In seinen eigenen Worten: „Ich ließ auf dem sogenannten BLAST (Basic Local Alignment Search Test), mit dem Gensequenzen auf gleiche Sequenzen untersucht werden, die Suche nach der NIH Sequenz durchlaufen. Zuerst nahm ich dazu die Kojotensequenz von Vilà et al. (1997) (mit ungefähr 700 Basenpaaren) und lud aus der Datenbank des BLAST die 100 ähnlichsten Treffer herunter. Neben zwei Kojotensequenzen stammen die rund 20 besten Treffer bei den gefundenen Sequenzen von Hunden, hauptsächlich aus der Datenbank von Vilà et al. Damit wäre die Richtigkeit ihrer Abbildung 2B bestätigt, in der Kojoten als die Vorfahren von Hunden angegeben werden. Der 100. Treffer beim Sequenzvergleich war eine Schakalsequenz von Randi et al. (2000). Das Problem bei dieser Sequenz ist allerdings, dass sie nur aus 595 Basenpaaren besteht. Der geringere Grad an Übereinstimmung ergibt sich daher vielleicht nur daraus, dass die Sequenz so kurz ist. Ich ließ die Schakalsequenz durchlaufen und suchte die 100 nächsten Übereinstimmungen. Der erste und genaueste Treffer waren D6a, D6b und W6, der berühmte eingekreuzte Hunde-Haplotyp, der bei russischen und rumänischen Wölfen gefunden wurde (das heißt, den Hunde-Wolf-Hybriden aus dem Artikel von Vilà et al.). Bei diesen Sequenzen gab es viel größere Unterschiede im Sequenzaufbau zwischen den Wölfen und dem Schakal als zwischen den Wölfen und den anderen Mitgliedern des Wolfsrudels, dennoch kommen in beiden Listen Kojoten, Hunde und Wölfe bunt durcheinander vor."

Ich weiß, dass diese Ausführungen etwas schwer verständlich sind. Allerdings weiß ich auch, dass Aussagen in der allgemeinen Presse, der Artikel von Vilà et al. „zeige eindeutig", dass Hunde von Wölfen abstammen, nur von Autoren stammen können, die das Datenmaterial nicht besonders genau geprüft haben. Lynn fährt fort: „Nur ganz wenige statistische Ergebnisse im Artikel von Vilà et al. erreichen den üblichen Wert von 95 % Aussagekraft, was bedeutet, dass die in Abbildung 2A dargestellten Verzweigungen (im Artikel mit „Clade" beschriftet) sich auch rein zufällig hätten ergeben können. [Anm. d. Autors: bei Abb. 2A handelt es sich um jene, die den angeblich eindeutigen Beweis erbringt, dass der Hund vom Wolf abstammt.] Nur bei drei kleinen Verzweigungen in Abb. 2B wird eine Aussagekraft von 95 % Zuverlässigkeit erreicht, der den Hund betreffende Clade 1 zählt nicht dazu. [Das ist erstens wichtig, weil auf diesem den Hund betreffenden Clade 1 sowohl die Frage der Eigenständigkeit (der

Spezies?) als auch die Altersschätzung für den Hund aufbauen. Zweitens zeigt die Abb. 2B (eindeutig?), dass einige Hunde mit den Kojoten enger verwandt sind als mit dem Wolf. Und drittens zeigt Abb. 2B, dass die Hunde älter sind als der Wolf.] Das vorliegende Datenmaterial hat einen anderen Wissenschaftler zu der Bemerkung veranlasst, dass die statistische Schwankungsbreite bei diesen Daten plus/ minus 300 % beträgt. Das heißt, man könnte auf Grundlage dieser Daten genauso gut zu der Auffassung gelangen, dass es Hunde erst seit 12 000 Jahren gibt."

Lynn argumentiert, dass Vilà et al. – wenn sie argumentieren wollen, dass es den Hund bereits seit uralten Zeiten gibt – gleichzeitig argumentieren müssen, dass es den Hund bereits länger gibt als den Wolf, was aus ihrer Abb. 2B hervorgeht. Der Artikel beweist allerdings eindeutig, dass die zu erwartende Variabilität bei den Wolfs-Haplotypen fehlt, die für eine Interpretation der Ergebnisse aber erforderlich wäre. Vom heutigen Stand unseres Wissens über die Funktionsweise der mtDNA ausgehend würden wir damit rechnen, auf eine große Anzahl an Wolfs-Haplotypen zu stoßen, wenn es Wölfe bereits seit Millionen von Jahren gibt. Robert Wayne präsentierte vor einigen Jahren eine Facharbeit in Spanien, in der er über seine Arbeit mit der mtDNA eines Wolfes, der am Ende der letzten Eiszeit (also etwa zu der Zeit, als die ersten Hunde auftauchten) eingefroren und dann aus dem Eis geborgen worden war, berichtete. Und... große Überraschung! Der Wolf von damals wies keinerlei Ähnlichkeiten mit den nordamerikanischen Wölfen von heute auf. Warum? Einfach deswegen, weil dauernd mutierte Haplotypen verloren gehen, vermutlich aus den gleichen Gründen, die ich am Beispiel der regelmäßig durch Katastrophen dezimierten Population der Hunde von Pemba theoretisch durchgespielt habe.

Bei dem *Science*-Artikel sorgen nicht nur die Probleme mit dem Probennachweis für den Stammbaum für Schwierigkeiten, es ist auch die Methode, mit der das Alter der Hunde so hoch angesetzt wird, nicht ganz sauber. Die Zahl 135 000 Jahre wurde davon abgeleitet, dass die genetische Divergenz von Hunden und Wölfen (0,01, ein Faktor, der auf Grund der *nicht* signifikanten Daten von Abbildung 2A ermittelt wurde) dividiert wurde durch die genetische Divergenz von Wölfen und Kojoten (0,075 + 0.002) und dann das Ergebnis multipliziert wurde mit dem Zeitraum des ersten Auftretens von genetischer Divergenz von Wölfen und Kojoten, das durch Fossilienfunde dokumentiert ist (vor 1 000 000 Jahren).

(Nicht aufgeben, es ist eine ganz einfache Rechnung). Die Autoren lösten die Rechenaufgabe (0,01 : 0,075 x 1 000 000 Jahre = 133,333 Tausend Jahre) und zogen daraus den Schluss: „....das deutet darauf hin, dass der Hund bereits vor rund 135 000 Jahren entstanden sein könnte." Nun, wenn ich alle getroffenen Annahmen so akzeptiere, nicht aussagekräftige Zahlen für die Rechnung zulasse und mich an einem Unsicherheitsfaktor von 300 % Schwankungsbreite nicht stoße, dann schon. Dann *könnte* es Hunde bereits so lange geben.

Der Artikel beruht zum Teil auf der angenommenen genetischen Divergenz von 0,01 bzw. 0,075, also auf den auf Fossilien beruhenden Schätzungen, wann sich die Kojoten von den Wölfen abspalteten. Wie sicher und genau sind die Fossilienbeweise aber? Die Autoren verwendeten offenbar Angaben aus einem 1968 veröffentlichten Buch von Björn Kurtén, aus dem sie die Zahl eine Million Jahre übernahmen. In dem Buch heißt es aber eigentlich, dass es vor ein oder zwei Millionen Jahren zur Trennung von Wölfen und Kojoten kam. Diese Schätzung wurde von Kurtén und E. Anderson zwölf Jahre später im Buch *Pleistocene Mammals of North America* revidiert und mit bis zu 3,3 Millionen Jahren vor unserer Zeit angegeben. (Es handelt sich außerdem um keine exakte Abspaltung, weil sich die Kojoten in Nordamerika entwickelten und die Wölfe in Eurasien, von wo sie später nach Nordamerika einwanderten.) Wenn Vilà und Kollegen, die den *Science*-Artikel verfassten, diese überarbeitete Schätzung herangezogen hätten, dann wäre herausgekommen, dass es Hunde bereits seit 135 000 bis 450 000 Jahren gibt. Ein Kritiker der Methode wandte sie an, um zu berechnen, seit wann es Kühe gibt, und kam dabei auf 200 000 Jahre. Das hieße, dass es die Kühe schon länger gibt als die Hunde und dass es sie bereits zur Zeit der Neandertaler oder sogar noch früher gab.

Ändern wir die Fragestellung des *Science*-Artikels nur so zum Spaß ein wenig ab. Was, wenn es dabei nicht darum gegangen wäre herauszufinden, wann sich die Hunde von den Wölfen abspalteten, sondern die Kojoten? Aufgrund der Fossilienfunde, die das Alter des Hundes mit 12 000 Jahren angeben, würde die Gleichung dann folgendermaßen lauten: 0,075 : 0,01 x 12 000, also vor 90 000 Jahren.

Wir könnten also nun einen Artikel schreiben, in dem es heißt: „Jüngste Erkenntnisse aus der mtDNA-Analyse deuten darauf hin, dass die Abspaltung der Kojoten von den Wölfen viel später stattfand, als die Fossilienfunde beweisen." Man könnte es auch anders formulieren und sagen, dass das von Vilà et al. entworfene Modell zwar brauchbar sein mag, aber die Ergebnisse davon abhängen, welche Zahlen man einsetzt.

Was soll das alles heißen? In erster Linie, dass diese Studien meines Erachtens nicht besonders viel dazu beitragen können, die Frage zu klären, seit wann es Hunde gibt, und noch nicht einmal klären können, von wem der Hund denn nun abstammt. Die Spezies dieser Gattung können nicht mit Hilfe der Linnéschen Systematik bestimmt werden, die ja von einer ursprünglichen Schöpfung, einer klaren Trennung der Vorläuferspezies voneinander und einer genetischen Isolation der Spezies ausgeht. Wenn sich bei den genannten mtDNA-Studien herausstellt, dass zwei Spezies die gleichen Haplotypen besitzen, muss man als

Erklärung davon ausgehen, dass es sich um einen seltenen Fall von Hybridisierung handelt. Dies wird allein schon deswegen notwendig, weil man ja als Definitionsmerkmal einer Spezies die sexuelle Isolation von mutierenden Haplotypen voraussetzt.

Wenn ich Schakale, Wölfe, Kojoten und Hunde jeweils als Spezies (wie in Kapitel 9) bezeichne, dann nicht in meiner Rolle als Taxonom, sondern als Verhaltensökologe. Ich definiere diese Spezies nach ihren ökologischen Nischen. Ich halte sie nicht für eine Spezies im Sinne von Linnaeus, sondern jeweils für eine einzelne Population von Tieren, die sich mit einem bestimmten Trick an die veränderten Umweltbedingungen ihrer ökologischen Nische anpassen. Veränderte Umweltbedingungen (Stress) führen zum Schrumpfen einer Population oder sogar zum Aussterben, wenn sich die Organismen nicht anpassen. Anpassung ist im Sinne der Evolution gleichbedeutend mit der Entwicklung einer neuen Form. Woher stammt aber bei kleinen Populationen die notwendige genetische Variabilität, auf deren Grundlage durch Selektion neue und besser angepasste Formen entstehen können? Ich glaube, Schakale, Wölfe, Kojoten und Hunde haben sich immer dann, wenn ihnen ihre ökologische Nische nicht mehr genügend Fortpflanzungsmöglichkeiten mit Artgenossen bot, mit ihren Verwandten aus der Umgebung ihrer ökologischen Nische fortgepflanzt und dadurch eine sehr rasche Anpassung an eine neue Nische erzielt.

Vor einigen Jahren wurde eine neue Spezies von *Canis* in New Hampshire entdeckt. Die Wissenschaftler hatten ziemliche Probleme, ihr eine korrekte Bezeichnung nach dem System von Linnaeus zu geben. Ich bezweifle, dass wir selbst heute, 40 Jahre später, bereits wissen, von welchen Tieren – Kojoten, Wölfen, Hunde-Kojoten-Hybriden oder Wolf-Kojote-Hybriden – diese neue Art abstammt. Wir haben uns darauf geeinigt, sie als „New England Kojoten" zu bezeichnen. Das klärt jedenfalls, dass sie nicht unter die Artenschutzbestimmungen fallen.

Wenn ein solcher Prozess der Ausbildung von Ökotypen (Hybridisierung und Anpassung) seit Millionen von Jahren stattfindet, kann man sich gut vorstellen, was für eine heillose Verwirrung unter Paläontologen herrschen muss, die versuchen, Fossilienfunde zu bestimmen und einzuordnen. Wenn aber schon die Fossilienbestimmung nicht eindeutig ist, kann man auf dieser Grundlage auch keine nur einigermaßen korrekte mtDNa-Analyse zur Altersbestimmung einer Art vornehmen.

Ich halte mtDNA-Untersuchungen für ein aufregendes Gebiet der Evolutionsforschung. Irgendwann wird damit vielleicht ein Durchbruch bei der Erforschung des evolutionsgeschichtlichen Alters und der Abstammung der Hunde erzielt werden, auch wenn die Methode bislang eher zur Verwirrung als zur Klärung beigetragen hat.

Meiner Meinung nach werden sich die so gewonnenen und diskutierten Informationen über Hunde, Wölfe und Kojoten eher schädlich auswirken. Wolfsschutzprogramme haben darunter gelitten, dass die Wissenschaft um eine genaue Bestimmung der Spezies und der Vielfalt der Spezies ringt. Kritiker von Wolfsschutzprogrammen brauchen nur zu sagen: „Das ist kein richtiger Wolf. Das ist nur ein Hybride von einem nutzlosen Kojoten." Woher wissen sie das? Sie wissen es aus den mtDNA-Studien, die zwischen Wölfen und Kojoten keine genaue Unterscheidung treffen können!

Für mich als Verhaltensökologen ist es lachhaft, Hund und Wolf in dieselbe Spezies einzuordnen. Es ist gleichgültig, wie eng verwandt sie auf molekularer Ebene sind. Wenn man ihr Verhalten, ihre anatomischen Merkmale und ihr Habitat betrachtet, dann handelt es sich um unterschiedliche Arten. Die auf Rotwölfe spezialisierten Biologen schütteln nur verzweifelt den Kopf, wenn sie hören, dass ihre Tiere angeblich Hybriden von Wölfen und Kojoten sind. Sie beobachten Rotwölfe und haben ein Tier vor sich, dass sich in Körperbau und Verhalten deutlich sowohl vom Grauwolf als auch vom Kojoten unterscheidet.

Ich schüttle genauso verzweifelt den Kopf, wenn ich populärwissenschaftliche Darstellungen von mtDNA-Ergebnissen vor mir habe. Vor rund 30 Jahren begannen einige Leute das Konzept zu vertreten, der Hund stamme ausschließlich vom Wolf ab. Ihre Argumentation baute teilweise darauf auf, dass sich Hund und Wolf ähnlich verhalten. Sie behaupteten, das Sozialverhalten der Wölfe untereinander sei dem Sozialverhalten von Hunden gegenüber dem Menschen gleichzusetzen. Daher, so die Argumentation, könnte sich die Beziehung zwischen Wölfen und Menschen aus den gemeinsamen Zielen (Jagd) und dem bei beiden Arten anzutreffenden Sozialverhalten als Lösungsansatz bei der Nahrungssuche (Rudelbildung) ergeben haben. Diese Beziehung führt dann zu einer Entwicklung eines Symbionten, dem Hund. Wir treffen also wieder auf die Pinocchio-Theorie.

Diese irrige Argumentation führt zu einem Mythos, der in letzter Zeit an Bedeutung gewonnen hat. Er wird mit dem Klischee vom Rudeltier Wolf in unzähligen Büchern über Hundeausbildung wieder- und wiedergekäut. Danach stieg die Wissenschaft auf diesen Mythos ein und alle, die mit Wölfen arbeiten, wiederholten es ebenfalls wieder und wieder: „Die meisten Wissenschaftler sind sich heute einig, dass der Hund vom Wolf abstammt" – so als ginge es hier um einen Beliebtheitswettbewerb. Und schließlich reagieren nun die Taxonomen auf die neue Einhelligkeit und versuchen die Sache durch die Umbenennung des Hundes dingfest zu machen und ihn über den neuen Namen eindeutig als Subspezies des Wolfes zu definieren.

Meiner Ansicht nach ist das Sozialverhalten des Hundes mit dem der Wölfe nicht vergleichbar, und Wölfe unterscheiden sich in ihrem Sozialverhalten wiederum deutlich vom Menschen. Wölfe haben kein ausgeprägteres Sozialverhalten als Kojoten oder Schakale, und meiner Meinung nach gibt es noch nicht einmal den Funken einer Wahrscheinlichkeit, dass der Wolf vom Menschen als Jagdgefährte domestiziert wurde. Diese Form der Homologie zwischen verschiedenen Spezies ist schlampig und unlogisch, kann sich nicht auf wissenschaftliche Analysen stützen und ist als These unbrauchbar. Die Tatsache, dass die Arbeit von Vilà et al. eine engere Verwandtschaft zwischen Hunden und Kojoten ergibt, ist wiederum kein Beweis für eine solche Abstammungslinie – es ist nur ein Beweis dafür, dass wir die ganze Sache sorgfältiger überdenken müssen.

Meiner Meinung nach ist die wichtigste Frage die, wie sich die Hunde so schnell entwickeln konnten. Darwin und seinen Anhängern ist nie ein Nachweis gelungen, wie mittels künstlicher oder natürlicher Selektion die Ausbildung neuer Arten im Sinne von sexuell isolierten Populationen möglich war. Die Wölfe, Kojoten, Schakale und Hunde erscheinen sogar eher ein Beispiel für die Unterschiede zwischen der Entstehung einer Spezies und der Anpassung einer Spezies durch natürliche Selektion zu sein. An einem schönen Nachmittag des Jahres 1963 tauchte in New England ein Kojote auf, der größer ist als die Kojoten im Westen der USA sonst. Heute gibt es ihn überall in dieser Region. Von der Anatomie her entspricht er eher dem Wolf als dem Kojoten, aber er schwitzt nicht über die Fußballen und in seinem Verhalten ist er an die Umwelt New Englands angepasst. Ist das ein Fall von Gradualismus? Die vielen Hunderassen, ihre verschiedenen Formen und Größen, entstanden nicht, wie es der Darwinschen Theorie entsprechen würde, langsam und über lange Zeiträume hinweg. Sie entstanden im Wesentlichen in den letzten 100 Jahren. Was immer in den Jahrtausenden davor mit dem Hund geschah, ist im Vergleich mit der Vielfalt der kürzlich entstandenen Formen nur ein Bruchteil seiner Entwicklung. Vielleicht können wir besser verstehen, wie bei ihren wild lebenden Verwandten plötzlich neue Formen entstehen, wenn wir genauer untersuchen, wie die Herausbildung neuer Formen bei den Hunden vor sich ging.

KAPITEL 11

Warum Hunde so aussehen, wie sie aussehen

Wenn man wie J.H. Honacki die Meinung vertritt, Hunde und Wölfe gehörten zur selben Spezies und die einen sind eine Subspezies der anderen, stellt sich die Frage, warum dann die eine Population von Wölfen (die Hunde) so hohe Mutationsraten aufweist – nachgerade formbar ist – während der wild lebende Typ (die Wölfe) so langweilig und konservativ ist. Warum haben Wölfe nicht den gleichen Grad physischer und verhaltensmäßiger Perfektion erreicht? Warum können Wölfe nicht so schnell laufen wie manche Hunderassen, warum haben sie nicht einen ebenso guten Geruchs- und Gesichtssinn wie Hunde? Warum kann man einem Wolf nicht beibringen, Schafe zu hüten und einen Hütewettbewerb zu gewinnen? Warum ist es so schwer, das Verhalten eines Wolfes zu verändern, wo doch Hunde anscheinend unbegrenzt anpassungsfähig sind?

Wie in Kapitel 10 erwähnt, könnte der Hund für Wissenschaftler die ideale Spezies sein, um die Genetik der Transmutation von Form, Verhalten und Artentstehung zu studieren. Die Tatsache, dass Hunde so formbar sind und in nur wenigen Generationen ein derart spezialisiertes Verhalten und eine so gute physische Anpassung an Mikroumgebungen entwickeln können, sollte uns dazu veranlassen, diese Transmutationsprozesse eingehender zu untersuchen.

Vielleicht glauben ja manche Menschen, Hunde seien nichts anderes als Wölfe mit einem komisch gefärbten Fell und Schlappohren. Aber das stimmt nicht. Vielleicht glauben andere, einige Rassen wie der Deutsche Schäferhund oder der Husky sähen wie Wölfe aus und manche Rassen seien enger mit dem Wolf verwandt als andere, aber dafür gibt es keinerlei Beweise. „Wolfshund" ist ein irreführender Name – außer natürlich, wenn es sich um einen echten Hybriden handelt. Meiner Meinung nach sehen Deutsche Schäferhunde und Huskies noch nicht einmal entfernt wie Wölfe aus, und sie benehmen sich auch nicht wie sie.

Die wenigen Genetik-Studien, die es dazu gibt, deuten nicht auf eine engere Verwandtschaft bestimmter Hunderassen mit den Wölfen hin. Bei einer mtDNA-Untersuchung, die wir durchführten, kam heraus, dass auf dem über statistische Daten ermittelten gemeinsamen Stammbaum der französische

Pudel dem Wolf näher stand, als die Huskies oder Herdenschutzhunde. Das ist natürlich lächerlich. Solche Ergebnisse sagen über Pudel nichts aus. Sie zeigen nur, dass die mtDNA-Methode, die wir verwendeten, noch weiterentwickelt werden muss, wenn man zu gültigen Ergebnissen kommen will.

Der Schluss, eine Rasse stehe den Wölfen näher als eine andere, ist nur dann zulässig, wenn man entweder davon ausgeht, dass sich die Hunde viele Male aus den Wölfen entwickelten und dass dies bei einigen Rassen vor kürzerer Zeit geschah als bei anderen. Oder wenn man annimmt, dass sich eine Rasse seit der Entstehung der Hunde genetisch nicht so viel weiterentwickelt hat wie eine andere. Keine der beiden Annahmen lässt sich durch vorhandenes Datenmaterial beweisen. Vielleicht glauben einige Leute, Deutsche Schäferhunde und Huskies seien in ihrem Verhalten wolfsähnlicher. Nichts könnte falscher sein.

Wenn ich daran denke, dass viele Wildtierarten seit Millionen Jahren existieren und dass sich im Laufe dieser Zeit nur ihre Größe geringfügig geändert hat, kann ich die erstaunliche Vielfalt der Hunderassen nur bewundern. Nach sechs Millionen Jahren Evolution haben Wölfe, Kojoten und Schakale noch immer die gleichen Größenrelationen bei Schädel, Zähnen und Gehirn. Sechs Millionen Jahre natürliche Selektion und Überleben des Stärksten und trotzdem können sie nicht kräftiger zubeißen, schneller laufen oder besser sehen? Wie kann das sein?

Gegen Ende der letzten Eiszeit (vor rund 12 000 Jahren) wurden die wilden Kaniden, genauso wie viele andere Säugetierarten, etwas kleiner. (Aus diesem Grund kann man nicht mit Sicherheit sagen, ob der von Davis und Valla bei den Ausgrabungen des Natufer-Dorfes gefundene Zahn eines Kaniden von einem Hund stammt. Es gab damals auch „echte" Wölfe, die in Israel herumliefen und die um die 20 kg wogen.) Vielleicht müsste man das präziser formulieren und sagen, dass die größeren Mitglieder der Kanidenfamilie, wie der *Canis dirus*, der Direwolf, ausstarben und die kleineren blühten und gediehen. Vielleicht ist der Grauwolf auch nur ein großes Relikt aus der Eiszeit, das nun ausstirbt. Dieser Theorie zufolge ging mit der Erwärmung der Erde die ökologische Nische, die diese größeren Arten bewohnt hatten, verloren. Den kleineren Arten geht es hingegen prächtig.

Kojote und Schakal leben nun seit rund sechs Millionen Jahren auf verschiedenen Kontinenten, trotzdem sind die Kopfform des Streifenschakals und des Kojoten erstaunlich ähnlich. Sechs Millionen Jahre natürliche Selektion und es gibt keine großartigeren Innovationen als den Rotwolf, den Grauwolf, den Goldschakal, den Schabrackenschakal und den wirklich schicken Streifenschakal? Wenn jemand bei einer Ausgrabung in Mexiko einen Streifenschakal fände, würde der Fund vermutlich als „Kojote" bestimmt. In New England tauchte Anfang der 60er Jahre eine wild lebende Kanidenart auf und Experten streiten noch heute darüber, ob es sich um einen Kojoten, einen Wolf oder irgendeinen Hybriden handelt. Es gibt keine wirklich eindeutigen Bestimmungsmerkmale, außer der Größe vielleicht, die aber bei mehreren Spezies sehr ähnlich sein kann. Jedes einzelne Merkmal kann sich teilweise mit dem einer anderen „Spezies" decken. Selbst bei der Untersuchung von Bluttypen, Proteinstrukturen und mtDNA stoßen wir auf gemeinsame Merkmale. Der beste Hinweis, um welche Art es sich handelt, ist also immer noch geographisches Vorkommen und Fundort.

Evolutionsbiologen gehen davon aus, dass die Transmutation einer Spezies langsam vor sich geht. Sechs Millionen Jahre sind im Reich der Artenbildung nicht besonders lange. Die herrschende Lehrmeinung geht davon aus, dass die Transmutation einer Spezies durch natürliche Selektion und nur schrittweise erfolgt. Darwin glaubte, dass geologische und klimatische Veränderungen nur sehr langsam stattfinden. So wie sich Umwelt und Klima im Laufe der Zeit allmählich verändern, verändern die Organismen ihre Form schrittweise in Anpassung an ihre veränderte Umwelt.

Die Schnelligkeit, mit der die Hunde ihre Form ändern, und die anscheinend unbegrenzte Vielfalt ihrer Formen stehen im Widerspruch zu Darwins Theorie der Evolution, die von einem langsamen Prozess der Anpassung ausgeht. Wann wir die Entstehungsphase der Hunde nun ansiedeln (ob vor 12 000 oder vor 135 000 Jahren) spielt dabei keine Rolle, weil in jedem Fall unsere bisherigen Vorstellungen vom Tempo der Evolution gesprengt werden. Die Formenvielfalt der Hunde ist selbst im Vergleich mit anderen domestizierten Tieren phantastisch. Hunde sind ein Phänomen für sich. Die verschiedenen Rassen von Katzen, Kühen oder Schweinen haben zwar verschiedene Größen, Farben oder ein unterschiedlich langes Fell, zeigen aber bei weitem keine derart große Bandbreite verschiedener Formen wie die Hunde.

Es gibt Hunderte von Rassen. Jede Rasse hat eine bestimmte Konfiguration, die durch einheitliche Größe, Form und einheitliches Verhalten gekennzeichnet ist – einen Rassestandard, wenn man so will. Wenn wir es nicht besser wüssten, wären wir sehr versucht, jeder Rasse einen eigenen Namen als (morphologische) Spezies zu geben. Zwischen einem Pitbull Terrier und einem Barsoi gibt es einen größeren und besser nachweisbaren Unterschied als zwischen allen anderen Mitgliedern der Gattung zusammengenommen.

Die Unterschiede zwischen den Hunderten von Hunderassen deuten auf ein unterschiedliches genetisches Programm für jede Rasse hin. Allerdings lässt sich zu unserer Überraschung keinerlei genetischer Unterschied zwischen ihnen feststellen. Man sollte doch annehmen, dass es irgendeine Allel-Sequenz gibt, die als genetischer Marker zur Bestimmung einer Rasse dienen könnte. Bis heute wurde aber keine gefunden. Bis heute ist es unmöglich, eine genetische

Bestimmung von „das hier ist ein amerikanischer Pitbull Terrier" vorzunehmen, so unglaublich einem das auch erscheinen mag. Ich bezweifle sogar, dass es je möglich sein wird, eine Rassebestimmung mittels Gentest vorzunehmen, was anhand der genaueren Betrachtung der Entstehungsgeschichte der Rassen gleich klarer werden wird.

DIE VERÄNDERUNG DER GRÖSSE

Inzwischen ist es schon fast ein Klischee, wenn man am Anfang eines Hundebuches schreibt, Hunde stellten die morphologisch vielfältigste aller bekannten Arten dar. Üblicherweise wird als Beweis der Größenunterschied zwischen dem nicht einmal 1 kg schweren Chihuahua und einem 60 kg Schwergewicht wie dem Bernhardiner angeführt. Ich hatte einmal einen Anatolischen Hirtenhund, der es auf genau 80 kg brachte. Der Größenunterschied zwischen ausgewachsenen Hunden ist also tatsächlich beachtlich.

Vielleicht aber gar nicht so sehr. Die Größe kann im Lauf des Entwicklungsprozesses leicht verändert werden. Ein 60 kg schwerer Wolf ist anfangs nur eine mikroskopisch kleine Eizelle. Ein Wolf durchläuft im Lauf seines Lebens sämtliche Größenstadien, die Hunderassen nur so haben können (vielleicht mit Ausnahme der ganz großen). Neugeborene Wolfswelpen sind kleiner als erwachsene Chihuahuas. Es ist anders gesagt relativ einfach, mit den Größenverhältnissen zwischen den verschiedenen Kaniden herumzuspielen, indem man das Wachstum entweder beschleunigt oder verlangsamt. Kojoten und Schakale können sogar zwischen 5 Kilogramm und 18 Kilogramm schwer sein. Das Gewicht von ausgewachsenen Wölfen schwankt zwischen 15 und 60 kg. Die Größenunterschiede zwischen den verschiedenen wild lebenden Spezies der Familie der Kaniden sind fast so groß wie jene zwischen den verschiedenen Hunderassen. Ist ein Kojote also bloß ein verkümmerter Wolf und ein Wolf nur ein zu groß geratener Schakal? Ist der Wolf nichts anderes als ein an das Leben in den Wäldern des Nordens angepasster Schakal?

Man stelle sich nur vor, wie viele Möglichkeiten es für eine Veränderung der Größe im Lauf der Evolution gab. Die Größe lässt sich durch eine einfache Beschleunigung, Verlangsamung, Verlängerung oder Verkürzung der Wachstumsphase verändern. Die Wölfe fangen an einem bestimmten Punkt ihrer Entwicklung an zu wachsen und hören an einem späteren Punkt wieder zu wachsen auf. Verändert man das Einsetzen des Wachstums oder den Endpunkt des Wachstumsprozesses, dann lässt sich damit die Größe des Tieres drastisch beeinflussen. Wenn ich den Beginn des Wachstumsprozesses verzögere oder

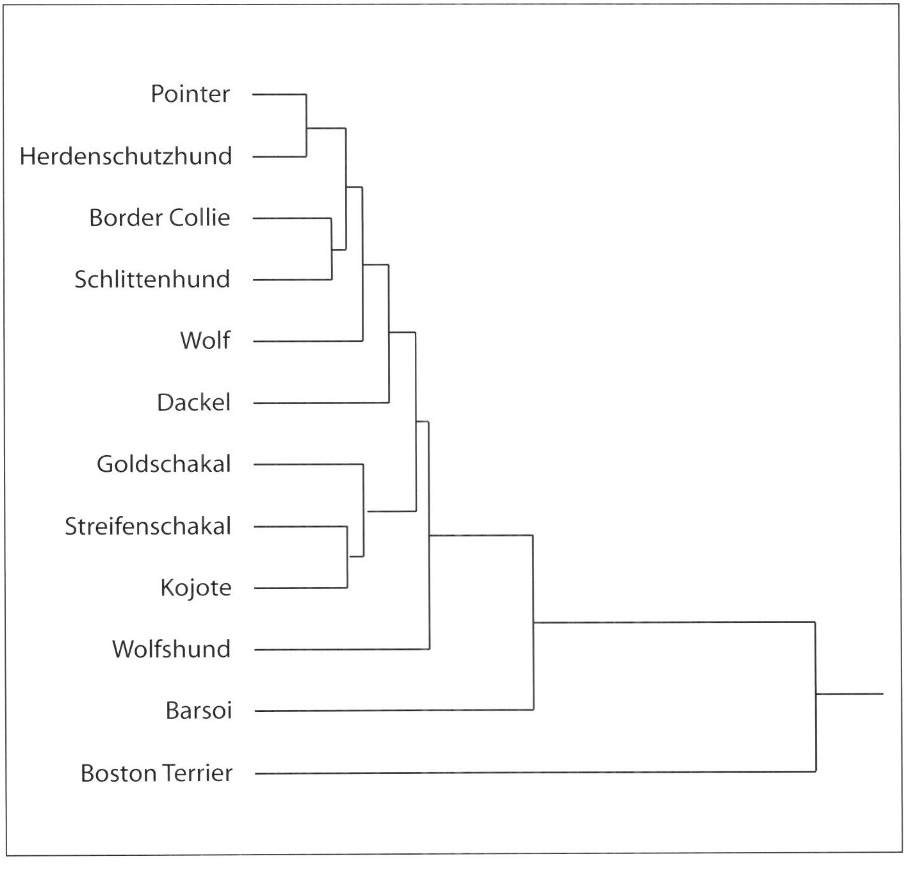

Unterschiede in der Kopfform. Dieser Überblick reiht die verschiedenen Mitglieder der Gattung *Canis* nach der Ähnlichkeit der Kopfform. Eine ähnliche Kopfform darf nicht mit genetischem Verwandtschaftsgrad verwechselt werden. Barsois und Boston Terrier sind zumindest genauso eng verwandt wie jedes andere Tier der Liste, haben aber den am unterschiedlichsten geformten Kopf. Kojoten und Schakale haben zwar die vermutlich ähnlichste Kopfform von allen, sind aber von allen am entferntesten miteinander verwandt. Immer wieder hört man, Hunde, deren Kopf so ähnlich aussieht wie der des Wolfes, müssten daher auch eng mit dem Wolf verwandt sein. Die Kopfform von Hunden, die miteinander verwandt sind, weist häufig aber größere Unterschiede auf, als die von Hunden und Wildkaniden. Die Kopfform ist daher kein guter Indikator für den genetischen Verwandtschaftsgrad. (Nach einer unveröffentlichten Dissertation von Richard Schneider am Hampshire College.)

für ein früheres Ende des Wachstumsprozesses sorge, dann wird das Tier in der Folge sehr viel kleiner sein, weil es weniger Zeit zum Wachsen hatte. Wenn ich im Gegensatz dazu für einen früheren Wachstumsbeginn sorge und/oder das Ende hinauszögere, wird das Tier größer werden als seine Vorfahren. Diese biologischen Mechanismen sind leicht zu beeinflussen. Man muss nur den Wachstumsschalter bei verschiedenen Entwicklungsstufen ein- oder ausschalten, und schon wird das ausgewachsene Tier eine andere Größe haben.

Unterschiedliches Timing im Wachstumsprozess dürfte genau das sein, was den Unterschied zwischen Hunden (und den verschiedenen Hunderassen), Wölfen, Kojoten und sämtlichen Schakal-Arten ausmacht. Dieses unterschiedliche Timing des Wachstumsprozesses nennt man auch Heterochronie (nach dem griechischen *hetero* für „anders" und *chronos* für „Zeit").

Bei allen „Spezies" und/ oder Rassen der Gattung *Canis* beträgt die Trächtigkeit genau 63 Tage. Bei allen haben die Neugeborenen bei der Geburt fast die gleiche Größe, das gleiche Aussehen und das gleiche Gehirnvolumen. Bei allen sind Wachstum und Entwicklungsschritte bis zur Geburt (praktisch) gleich. Die Welpen eines Border Collie sind bei der Geburt genauso groß wie die eines Bernhardiners, eines Wolfes, Kojoten oder Schakals. Die Hundewelpen haben zwar Schlappohren und eine andere Farbe, aber im Verhalten sind alle Welpen, egal welcher Spezies oder Rasse, gleich. Sie haben alle den gleichen Saugreflex, das gleiche Verhalten zum Auslösen von Pflegehandlungen, den gleichen Verlassenheitsschrei und das gleiche Komfortverhalten. Es gibt bei den neugeborenen Welpen geringfügige Größenunterschiede, die aber vermutlich nicht genetischer Natur sind. Die Größe hängt nämlich auch davon ab, wie viel Energie die Mutterhündin in den Wurf investieren kann. Einige meiner Hündinnen brachten zum Beispiel Würfe mit dreizehn oder 14 Welpen zur Welt, die dann kleiner als normal waren. Warf dieselbe Hündin nur acht Welpen, dann waren sie alle normal groß. Bei Schoßhundrassen sind die Welpen etwas kleiner, was aber auch daran liegt, dass die Hündinnen nicht über genügend Körpermasse verfügen, um gleich viel wie die anderen in Wachstum und Größe der Welpen investieren zu können. Aber auch bei ihnen beträgt die Trächtigkeit die ganz normalen 63 Tage.

Im Laufe der Evolution der Gattung *Canis* gab es also kaum Veränderungen in der Embryologie oder der Tragezeit des Embryos. Wenn es um die Welpenentwicklung geht, waren Hunde genauso konservativ wie alle anderen Mitglieder der Gattung. Warum ist die Gattung in puncto Welpen so konservativ? Die Welpen haben alle die richtige Anpassung an die gleiche Umwelt: Größe, Form und Verhalten des Welpen stellen eine Anpassung an die ökologische Nische namens Mammi dar. Genau betrachtet sind Welpen nämlich höchst ausgeklügelte Organismen mit einer sehr spezialisierten und gut angepassten Struktur.

Die Welpen passen perfekt in ihre ökologische Nische, es gab daher keinen Anlass, etwas zu ändern. Die Umwelt, die die Mutter den Welpen bietet, ist seit Jahrmillionen stabil und die Welpen stellen daher ganz im Sinne von Darwin eine optimale Anpassung an diese Nische dar.

Die Unterschiede zwischen Rassen und Arten treten zum allergrößten Teil erst nach der Geburt auf. Nach der Geburt beginnt bei den verschiedenen Hunderassen und Wildkaniden die Metamorphose vom hoch spezialisierten und bestens angepassten Welpen zur auf die jeweilige ökologische Nische spezialisierten Form des erwachsenen Tieres. Diese Metamorphose verläuft bei den verschiedenen Hunderassen und Wildkaniden in unterschiedlichem Tempo. Es sind zwar die gleichen Gene, sie arbeiten aber mit unterschiedlicher Geschwin-

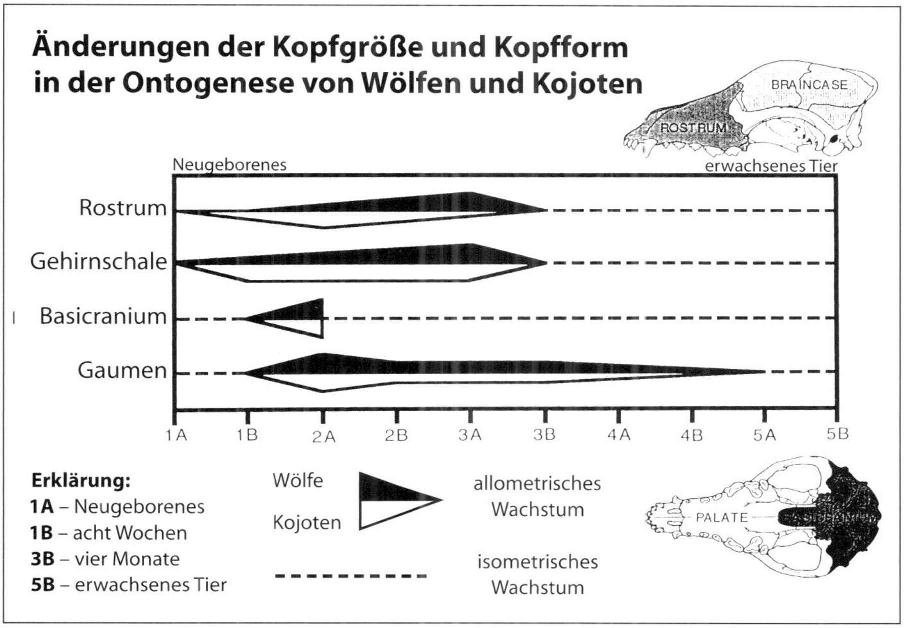

Ontogenese von Wolf und Kojote. Bei Wölfen und Kojoten beginnt die Schnauze zu unterschiedlichen Zeitpunkten nach der Geburt zu wachsen und die Form zu ändern. Wachstum und Formänderung verlaufen auch in unterschiedlichem Tempo. Die Unterschiede in Kopfgröße und Kopfform bei Kojoten und Wölfen ergeben sich aus den heterochronischen Unterschieden ihrer Entwicklung. Die enormen Unterschiede bei Kopfformen und -größen bei den Hunden sind ebenfalls auf die Unterschiede beim Einsetzen des Wachstums, der Wachstumsrate und dem Ende des Wachstums zurückzuführen. (Schneider und Coppinger, unveröffentlicht.)

digkeit. Der Evolutionsbiologe Richard Schneider und ich untersuchten die unterschiedlichen Wachstumsraten bei Wölfen und Kojoten und gingen der Frage nach, warum Kojoten sich in Größe und Form vom Wolf unterscheiden.

Kojoten und Wölfe sind bei der Geburt gleich groß, auch im Alter von drei Monaten sind sie es noch. Nach den ersten drei Monaten findet bei den Wölfen aber weiterhin ein beschleunigtes Wachstum statt, während sich bei den Kojoten das Wachstum verlangsamt. Kojoten beginnen bereits ab der Geburt, die langen, für das erwachsene Tier typischen Schnauzen zu entwickeln. Die Wölfe behalten ihre kurzen Welpennasen fast sechs Wochen lang. Der Kopf des Welpen wächst zwar, verändert seine Form aber erst, wenn die Welpen vier bis sechs Wochen alt sind.

Die Unterschiede zwischen Wölfen und Kojoten bestehen nicht in per se genetischen Unterschieden. Bei beiden Spezies sind die gleichen Gene für das Wachstum der Schnauze verantwortlich, sie haben aber unterschiedliche Allele (Formen) bei diesen Genen, und es sind diese verschiedenen Allele, die das Einsetzen und das Ende des Wachstums bei den beiden Spezies regeln. Die unterschiedliche Kopfform von Wolf und Kojote ist daher dadurch bedingt, wann sie zu wachsen beginnen, wie schnell sie wachsen und wann sie zu wachsen aufhören. Daraus ergeben sich unterschiedlich große und unterschiedlich geformte Köpfe. Die Abbildung zeigt, dass sowohl bei Wolfswelpen als auch bei Kojotenwelpen die Veränderung der Kopfform zur gleichen Zeit abgeschlossen ist. Im Alter von drei bis vier Monaten haben sie im Wesentlichen die Kopfform des erwachsenen Tieres erreicht, auch wenn der Kopf selbst noch klein ist. Im Alter von drei bis vier Monaten haben Kojoten und Wölfe zwar noch die gleiche Kopfgröße, aber bereits eine andere Kopfform.

DIE VERÄNDERUNG DER FORM

Kann man die Größe ändern, ohne gleichzeitig die Form zu beeinflussen (isometrisches Wachstum)? Die Welpen besitzen eine an das Saugen optimal angepasste Form. Im Laufe des Wachstums müssen sie auch die Form ändern (allometrisches Wachstum), um die optimal angepasste Form des erwachsenen Tieres zu erlangen. Die Unterschiede im allometrischen und isometrischen Wachstum, die wir bei Wölfen und Kojoten festgestellt haben, sind auch die Ursache dafür, dass die Hunderassen sich so verschieden entwickeln können. Barsois sind die Ausnahme von der Regel „alle Welpen sind gleich“, weil die Entwicklung ihrer Schnauze schon vor der Geburt mit dem Wachstum des Rostrums beginnt. (Das ist vielleicht der Grund dafür, weshalb sie nicht besonders gut saugen können – sie haben dafür bei der Geburt einfach nicht mehr die richtige Kopfform). Bei den Bulldoggen setzt das Wachstum des Nasenbeins sehr spät ein und verläuft sehr langsam.

Die Formenvielfalt der Hundeschädel lässt sich zur Gänze durch oft nur geringfügige Unterschiede beim Wachstumsstart und bei der Wachstumsrate erklären, die oft zu nur winzigen Unterschieden in der Ausprägung der Nasenknochen führt. Es ist fast alles nur eine Frage des unterschiedlichen Timings während des Wachstumsprozesses (Heterochronie). Man darf aber, wenn man die komplexen Veränderungen bei Größe und Form des Tieres ergründet, nicht vergessen, dass Verhaltensunterschiede auf ähnliche Prozesse zurückzuführen sind. Welpen kommen mit sehr komplexem, optimal angepasstem und stereotypem (typischem) Welpenverhalten wie zum Beispiel dem in Kapitel 6 beschriebenen Verlassenheitsruf zur Welt. Diese vielfältigen Verhaltensweisen müssen sich im Lauf der nächsten paar Wochen entwickeln und in das komplexe Verhalten des erwachsenen Tieres übergehen. Bei den Rasseunterschieden im Verhalten der erwachsenen Hunde (Kapitel 6) handelt es sich um unterschiedliches Einsetzen und Erlöschen und um verschiedene Entwicklungsraten des Verhaltens der Rassen (Heterochronie). Man kann sich das nur am Beispiel der Schädelentwicklung leichter vorstellen.

Es gibt auch Grenzen dafür, wie stark das Timing variieren kann. Die extremen Schnauzenformen des Barsoi und der Bulldogge sind vermutlich die Grenzen des Machbaren. Es könnte sein, dass die Rassen eine weitere Selektion auf noch längere oder noch kürzere Schnauzen nicht überleben würden. Es gibt bestimmte Rahmenbedingungen für die Entwicklung eines Tieres, innerhalb derer es noch überlebensfähig ist.

Auf den ersten Blick könnte man die unterschiedliche Schnauzenlänge von Barsois und Bulldoggen für genetisch bedingte Merkmale halten. Die genetischen Unterschiede beschränken sich aber darauf, wann das Wachstum beginnt und wann es endet. Für die Gesichtsform selber gibt es keine Gene. Die Form ist nicht durch irgendeinen Bauplan in den Genen festgelegt. Es ist wichtig, das korrekt zu formulieren. Ich habe das Hüteverhalten des Border Collie als genetisch bedingt beschrieben, aber auch gesagt, dass es keine Hüte-Gene gibt. Nun sage ich, dass der Wachstumsverlauf der Hundeschnauze genetisch geregelt wird, dass die Form der Hundeschnauze aber nicht in dem Sinn genetisch festgelegt ist, dass es davon eine Blaupause gäbe. Wie eine Schnauze aussieht, ergibt sich aus einer Serie verschiedener Entwicklungsprozesse. Ich möchte das mit den Worten des Embryologen Pere Alberch in Kurzform fachlich korrekt beschreiben:

> ...der Entwicklung kommt in evolutionären Prozessen morphologischer Veränderungen eine doppelte Rolle zu. Einerseits steckt die Struktur des Entwicklungsprogramms den Rahmen der möglichen Neuerungen ab... während andererseits regulierende Interaktionen, die im Lauf der Ontogenese auftreten, für einen Ausgleich von genetisch oder umweltbedingten Störungen sorgen und die Ausbildung eines integrierten Phänotyps ermöglichen...
>
> (Pere Alberch, 1982b)

Mit diesem Zitat geht es vielen vielleicht so wie mir, wenn jemand in einem Aufsatz Shakespeare zitiert. Als wir Shakespeare durchnahmen, war ich immer froh, wenn der Professor erklärte, was die von ihm vorgetragenen, für mich völlig unverständlichen Passagen zu bedeuten hatten. Alberch sagt (in Hunde-Kauderwelsch) im Wesentlichen, die Entwicklung der unterschiedlichen Schnauzenform bei den verschiedenen Rassen (Evolution) verlaufe auf zwei Ebenen. Die Möglichkeiten werden erstens durch zeitliche Faktoren begrenzt. So besteht beispielsweise eine Grenze darin, dass der Welpe bei der Geburt die entsprechende Anpassung an das Saugen mitbringen muss. Die Formänderung vom Welpenschädel zum erwachsenen Schädel kann daher erst beginnen, wenn der Welpe nicht mehr gesäugt werden muss. Hier handelt es sich um ein klare Grenze für die Welpenentwicklung! Da die Ausformung der Schädelform des erwachsenen Tieres erst nach der Geburt einsetzen kann, ist die Gesamtzahl der möglichen Schädelformen beim erwachsenen Tier beschränkt.

Die Ausnahme davon ist der Barsoi. Damit er seine ungewöhnlich lange Schnauze und das überlappende Gesichtsfeld entwickeln kann, muss diese Entwicklung bereits vor der Geburt einsetzen, was allerdings ein gewisses Risiko für die Welpen bedeutet. Wenn man die Sache nur ein klein wenig weiter treibt, könnte keiner der Welpen mehr überleben. Das ist die erste Grenze, die ihrer Entwicklung gesetzt ist. Warum haben Wölfe kein überlappendes Gesichtsfeld und damit eine größere Sehschärfe? Weil sie Welpen mit langen Schnauzen nicht ausreichend fördern könnten. Das ist eine der Ursachen dafür, dass Wölfe im Lauf der sechs Millionen Jahre so konservativ geblieben sind. Es gibt nämlich wichtige Rahmenbedingungen, die die Entwicklungsmöglichkeiten einschränken und nicht umgangen werden können.

Zur zweiten Ebene von Alberchs „Rolle der Entwicklung" gehören jene Interaktionen, die das Wachstum eines Knochen auf das Verhältnis zu den angrenzenden Knochen abstimmen. Wenn das Nasenbein sehr rasch wächst, müssen auch die damit in Verbindung stehenden Knochen rasch wachsen, vor allem im Bereich der Verbindungsstellen. Das Wachstum der Knochen der Nase muss, wie schnell auch immer es verläuft, zum restlichen Schädel passen. Das heißt, dass sich der Schädel und alle Teile des Schädels an das anpassen müssen, was mit dem Nasenbein geschieht, damit ein stimmiger Schädel entsteht. Wichtig dabei ist festzuhalten, dass die Anpassung und Abstimmung nicht genetisch programmiert, sondern Reaktionen der Knochenentwicklung sind.

Ein einfaches Beispiel dafür ist die Gehirnhöhle. Das Gehirn ist von Knochen umgeben. Die Größe der Gehirnschale ist beim winzigen Welpen winzig. Beim erwachsenen Hund ist sie groß. In dem Maße, wie der Welpe wächst, muss auch die Gehirnhöhle größer werden, und zwar täglich und stündlich. Schädel und Gehirn müssen in Form und Größe immer perfekt aufeinander abgestimmt sein.

In Kapitel 4 beschrieb ich, wie sich die Gehirngröße entwickelt und wie sie von der Reizvielfalt der Umgebung, in der der Organismus aufwächst, abhängt. Da die Umwelteinflüsse in der Entwicklung eines jeden Welpen anders sind, kann man nicht genau vorhersagen, wie Größe und Form des Gehirns beim erwachsenen Tier ausfallen werden. Ein Gehirn, das sich in einer an Reizen reichen Umgebung entwickelt, ist größer und hat mehr Nervenverbindungen als ein Gehirn, das sich in einer reizarmen Umgebung entwickelt. Bei Hunden, die in einer an visuellen Reizen reichen Umgebung aufwachsen, hat das Gehirn eine andere Form als bei Hunden, die in einer an akustischen Reizen reichen aber an visuellen Reizen armen Umgebung aufwachsen, selbst wenn es eineiige Zwillinge sind. Es kann keine zwei Hunde mit genau der gleichen Entwicklungsumgebung und daher auch keine zwei Hunde mit der gleichen Gehirngröße geben.

Da aber jeder Hund ein Gehirn von anderer Größe und Form hat, braucht er auch eine maßgeschneiderte Gehirnschale. Größe und Form der Gehirnschale können gar nicht genetisch vorprogrammiert sein. Wenn man sich vorstellt, dass es eine Serie von Genen gibt, die das Gehirnwachstum regulieren, und eine andere Serie von Genen, die das Schädelwachstum regulieren, dann würden beide sehr rasch asynchron verlaufen. Wir hätten dann Hunde, die mit einem für ihr Gehirn zu kleinen Schädel herumlaufen würden. Stellen Sie sich nur vor, welche Kopfschmerzen die hätten. Oder wir hätten Hunde, bei denen das Gehirn in einem zu großen Schädel herumrasselt.

Es geht simpel darum, dass die Größe und Form der Gehirnhöhle vom Gehirn bestimmt wird. Es gibt keine Gene dafür, wie groß der Schädel wird. Das Wachstum des Schädels ist eine umweltbedingte Reaktion in Anpassung an das wachsende Gehirn. Größe und Form des Schädels sind somit epigenetisch, oberhalb der Ebene der Gene angesiedelt. Größe und Form stellen eine Anpassung an das wachsende Gehirn dar. Pere Alberch formulierte das 1982 so: „...regulierende Interaktionen, die im Lauf der Ontogenese auftreten, sorgen für einen Ausgleich von genetisch oder umweltbedingten Störungen und ermöglichen die Ausbildung eines integrierten Phänotyps..." (*Ontogenese* ist die

Entwicklung eines Individuums von der befruchteten Eizelle bis zum Tod, der *Phänotyp* beschreibt das Aussehen des Individuums).

Ganz genauso entstehen die Augenhöhlen in Anpassung an das Wachstum der Augen. Die Form des Gehirns ändert sich in Reaktion auf die Signale, die von den Augen übermittelt werden. Die Gehirnhöhle und die Augenhöhlen müssen sich kontinuierlich an die Entwicklung von Gehirn und Augen anpassen. Das Gehirn muss sich auch an die Intensität der Augenaktivität anpassen. Es sind also alle Teile des Schädels in einem permanenten Anpassungsprozess aneinander begriffen. Die endgültige Größe und Form des Schädels sind nicht genetisch vorherbestimmt, sondern epigenetisch bedingt.

Das klingt vielleicht kompliziert, ist aber ein sehr einfaches Konzept. Während des Schädelwachstums müssen alle Knochen und Organe des Schädels miteinander reden. Jeder Knochen im Schädel muss an eine bestimmte Stelle passen. So wie das Gehirn in die Gehirnhöhle passen muss, muss das Nasenbein zur Nase passen. Das Nasenbein muss sich genauso wie das Gehirn entwickeln und die umliegenden Knochen mitformen.

Der Barsoi und der Boston Terrier sind im Wolf-Kojoten-Diagramm die beiden Extreme. Einer meiner Studenten, Abby Drake, entdeckte, dass der Barsoi die Ausnahme von der Regel ist und das Wachstum des Rostrums bereits vor der Geburt einsetzt. Bulldoggen, zu denen auch der Boston Terrier gehört, sind eher wie die Wölfe, bei denen die Entwicklung der Schnauzenform erst zu einem vergleichsweise späten Zeitpunkt der neonatalen Phase einsetzt, haben aber im Unterschied zu ihnen eine sehr langsames Wachstum. Da das Nasenbein bei den Bulldoggen fast kein Längenwachstum erfährt, werden der Gaumen und die anderen umliegenden Knochen, die sich an das langsame Wachstum des winzigen Nasenbeins anpassen müssen, in merkwürdige Positionen verzerrt. Merkwürdig meint in diesem evolutionsgeschichtlichen (phylogenetischen) Kontext, dass der Gaumen nie zuvor diese Position hatte. Die heterochrone Verschiebung und Verzögerung des Wachstums des Nasenbeins führt anders formuliert zu einer Kopfform, die phylogenetisch betrachtet bizarr ist. Da das winzige Nasenbein sehr langsam wächst, wird der Gaumen nach oben und über die Hauptachse des Schädels hinausgezogen, so dass die Zähne der Bulldoggen vorstehen.

Widmen wir uns nun dem Spiel der Rassenentwicklung. Bulldoggen haben keine Gene fürs Sabbern, oder doch? Sie haben ein Maul, das sie wegen des nach oben gewinkelten Gaumens nicht schließen können. Wenn ich eine Rasse züchten möchte, die dauernd sabbert, und in jeder Generation die Tiere auswählte, die am besten sabbern, dann würde mir vielleicht gar nicht auffallen, dass das in Wirklichkeit eine Selektion auf ein verkürztes Nasenbein ist.

Beim Barsoi setzt das Schnauzenwachstum sehr früh ein und geht so schnell, dass Gaumen und Zähne dadurch nach vorne und unter die Schädelachse gezogen werden, so dass der Hund ein römisches Profil bekommt. Da der Gaumen nach unten gedrückt wird, rücken auch die Augen weiter nach vorne und näher zusammen. Durch die weiter vorne und enger stehenden Augen hat der Barsoi ein überlappendes Gesichtsfeld. Barsois haben daher im Regelfall eine größere Sehschärfe als andere Hunderassen. Jagen sie Hasen deswegen auf Sicht, weil sie besser an das dreidimensionale Sehen angepasst sind als andere Rassen? Haben sie Gene für das dreidimensionale Sehen? Ja und nein! Sie haben ein länger dauerndes Schnauzenwachstum, das früher einsetzt und ihre Augen in eine phylogenetisch bizarre Position bringt – eine, die zu einem überlappenden Gesichtsfeld und größerer Sehschärfe führt.

Wenn ich einen Jagdhund züchten möchte, der die Hasen mit den Augen verfolgt und dabei sehr gute Sehschärfe besitzt, dann würde ich vielleicht die Hunde auswählen, die diese Aufgabe bereits am besten ausführen und sie mit anderen sehr guten verpaaren. Vielleicht ist mir dabei gar nicht bewusst, dass es eigentlich eine Selektion auf ein längeres Nasenbein ist. Die Augen selbst sind auch nicht besser als bei anderen Hunderassen, sie sind zum nach vorne Schauen nur besser positioniert. Könnte ich auch eine Rasse züchten, die auf Sicht jagt und gleichzeitig sabbert? Vermutlich nicht. Das könnte eine der Grenzen sein, die Wachstum und Entwicklung gesetzt sind.

Der springende Punkt ist also, dass Unterschiede im Timing (Heterochronie) des Wachstumsprozesses eines einzigen kleinen Elements (Nasenbein) zu einer anderen Gestalt und Funktion (Verhalten) vieler Organe führen können, weil sich jedes einzelne Organ an die Veränderungen der umliegenden anpassen muss. Wenn man aus ästhetischen Gründen Hunde mit kurzen Nasen züchtet, dann merkt man vielleicht gar nicht, dass als Nebeneffekt die Augen weiter seitlich am Kopf sitzen. Rassen wie die Bulldoggen haben einen besseren peripheren Gesichtssinn, genau wie ein Rotkehlchen. Die kurznasigen Rassen haben durch das kurze Nasenbein aber keinen Platz mehr für die Nasenmuschel und daher auch nicht so viel Nasenschleimhaut wie normalerweise, weil diese die Knochen überzieht. Die Folge davon ist, dass sie nicht so gut atmen können. Wichtiger noch, sie haben auch weniger Gewebe, das zur Gehirnkühlung beiträgt. Die kurznasigen Rassen haben daher oft einen chronisch niedrigen Sauerstoffgehalt im Blut und leiden sehr leicht unter Hitzestau. Können wir einen kurznasigen Hund mit normalem Sauerstoffgehalt im Blut züchten? Vermutlich nicht. Können wir einen kurznasigen Hund, der mit großer Ausdauer auf Sicht jagt, züchten? Nein, auch hier stoßen wir an die Grenzen dessen, was an Entwicklung möglich ist.

INTELLIGENZ UND IHRE FORM

Barsois können Beute mit dem Blick nicht deswegen besser erfassen als Bulldoggen, weil sie bessere Augen haben, sondern weil sie ein längeres Nasenbein haben. Wir wollen nun ein paar Konzepte zusammenfügen. Barsois nehmen während ihrer Entwicklung die Welt anders wahr; diese unterschiedliche Wahrnehmung führt dazu, dass sich das Gehirn in einer anderen Form entwickelt als bei Bulldoggen. Ihr Gehirn, das durch andere Reize in seiner Entwicklung stimuliert wurde, führt zur Ausbildung eines Schädels, der sich in Form und Größe unterscheidet. Wenn man auf Grund von Standardmessungen den Afghanen als weniger intelligent einstuft als den Border Collie, lässt man dabei außer Acht, dass die beiden Rassen eine völlig andere Entwicklung durchlaufen, und zwar selbst dann, wenn sie in der gleichen Umgebung aufgezogen werden. Sie sehen die Welt im Laufe ihrer Entwicklung aus einem jeweils leicht anderen Blickwinkel. Sie können die kritische Phase der Gehirnentwicklung gar nicht auf dieselbe Art und Weise erleben. Wenn sie daher nach einem festgelegten Standard getestet werden, werden die Ergebnisse unterschiedlich ausfallen.

Heißt das nun, ihre Grundintelligenz und die Grundausstattung ihres Gehirns unterscheiden sich genetisch oder heißt es nur, sie wuchsen eben in einer unterschiedlichen Entwicklungsumgebung auf?

Sie wuchsen zu unterschiedlichen Formen heran. Intelligenz ist immer epigenetisch. Intelligenz ist, genauso wie Knochen und Verhalten, eine Anpassung an die Umwelt, in der ein Merkmal sich ausprägt.

Ich hoffe, dass nun klar wird, warum die Erbanlagen für das Knochenwachstum nie von den Umwelteinflüssen getrennt betrachtet werden können. Aus genau dem gleichen Grund können auch die Erbanlagen für Verhaltensweisen nicht getrennt von den Umwelteinflüssen, die auf das Verhalten einwirken, betrachtet werden. Die physische Konformation und Verhaltenskonfiguration eines Hundes, die sich daraus ergeben, sind nicht genetisch bedingt in dem Sinne, dass bestimmte Gene für Merkmale des erwachsenen Tieres verantwortlich sind oder sie vorprogrammieren. Jedes einzelne Merkmal ist eine epigenetische, umweltbedingte Anpassung oder eine Anpassung an die Umgebung, in der sich ein Merkmal entwickelt.

Die Passage über die Rolle der Entwicklung von Alberch ist jetzt vielleicht leichter verständlich.

Die Verhaltensunterschiede zwischen Pointern, Retrievern und Border Collies sind das Ergebnis von Heterochronie, der ungleichzeitigen Entwicklung der Bewegungsmuster Fixieren – Anpirschen – Hetzen. Durch Selektion auf unterschiedliches Timing bei genetisch bedingten Ereignissen (Heterochronie) kann ich die Form des Verhaltens bei einem Hund genauso verändern, wie ich die Länge des Nasenbeins durch Selektion verändern kann. Es ist eines der Hauptanliegen dieses Buches klarzumachen, dass das Verhalten genauso wie ein Knochen oder ein Organ eine bestimmte Form hat. Als wir uns mit dem Muster des Outrun beim Border Collie beschäftigten, schrieb ich, dass jeder Hund das in seiner eigenen Form macht. Ich sehe diese Form genauso, wie ich die Form und Größe einer Gehirnhöhle sehen kann.

DIE RASCHE EVOLUTION DER HUNDERASSEN

Wir kommen nun zu einem bereits erwähnten Problem zurück. Verschiebungen beim Zeitpunkt, zu dem Gene aktiv oder inaktiv werden, führen zu einer raschen Entwicklung von Form und Verhalten gleichermaßen. Rassespezifische Unterschiede kommen vermutlich durch bereits geringfügige Veränderungen im zeitlichen Ablauf ihrer Entwicklung zustande. Die Sache hat allerdings einen Haken. Wenn man das Timing der Genaktivität durch Selektion verändern will, muss es dabei ein bestimmtes Maß an Variabilität bei den Vorläufergenerationen geben. Die Variabilität zwischen Rassen oder Spezies ist oft nur gering. Wenn wir eine Linie als „reinrassig" bezeichnen, heißt das nichts anderes, als dass die genetische Variabilität niedrig ist. Wollten wir die Fortpflanzung als „absolut reinrassig" bezeichnen, dann dürfte keinerlei genetische Variabilität mehr auftreten. Dann wäre keinerlei Veränderung oder Evolution durch natürliche (oder künstliche) Selektion mehr möglich.

Wenn bei einem bestimmten Merkmal auch nur die kleinste Veränderung auftritt, kann ich diese Abwandlung im Sinne Darwins gezielt herauszüchten. Wenn ich also auf bessere Gesundheit der Bulldoggen züchten möchte, dann würde ich die robustesten und gesündesten Tiere miteinander verpaaren und dadurch allmählich eine gesunde Zuchtlinie entwickeln. Nach diesem System ging Belyaev vor, als er Füchse mit geringer Fluchtdistanz mit anderen ebensolchen Füchsen paarte und dadurch innerhalb einiger Generationen zahme Füchse bekam. Je größer die Variabilität bei einem bestimmten Merkmal, desto rascher kann ich züchterisch eine Veränderung des Merkmals durch Selektion erzielen.

Allmähliche Veränderungen aufgrund künstlicher Selektion vollziehen sich langsam. Es muss daher klar sein, dass unsere heutigen Hunderassen in ihrer Vielfalt nicht durch natürliche oder künstliche Selektion entstehen konnten. Die Entwicklung einer neuen Hunderasse geht so schnell vor sich, dass sie nicht durch schrittweise Selektion auf ein bestimmtes Merkmal hin entstehen kann. Die Aufzeichnungen über die Entwicklung von neuen Rassen belegen recht

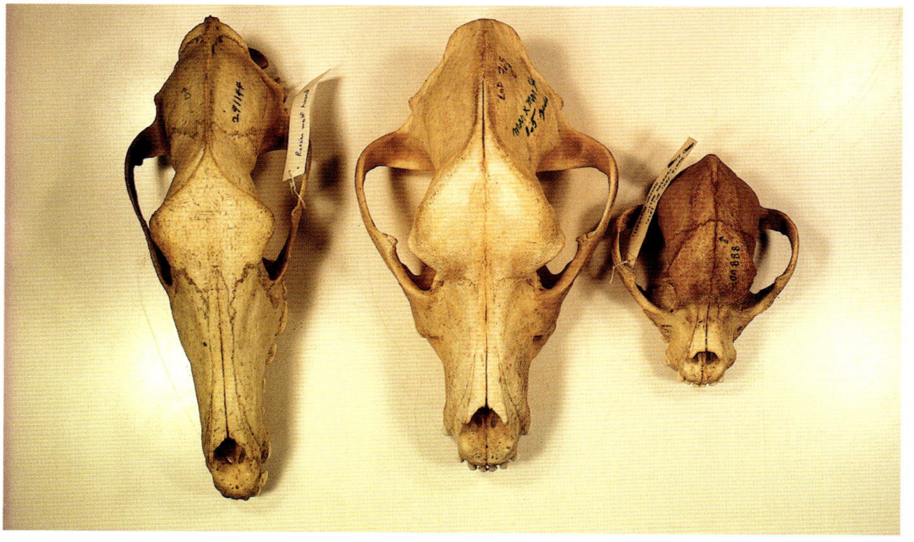

Schädel eines Barsoi, eines Maremmano und eines Mopses, die alle der selben Spezies (*Canis familiaris*) angehören.

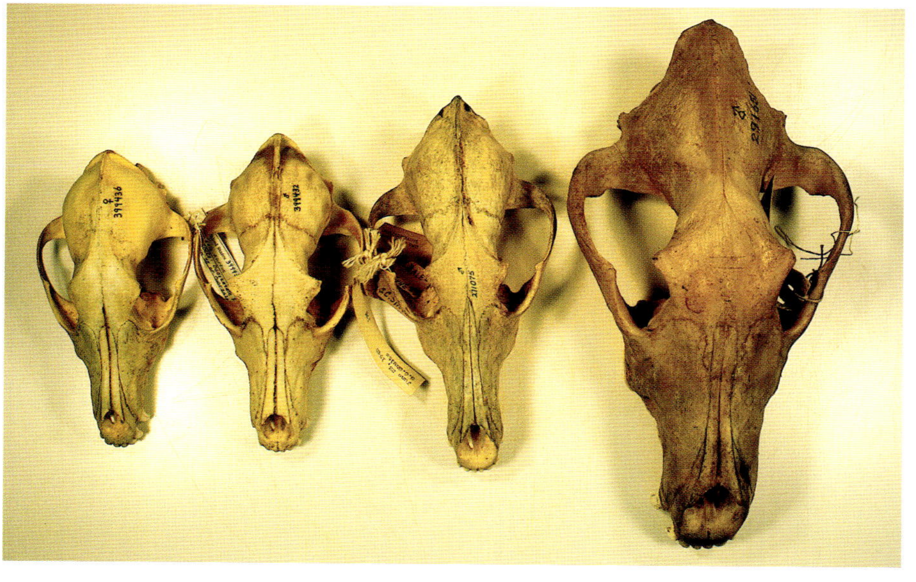

Schädel eines Streifenschakals, eines Goldschakals, eines Kojoten und eines Wolfs.
Die Schädel weisen wesentlich weniger Unterschiede auf als jene der drei Hunde auf der vorherigen Abbildung, obwohl sie von verschiedenen Arten der Gattung *Canis* stammen.

deutlich die Entstehung der meisten Rassen durch Hybridisierung. Man kann Variationen oder Verschiebungen im Timing der Genaktivität durch Hybridisierung hervorrufen (also durch Einkreuzen oder Bastardisierung).

Mit Hybridisierung kann man unmittelbare Veränderungen und neue Merkmale hervorrufen. Nur der Vollständigkeit halber: Von den 200 bis 400 Hunderassen (jeder möge seine eigene Lieblingszahl einsetzen) entstand die Mehrzahl seit dem 19. Jahrhundert durch gezielte Einkreuzung. In Beschreibungen der Geschichte einer Hunderasse liest man oft, es handele sich bei ihr um eine sehr alte Rasse, bevor dann zugegeben wird, dass die Rasse in den 1920ern aufgefrischt wurde, indem man zum Beispiel eine andere Rasse einkreuzte. Der Golden Retriever entstand durch einen ungewöhnlich gefärbten Hund (Mutant) mit herausragenden Verhaltenseigenschaften, der mit Irish Water Spaniels und Settern gekreuzt wurde, um eine „perfekte" Rasse zu erschaffen. Für den Deutschen Schäferhund, den Dobermann und den Rottweiler gibt es ebenfalls gute Aufzeichnungen darüber, welche Rassen jeweils zur Entwicklung dieser neuen Rasse beigetragen haben. Die Bedlington Terrier, die so gerne mit Greyhounds gekreuzt werden, um gute Lurcher zu bekommen, sind ihrerseits selbst wieder eine Mischung aus Greyhound und Terrier. Die Schlittenhunde, die derart ausgezeichnete Marathonläufer sind, kamen durch die Vermischung aller möglichen Hunde zustande, die in den Goldgräberregionen vorhanden waren und zur Arbeit herangezogen wurden. Nur mit Hunden der besten Arbeitsleistung wurde dann weitergezüchtet.

Warum entstehen die Variationen nicht durch Mutation? Einfach deswegen, weil Mutationen üblicherweise sehr geringfügig ausfallen und nur leichte Veränderungen nach sich ziehen. Es war nicht die Mutation der Fellfarbe zu Gelb, die aus dem Hund einen hervorragenden Jäger machte. Andere Mutationen wieder rufen radikale und unvorhersehbare Veränderungen hervor, zum Beispiel die Kurzbeinigkeit des Dackels oder Bassets. Es handelt sich dabei um Gensprünge, die danach der Anpassung und Selektion für eine neue Aufgabe dienen können. Aber die kurzen Beine selbst entstanden nicht durch Selektion, wie Darwin sie verstand. Mutationen sind meistens kleinere plötzliche Veränderungen der Form, beispielsweise der Farbe, können aber manchmal auch große plötzliche Veränderungen sein, wie eine Veränderung der Beinlänge. Dabei darf man zwei Dinge nicht vergessen: Die Mutation ist eine sprunghafte Veränderung mit unvorhersehbarem Ergebnis, und das erste Ergebnis der Mutation entstand nicht durch Selektion.

Biologen wissen seit langem, dass es Hybridisierung gibt und dass sie ein enormes Potential für evolutionäre Veränderungen besitzt. Darwin selbst meinte ja, dass die notwendige Variabilität für die Evolution der ersten Hunde durch eine Kreuzung von Wölfen und Schakalen entstanden sein könnte.

Hybridisierung ist unter Evolutionsbiologen aber kein besonders beliebtes Thema, was zu einem Teil daran liegt, dass dadurch wieder die heikle Frage der Eigenständigkeit und der Definition von Arten aufgeworfen wird. Wie kann es zu einer Kreuzung von sexuell isolierten Tieren kommen? Gelegentlich trifft man aber auf einen von den großen Evolutionsbiologen und er erwähnt das enorme Potential, das durch die Kreuzung von zwei verschiedenen Organismen entsteht. Mitte des 20. Jahrhunderts zog bereits eine ganze Reihe der Helden der Evolutionstheorie Hybridisierung als natürliche Ursache genetischer Variabilität in Betracht.

Ledyard Stebbens, der oft als einer jener gefeiert wird, der die Darwinsche Theorie verdichtet und weiterentwickelt hat, merkte an, dass neue Formen oder Gensprünge durch Hybridisierung ganz unmittelbar entstehen konnten. (Hier treffen wir wieder auf den Begriff Gensprung – sprunghafte, keine allmählichen oder schrittweisen Veränderungen.)

1930 schrieb J.B.S. Haldane zum Thema Evolution: „Wir haben allen Grund zu der Annahme, dass neue Spezies sehr plötzlich auftreten und manchmal auf Hybridisierung, manchmal vielleicht auf andere Ursachen zurückzuführen sind. Eine solche Spezies entsteht nicht, wie Darwin annahm, durch natürliche Selektion. Wenn eine neue Spezies entstanden ist, muss sie allerdings ihre Existenz vor dem Gericht der natürlichen Selektion rechtfertigen können."

Ich würde das gerne folgendermaßen neu formulieren: „Neue Hunderassen treten sehr plötzlich auf und entstehen häufig durch Hybridisierung, die zur Ausbildung bizarrer Formen führt, die ihre Existenz vor dem Gericht der natürlichen wie der *künstlichen* Selektion rechtfertigen müssen."

In den 1930er und 1940er Jahren führte Charles R. Stockard an der Cornell University die wohl bekanntesten und berüchtigsten Experimente zum Thema Hybridisierung an Hunden durch. Stockard war Embryologe und berühmt dafür, ungewöhnliche Experimente zu erfinden, mit denen er Fragen der Entwicklung der Tiere abklären wollte. Ich verwende im Unterricht immer sein Experiment mit Fischen als Beispiel für die Theorie der kritischen Phasen. Stockard setzte an einem ganz bestimmten Punkt der Embryonalentwicklung bei Fischen (kritische Phase) einen Elektroschock ein und produzierte damit Fische, die als erwachsene Tiere einäugig waren. Es gibt keine Gene für zwei Augen. Zwei Augen sind eine Entwicklungsreaktion auf die Umgebung, so wie einäugige Fische bei der gleichen genetischen Ausstattung die Reaktion auf eine andere Umwelt darstellten. (Wenn man doch nur den Züchtern und Welpenbetreuern klar machen könnte, dass die Umwelteinflüsse in der kritischen Phase eine genauso bleibende Wirkung für die Welpen haben wie diese Elektroschocks bei den Fischen!)

In seinen Hybridisierungsexperimenten kreuzte Stockard mehrere Hunderassen miteinander, um zu sehen, was geschehen würde. Er paarte die großen mit den kleinen oder die mit kurzer Schnauze mit denen mit langer. Er erzielte durch die Kreuzungen nicht nur eine riesige Formenvielfalt, sondern auch bizarre und unvorhersehbare Merkmale. Es gab neue Formen, die nicht aus dem Durchschnitt der Elterntiere entstanden waren. Diese bezeichnet er als „strukturelle Disharmonien". Strukturelle Disharmonien können Monster sein. Es waren Tiere, bei denen die einzelnen Körperteile funktional nicht zusammenpassten. Die Hinterläufe waren etwa länger als die Vorderläufe, der Unterkiefer länger als der Oberkiefer. Die Anpassungsfähigkeit der Knochen aneinander während der Wachstumsphase wurde bis an ihre absoluten Grenzen strapaziert. Strukturelle Disharmonien konnte aber auch etwas anderes heißen. Es gab nämlich auch neue, unerwartete Formen.

Am Anfang dieses Kapitels stellte ich die Frage: Warum gibt es so viele verschiedene Rassen? Warum ist der Urahn des Hundes, der doch so vielfältig und formbar ist, so konservativ? Warum hat der Wolf nichts anderes als ein paar unterschiedliche Größen zustande gebracht, wenn es ihn doch schon seit Jahrmillionen gibt?

Haldane meint, dass Veränderungen durch Hybridisierung entstehen können, dann aber die neue, dadurch entstandene Form vor dem Gericht der natürlichen Selektion bestehen können muss. Eine mögliche Antwort auf die Frage, warum der Wolf so konservativ ist, könnte also sein, dass die den Hunderassen entsprechenden Formen beim Wolf der Überprüfung durch das Gericht der natürlichen Selektion in der Wildnis nicht standhalten konnten. Vielleicht wurden ja Wolfswelpen mit Barsoischnauzen geboren, die aber starben. Ein überlappendes Gesichtsfeld könnte zwar für den erwachsenen Wolf einen Vorteil dargestellt haben, war aber für den Welpen ein Nachteil. Für Wölfe könnte das eine Grenze der Entwicklungsmöglichkeiten gewesen sein, da die wild lebenden Welpen aufgrund des früher einsetzenden Schnauzenwachstums nur noch sehr schlecht saugen konnten.

NEOTONIE, PÄDOMORPHISMUS UND DIE ENTWICKLUNG VOM WOLF ZUM HUND

Wie soeben ausgeführt, kann man Veränderungen bei einer Hunderasse durch eine Veränderung des Timings der Genaktivität (Heterochronie) erzielen. Die einfachste und rascheste Methode, möglichst hohe Variabilität im Timing zu erreichen, besteht in der Hybridisierung von Hunden mit verschiedener

Größe oder Form, wobei schon in der nächsten Generation neue und bizarre Merkmale auftreten. Durch Selektion innerhalb dieser neuen Formen entstehen schließlich neue Rassen, die dann nach einem bestimmten Standard gezüchtet werden.

Wir wollen uns aber nun mit der Frage beschäftigen, wie heterochrone Veränderungen aus einem wolfsähnlichen Tier ein hundeähnliches Tier machen konnten. Im ersten Kapitel habe ich angemerkt, dass die wichtigsten Wesensmerkmale des Hundes eine Anpassung an eine neue ökologische Nische darstellten. Bei dieser Anpassung ging es in erster Linie um Veränderungen bei Größe und Körperbau. Die durchschnittliche Größe der Hunde auf Pemba entsprach der eines vom Wolf (ca. 20 kg) auf Hundegröße (ca. 10 kg) geschrumpften Tieres. Eine solche Veränderung der Größe lässt sich leicht durch unterschiedliches Timing im Wachstumsprozess erzielen.

Größe zählt aber nicht zu den typischen Erkennungsmerkmalen des Hundes. Die artspezifischen Merkmale sind der im Verhältnis kleinere Kopf, die kleineren Zähne und das kleinere Gehirn. Diese Merkmale lassen sich aber nicht durch Verlangsamung oder Beschleunigung des Wachstumsprozesses als solchen erzielen. Das Wachstum des Kopfes muss im Verhältnis zum Wachstum des Körpers disproportional verlangsamt bzw. verzögert werden. Wie sich herausstellt, lässt sich das, heterochron betrachtet, recht einfach bewerkstelligen.

Wenn wir nochmals die Abbildung über die Wachstumsraten des Wolfs- bzw. Kojotenschädels auf Seite 329 betrachten, sehen wir, dass beide im Alter von vier Monaten die Kopfform des erwachsenen Tieres fertig ausgeprägt haben. Die volle Größe erreicht der Kopf aber erst mit sieben oder acht Monaten, bei Wölfen auch erst mit einem Jahr oder noch später. Bei Hunden scheint es so zu sein, dass auch sie wie alle anderen im Alter von vier Monaten die Kopfform des erwachsenen Tieres erreicht haben, sich aber dann die Wachstumsrate des Kopfes im Vergleich zu jener des Körpers verlangsamt.

Das heißt, ein ausgewachsener Hund weist eine Kopfgröße auf, wie sie eher einem vier Monate alten Wolfsjungen entspricht. Interessanterweise haben meine 45 kg schweren Herdenschutzhunde das Gehirnvolumen eines vier Monate alten Wolfsjungen. In Kapitel 1 entwarf ich die These, dass Hunde mit einem kleineren Kopf und Gehirn durch natürliche Selektion gegenüber ihren Vorfahren einen Vorteil hatten. Das könnte durch ein in einer bestimmten Phase der Entwicklung des Wolfswelpen verzögertes Schädelwachstum erreicht werden, also einen Fall von Neotonie, oder genauso durch die Beibehaltung eines juvenilen Merkmals im Erwachsenenalter.

Ich führte die These in Kapitel 1 weiter aus, indem ich das Hundeverhalten als eine Anpassung an das Fressen in der Nähe der Menschen und als Futterbetteln bezeichnete. Interessanterweise sehen wir, dass vier Monate alte

Wolfsjunge kleine Köpfe in der Kopfform des erwachsenen Tieres und das Gehirnvolumen eines vier Monate alten Tieres haben und in genau dieser Entwicklungsphase gegenüber den Elterntieren Futterbetteln zeigen und Pflegeverhalten einfordern.

Die Theorie von der Neotonie beschreibt einen heterochronen Entwicklungsprozess, bei dem Hunde ihre Hundeform und ihr Hundeverhalten dadurch entwickeln, dass sie die jugendliche Körperform und das Einfordern des Pflegeverhaltens wesentlich länger und bis ins Erwachsenenalter beibehalten. Dieser Theorie zufolge haben die Hunde eher die körperlichen Merkmale eines Wolfsjungen als die eines erwachsenen Wolfes. Wolfswelpen sitzen zum Beispiel brav am Treffpunkt und warten, bis das Rudel mit Futter zurückkommt. Heißt das, dass ich jedes Mal, wenn ich nach Hause komme und meinen Hund in der Nähe des Vordereingangs finde, von wo er sich nie mehr als ein paar Meter wegbewegt, und wenn er dann vor lauter Vorfreude auf das Abendessen wild herumhüpft und an mir hochspringt, dass ich das dann für Wolfsverhalten – das Verhalten eines Wolfsjungen – halten muss?

Viele Autoren, mich eingeschlossen, haben die Meinung vertreten, Hunde fielen in die Kategorie der heterochronen, verzögerten, neotonischen Entwicklung. Andere Forscher halten einige Hunderassen aber für pädomorph, nicht für einen Fall von Neotonie. Es ist vielleicht nur ein feiner Unterschied, aber biologisch ist er sehr bedeutsam. Pädomorphismus ist ein *Resultat*, eine abgebrochene Entwicklung, bei der das Tier zu einem Zeitpunkt Geschlechtsreife erlangt, der bei seinen Vorfahren noch ins juvenile Stadium fiel.

Es sind alles sehr faszinierende Überlegungen, wie wohl die Hunde entstanden – vom Wolf oder voneinander. Die erste Gefahr liegt aber schon darin, schlampigerweise anzunehmen, Hundeverhalten sei „genetisch" verankert. Schließlich waren die King Charles Spaniels von Brian Plummer hervorragende Jagdhunde. Die zweite Gefahr besteht darin, dass man gut überlegen muss, ob man die juvenilen Bewegungsmuster als homolog betrachten will, das heißt als etwas, das direkt auf die wölfischen Vorfahren vor Jahrtausenden zurückgeführt werden kann und durch Selektion entwickelt wurde. Es ist wahrscheinlicher, dass die Wesensmerkmale der heutigen Hunde von anderen Hunden ererbt sind.

Ein Großteil der Theorien über Pädomorphose und Neotonie stützt sich auf die Beobachtung, dass Hunde im Vergleich zu Wölfen eine kürzere Schnauze haben. Erwachsene Hunde sehen damit wie Wolfswelpen aus. Ich bin in den ersten Jahren unseres Projektes über die Hirtenhunde selbst in diese Falle getappt. Erwachsene Hunde haben aber keinen Wolfswelpenkopf. Robert Wayne führte das in einem Artikel über die Schädelmorphologie von wild lebenden und domestizierten Tieren im Jahr 1986 sehr schlüssig aus. Er stellte fest, dass alle Hunderassen einen Schädel hatten, der den Längenproportionen des Wolfsschädels oder anderer Wildkaniden entsprach. Es klingt zwar unmöglich, stimmt aber, dass das Längenverhältnis von Gaumen zu Gesamtschädellänge bei erwachsenen Bulldoggen, erwachsenen Barsois und erwachsenen Wölfen gleich ist. Die Längenverhältnisse sind aber bei erwachsenen Tieren und Jungtieren, wie man nun vielleicht bereits vermutet, unterschiedlich. Wenn Hunde also pädomorphe Wölfe wären, dann müsste bei ihnen das Längenverhältnis beim erwachsenen Tier jenem des neugeborenen Wolfes oder des Wolfswelpen ähneln. Tut es aber nicht. Hundeschädel schauen nur deswegen kürzer aus, weil sie (in manchen Fällen) breiter sind als Wolfsschädel. Breite ist aber kein Merkmal für Pädomorphismus.

Da alle Hunderassen ihre ersten Zähne verlieren und zweite Zähne bekommen, müsste das Ende ihrer Entwicklung und ihres Wachstums in einem Alter erreicht sein, wenn Wölfe ihre zweiten Zähne bekommen, was mit rund vier bis sechs Monaten der Fall ist. Diese anatomischen Merkmale sämtlicher Hunderassen machen die Argumentation, dass irgendeine Rasse zur Gänze pädomorph sei, unmöglich. Könnte man argumentieren, dass einige Rassen das neotonische Ergebnis von anderen Rassen sind? Sicher, aber angesichts der enormen Hybridisierung, die zwischen den Rassen stattgefunden hat, ist es praktisch ausgeschlossen, das je nachweisen zu können. Von welcher der mehreren Ursprungsrassen, die man miteinander kreuzte, wäre dann etwa der Golden Retriever die neotone Form?

Ich hatte eine Grafik entwickelt, die zeigte, was ich damals für mehr oder weniger neotone Rasseprofile hielt, und sie 1982 im *Smithsonian* Magazin veröffentlicht. Seither haben aber andere Forscher umfangreiche Arbeiten über Heterochronie vorgelegt und ich selber verbrachte mehrere Jahre mit dem detaillierten Messen von Hundeschädeln und Hundeverhalten. Einer meiner Studenten, Richard Schneider, und ich verbrachten mehrere Monate in den Katakomben der Wirbeltiersammlung des Smithsonian Institute und bedienten uns der wunderbaren neuen Methoden zur computergestützten Schädelvermessung und neuer statistischer Analysen. Es dauerte nicht lange, bis wir uns vom Konzept der Neotonie als Erklärung für die Entstehung der Hunde verabschiedeten. Das heißt nicht, dass die These von der Neotonie falsch ist, sondern nur, dass man bislang keinen Weg gefunden hat, sie zu überprüfen und zu beweisen.

Zwischen Hunden und Wölfen gibt es riesige Unterschiede in der Entwicklung. Wenn man einen Wolf nicht vor dem Alter von 19 Tagen auf Menschen sozialisiert, ist alles zu spät. Bei Hunden ist es erst im Alter von acht, neun, vielleicht sogar zehn Wochen zu spät, je nach Rasse. Was passiert, wenn man zwei Hunde miteinander paart, von denen bei einem die Schwelle bei sechs Wochen und beim anderen bei zehn Wochen liegt? Haben die Nachkommen dann einen

Durchschnittswert oder sind sie eine neuartige, bizarre und einzigartige Form? In den Kapiteln 4 und 6 beschrieb ich die enormen Unterschiede im rassespezifischen Verhalten zwischen Herdenschutzhunden und Hütehunden. Bei Herdenschutzhunden setzte das Bewegungsmuster Jagdverhalten erst ein, *nachdem* die Phase der Sozialentwicklung abgeschlossen ist, während bei Border Collies das Verhaltensmuster Fixieren – Anpirschen *während* der Sozialisationsphase einsetzt. Bei Wölfen setzt die Angstreaktion ein, bevor sie noch das juvenile Futterbetteln als Verhaltensweise zeigen.

Welcher dieser Kaniden weist also mehr Neotonie oder Pädomorphismus auf? Border Collies unterscheiden sich vom Wolf durch das viel frühere Einsetzen des Fixierens und Anpirschens aus dem Verhaltensrepertoire des erwachsenen Tieres. Sie können Fixieren – Anpirschen in ihr Sozial- und Spielverhalten integrieren. Das Auftreten von Fixieren – Anpirschen führt zur Ausbildung eines integrierten Verhaltensphänotyps. Ein integrierter Verhaltensphänotyp führt zu Veränderungen in Wachstum und Form des Gehirns, die wiederum die Schädelform beeinflussen. Handelt es sich bei den Unterschieden in der Schädelform der Border Collies, Herdenschutzhunde und Wölfe um genetische Unterschiede? Sind sie das Ergebnis von Neotonie oder von Pädomorphismus? Nichts von alledem. Border Collies sind phylogenetisch bizarr. Und jeder Border Collie ist eine epigenetische Reaktion auf die Integration von Fixieren – Anpirschen – Spielen in das Sozialverhalten während der kritischen Phase der Gehirnentwicklung. Jeder Border Collie ist als solcher genommen insofern bizarr, als es nie zuvor einen genau gleichen Hund gab. Wie ein Hund aussieht, ist also untrennbar mit seinem Verhalten verbunden, von der molekularen bis zur alles umfassenden Ebene.

Darum sehen Hunde so aus, wie sie aussehen. Ich habe deswegen solche Freude an der Erforschung der vielen verschiedenen Formen, die Hunde haben können, und an der Arbeit mit buchstäblich Tausenden Hunden, von denen nie einer genau wie der andere ist, weil ich die unendlichen Variationen, die Hunde aufweisen, faszinierend finde.

Menschen haben sich zu allen Zeiten mit Hunden beschäftigt und neue Rassen gezüchtet, weil sie neue und bessere Hunde hervorbringen wollten. Selbst heute noch suchen zum Beispiel die Lurcher-Züchter in Europa die magische Zusammensetzung, die einen herausragenden Hund für die Nerzjagd ergibt. Und all jene unter uns, die ein Hunderennen gewinnen oder einen Hund züchten wollen, der bei der Schädlingsbekämpfung noch effizienter ist, wissen genau, dass jede Variation zu wieder neuen Variationen führt. Die neuen Kombinationen ermöglichen neue Aufgaben. Und da haben wir es. Die unzähligen Variationen, die Menschen gezüchtet haben, können wiederum eine Sturzflut neuer Variationen hervorbringen. Mit der Ausbildung zahlreicher und neuartiger Formen steigen die Möglichkeiten, neue Rassen zu entdecken und zu entwickeln, die unter neuen Umweltbedingungen mit dem Menschen gemeinsam neue Aufgaben ausführen.

Die Möglichkeiten, neue Rassen für ungewöhnliche Aufgaben zu züchten, sind fast grenzenlos. Es sollte daher zumindest theoretisch möglich sein, neue und andere Formen der symbiotischen Lebensgemeinschaft zwischen Hunden und Menschen zu entwickeln. Vielleicht könnten wir einige der derzeit weniger positiven Beziehungen umwandeln, wie zum Beispiel die Fälle von Amensalismus bei Haushunden oder die von Dulosis bei Servicehunden. Wenn wir das Wesen der Hunde und ihre evolutionsgeschichtlich bedingten bizarren Fähigkeiten etwas besser verstehen, könnten wir vielleicht perfekte Hunde züchten, ohne ihre genetische Gesundheit zu gefährden. Rassezüchtungen durch Einkreuzungen haben den Menschen beachtliche Möglichkeiten geboten, selektiv auf eine Kanidenspezies einzuwirken, und meistens waren die dadurch entstandenen Tiere gesund. Die Evolution war eine wahre Goldgrube für Hunde. Das kann man nicht nur daraus ersehen, wie viele Hunderassen und Hunde es gibt, sondern auch daran, wie viel Fürsorge sie vom Menschen direkt erhalten.

Wie im Kapitel über die Haushunde ausgeführt, sind Hunde in den falschen Händen aber sehr gefährdet. Viele Hundezüchter erzielen durch ihre Versuche, eine Hunderasse reinrassig zu erhalten, unerwünschte Effekte. Sie behandeln Rassen so, als würde es sich um eine Spezies handeln, und isolieren kleine Populationen sexuell, um ihren traditionellen und idealen Phänotyp zu erhalten. Sexuelle Isolation von der Hundepopulation insgesamt hat aber für die Hunde, die in der Falle einer reinen Rasse gefangen sind, schwerwiegende Auswirkungen. Es stellt sich ja auch heraus, dass die Bemühungen, Hunde mit gefügigerem Wesen, aber unter Bewahrung des ursprünglichen Aussehens zu züchten, nur wenig Erfolg zeigen. Größe und Form konstant zu halten und gleichzeitig das Verhalten zu ändern, dürfte eine dieser Grenzen sein, die den Entwicklungsmöglichkeiten gesetzt sind, so wie man keinen Hund züchten kann, der gleichzeitig ein überlappendes Gesichtsfeld und den Hang zum Sabbern hat.

Ein weiteres großes Problem mit der Isolation der Hunde in puncto Fortpflanzung ist das Problem der Inzucht. Wenn das Zuchtbuch einer Rasse einmal geschlossen ist, wird Inzucht unglaublich schnell zum Problem. Ich nahm eines Nachmittags gemeinsam mit John Pollak, einem Genetiker an der Cornell University, an einer Sitzung der Vereinigung *The Seeing Eye* in New Jersey teil und fragte ihn, wie schnell es bei einer isolierten Population zu Inzucht kommt. Als guter Lehrer ging er die Sache mit mir Schritt für Schritt durch.

Wie viele Deckrüden hat man am Anfang? Wenn es nur einer ist, dann sind alle Tiere der ersten Generation Geschwister oder Halbgeschwister. Bereits in der zweiten Generation sind damit alle Tiere das Ergebnis von Inzucht. Wenn es anfangs zwei (nicht verwandte) Deckrüden gibt, dann ist erst die dritte Generation durch Inzucht belastet. Er entwickelte eine Formel für mich, mit der ich meine eigenen Berechnungen anstellen konnte. Wenn ich mit 500 nicht verwandten Deckrüden beginne und dann das Zuchtbuch schließe, dann gibt es die ersten Fälle von Inzucht in der zehnten Generation. Das könnte schon 15 Jahre nach dem Schließen des Zuchtbuchs der Fall sein.

Wenn ich also eine Hunderasse im Jahr 1900 begründe (soll heißen, das Zuchtbuch schließe) und zu diesem Zeitpunkt 500 Rüden habe, dann träte bei dieser Rasse im Jahr 2000 also bereits seit 85 Jahren Inzucht auf. Die Hunde stecken in einer genetischen Falle fest. Was man dagegen tun kann? Das Zuchtbuch wieder aufmachen.

Die Sache mit der Reinrassigkeit ist aber noch schlimmer. Wenn ich mit 500 Rüden beginne, habe ich zehn gute Zuchtjahre, wenn ich alle Rüden gleichmäßig verteilt decken lasse. Wenn die Mitglieder des Zuchtverbands ihre Hündinnen aber nur noch von Champions decken lassen, beschleunigt das den Prozess der Inzucht. Wenn das Zuchtbuch mit 500 Rüden geschlossen wird, aber jede Hündin immer nur vom Grand Champion des Jahres gedeckt wird, dann kommt es bereits im nächsten Jahr zu Inzucht. Ist es daher ein Wunder, dass die reinrassigen Hunde an so vielen rassespezifischen Krankheiten leiden und es damit immer schlimmer wird? Bedenkt man nun, dass viele Experten den Züchtern raten, mit Hunden, die an Retinaatrophie oder Hüftgelenksdysplasie leiden, nicht weiterzuzüchten, dann sehen wir den Inzucht-Koeffizienten noch drastischer steigen. Die Rasse steckt in erheblichen Schwierigkeiten.

Die altmodischen Züchter, die Hunde für bestimmte und spezialisierte Aufgaben durch Einkreuzen züchten, wie zum Beispiel die Lurcher-Züchter in Europa oder die Schlittenhundeführer, werden im Großen und Ganzen von den Rassehundezüchtern schief angesehen. Ich wurde nicht nur einmal von Neulingen in der Welt der weniger bekannten Hirtenhunderassen zurechtgewiesen. Wie konnte ich nur die reinweißen Maremmano Abruzzesen mit diesen schwarz-grauen Šarplaninac kreuzen? Nun, antwortete ich dann, weil ich den Maremmano Abruzzesen und den Šarplaninac auf Grund meiner Informationen über die transhumanten Viehtriebe erstens nicht für reinrassige Hunde halte – und zweitens, weil die Züchtung auf bessere Leistung, egal ob bei Pflanzen oder Tieren, auf Kreuzungen und Hybridisierung angewiesen ist. Dass die Landwirtschaft eine solche Qualität und Quantität an Tieren und Pflanzen erzeugen kann, ist hauptsächlich auf Kreuzungen und Hybridisierung zurückzuführen. Wie erfolgreich Arbeitshundezüchter Kreuzung als Zuchtmethode einsetzen, ist außerhalb ihres Bereichs kaum bekannt. Die Züchter von Rassehunden vergessen gern, dass Golden Retriever und alle anderen modernen Hunderassen ursprünglich durch Kreuzungen entstanden. Darum waren es auch gute Hunde. Zumindest anfangs besaßen sie jene Energie und gute Gesundheit, die man üblicherweise als typische Vitalität der Hybriden bezeichnet.

Wir schulden den Hunden eindeutig mehr als ein Leben voller Beschränkungen und grotesk verformte Körper. Wir könnten den eugenischen Zugang, reine, perfekte Hunde schaffen zu wollen, aufgeben und stattdessen eine Population von gut angepassten, gesunden Heimtieren züchten. In meinen kühnsten Träumen stelle ich mir vor, dass es Menschen gibt, die nicht mehr fragen: „Welchen Hund soll ich mir nehmen?“, sondern stattdessen: „Ich würde gerne einen Hund für diese oder jene Aufgabe aufziehen.“

KAPITEL 12

Zum Schluss

Vielleicht war meine Absicht mit diesem Buch ja nicht, alle Fragen über Hundeverhalten zu beantworten, sondern einige neue aufzuwerfen. Hunde sind vielleicht mehr noch als andere Arten von einem Nimbus an Mythen, Verklärungen und angeblichen Fakten umgeben. Lassie findet wie Odysseus nach Hause und vollbringt mit unglaublicher Geschicklichkeit wahre Heldentaten. Lassie kann gute und böse Menschen auseinanderhalten, hat einen fantastischen Gehörsinn, Gesichtssinn und Geruchssinn und kognitive Fähigkeiten, die der Mensch selbst gerade noch überbieten kann.

In den Mythen werden Hunde aber karikiert. Es werden Bilder heraufbeschworen, die unterhaltsam und inspirierend sind, was in Ordnung ist, solange sich die Heldengeschichten von Hunden nicht schädlich auf das Wohl und die Gesundheit von Hunden auswirken. Mehr Verständnis für das wirkliche Verhalten von Hunden, über ihre Motive und Absichten sollte aber zu einer tieferen und bereichernderen Beziehung zwischen Menschen und Hunden beitragen. Der Dorfhund ist ein viel großartigeres Phänomen als die erfundene Figur Lassie. Der Dorfhund hat sich seit seinen Anfängen an eine atemberaubende Vielfalt von Aufgaben, die ihm der Mensch stellt, angepasst. Wie ein metaphorischer Gestaltwandler aus dem Märchen hat sich der Hund verwandelt und Myriaden von Formen, Größen und Verhaltensweisen entwickelt. Hunde nehmen es in ihrer Anpassungsfähigkeit an die verschiedensten Umweltbedingungen mit dem Menschen auf. Im Unterschied zum Menschen können sie sich aber mit einer Geschwindigkeit anpassen, die alle unsere Theorien über die Transmutation in Frage stellt.

Ich assistierte vor kurzem einem Filmteam bei Aufnahmen für einen Dokumentarfilm über Hunde für die Wissenschaftssendung Nova bei PBS. Die Produzenten wollten Szenen mit Dorfhunden filmen, aber nicht extra deswegen nach Afrika fliegen müssen. Ich schlug daher als Faustregel vor, dass man sich Richtung Süden bewegen muss. Je näher am Äquator, desto größer und typischer werden die Populationen der Dorfhunde. Als zweites schlug ich vor, einfach eine feste menschliche Siedlung mit offen zugänglichen Müllhalden aufzusuchen, weil wir dort sicher die gewünschten Hunde vorfinden würden. Das riet ich ihnen voller Zuversicht.

Das Filmteam ging also daran, alles Notwendige für Aufnahmen auf der Müllhalde von Tijuana, auf der anderen Seite der mexikanischen Grenze, vorzubereiten. Inzwischen begann ich mir Sorgen zu machen. Vielleicht war diese Müllhalde ja nicht gerade der beste Ort, um zu zeigen, wie die Hunde ursprünglich entstanden. Tijuana ist eine große, rasch wachsende Stadt, die man durchaus als Boom-Town bezeichnen könnte. Es ist kein alter, stabiler Ort, wie ich mir die Dörfer der Urzeit, in denen die Hunde ihren Ursprung nahmen, immer vorstelle. Angesichts der verschiedenen Handelsabkommen zwischen den USA und Mexiko, die zum Bau von Fabriken und Arbeitersiedlungen und einer unglaublichen Zuwanderung von Mensch und Hund in die Stadt geführt hatten, machte ich mir Sorgen, dass Tijuana als typisches Beispiel für einen guten Teil der Entwicklungsgeschichte der Symbiose von Hund und Mensch ungeeignet sein könnte. Ich saß in Massachusetts und fürchtete, dass Tijuana einfach nicht die richtige Atmosphäre haben könnte.

Ich hatte Recht und gleichzeitig Unrecht. Auch wenn ich Unrecht gehabt haben mag, verbrachte ich doch ein paar der aufregendsten Feldforschungstage meines Lebens bei den Hunden der Müllhalde von Tijuana. Die Müllhalde von Tijuana war nicht etwa untypisch, sondern im Gegenteil für viele Beziehungsformen zwischen Menschen und Hunden äußerst repräsentativ. Es wird zwar meinem Image schaden, wenn ich das sage, aber die Müllhalde von Tijuana zählt zu den aufregendsten Gegenden, in denen ich je Hundeforschung betrieben haben.

Erster Eindruck: Die Müllhalde von Tijuana ist wunderbar. Zweiter Eindruck: Die Sache ähnelt einem militärischen Manöver. Die Müllhalde liegt auf einem kleinen Berg. Ein Zug LKWs fährt auf den Berg und lädt den Müll der wachsenden Stadt ab. Dann werden die sich auftürmenden Abfälle mit schweren Maschinen über die Bergkante geschoben und rutschen auf der anderen Seite Richtung Tal. Wieder andere Maschinen schieben bergeweise Erde über den Abfall. In regelmäßigen Abständen werden Standrohre in den mit Abfall gefüllten Bereich gesetzt, damit das durch das verrottende Material entstehende Biogas entweichen kann. Wenn der Wind über die Rohröffnungen streicht, gibt das eine gespenstische Musik. Wenn man vom Biogas umgeben ist, scheint das Ende der Welt nicht mehr fern.

Wenn am Abend die Sonne untergeht, bescheinen ihre Strahlen Myriaden bunter Objekte, wie Plastiktaschen, und rufen einen psychedelischen Effekt hervor. Überall sieht man Farbflecke. Als ich in die untergehende Sonne blickte, sah ich, wie sich die dunklen Silhouetten der Menschen und LKWs gegen den Himmel abzeichneten, und Tausende und Abertausende Möwen.

Und dann entdeckte ich die Hunde. Ein jeder hatte in diesem Licht einen merkwürdigen Schimmer wie von einem Heiligenschein um sich. Jeder einzelne Hund mit seinen schimmernden Umrissen untersuchte den Inhalt der bunten Plastiksäcke.

Ich konnte nun überall Hunde erkennen und schätzte, dass es Hunderte gewesen sein müssen. Sie kümmerten sich überhaupt nicht um die Möwen, was ich für bedeutsam halte. Wir haben hier zwei völlig unterschiedliche Tierarten, die beide die Ressourcen des menschlichen Abfalls für sich entdeckt haben. Für die Möwen muss das so etwas wie ein ursprünglicher Akt gewesen sein, und vielleicht gibt es ja in ein paar 10 000 Jahren Möwen mit hundeähnlichem Verhalten, die in einer für sie zwingenden Symbiose mit dem Menschen leben.

Die Müllhalde ist absolut perfekt, wenn man einen Film darüber drehen will, wie man sich die mesolithische Ursprungsgeschichte der Hunde vorstellt. Die Müllhalde von Tijuana vereint die ökologischen Faktoren aller Müllhalden der Welt in sich. Man könnte sie daher auch die „Jedermann-Halde“ nennen. Natürlich konnten die ersten Abfallhaufen der Menschen vor Äonen von Jahren nicht so komplex zusammengesetzt sein wie die Müllhalde von Tijuana. Die Müllhalde von Tijuana weist nicht nur eine größere Vielfalt an Abfällen auf, als wir sie in einem mesolithischen Dorf antreffen würden, sie ist noch dazu nach sozialen Kategorien gegliedert, und zwar sowohl jenen der Menschen, als auch jenen der Hunde. Die sozialen Interaktionen zwischen Menschen, zwischen Hunden und zwischen Menschen und Hunden stellen ein sehr kompliziertes Kastensystem dar. Ein Kastensystem, das sich sowohl bei den Hunden als auch bei den Menschen von den ganz Reinen zu den unvorstellbar Unreinen erstreckt.

Die erste Gruppe sind die Menschen auf der Müllhalde. Die Lenker der LKWs sind wie eine dahinziehende Karawane von Händlern. Sie halten am Mauthäuschen, zahlen ihre 18 Dollar pro Tonne und kurven dann vorbei an Abfallhügeln bis zur Abladestelle. Wenn sie ihre Fracht abgeladen haben, fahren sie zurück und holen bei ihrem Auftraggeber die nächste Ladung. Diese Händler in Sachen Müll versorgen die Halde mit regelmäßigem Nachschub an notwendigen Ressourcen, damit die Tausenden Bewohnern der Halde davon leben können.

Gelegentlich hält ein Fahrer an und trinkt mit anderen Fahrern gemeinsam einen Kaffee, isst einen Happen oder raucht eine Zigarette. Sie kennen sich nicht unbedingt persönlich, aber ihre gemeinsame Aufgabe reicht als Anknüpfungspunkt für eine gelegentliche soziale Interaktion. Und vielleicht legen sie auch eine Pause ein, um wie ich die Aussicht zu genießen.

Die Angestellten sind eindeutig die Bosse der Müllhalde. Nichts passiert ohne ihre Genehmigung, auch unsere Filmarbeiten nicht. Jeder Angestellte hat einen Rang und bekommt einen seinem Rang entsprechenden Platz zugeteilt. Es gibt Unterkünfte für die Manager, für die Boten, die zwischen den Fahrern der verschiedenen Maschinen, den Mechanikern oder den Biogas-Ingenieuren hin und her eilen. Es gibt Generäle, Leutnants, Gefreite und einfache Soldaten.

Sie sind alle sehr beschäftigt. In fast schon hektischem Tempo versuchen sie, mit der LKW-Karawane mitzuhalten. Sie haben untereinander deutlich mehr soziale Kontakte als mit anderen Menschen auf der Müllhalde. Ihre Unterhaltungen und Begegnungen untereinander können im Laufe des Tages unterschiedlich ausfallen, und ich nehme an, dass sie abends alle heimgehen und mit der Familie zu Abend essen.

Eine zweite Gruppe Menschen pilgert täglich zur Müllhalde. Sie sind die Bergarbeiter. Einige sammeln Lumpen, andere Metallteile oder sonstige wiederverwertbare Materialien. Es dürfte sich um Spezialisten handeln. Jeder hat ein bestimmtes Bild der Dinge, nach denen er sucht, vor sich. Jeder von ihnen kann das, was er gefunden hat, so abpacken, dass es weiterverkauft werden kann. Lumpen werden beispielsweise zu Bündeln einer bestimmten Größe gewickelt. Diese Bündel werden dann wieder von der Müllhalde weggetragen oder (in kleinen Lastautos) weggefahren.

Im Unterschied zu den LKW-Fahrern und den Angestellten der Müllhalde herrscht unter den Ressourcensammlern Wettbewerb. Es gibt nur eine beschränkte Anzahl Lumpen auf der Müllhalde. Um damit seinen Lebensunterhalt verdienen zu können, muss man eine Methode entwickeln, mit der man so viele Lumpen sammeln kann, dass es zum Leben reicht. Einige lösen das durch Beanspruchung eines bestimmten Reviers, andere durch Zuarbeit, zum Beispiel der Ehefrau. Manche kommen ganz früh, wissen, welche LKWs Lumpen geladen haben, und sind daher die Ersten, die Lumpen sammeln können. Sie arbeiten in größeren Entfernungen zueinander und haben daher nicht so viele Sozialkontakte wie die offiziellen Angestellten, aber sie rufen sich hin und wieder etwas zu und treffen sich häufig auf eine Pause zum Rauchen, die sie in weggeworfenen Stühlen sitzend verbringen.

Eine dritte Gruppe sind die Menschen, die auf der Müllhalde leben. Manche leben alleine, andere teilen ihre Unterkunft mit jemandem. Die Unterkunft kann aus einem großen Karton bestehen, der gar nicht so selten auch eingerichtet wurde. Kleidungsstücke und Besitztümer stammen ganz offenkundig aus den Abfällen, und einiges davon ist eigentlich ganz hübsch und fast neu. Diese Menschen teilen bestimmte Dinge miteinander, ein Feuer zum Beispiel. Sie stehen wie die Bergarbeiter bei der Jagd nach Ressourcen in Konkurrenz zueinander und verteilen sich nach ihren sozialen und an den Ressourcen orientierten Bedürfnissen über die Halde. Und so viel wir wissen, steht diese Gruppe Menschen auch in Futterkonkurrenz zu den Hunden.

Für die Hunde ist die symbiotische Beziehung zum Menschen ein Muss. Die Hunde der Müllhalde von Tijuana scheinen darüber hinaus auch ein System sozialer Schichtung zu kennen, das die Sozialbeziehungen zwischen den Menschen spiegelt.

Es gibt die unreinen Hunde, deren festes Zuhause die Müllhalde ist. Sie suchen dort nach Futter. Sie haben ihre bevorzugten Schlafplätze, die sie oft mit anderen Hunden teilen. Gefressen wird aber alleine. Ihnen unbekannte Menschen von überallher lassen ihre Abfälle auf der Müllhalde abladen und die Hunde finden darin die fressbaren Dinge und sichern damit ihr Überleben. Einen anderen Kontakt zum Menschen haben sie nicht. Wie die Möwen fressen sie zwar mitten unter ihnen, die Menschen gehören aber lediglich zur Landschaft. Sie haben genau wie die Möwen keinen Sozialkontakt zu den Menschen und laufen weg, wenn ihnen ein Mensch zu nahe kommt. Es handelt sich hier um einen klassischen Fall von Kommensalismus zwischen Hund und Mensch. Sie sind vom Menschen abhängig, wissen das aber nicht und bringen dem Menschen keinerlei Nutzen.

Diese kommensalistisch lebenden Beutestöberer pflanzen sich auf der Müllhalde auch fort. Manchmal wird ein Welpe von einem der Menschen, die auf der Halde leben, adoptiert. Ich sah einmal zwei winzige Welpen, die mit einer weggeworfenen Schnur an ein Kartonhaus angebunden waren. Der Bewohner des Hauses war „zur Arbeit gegangen“. Diese Welpen werden während

Die Müllhalde von Tijuana: die Klasse der Unreinen. Dieser Hund unbestimmbarer Abstammung lebt ausschließlich auf der Müllhalde. Jeder Hund ist ein Nachkomme des Urhundes, dieser hier lebt aber auch genauso kommensalistisch wie die ersten Hunde.

der kritischen Phase ihrer Sozialentwicklung von Menschen gefüttert und umsorgt. Vielleicht werden sie, wenn (und falls) sie eines Tages erwachsen sind, gemeinsam mit ihrem menschlichen Gefährten nach Nahrung suchen oder sein Kartonhaus bewachen. Vielleicht werden sie eine mutualistische Beziehung mit dem Mensch genießen können. Die Hunde könnten ihren dem Menschen überlegenen Geruchssinn einsetzen, um halb verschüttete Nahrung aufzuspüren, während die Menschen ihre dem Hund überlegene Intelligenz, ihre geschickten Finger und ihr Werkzeug dazu verwenden, die verschüttete Nahrung zu Tage zu fördern.

Dann gibt es die Hundegruppen, die täglich aus der Nachbarschaft kommen und auf der Müllhalde einfallen. Einige kommen mit den LKWs mit. Ich konnte schon beobachten, wie ein Hund aus einem LKW sprang und einen ganz kurzen Augenblick lang einen der ansässigen Müllhaldenhunde beschnüffelte. Die meisten Hunde kommen aber zu Fuß. Einige begleiten jeden Tag die Bergarbeiter. Einige Hunde von Lumpensammlern bleiben überhaupt auf der Halde und schließen sich ihrem menschlichen Gefährten jeden Tag in der Früh wieder an. Ich glaube, es gibt sogar eine Spezialisierung unter den Hunden, sodass einige nur bei Lumpensammlern um Futter betteln und bei ihnen Gesellschaft suchen, während sich andere wiederum auf die Metallsammler konzentrieren.

Einige der Hunde, die täglich auf der Müllhalde einfallen, scheinen keinen besonderen Kontakt zu Menschen zu haben. Sie haben zum Beispiel keine Halsbänder, und in Größe und Aussehen ähneln sie dem typischen Dorfhund. Da sie üblicherweise recht gesund sind, kann man davon ausgehen, dass sie in den umliegenden Dörfern leben und nur auf die Müllhalde kommen, um zusätzliches Futter zu finden. Vielleicht kommen sie auch nur zur Fortpflanzung auf die Müllhalde.

Das trifft jedenfalls auf eine andere Gruppe von Hunden zu, die zur Müllhalde kommt. Bei ihnen handelt es sich um hauptamtliche Heimtiere aus den umliegenden Dörfern. Sie sind Bettvorleger und tragen üblicherweise ein hübsches Halsband. Ich nenne sie die Lederhalsband-Klasse. Sie sehen alle aus, als wären sie zumindest teilweise reinrassiger Abstammung. Einige sehen wie reine Rottweiler aus, viele wie typische Pitbulls.

In der Stadt und den umliegenden Schlafvierteln sind Rottweiler und Pitbulls sehr häufig. Viele Leute in Tijuana halten sich diese Hunde, weil sie Schutz und Unterhaltung bieten. Wetten bei Hundekämpfen sind sehr beliebt. Das mag zwar unsympathisch wirken, die Leute behaupten aber, dass ihnen das etwas bringt, so wie ein Haushundbesitzer behauptet, dass die Tatsache, einen guten Hund zu haben, für ihn befriedigend ist. Ein erfolgreicher Kampfhund bringt dem Besitzer Preisgeld und vermehrte Einkünfte aus dem Verkauf der Welpen, die ja von einem herausragenden Exemplar abstammen. Die Hunde werden

Die Müllhalde von Tijuana: die Lederhalsband-Klasse. Genügend Futter ist für diese Hunde kein Problem. Es wäre spannend zu wissen, was ihr Problem ist. Warum sind sie so unausstehlich? Ich mochte sie nicht besonders.

gut umsorgt, und die Überlebenden können ihre ausgezeichneten Kampfeigenschaften an die nächste Generation vererben.

Diese Müllhaldenbesucher, die über einen Stammbaum und reiche Nahrungsquellen verfügen, legen ein ganz anderes Verhalten an den Tag als die anderen Hunde. Sie finden nichts dabei, Abfall zu fressen. Und sie kämpfen auch darum. Sie sind ein kämpferischer, rauer Haufen, der ein wenig an die Hunde von Chake Chake auf Pemba in Kapitel 2 erinnert. Sie rotten sich zu größeren Gruppen zusammen, und ehrlich gesagt hatte ich manchmal ein wenig Angst vor ihnen. Mehr als einmal wurde ich angeknurrt, wenn ich ihnen beim Fotografieren ein wenig zu nahe kam. Und wenn ich auf diesen Hinweis reagierte und zurückwich, folgten sie mir in einer meiner Meinung nach eindeutigen Drohhaltung.

Das ist ein ganz anderes Verhalten als beim üblichen Dorfhund, der vielleicht das eine oder andere Mal auch die Zähne fletscht, der im Regelfall aber zusieht, dass er langsam und stetig von einem Eindringling wegkommt. Reine Dorfhunde rotten sich in der Regel auch nicht zusammen. Schließlich stehen reine Dorfhunde ja in Konkurrenz zueinander. Aber diese gut genährten Gangster, die die Müllhalde besuchen, sind keine Futterkonkurrenten im eigentlichen, sondern nur im rituellen Sinn, allerdings ist die Konkurrenz um soziale Vorrangstellung ausgeprägt. Sie können es sich leisten, Energie mit Rangordnungsspielen zu verschwenden und sie sogar zum offenen Konflikt eskalieren zu lassen.

Übrigens glaube ich nicht, dass ihre Aggressivität irgendetwas damit zu tun hatte, dass es sich um die Rassen Pitbull oder Rottweiler handelte. Ich habe selbst schon Pitbulls gehabt und einen Tag mit einem sehr netten und liebevollen Rottweiler beim Fischen verbracht. Die Hunde sind das Produkt ihrer Umwelteinflüsse, so wie das vermutlich auch die Menschen rund um die Müllhalde sind. Hunde haben, wie viele von uns, auch kaum eine Wahl, unter welchen Umweltbedingungen sie aufwachsen. Wir als Hundeliebhaber haben häufig wenig Verständnis dafür, welche Parameter bei Umwelteinflüssen wichtig sind.

Die Hunde können sich auf der Müllhalde von Tijuana vielleicht weiterentwickeln, sie könnten hier aber nicht aus den Wölfen entstehen. Alle Hunde auf dieser Müllhalde sind Nachfahren von Hunden und müssen irgendwann aus einem anderen Ökosystem hierher eingewandert sein. Wir können aber einigen Fragen über die hier anzutreffende Hundegesellschaft nachgehen.

Wie viele Hundegenerationen müssen wohl hier geboren werden und aufgewachsen sein, bis man sie nicht mehr für Streuner hält? Wenn wir eine Population hätten, die sich über acht Generationen hinweg nur auf der Müllhalde fortpflanzt und (irgendwie!) von den Hunden der Umgebung sexuell isoliert wäre, wären dass dann reinrassige Müllhaldenhunde? Käme es bei ihnen zu einer nicht-zufälligen Genverteilung, wie sie für eine eigenständige Rasse typisch ist? Wäre eine solche Rasse auf einen Gründereffekt oder auf natürliche Selektion zurückzuführen?

Könnten die kommensalistisch lebenden Hunde, die auf der Müllhalde von Tijuana nach Abfällen stöbern, jemals reinrassige Müllhaldenhunde im Sinne der in Kapitel 3 definierten natürlich entstandenen Rassen werden? Das ist fraglich. Die natürliche Rasse, die auf Pemba lebt, hat als Lebensraum eine Insel, wo Einwanderung und Auswanderung daher sehr selten sind. Bei den Genen der Hunde auf Pemba wird addiert oder subtrahiert, sei es durch Mutation, durch das Gesetz der natürlichen Selektion oder durch zufälligen Gendrift in Folge einer natürlichen Katastrophe.

In Tijuana gibt es aber unterschiedliche soziale Schichten bei den Hunden. Jede Schicht ist einem anderen Selektionsdruck ausgesetzt. Gemessen an der menschlichen Fürsorge und der Futterbereitstellung gehören die Hunde unterschiedlichen sozialen Klassen an. Die soziale Schichtung betrifft allerdings nur den Zugang zu Nahrungsressourcen und vielleicht noch das unterschiedliche Verhalten zur Gefahrenvermeidung. Es haben aber alle die gleichen Möglichkeiten zur Fortpflanzung quer durch alle ökologischen Schichten. Die Gene der privat gehaltenen Sporthunde gelangen so wieder zurück zu den Müllhaldehunden. Die Dorfhunde werden gelegentlich aufgegriffen und ihre Gene auf die Gruppe der Sporthunde übertragen.

Ein reiner Müllhaldenhund wird von einem dieser großspurigen Rassehunde aus der Umgebung der Müllhalde gedeckt. Auch die Hunde der Müllhalde pflanzen sich untereinander fort. Da ein Wurf mehr als einen Vater haben kann, könnte ein reinrassiger Müllhaldenhund Geschwister haben, die eine Hybridenform von zwei unterschiedlichen Ökotypen sind. Jeder der Nachkommen könnte vom Menschen aufgegriffen und als Jagdbegleithund, Herdenschutzhund oder Kampfhund aufgezogen werden. Je nach Leistung könnte dann wiederum jeder Hund zum Begründer einer neuen Hunderasse werden.

Einer neuen Hunderasse wofür? Was käme heraus, wenn ich irgendeinen Welpen von der Müllhalde in Tijuana nähme und richtig sozialisieren würde? Könnte es sein, dass ich noch einmal einen absolut einzigartigen Hund, wie man ihn nur einmal im Leben hat, bekomme? Welche Aufgaben könnte der Hund übernehmen? Ich glaube, bei so ziemlich jedem Welpen von der Müllhalde in Tijuana besteht eine gute Chance, dass aus ihm ein brauchbarer Herdenschutzhund oder Jagdbegleithund wird. Ich weiß, dass ich ihm das Schlittenziehen oder Schafehüten oder Apportieren des Balles beibringen oder ihn zum Signalhund ausbilden könnte. Ich wette, der Welpe wäre ein sehr lustiger Hund, ganz anders als alle anderen Hunde in meiner Umgebung. Ich wette, er wäre genetisch ein ausgesucht gesunder Hund. Schließlich hat er die primitivsten Bedingungen hundlicher Existenz überlebt.

Was könnte dieser Hund nicht? Er könnte wahrscheinlich nicht in einem erfolgreichen Schlittenhundegespann mitlaufen, keinen Hütewettbewerb gewinnen und nicht Schönheitschampion werden.

Es ist der Zeitpunkt gekommen, wo wir unsere Vorstellung von der Herrenrasse, vom besten Hund oder der besten Hunderasse aufgeben sollten. Die Betonung auf Rassereinheit in unserer heutigen Zeit hat die Rassen in die genetische Isolation getrieben. Ich wünsche mir, dass unsere reinrassigen Hunde aus diesem Gefängnis ausbrechen können. Das heißt nicht, dass ich sie alle kunterbunt miteinander paaren würde und zum ursprünglichen Dorfhund zurückkehren möchte. Es heißt nur, dass vor allem darauf Wert gelegt werden sollte, was ein Hund leisten kann, wie gesund er ist und wie gut es ihm geht.

Den wahren Wert eines Familienhundes, eines Begleithundes oder eines Servicehundes macht sein Wesen, sein Verhalten aus. Meine Großmutter sagte immer, schön ist, wer Schönes tut. Es wird Zeit, dass uns klar wird, wie wichtig die Betonung auf „tut“ ist. Es ist auch Zeit, uns das zu Herzen zu nehmen, was oft im Scherz gesagt wird: „Der richtige Hund kann nicht die falsche Farbe haben.“ Oder „Ich habe lieber ein paar Zentimeter Hund als einen Kilometer Stammbaum.“

Gute Hunde entstehen nach ihrer Geburt, nicht vorher. Kein Hund hat Gene, die ihn zum guten Haustier machen. Bei bestimmten Rassen kann man tun, was man will, und sie ergeben ein schlechtes Haustier. Wir sollten das so hinnehmen und nicht versuchen, mit Gewalt ein Heimtier aus ihnen zu machen. Es handelt sich dabei um jene Rassen, die hochspezialisierte Sequenzen von Bewegungsmustern aufweisen, die sie für das Leben im Haus untauglich machen. Hunde, die ein ausgeprägtes Verhalten des Fixierens, Anpirschens und Hetzens zeigen, sind zum Beispiel nur schlecht als Familienhund oder Servicehund geeignet, weil sie so leicht durch Reize abgelenkt werden können, mit denen die angeborenen Bewegungsmuster ausgelöst werden (Kapitel 6). Es ist ein großer Fehler, sich einen solchen Hund als Familien- und Begleithund anzuschaffen. Dabei werden weder Hund noch Besitzer glücklich.

Bei den meisten Hunden muss man genau auf die Umwelteinflüsse während der kritischen Phase der Sozialisation achten (also die Phase zwischen der ersten und achten Woche und dann der achten und sechzehnten Woche). Die Erfahrungen, die der Hund in dieser Zeit macht, entscheiden wesentlich darüber, ob er zu einem guten Hund heranwächst oder nicht. Viele Menschen wissen nicht, wie viel Zeit das in Anspruch nimmt.

Und wenn Sie die Zeit mit ihrem Hund verbringen und Spaß mit ihm haben, wenn Sie ihn sozialisieren und ausbilden, behandeln Sie ihn bitte nie, niemals so, als ob er ein Wolf wäre. Schreiben Sie es an die Wand: „Vom Wolf abzustammen heißt nicht, ein Wolf sein."

Und gleich darunter schreiben Sie den großartigen Ratschlag, der angeblich vom kanadischen Schlittenhundeführer Emile Martel stammt: „Denken Sie dran: Es sind schließlich nur Hunde."

Bibliografie

Aus den folgenden Büchern oder Skripten haben wir entweder zitiert oder auf sie verwiesen. Einige sind bereits nicht mehr im Handel erhältlich, aber die meisten finden sich noch in gut sortierten Bibliotheken.

EINLEITUNG

Bekoff, Marc, and Colin Allen. 1992. Essay on contemporary issues in ethology. *Ethology* 91:1-16.

Coppinger, Raymond P., and Charles Kay Smith. 1990. A model for understanding the evolution of mammalian behaviour. In *Current Mammlogy* edited by H. Genoways. New York: Plenum Press.

Fentress, J. C., and P. McCloud. 1986. Motor patterns in development. In E. M. Blass (ed.), *Handbook of Behavioral Neurobiology, vol.8: Developmental Processes in Psychobiology and Neurobiology.* New York: Plenum Press: 35-60

Fox, Michael W. 1963. *Canine Behavior.* Springfield, Ill. : Charles C. Thomas.

______. 1972. *Understanding Your Dog.* New York: Coward, McCann and Geoghegan.

Gould, James L. 1982. Ethology: *The Mechanisms and Evolution of Behavior.* New York: W.W. Norton.

Grandin, Temple, ed. 1998. *Genetics and the Behavior of Domestic Animals.* San Diego, California: Academic Press.

Grier, James W., and Theodor Burk. 1992. *Biology of Animal Behavior.* Second edition. St. Louis, Mo.: Mosby Year Book.

Lorenz, Konrad. 1954. *Man Meets Dog.* Boston: Houghton Mifflin Company.

Ollivant, Alfred. 1924. Bob, *Son of Battle.* Garden City N.Y.: Doubleday Page.

Pryor, Karen. 1985. *Don't Shoot the Dog!* New York: Bantam Books.

Schneirla, T.C. 1966. Behavioral development and comparative psychology. *The Quarterly Review of Biology.* 41 (3):283-302.

Scott, John Paul, and John L. Fuller. 1965. *Genetics and the Social Behavior of the Dog.* Chicago: The University of Chicago Press.

Serpell, James. 1995. Introduction to The Domestic Dog. In *The Domestic Dog: Its Evolution, Behavior, and Interactions with People*, edited by J. Serpell. Cambridge, UK: Cambridge University Press.

Zimen, Erik, and Luigi Boitani. 1979. Status of the wolf in Europe and the possibilities of conservation and reintroduction. In *The Behavior and Ecology of Wolves*, edited by E. Klinghammer. New York: Garland STPM Press.

KAPITEL 1

Belyaev. D.K. 1979. Destabilizing selection as a factor in domestication. *Journal of Heredity* 70:301-8.

Belyaev, D. K., I. Z. Plyusnina, and L. N. Trut, 1984/85. Domestication in the silver fox (Vulpes fulvus desm): changes in physiological boundaries of the sensitive period of primary socialization. *Applied Animal Behavior Science* 13:359-70.

Belyaev, D. K., and L. N. Trut. 1975. Some genetic and endocrine effects of selection for domestication in silver foxes. In *The Wild Canids*, edited by M. W. Fox. New York: Van Nostrand Reinhold.

Brisbin, I. L. Jr. 1976. The domestication of the dog. *Purebred Dogs: American Kennel Club Gazette* 93:22-29.

Coppinger, Raymond, and Charles K. Smith. 1983. The domestication of evolution. *Environmental Conservation* 10:283-92.

Clutton-Brock, Juliet. 1995. Origins of the dog: Domestication and early history. In *The Domestic Dog: Its Evolution, Behavior, and Interactions with People,* edited by J. Serpell. Cambridge, UK: Cambridge University Press.

Corbett, Laurie. 1985. Morphological comparisons of Australian and Thai dingoes: A reappraisal of dingo status, distribution and ancestry. *Proceedings of the Ecology Society of Australia* 13:277-91.

Crisler, Lois. 1958. *Arctic Wild.* New York: Harper and Row.

Darwin,Charles. 1903. *The Origin of Species.* Facsimile of first edition (1859-60). London: Watts.

Davis, Simon J. M., and Francois R. Valla. 1978. Evidence for the domistication of the dog 12,000 years ago in the Natufian of Israel. *Nature* 276:608-10.

Fentress, John C. 1967. Observations on the behavioral development of a hand-reared male timber wolf. *American Zoologist* 7:339-51.

——. 1973. Specific and nonspecific factors in the causation of behavior. In *Perspectives in Ethology*, edited by P. P. G. Bateson and P. H. Klopfer. New York and London: Plenum Press.

Frank, Harry, and Martha Gialdini Frank. 1982. Comparison of problem solving performance in six-week-old wolves and dogs. *Animal Behavior* 30:95-98.

Frank, Harry, Martha G. Frank, Linda M. Hasselbach, and Dawn M. Littleton. 1989. Motivation and insight in wolf (*Canis lupus*) and Alaskan Malamute (*Canis familiaris*): visual discrimination and learning. *Bulletin of the Psychonomic Society* 27 (5): 455-58.

Galton, Francis. 1908. Domestication of animals. In *Inquiries into Human Faculty and Development.* London: J.M. Dent and Co.

Goodmann, Patricia A., and Erich Klinghammer. 1985. Wolf ethogram. Battle Ground, Ind.: Wolf Park.

Gould, Stephen Jay, and Elisabeth Vrba. 1982. Exaptation - a missing term in the science of form. *Paleobiology* 8 (1):4-15.

Herre, W., and M. Rohrs. 1977. Origins of agriculture. In *World Anthropology*, edited by C. A. Reed. The Hague: Mouton.

Klinghammer, Erich, and Patricia Ann Goodmann. 1987. Socialization and management of wolves in captivity. In *Man and Wolf*, edited by H. Frank Dordrecht. The Netherlands: Dr. W. Junk Publishers.

Klinghammer, Erich. 1994. Imprinting and early experience: How to avoid problems with tame animals. Vol. 8, *Ethology Series*. Battle Ground, Ind.: North American Wildlife Park Foundation.

Kohane, M. J., and P. A. Parsons. 1988. Domestication: Evolutionary change under stress. *Evolutionary Biology* 23:31-48.

Lewin, Roger. 1988. A revolution of ideas in agricultural origins. *Science* 240:984-86.

Manwell, Clyde, and C. M. Ann Baker. 1983. Origin of the dog: From wolf or wild *Canis familiaris. Speculations in Science and Technology* 6 (3): 213-24.

Meggitt, M. J. 1965. The association between Australian Aborigines and dingos. In *Man, Culture, and Animals*, edited by A. Leeds and A.P. Vayda. Washington, D.C.: American Association for the Advancement of Science.

Oppenheimer, E.C. and J.R. Oppenheimer. 1975. Certain behavioral features in the pariah dog (*Canis familiaris*) in West Bengal. *Applied Animal Ethology* 2: 81-92.

Parsons, Peter A. 1997. Stress-resistance genotypes, metabolic efficiency and interpreting evolutionary change. In *Environmental Stress, Adaptation and Evolution*, edited by R. Bijlsma and V. Loeschcke. Boston: Birkhäuser.

Price, Edward O. 1998. Behavioral genetics and the process of animal domestication. In *Genetics and the Behavior of Domestic Animals*, edited by Temple Grandin. San Diego: Academic Press.

Scott, John Paul. 1968. Evolution and domestication of the dog. *Evolutionary Biology* 2: 243-75.

Scott, John P. 1959. The inheritance of annual breeding cycles in hybrid basenji-cocker spaniel dogs. *The Journal of Heredity*, 255-61.

Smith, Charles K. 1970. Logical and persuasive structures in Charles Darwin's prose style. *Language and Style*, Fall: 243-73.

Trut, Lyudmila N. 1999, Early canid domestication: the farm-fox experiment. *American Scientist*, March-April, 160-69.

Woolpy, Jerome H., and Benson E. Ginsburg. 1967. Wolf socialization: A study of temperament in a wild social species. *American Zoologist* 7: 357-63.

Zeuner, Frederick E. 1963. A History of Domesticated Animals. New York and Evanston: Harper and Row.

Zimen, Erik. 1981. *The Wolf: A Species in Danger*. New York: Delacorte Press.

——. 1999. An animal changes the world: the domestication of the wolf. Paper read at Wolf & Co.: International Symposium on Canids, at Cologne, Germany.

KAPITEL 2

Beck, Alan M. 1973. *The Ecology of Stray Dogs: a Study of Free-ranging Urban Animals*. Baltimore: York Press.

Bekoff, M. 1977. Mammalian dispersal and the ontogeny of individual behavioural phenotypes. *American Naturalist* 111: 715-32.

Blumler, Mark, and Roger Byrne. 1991. The ecological genetics of domestication and the origins of agriculture. *Current Anthropology* 32 (1): 23-54.

Boitani, Luigi, Francesco Francisci, Paolo Ciucci, and Giorgio Andreoli. 1995. Population biology and ecology of feral dogs in central Italy. In *The Domestic Dog: Its Evolution, Behaviour, and Interactions with People*, edited by J. Serpell. Cambrige, UK: Cambridge University Press.

Carr, G. M., and D. W. Macdonald. 1986. The sociality of solitary foragers: A model based on resource dispersion. *Animal Behaviour* 35:1540-49.

Corbett, Laurie. 1995. *The Dingo in Australia and Asia.* Ithaca: Comstock/Cornell.

Daniels, Thomas J., and Marc Bekoff. 1989a. Population and social biology of freeranging dogs, *Canis familiaris. Journal of Mammalogy* 70 (4):754-62.

——. 1989b. Spatial and temporal resource use by feral and abandoned dogs. *Ethology* 81:300-312.

Feldman, Bruce. 1974. The problem with urban dogs. *Science* 185 (4155):3.

Frank, H., and M. G. Grank. 1982. On the effects of domestication on canine social development and behaviour. *Applied Animal Ehtology* 8:507-25.

Lantis, Margret. 1981. Zoonotic diseases in the Canadian and Alaskan North. *Inuit Studies* 5 (2):83-107.

Macdonald, David W., and Geoff M. Carr. 1995. Variation in dog society: Between resource dispersion and social flux. In *The Domistic Dog: Its Evolution, Behaviour, and Interactions with People*, edited by J. Serpell. Cambridge, UK: Cambridge University Press.

Plyusnina, I. Z., and L. N. Trut, 1991. An analysis of fear and aggression during early development of behaviour in silver foxes (*Vulpes vulpes*). *Applied Animal Behaviour Science* 32:253-68.

Yeager, Rodger, and Norman N. Miller. 1986. *Wildlife, Wild Death.* Editied by L. W. Milbrath, SUNY Series in Environmental Public Policy. Albany, N.Y.: State University of New York.

KAPITEL 3

Ash, Edward C. 1972 [1927]. *Dogs: Their History and Development.* Reissue ed. Two vols. New York: Benjamin Blom.

Brisbin, I. Lehr. 1977. The pariah: Its ecology and importance to the origin, development and study of pure bred dogs. *Pure Bred dogs: American Kennel Club Gazette*, January, 27-29.

Clutton-Brock, Juliet. 1977. Man-made dogs. *Science* 197:1340-1342.

Coppinger, Raymond, and Richard Schneider. 1995. Evolution of working dogs. In *The Domestic Dog: Its Evolution, Behavior, and Interactions with People*, edited by J. Serpell. Cambridge, UK: Cambridge University Press.

Coppinger, Raymond, and Lorna Coppinger. 1998. Differences in the behavior of dog breeds. In *Genetics and the Behavior of Domestic Animals*, edited by Temple Grandin. San Diegeo: Academic Press.

Das, Gautam. 1998. Notes on the Indian „Pariah" dog (Indian Spitz) as a hunting dog. *Merigal*, October, 12-13.

Meyrick, John. 1861. *House Dogs and Sporting Dogs: The Varieties, Points, Management, Training, Breeding, Rearing and Diseases.* London: John Van Voorst.

Stonehenge. 1872. *The Dog in Health an Disease,* Second edition. London: Longmans, Green, Reader, and Dryer.

Titcomb, M. 1969. Dogs and man in the ancient Pacific with special attention to Hawaii. *Special Publication 59*, Bernice P. Bishop Museum, Honolulu, Hawaii.

KAPITEL 4

Andelt, William F. 1992. Effectiveness of livestock guarding dogs for reducing predation on domestic sheep. *Wildlife Society Bulletin* 20:55-62.

Bailey, Ed. 1997/98. The fearful dog. *Gun Dog*, December/ January, 41-44.

——. 1998. Another look at the 49th day. *Gun Dog*, April/ May, 20-24.

——. 1999. Giving pups a head start. *Gun Dog*, April/ May, 24-27.

Bateson, Gregory. 1972. Metalogue: What is an instinct? In *Steps to an Ecology of Mind.* New York: Ballantine Books.

Bateson, Patrick. 1979. How do sensitive periods arise and what are they for? *Animal Behaviour* 27:470-86.

Black, Hal L. 1981. Navajo sheep and goat guarding dogs: A new world solution to the coyote problem. *Rangelands* 3 (6): 235-38.

Black, Hal L., and J. S. Green. 1985. Navajo use of mixed-breed dogs for management of predators. Journal of Range Management 38:11-15.

Cairns, Robert B. 1966. Development, maintenance and extinction of social attachment behavior in sheep. *Journal of Comparative and Physiological Psychology* 62 (2):298-306.

Cairns, Robert B., and Donald L. Johnson. 1965. The development of interspecies social attachments. *Psychonometric Science* 2:337-38.

Cairns, Robert B,. and Jack Werboff. 1967. Behavior development in the dog: An interspecific analysis. *Science* 158:1070-72.

Cooper, R.M., and John P. Zubek. 1958. Effects of enriched and restricted early environments on the learning ability of bright and dull rats. *Canadian Journal of Psychology* 12 (3):159-64.

Coppinger, L., and R. Coppinger. 1993. Dogs for herding and guarding livestock. In *Livestock Handling and Transport*, edited by T. Grandin. Wallingford, Oxford, UK: CAB International.

Coppinger, Raymond, Lorna Coppinger, Gail Langeloh, Lori Gettler, and Jay Lorrenz 1988. A decade of use of livestock guarding dogs. *In Proceedings of the Vertebrate Pest Conference*, edited by A. C. Crabb and R. E. Marsh. Davis, CA: University of California.

Cornwell, Anne C., and John L. Fuller. 1961. Conditioned responses in young puppies. *Journal of Comparative and Physiological Psychology* 54 (1):13-15.

Cronly-Dillon, John. 1982. The experience that shapes our brains. *New Scientist*, November, 366-69.

Elliot, Orville, and J. P. Scott. 1961. The development of emotional distress reactions to separation in puppies. *The Journal of Genetic Psychology* 99:3-32.

Fairfax, Harrison, ed. 1913. *Roman Farm Management : The Treatises of Cato and Vorra Done into English, with Notes of Modern Instances, by a Viginia Farmer.* New York: Macmillan.

Leyhausen, Paul. 1973. On the function of the relative hierarchy of moods. In *Motivation of Human and Animal Behavior: An Ethological View*, edited by K. Lorenz and P. Leyhausen. New York: Van Nostrand Reinhold.

Markowitz, Tim M., Martin R. Dally, Karin Gursky, and Edward Price. 1998. Early handling increases lamb affinity for humans. *Animal Behaviour* 55:573-87.

Pfaffenberger, Clarence J. 1963. *The New Knowledge of Dog Behavior*. New York: Howell Book House.

Scott, J. P., and Mary Vesta Marston. Critical periods affecting the development of normal and mal-adjustive behavior in puppies. *Journal of Genetics and Psychology* 77:25ff.

Wahlsten, Douglas, 1990. Insensitivity of the analysis of variance to heredity-environment interaction. *Behavioral and Brain Sciences* 13 (1):109-20.

KAPITEL 5

Adelman, Steven, Richard Taylor, and Norman Heglund. 1975. Sweating on paws and palms: What is its function? *American Journal of Physiology* 229 (5):1400-02.

Baker, M. A., and L. W. Chapman. 1977. Rapid brain cooling in exercising dogs, *Science* 195:781-83.

Coppinger, Lorna. 1977. *The World of Sled Dogs*. New York: Howell Book House.

Coppinger, Ray, and Carleton Phillips. 1981. Temperature regulations in running sled dogs, *Team and Trail*, May 10-12.

Fox, M. W. , and J. W. Spencer. 1969. Exploratory behavior in the dog: experiential or age dependent? *Developmental Psychobiology* 2 (2):68-74.

Lantis, Margaret, 1980. Changes in the Alaskan Eskimo relation of man to dog and their effect on two human diseases. Arctic Anthropology 17 (1): 2-24.

Lawton, Terry Lee. 1975. A biomechanical analysis of an Alaskan husky sled dog racing team. Doctorate, Exercise Science, University of Massachusetts, Amherst.

MacRury, Ian Kenneth. 1991. The Inuit dog: Its provenance, environment and history. Master of Philosophy, Scott Polar Research Institute, University of Cambridge, Darwin College, Cambridge, UK.

Paulsen, Gary. 1994. *Winterdance: The Fine Madness of Running the Iditarod*. San Diego: Harcourt Brace.

Phillips, Carleton J., Raymond Coppinger, and David Schimel. 1981. Hyperthermia in running sled dogs. *Journal of Applied Phsysiology: Respiratory, Enviornmental and Exercise Physiology* 51 (1):135-42.

Sands, Michael W., Raymond P. Coppinger, and Carleton J. Phillips. 1977 Comparisons of thermal sweating and histology of sweat glands of selected canids. *Journal of Mammalogy* 58 (1):74-78.

Schmidt-Nielsen, Knut, William Bretz, and Richard Taylor. 1970. Panting in dogs: Unidirectional air flow over evaporative surfaces. *Sience* 169: 1102-04.

Taylor, C. R., Knut Schmidt-Nielsen, Tazi Dmi'el, and Michael Fedak, 1971. Effect of hyperthermia on heat balance during running in the African hunting dog. *American Journal of Physiology* 220 (3):823-27.

KAPITEL 6

Arons, Cynthia D., and William J, Shoemaker, 1992. The distribution of catecholamines and ß-endorphin in the brains of three behaviorally distinct breeds of dogs and their F-1 hybrids. *Brain Research* 594:31-39.

Bekoff, Marc. 1974. Social play and play-soliciting by infant canids. *American Zoologist* 14:323-40.

——. 1989. Social play and physical training: when „not enough" may be plenty. *Ethology* 80:330-33.

Bekoff, Marc, Harriet L. Hill, and Jeffry Mitton. 1975. Behavioral taxonomy in canids by discriminant function analyses. *Science* 190:1223-24.

Bleicher, Norman, 1962. Behavior of the bitch during parturition. *Journal of the American Veterinary Medical Association* 140 (10):1076-82.

——. 1963. Physical and behavioral analysis of dog vocalizations. *American Journal of Veterinary Research* 224 (100):415-26.

Boissy, Alain. 1998. Fear and fearfulness in determining behavior. In *Genetics and the Behavior of Domestic Animals*, edited by T. Grandin. San Diego: Academic Press.

Coppinger, R. P., C.K. Smith, and L. Miller. 1985. Observations on why mongrels may make effective livestock protecting dogs. *Journal of Range Management* 38 (6):560-61.

Coren, Stanley. 1994. *The Intelligence of Dogs*. New York: Bantam Books.

Eisenberg, J, F., and Paul Leyhausen, 1972. The phylogenesis of predatory behavior in mammals. *Zeitschrift für Tierpsychologie* 30:59-93.

Fox, M. W. 1969. Ontogeny of prey-killing behavior in *Canidae*. *Behavior* 35 (18): 259-70.

Freedman, D. G. 1958. Constitutional and environmental interactions in rearing of four breeds of dogs. *Science* 127:585-86.

Hahn, Martin E., and John C. Wright. 1998. The influence of genes on social behaviour of dogs. In *Genetics and the Behavior of Domestic Animals*, edited by T. Grandin. San Diego: Academic Press.

Hall, W. G., and Christina L. Williams. 1983. Suckling isn't feeding, or is it? A search for developmental continuities. *Advances in the Study of Behavior* 13:219-55.

Hirsch, Jerry. 1964. Breeding analysis of natural units in behavior genetics. *American Zoologist* 4:139-45.

Klinghammer, Erich. 1976. Wolf ethogram — abbreviations and definitions. Battle Ground, Ind.: Wolf Park.

Mahut, Helen. 1958. Breed differences in the dog's emotional behaviour. *Canadian Journal of Psychology* 12 (1):35-44.

McConnell, P. A., and J. R. Bayliss. 1985. Interspecific communication in cooperative herding: Acoustic and visual signals from human shepherds and herding dogs. *Zeitschrift für Tierpsychologie* 67:303-28.

Moore, George, and Theresa Moore. 1976. Herding instincts, trials and your stock dog. *The World of the Working Dog* 2 (4):14-19.

Vincent, Louis E., and Marc Bekoff. 1978. Quantitative analyses of the ontogeny of predatory behaviour in coyotes, *Canis latrans. Animal Behaviour* 26:225-31.

KAPITEL 7

Bateson, Patrick. 1991. Assessment of pain in animals. *Animal Behaviour* 42:827-39.

Beck, Alan M. 1973. *The Ecology of Stray Dogs: A Study of Free-ranging Urban Animals.* Baltimore: York Press.

Beck, Alan, and Aaron Katcher. 1996. *Between Pets and People.* West Lafayette, Ind.: Purdue University Press.

Blaisdell, John D. 1999. The rise of man's best friend: The popularity of dogs as companion animals in late eighteenth century London as reflected by the dog tax of 1796. *Anthrozoös* 12 (2):76-87.

Borchelt, Peter L., and Victoria L. Voith. 1982a. Classification of animal behaviour problems. *Veterinary Clinics of North America: Small Animal Practice* 12:571-85.

——.1982b. Diagnosis and treatment of separation-related behaviour problems in dogs. *Veterinary Clinics of North America: Small Animal Practice* 12:625-35.

Brown, C. J., O. D. Murphree, and E. O. Newton. 1978. The effect of inbreeding on human aversion in pointer dogs. *The Journal of Heredity* 69:362-65.

Coppinger, Raymond. 1996. *Fishing Dogs.* Berkeley, Calif.: Ten Speed Press.

Dawkins, Marian Stamp. 1988. Behavioural deprivation: A central problem in animal welfare. *Applied Animal Behaviour Science* 20:209-25.

Dodman, Nicholas. 1996. *The Dog Who Loved Too Much.* New York: Bantam.

Elliot, Orville, and J. P. Scott. 1961. The development of emotional distress reactions to separation in puppies. *The Journal of Genetic Psychology* (99):3-32.

Estep, Daniel Q. 1996. The ontogeny of behaviour. *In Readings in Companion Animal Behavior,* edited by V. L. Voith and P. L. Borchelt. Trenton, N.J.: Veterinary Learning Systems.

Fisher, John. 1995. *Understanding the Behavior of the Pet Dog.* Tisbury, Wiltshire, England: COAPE.

Freedman, D. G. 1958. Constitutional and environmental interactions in rearing of four breeds of dogs. *Science* 127:585-86.

Freedman, Daniel G., John A. King, and Orville Elliot. 1960. Critical period in the social development of dogs, *Science* 133:1016-17.

Hart, Benjamin L., and Lynette A. Hart. 1985. Selecting pet dogs on the basis of cluster analysis of breed behaviour profiles and gender. *Journal of the American Veterinary Medical Association* 186 (11):1181-85.

Hart, Benjamin L., and Michael F. Miller. 1985. Behavioral profiles of dog breeds. *Journal of the American Veterinary Medical Association* 186 (11):1175-80.

Houpt, Katherine A. 1985. Companion animal behaviour: A review of dog and cat behaviour in the field, the laboratory and the clinic. *Cornell Veterinary* 75:248-61.

Jones, Mitchell. 1988. *The Dogs of Capitalism. Book 1: Origins.* Austin, Tex.: 21st Century Logic.

McCrave, Elizabeth. 1991. Diagnostic criteria for separation anxiety in the dog. *Veterinary Clinics of North America: Small Animal Practice* 21 (2):247-55.

Radde, Glenn. 1980. The significance of the dog: Perspectives of dog human relationships. Masters, Department of Geography, University of Minnesota.

Serpell, James. 1986. *In the Company of Animals.* Oxford, UK: Basil Blackwell.

Thomson, Keith. 1996. The rise and fall of the English bulldog. *American Scientist* 84:220-23.

Voith, Victoria, and Peter Borchelt. 1982. Diagnosis and treatment of dominance aggression in dogs. *Veterinary Clinics of North America: Small Animal Practice* 12 (4):655.63.

Voith, Victoria L., and Peter L. Borchelt, eds. 1996. *Readings in Companion Animal Behaviour.* Trenton, N.J.: Veterinary Learning Systems.

KAPITEL 8

Allen, Karen, and Jim Blascovich. 1996. The value of service dogs for people with severe ambulatory disabilities. *Journal of the American Medical Association* 275 (13):1001-06.

Baun, Mara M., Nancy Bergstrom, Nancy F. Langston, and Linda Thoma. 1984. Physiological effects of the human/companion animal bond. *Nursing Research* 33 (3):126-29.

Coppinger, Raymond, and Justine Lyons. 1995. *Wheelchair Assistance Dogs.* Amherst, Mass.: Hampshire College.

Coppinger, Raymond, Lorna Coppinger, and Ellen Skillings. 1998. Observations on assistance dog training and use. *Journal of Applied Animal Welfare Science* 1 (2): 133-44.

Coppinger, R., and J. Zuccotti. 1999. Exercise and socialization in dogs. *Journal of Applied Animal Welfare Science* 2:281-96.

Eddy, Jane, Lynette A. Hart, and Ronald P. Boltz. 1988. The effects of service dogs on social acknowledgments of people in wheelchairs. *The Journal of Psychology* 122 (1):39-45.

Fuller, John L. 1960. Behavior genetics. *Annual Review of Psychology* 11:41-70.

——. 1967. Experiential deprivation and later behavior. *Science* 158:1645-52.

Gagnon, Sylvain, and Francois Y. Doré. 1992. Search behavior in various breeds of adult ogs (*Canis familiaris*) : Object permanence and olfactory cues. *Journal of Comparative Psychology* 106 (1): 58-68.

Goddard, M. E., and R. G. Beilharz. 1982/83. Genetic traits which determine the suitability of dogs as guide-dogs for the blind. *Applied Animal Ehtology* 9:299-315.

——. 1986. Early prediction of adult behavior in potential guide dogs. *Applied Animal Behaviour Science* 15:347-60.

Hart, Lynette A, Benjamin L. Hart, and Bonita Bergin. 1987. Socializing effects of service dogs for people with disabilities. *Anthrozoös* 1:41-44.

Hart, Lynette A., R. Lee Zasloff, and Anne Marie Benfoattol 1995. The pleasures and problems of hearing dog ownership. *Psychological Reports* 77:969-70.

Hirsch, Jerry. 1990. A nemesis for heritability estimation. *Behavioral and Brain Sciences* 13 (1):137-38.

Leighton, Eldin. 1997. Genetics of canine hip dysplasia. *Journal of the American Veterinary Medical Association* 210 (10):1474-79.

Mader, Bonnie, Lynette A. Hart, and Bonita Bergin. 1989. Social acknowledgments for children with disabilities: Effects of service dogs. *Child Development* 60:1529-34.

Mitchell, Daniel S. 1976. *Selection of Dogs for Land Mine and Booby Trap Detection Training.* Fort Belvoir, Virginia: U.S. Army Mobility Equipment Research and Development Command.

O'Farrell, V. 1986. *Manual of Canine Behavior.* Cheltenham, Gloucestershire, UK: British Small Animal Veterinary Association.

Pfaffenberger, Clarence J. 1963. *The New Knowledge of Dog Behavior.* New York: Howell Book House.

Pfaffenberger, Clarence J., and John Paul Scott. 1976. Early rearing and testing. In *Guide Dogs for the Blind: Their Selection, Development and Training*, edited by C. Pfaffenberger, J. P. Scott, J. Fuller, B. Ginsburg, and S. Bielfelt. New York: Elsevier Scientific Publishing Company.

Serpell, James, Raymond Coppinger, and Aubrey H. Fine. 2000. The welfare of assistance and therapy animals: An ethical comment. In *Handbook on Animal Assisted Therapy*, edited by A. H. Fine. San Diego: Academic Press.

Struckus, Joseph Edward. 1989. The use of pet-facilitated therapy in the treatment of depression in the elderly: A behavioral conceptualization of treatment effect. Doctorate, Psychology, University of Massachusetts, Amherst.

KAPITEL 9

Brisbin, Jr., I. Lehr, Raymond P. Coppinger, Mark H. Feinstein, Steven N. Austad, and John J. Mayer. 1994. The New Guinea singing dog: Taxonomy, captive studies and conservation priorities. *Science in New Guinea* 20 (1):27-38.

Darwin, Charles. 1859. Letter to Asa Gray. *Journal of the Proceedings of the Linnean Society (Zoology)* 3:50-53.

Lamarck, J. B. 1984. [1809]. *Zoological Philosophy: An Exposition with Regard to the Natural History of Animals.* Chicago: University of Chicago Press.

Mayr, Ernst. 1942. *Systematics and the Origin of Species.* New York: Columbia University Press.

——. 1996. The modern evolutionary theory. *Journal of Mammalogy* 77 (1):1-7.

Honacki, J. H., K. E. Kinman, and J. W. Koeppl, eds. 1982. *Mammal Species of the World: A Taxonomic and Geographic Reference.* Lawrence. Kansas: Allen Press and Association of Systematic Collections.

Lorenz, Konrad. 1954. *Man Meets Dog.* Boston: Houghton Mifflin Company.

Troughton, E. 1957. A new native dog from the Papuan Highlands. *Proceedings of the Royal Zoological Society of New South Wales* 1955-1956:93-94.

KAPITEL 10

Barnosky, Anthony D. 1990. Punctuated equilibrium and phyletic gradualism. In *Current Mammalogy*, edited by H. Genoways. New York: Plenum Press.

Clark, Kate M. 1996. Neolithic dogs: A reappraisal based on evidence from the remains of a large canid deposited in a ritual feature. *International Journal of Osteoarchaeology* 6:211-19.

Clutton- Brock, Juliet. 1992. The process of domestication. *Mammal Review* 22 (2):79-85.

——. 1995. Origins of the dog. Domestication and early history. In *The Domestic Dog, Its Evolution, Behavior, and Interactions with People*, edited by J. Serpell. Cambridge, UK: Cambridge University Press.

Ferrell, Robert, Conald Morizot, Jacqueline Horn, and Curtis Carley. 1980. Biochemical markers in a species endangered by introgression: the Red Wolf. Biochemical Genetics 18 (1/2):39-49.

Geist, Valerius. 1986. On speciation in Ice Age mammals, with special reference to cervids and caprids. *Canadian Journal of Zoology* 65:1067-84.

Kurtén, Björn. 1968. *Pleistocene Mammals of Europe*. London: Weidenfeld and Nicolson.

Kurtén, Björn, and E. Anderson. 1980. *Pleistocene Mammals of North America*. New York: Columbia University Press.

Lehman, Niles, Andrew Eisenhawer, Kimberly Hansen, L. David Mech, Rolf O. Peterson , Peter J. P. Gogan, and Robert K. Wayne. 1991. Introgression of coyote mitochondrial DNA into sympatric North American grey wolf populations. *Evolution* 45 (1):104-19.

Randi, E., V. Lucchini, M. F. Christensen, N. Mucci, S. M. Funk, G. Dolf, and V. Loeschcke. 2000. Mitochondrial DNA variability in Italian and East European wolves. *Conservation Biology* 14:464-73.

Vilà, Carles, and Robert Wayne, 1999. Hybridization between wolves and dogs. *Conservation Biology* 13 (1):195-98.

Vilà, O. C., P. Savolainen, J. E. Malconado, I. R. Amorim, J. E. Rice, R. L. Honeycutt, K. A. Crandall, J. Lundeberg, and R. K. Wayne. 1997. Multiple and ancient origins of the domestic dog. *Science* 276:1687-89.

Wayne, R. K., N. Lehman, M. W. Allard, and R. L. Honeycutt. 1992. Mitochondrial DNA variability of the gray wolf: Genetic consequences of population decline and habitat fragmentation. *Conservation Biology* 6:559-69.

KAPITEL 11

Alberch, P. 1982a. Developmental constraints in evolutionary processes. In *Evolution and Development*, edited by J. T. Bonner. New York: Springer-Verlag.

Alberch, Pere. 1982b. The generative and regulatory roles of development in evolution. Edited by D. Mossakowsky and G. Roth, *Environmental Adaptation and Evolution*. Stuttgart and New York: Gustav Fischer.

Alberch, Pere, Stephen J. Gould, George F. Oster, and David B. Wake. 1979. Size and shape in ontogeny and phylogeny. *Paleobiology* 5:296-317.

Clutton-Brock, J.,G. B. Corbet, and M. Hills. 1976. A review of the family Canidae with a classification by numerical methods. *Bulletin of the British Museum* (Natural History) (Zoology) 29:117-99.

Coppinger, Raymond, and Lorna Coppinger. 1996. Biologic bases of behaviour of domestic dog breeds. In *Readings in Companion Animal Behavior*, edited by V. Voith and P. Borchelt, Trenton, N.J.: Veterinary Learning Systems.

Godfrey, Laurie R., and Michael R. Sutherland. 1995. What's growth got to do with it? Process and product in the evolution of ontogeny. *Journal of Human Evolution* 29:405-31.

Gould, Stephen Jay. 1966. Allometry and size in ontogeny and phylogeny. *Biological Review* 41:587-640.

——. 1986. The egg-a-day barrier. *Natural History* 86(7):16-24.

Haldane, J. B. S. 1930. *The Causes of Evolution*. London: Longmans Green.

Hildebrand, Milton. 1952. An analysis of body proportions in the *Canidae*. *American Journal of Anatomy* 90:217-56.

Kruska, D. 1988. Mammalian domestication and its effects on brain structure and behaviour. In *Intelligence and Evolutionary Biology*, edited by H. J. Jerison and I. Jerison. Berlin: Springer-Verlag.

Lumer, Hyman. 1940. Evolutionary allometry in the skeleton of the domestic dog. *The American Naturalist* 74:439-67.

Martin, Robert D. 1996. Scaling of the mammalian brain: The maternal energy hypothesis. *News in Physiological Sciences* 11:149-56.

Morey, Darcy F. 1992. Size, shape and development in the evolution of the domestic dog. *Journal of Archeological Science* 19:181-284.

Northcutt, R. G. 1990. Ontogeny and phylogeny: A re-evaluation of conceptual relationships and some applications. *Brain Behaviour and Evolution* 36:116-40.

Purves, Dale. 1988. Effects of animal size and form on the organization of the nervous system. In *Body and Brain: A Trophic Theory of Neural Connections*. Cambridge, Mass.: Harvard University Press.

Shea, Brian T. 1985. Ontogenetic allometry and scaling. In *Size and Scaling in Primate Biology*, edited by W. L. Jungers. New York: Plenum.

Stebbins, G. Ledyard, Jr. 1950. *Variation and Evolution in Plants*. New York: Columbia University Press.

——. 1959. The role of hybridization in evolution . *Proceedings of the American Philosophical Society* 103:231-51.

Stockard, Charles R. 1941. *The Genetic and Endocrinic Basis for Differences in Form and Behaviour*. Philadelphia: The Wistar Institute of Anatomy and Biology.

Twitty, V. C. 1966. *Of Scientists and Salamanders*. San Francisco, Calif.: W. H. Freeman.

Wayne, Robert K. 1986. Cranial morphology of domestic and wild canids: The influence of development on morphological change. *Evolution* 40 (2):243-61.

Willis, Malcolm B. 1991. *The German Shepherd Dog: A Genetic History*. London: H. F. and G. Witherby Ltd.